基层岗位能力素质培训模块化课程系列教材

基层台站
地面气象观测装备保障

中国气象局气象干部培训学院安徽分院　编

内容简介

本书介绍了基层台站装备保障岗位职责和业务规定,详细讲解了各类地面气象观测装备,重点是自动气象站、区域自动气象站、自动土壤水分站、GPS/MET 站和闪电定位仪的基本原理、安装知识、维护方法以及维修技术。每章都设置了"教学内容""教学要求""重点难点""课程小结""思考题"等提示项目,便于读者有效掌握本书内容。

本书可以作为基层综合气象业务岗位人员和市级气象装备保障工作人员的培训教材,也可以作为综合气象业务管理人员的参考用书。

图书在版编目(CIP)数据

基层台站地面气象观测装备保障/中国气象局气象干部培训学院安徽分院编. --北京:气象出版社,2019.9

ISBN 978-7-5029-7065-9

Ⅰ.①基… Ⅱ.①中… Ⅲ.①地面观测-气象观测-装备保障-岗位培训-教材 Ⅳ.①P412.1

中国版本图书馆 CIP 数据核字(2019)第 230489 号

Jiceng Taizhan Dimian Qixiang Guance Zhuangbei Baozhang

基层台站地面气象观测装备保障

中国气象局气象干部培训学院安徽分院　编

出版发行:气象出版社			
地　　址:北京市海淀区中关村南大街 46 号		邮政编码:100081	
电　　话:010-68407112(总编室)　010-68408042(发行部)			
网　　址:http://www.qxcbs.com		E-mail:qxcbs@cma.gov.cn	
责任编辑:郭健华　周黎明		终　　审:吴晓鹏	
责任校对:王丽梅		责任技编:赵相宁	
封面设计:燕　彤			
印　　刷:北京建宏印刷有限公司			
开　　本:787 mm×1092 mm　1/16		印　　张:18.5	
字　　数:490 千字			
版　　次:2019 年 9 月第 1 版		印　　次:2019 年 9 月第 1 次印刷	
定　　价:120.00 元			

本书如存在文字不清、漏印以及缺页、倒页、脱页等,请与本社发行部联系调换。

编 委 会

主　编：李学行
副主编：胡　禹
编　委：沈玉亮　赵宝义　吴奇生　朱亚宗
　　　　周晓林　吴　欢　王　蒙

前　　言

地面气象观测装备保障是基层综合气象业务岗位的基本工作内容之一,是确保观测设备正常运行并能获取真实有效的观测数据的重要环节。

在县级综合气象业务改革完成后,县级机构的业务功能、服务职能、管理配置都发生了重大变化。县级综合气象业务岗位承担的基本业务包括公共气象服务、气象观测和综合气象保障。因此,综合气象业务岗位对人才提出了更高的要求,为了保证地面气象观测装备的正常运行,需要广大基层综合气象业务人员熟练掌握其基本原理和维修、维护知识。现阶段,还没有讲义或培训教材能够为县级综合气象业务岗位人员对地面气象观测装备保障方面的业务提供系统、全面的指导。本书对常用的地面气象观测装备的基本原理、安装、日常维护及常见故障的诊断维修方法进行了比较全面的讲解,对观测场雷电防护、自动气象站数据传输网络保障和数据质量控制等做了一定的介绍,还介绍了各种型号的新型自动气象站平台的搭建和实习。本书可作为县级综合气象业务岗位人员和市级气象装备保障工作人员进行地面气象观测装备保障培训的教材,也可作为气象业务管理人员的参考用书。

由于编者的水平和能力有限,本书难免出现错误和纰漏,敬请批评指正。

本书的编写得到了中国气象局气象干部培训学院的大力支持,安徽省气象局的专家和一线业务人员对相关章节的编写提供了大量帮助,在此一并表示感谢。

编委会

2019 年 8 月

目 录

前言

第1章 装备概述（4学时） 1
   1.1 地面气象观测装备发展现状 1
   1.2 气象装备保障的概念 2
   1.3 气象装备保障的主要工作内容 2
   1.4 气象装备保障相关规章制度 4
   1.5 气象装备保障业务的发展趋势 9

第2章 地面气象自动化观测系统保障基础（8学时） 12
   2.1 总体架构 12
   2.2 数据采集器 13
   2.3 常规要素传感器 24
   2.4 新型传感器 33
   2.5 常用维护工具 58
   2.6 串口调试软件（SSCOM32）的使用 62
   2.7 综合集成硬件控制器 64

第3章 自动气象站（36学时） 69
   3.1 传感器与工具 69
   3.2 自动气象站搭建及实习 69
   3.3 自动气象站联调 133
   3.4 自动气象站信息传输 136
   3.5 故障排查教学 158
   3.6 现场维护标校 181
   3.7 自动气象站数据质量控制 194

第4章 区域自动气象站及实习（8学时） 201
   4.1 基本性能和结构 201
   4.2 主要功能 202
   4.3 主要技术指标 203
   4.4 设备组成 204
   4.5 数据采集器 204

4.6	输入输出接口	205
4.7	通信模块	206
4.8	区域站现场核查	206

第5章 土壤水分站及实习(8学时) 221

5.1	概述	221
5.2	工作原理及系统结构	222
5.3	安装与系统设置	238
5.4	日常维护	258
5.5	常见故障分析与处理	259
5.6	传感器标定	264

第6章 GPS/MET站(2学时) 267

6.1	概述	267
6.2	测量原理与系统结构	268
6.3	日常使用与维护	270

第7章 闪电定位仪(2学时) 272

7.1	概述	272
7.2	探测原理和定位方法	272
7.3	国家雷电监测网	275
7.4	雷电观测基本要求	276
7.5	工作原理及系统结构	276
7.6	安装调试	280
7.7	运行监控	284
7.8	常见故障分析和处理	286

参考文献 288

第1章 装备概述(4学时)

授课方式:课程讲授。
教学内容:基层台站地面观测装备列装情况与发展方向,保障岗的主要工作内容、业务流程、相关规章制度及业务系统。
教学要求:了解现有地面气象观测设备列装情况与发展方向;熟悉保障岗的主要工作内容、业务流程、相关规章制度,掌握保障业务系统的操作方法。
重点难点:保障岗的主要工作内容、业务流程。
课程小结:本课程主要介绍了保障岗的主要工作内容、业务流程、相关规章制度及业务系统。
思考题:基层保障岗的主要工作内容有哪些?

本课程的总体教学目标是让学员了解台站常用气象装备的基本结构和工作原理,对自动气象站、信息传输网络故障能进行较为准确的判断,具备对自动气象站简单故障排查、传感器设备更换的能力,初步具备基层台站常规地面观测装备维护保障的能力。本章主要阐述了气象装备保障概念、发展方向以及保障岗的主要工作内容和相关规章制度。

1.1 地面气象观测装备发展现状

我国的自动气象站研制工作始于20世纪50年代后期,是在学习美国和芬兰等发达国家自动气象观测站的基础上开展的自主研发设计。伴随着现代电子测量、自动控制、通信网络等新技术快速发展,国产自动气象站技术也逐渐成熟,到90年代中期,中小尺度天气自动气象监测站网在长三角、珠三角地区建站运行。90年代后期,国内第一代自动气象站设计定型,并获准在业务中使用,开始在全国地面气象观测台站进行布网建设。2009年全国2400多个地面气象观测站全部实现了温度、湿度、气压、风速、风向、雨量等基本气象要素的观测自动化,观测准确度达到世界气象组织观测要求。但是,第一代自动气象站仍然存在以下不足:其一,自动气象站型号多达12种,技术规格和数据格式不统一,给台站观测设备维护工作带来困难;其二,部分观测项目(如云、能见度、天气现象等)还主要靠人工观测,无法实现自动观测。

为了加快地面气象观测业务改革和推进气象观测自动化建设,2008年,中国气象局编制了《新型自动气象站功能规格需求书》,提出了标准化、模块化、集约化的设计思路,统一了自动气象站的设计要求,经过4年的测试与对比观测试验后,于2012年先后对上海长望气象科技股份有限公司生产的DZZ3型自动气象站、江苏省无线电科学研究所有限公司生产的DZZ4型自动气象站、华云升达(北京)气象科技有限责任公司生产的DZZ5型自动气象站、中环天仪(天津)气象仪器有限公司生产的DZZ6型自动气象站和广东省气象计算机应用开发研究所生产的DZZ1-2型自动气象站等5种型号自动气象站完成了设计定型,在业务中推广使用。于2010年先后编制了称重式降水传感器、能见度仪、雪深观测仪、综合集成硬件控制器等设备的功能规格需求书,组织了设备的测试和试验,完成了设计定型。

2015年年底，实现全国所有地面气象观测台站更新为以新型自动气象站及云、能见度、天气现象等观测设备为核心，以综合集成硬件控制器为重要集成设备的自动化观测系统。当前，亟须全面提升综合业务人员的装备保障技术水平，使其掌握新型观测设备的安装、使用、维护、维修等技术，以保障气象业务现代化的顺利开展。

1.2 气象装备保障的概念

气象装备是气象信息采集、传输、处理、加工等的重要工具，是气象基本业务系统的物质基础。保障通常是指为完成各种任务而采取的各项保证性措施与相应活动的统称。气象装备保障就是气象部门为使各类气象装备可靠运行，顺利完成气象信息采集、传输、处理和加工而采取的各项保证性措施与相应活动的统称。气象装备保障为了满足气象装备稳定高效运行和业务质量不断提高的需要，逐步从单纯的保障仪器向保障气象观测资料质量发展，并对可能影响资料质量的采集、处理、传输、存储、分发、共享等各环节进行保障。气象装备保障通常包括以下几个有机组成部分：

1. 保障人员：实施气象装备保障的主体，按层级可分为国家级、省级、市级、台站级和生产厂家；按隶属关系可分为气象装备保障专职人员、外聘人员、气象信息员和其他具有相应技术或资质的人员等。气象装备保障人员素质的高低直接关系到气象装备保障的总体水平，是气象装备保障诸要素中最为重要的一个。

2. 保障工具：用于维修保障的仪器、仪表、设备等，主要包括用于维护、维修保障的各种配套设备，各种检定、标校、校准、测试、测量、诊断仪器设备与工具。保障工具同气象装备一样，集中反映了气象部门的科技水平和技术能力，是衡量气象装备保障能力高低的主要标志之一。

3. 保障器材：气象装备使用与维修中所需的备件与消耗品，是装备保障的物质基础。合理确定备件与耗材的计划、购置、储存、供应以及实现备件与耗材的标准化、通用化和互换性，对提高气象装备保障的总体水平至关重要。

4. 保障设施：使用、维修、检定、考核、测试和储存气象装备所需的永久和半永久性的建(构)筑物、户外场地及其有关设备，如备件仓库、维修室、检定室、考核场地等。建设设备配套齐全、布局合理的装备保障设施是做好装备保障工作的必要基础。

5. 保障信息：与气象装备运行和保障活动有关的各种资料和状态信息，包括气象装备的技术性能、环境信息、运行状态、消耗情况及装备保障预案等。随着现代气象业务的发展，保障信息在气象装备保障活动中的地位、作用日趋突出，保障信息的内容及采集、传输、处理方式等均在不断变化，及时、准确、完整地收集、传输、处理装备保障信息，成为提高装备保障效能、发挥装备效益的重要条件。

6. 保障体制：气象装备保障的组织体系、机构设置、职责划分以及规章制度等的总称。保障人员、保障工具、保障器材等构成了气象装备保障的"硬件"，保障体制则相当于"软件"，只有"硬件"和"软件"同时发挥作用，才能形成高效有力的气象装备保障能力。

1.3 气象装备保障的主要工作内容

早期的基层台站气象装备保障要求不高，仅限于日常维护、备件管理和故障简单维修，未建立装备保障业务。兼职的仪器管理员主要通过备件更换恢复正常工作，更换下来的故障器件，能够通过简单维修修复的自行修复,故障复杂的仪器会被送往市级业务管理部门更换,重新领用一套正常设备用于台站备份。随着业务发展,基层台站气象装备保障任务包含了更多新的内容,台站通过备件的领用、更换和故障维修以降低故障概率、减少故障时间,增加气象装备的观测能力、提高效率,通过定期开展气象装备的现场标校、计量检定和加强日常维护以更好地保持气象装备的良好运行状态,提升设备的精确度,保证各类观测数据的准确性。

1.3.1 仪器维护

基层台站气象装备的仪器维护是为了防止故障的发生,或防止气象装备的安装、工作环境与规范要求出现偏差,确保投入气象业务系统使用的气象装备经常处于良好技术状态并准确探测气象要素资料而开展的工作,主要进行检查、清擦、保养、紧固等活动,一般以日、周、月、季、年为维护周期。

日常维护是基层台站气象装备保障最主要的工作,是对观测员的基本要求。《地面气象观测规范》以及相关规章制度,对自动气象站和地面观测其他仪器都规定了日、周、月、季、年维护活动需要开展的工作。雷电观测、自动土壤水分观测等业务的观测规范和业务流程中,也都分别对维护的内容、时间要求进行了规定。

1.3.2 故障维修

基层台站气象装备的维修包含预防性维修和修复性维修。其中,预防性维修是为了避免气象装备性能下降或达不到技术指标,按预定的时间间隔和规定的标准进行维护,对气象装备的异常状况进行早期发现和早期维修。故障维修工作比较复杂,需要不同层次技术人员和单位分担,台站只承担部分任务。

对于自动气象站等原理相对较简单的设备,基层台站的装备保障人员应能够进行简单的维修,做到小修不出站,并能够在省、市级装备保障部门指导下,解决有一定难度的技术问题。随着气象装备保障技术的发展,台站维修方式也会发生改变,判断与检测故障和更换备件将是对观测员的基本要求。

1.3.3 运行监控

基层台站气象装备的运行监控是通过对气象装备的环境保持、运行状态及观测数据进行实时监控,及时发现存在的问题并组织处置。基层台站气象装备运行监控方式主要有自动监控、人工巡查监控两种,随着台站气象装备种类不断增加,常规人工巡查监控难以满足位于不同地点和高时间分辨率的气象装备的运行监控,自动监控成为日益重要的运行监控模式。

目前,台站自动监控平台包括 3 部分:一是 ASOM2.0 系统,目前其监控范围已涵盖国家级自动气象站、区域自动气象站、天气雷达、风廓线雷达、自动土壤水分观测仪、探空系统、GNSS/MET 水汽监测系统、雷电、大气成分、风能等业务列装的绝大多数设备,台站级主要负责运用 ASOM 系统填报设备故障信息、停机信息和设备维护信息;二是省级装备保障部门和气象信息部门提供的、ASOM 系统尚未纳入监控的其他观测系统的运行情况以及资料传输情况监控平台;三是各类气象观测系统在台站的业务软件,根据该业务软件采集的观测数据和状态数据,以及告警信息开展自动监控。今后,随着地面气象观测自动化的进一步推进和观测业务集成平台的建立,将实现台站运行监控业务平台的整合。

1.3.4 备件管理

基层台站备件管理是气象部门装备供应工作的组成部分,是保证气象观测系统稳定可靠运行的基础。台站负责本站装备/备件管理,包括本站装备/备件采购计划、验收、登记入库、库存、出库等管理,应急状况下的备件调拨申请等工作。国家级和省级气象部门根据不同观测系统组成、传感器的易损情况及备份成本,确定各类观测系统的台站级备件,台站也可以根据自身实力自行确定备件种类。

2015年,全国气象部门推广建设了气象技术装备动态管理信息系统。通过应用射频识别和二维编码技术,实现按照约定的编码标准,将物品属性的动态变化和互联网技术结合,进行物品和逻辑储备库之间的信息交换,建立识别、定位、追踪、监控的全寿命管理流程,可提供入库、出库、备件申请、调拨/订购、查询和统计分析等需求的分布式网络化操作功能,实现了我国气象装备保障的定量化、自动化、规范化管理。

1.3.5 现场核查和校准

现场核查和校准是仪器检定工作的重要环节,对提高基层台站观测数据的可比性、准确性和一致性有重要作用。现场核查是日常验证观测设备及其测量系统性能的一项维护性工作。由于气象计量检定工作对检定仪器和环境都有很严格的要求,目前台站一般仅对区域自动气象站(简称"区域站")在设备安装、巡检、维护、维修或更换部件后进行现场核查,主要对区域站的气压、温度、湿度、风向、风速、雨量等传感器测量性能进行现场核查,它是保证区域自动气象站观测数据准确性的重要基础工作。其他计量检定和校准工作由具有气象计量检定资质的机构(国家级、省级或市级)完成。

1.4 气象装备保障相关规章制度

现行的装备保障规章制度为《自动气象站保障暂行规定》,现将其主要内容摘录如下,由于业务技术规定可能存在不断更新修订,具体请以中国气象局最新的业务规定文件等为准。

自动气象站保障包括运行监控、维护、维修、储备供应、计量检定等业务,实行国家、省(区、市)、地(市、州、盟)3级管理,部门内部保障力量与社会资源共同保障,部门内部保障实行国家、省(区、市)、地(市、州、盟)和县(区、旗)4级业务布局。

1.4.1 职责分工

自动气象站保障工作由管理部门和业务部门共同负责。各级管理部门负责自动气象站保障业务的管理,按照保障业务规定和有关要求组织开展自动气象站保障工作,督促、检查、评估、通报工作成效。

1.4.1.1 各级管理部门及其主要职责

1. 国家级

(1)负责自动气象站保障业务规范以及管理规章制度的制订。

(2)负责组织落实、督促检查各省(区、市)气象局和国家级业务部门按管理制度开展工作,并负责全国自动气象站保障业务工作质量管理。

(3)负责组织国家级业务部门接受国家质量技术监督管理部门定期对自动气象站计量检定

业务开展的授权或认证进行考核。

2．省级

(1)根据业务规范并结合本省工作实际,细化或建立健全自动气象站保障业务规章制度、业务和管理工作奖惩机制并组织落实。

(2)负责组织落实、督促检查各地(市、州、盟)气象局和省级业务部门按管理制度开展业务工作,同时根据本省(区、市)自动气象站保障工作实际情况安排相关工作,并负责本省自动气象站保障业务工作质量管理。

(3)负责本省(区、市)自动气象站保障业务新技术培训、推广的组织实施。

(4)负责组织业务部门接受省级质量技术监督管理部门定期对自动气象站计量检定业务开展的授权或认证进行考核。

(5)负责本省(区、市)自动气象站保障社会化的政策制定、统一考核评估等监管工作。

3．地(市、州、盟)级

(1)根据业务规范并结合本地工作实际,细化或建立健全自动气象站保障业务规章制度、业务和管理工作奖惩机制并组织落实。

(2)负责组织落实、督促检查各县(区、旗)气象局和地级保障业务部门按管理制度和有关要求开展业务工作。

(3)负责本地(市、州、盟)自动气象站保障业务新技术培训、推广的组织实施。

(4)负责本地(市、州、盟)自动气象站社会化保障的具体监管工作。

各级业务部门(或人员)承担本地自动气象站保障业务的具体实施,接受同级管理部门的管理和上级业务部门的技术指导,承担对下级业务部门的技术指导和培训工作。

1.4.1.2　各级业务部门及其主要职责

1．国家级

(1)承担自动气象站运行监控平台的开发、运行、维护,以及运行状况报告的定期编制。

(2)承担自动气象站保障新技术的研发。

(3)承担自动气象站计量检定国家级标准体系的建立、完善,负责对省级二等标准器的检定和量值传递工作。

(4)承担自动气象站整机的国家级应急储备工作。

2．省级

(1)承担本省(区、市)自动气象站监控平台的运行维护,实时运行监控和运行状况报告的定期编制。

(2)承担本省(区、市)国家站复杂故障的现场维修和区域站复杂故障维修的远程技术指导,承担地、县两级自动气象站故障件的维修工作。

(3)承担本省(区、市)自动气象站计量检定省级标准体系的建立、完善,负责本省(区、市)气象标准器的溯源,国家站传感器计量检定和现场核查,数据采集器的现场校准。

(4)承担本省(区、市)自动气象站备件的计划、采购、仓储、统筹供应和整机的储备工作。

3．地(市、州、盟)级

(1)承担本地(市、州、盟)自动气象站较复杂故障的现场维修或故障件的更换和简单故障的维修。

(2)承担本地(市、州、盟)区域站传感器和数据采集器现场校准。

(3)承担本地(市、州、盟)国家站备件的计划、仓储、供应,以及区域站备件的计划、仓储、统筹供应和整机储备工作。

（4）负责本地（市、州、盟）国家站气象装备技术档案的建立。

4. 县（区、旗）级

（1）承担本县（区、旗）自动气象站故障信息的反馈。

（2）承担本县（区、旗）自动气象站的日常维护和简单故障的维修或故障件更换。

（3）承担本县（区、旗）区域站易损备件的储备工作。

（4）承担本县（区、旗）区域站雨量现场校准工作。

（5）负责本县（区、旗）区域站气象装备技术档案的建立。

（6）负责本县气象装备社会化保障的质量跟踪和考核。

1.4.2　运行监控业务规定

（1）国家站的运行监控按照《综合气象观测系统运行监控业务职责流程（试行）》规定，依托综合观测系统运行监控平台（ASOM系统）进行；区域站的运行监控在全国统一的区域站运行监控平台投入业务运行之前，各省（区、市）气象局可自行研发监控平台在本省内统一使用。

（2）省级实时运行监控业务实行每天 7：00—19：00 值班制度，本省（区、市）气象部门启动重大气象灾害应急响应或重大活动气象服务保障期间等，实行 24 h 不间断值班。县级非实时运行监控与地面观测业务工作一并进行。

（3）对国家站故障信息，国家级业务部门通过监控平台以手机短信、监控快报的形式发布，省级业务部门参照国家级业务部门的发送方式发送本省（区、市）国家站故障信息。

① 手机短信内容需按照《综合气象观测系统运行监控业务信息发布办法》规定向有关管理和业务人员发布。在汛期以及重大气象灾害应急响应和重大活动气象保障期间，值班人员需于每天 7：30、14：30 发布 2 次，其中Ⅰ、Ⅱ级应急响应期间，应急区域出现国家站故障的要在 17：00 加发一次；在非汛期期间，需于每天 11：00 发布一次。短信内容应包括国家站运行状况，出现故障的台站，故障原因，故障的维修进展等内容。

② 监控快报通过 NOTES 系统按要求向国家站维修保障责任主体单位负责人和管理人员发布。启动Ⅰ、Ⅱ级应急响应时，NOTES 发送时间为 10：00、16：00 及 22：00；进入Ⅲ级、Ⅳ级应急响应时，NOTES 发送时间为 10：00、16：00。重大活动气象服务保障期间，NOTES 发送时间为 10：00、16：00。快报应包括故障站点、起始时间、原因分析、维修保障进展情况、后续措施等内容。

区域站故障信息发布方式由各省（区、市）气象局参照国家站故障信息发布方式自行制定。

（4）台站值班人员通过监控平台发现国家站故障，或通过手机短信以及其他方式获悉国家站故障后，要立即按国家站维修保障业务流程启动维修程序并按运行监控职责流程通过 ASOM 系统填写国家站故障表单。同时报告本地（市、州、盟）气象局技术保障中心（或其他相应业务单位）。

区域气象站故障响应方式由各省（区、市）气象局参照国家站故障响应方式自行制定。

1.4.3　维护业务规定

（1）对自动气象站须进行定期维护，重大灾害性天气来临前等特殊情况下的不定期维护由省级管理部门自行制定。自动气象站的各要素传感器的维护工作按照《地面气象观测规范》及其他相关要求进行。对维护过程中发现的问题应及时处理，无法解决的应及时上报上级业务部门。

（2）国家站的日常维护由地面观测值班人员具体实施。

在按照《地面气象观测规范》要求做好日、周、月、年维护的同时，应定期对 UPS 电源进行放电，对发电机运行状态等进行检查。在每年春季由所属地区防雷中心专业技术人员对防雷设施检测维护一次，并出具检测报告，对发现的问题及时按防雷技术规范整改，确保台站防雷装置符合防雷技术规范要求。

(3) 区域站的维护可由县气象局人员完成，也可采用社会化保障的方式。对区域站的维护通过定期维护和不定期维护相结合方式组织实施。定期维护至少每季度进行 1 次，主要内容包括：

① 观测环境勘察。根据《区域气象观测站建设指导意见(修订)》对观测环境的要求查看观测场周围环境有无变化、是否有产生影响观测质量的现象；观测场内自然环境有无变化、围栏有无损毁。

② 外观检查。要查看各类传感器是否正常、固定是否牢固；检查风杆及拉线、风向风速传感器横臂、雨量传感器底座、防辐射罩(或百叶箱)、设备箱(电源箱、采集单元等)及固定装置是否牢固、有无锈蚀和损毁；检查电源线、信号线、接插件等是否连接牢固，以及穿线管有无损毁。

③ 运行情况检查。利用现场移动校准系统或便携装备采集数据，比对检查区域站传感器性能，并检查信号质量、通信费用余额、校对通信时钟；检查太阳能电池板、蓄电池供电性能是否下降。

④ 清洁。对传感器、采集器、太阳能电池板、蓄电池、防辐射罩(或百叶箱)进行清洁，并清洗雨量传感器。清洁和清洗要避开正点时次进行，并避免由此导致的不实数据存储和上传。

每年春季要对防雷设施进行检测，对发现的问题及时按防雷技术规范整改。

不定期维护由省级管理部门根据当地天气气候特点和气象服务工作需要自行规定。

(4) 国家站维护完成后应按规定通过 ASOM 系统详细填写维护信息。区域站维护完成后填写《区域自动气象观测站维护记录表》。

1.4.4　维修业务规定

(1) 自动气象站维修保障业务需设立维修热线电话，并保持全年每天 24 h 畅通。其中，国家站维修热线电话设置在省级业务部门，区域站设置在地级业务部门，并分别由省、地级管理部门及时公布。

(2) 国家站故障排除时间不得超过 72 h；区域站故障排除时间(包括采用社会化保障方式)原则上不得超过 72 h，对海岛、高山等确属交通不便的区域站或遇恶劣天气造成交通不便的情况，由省级管理部门综合考虑气象防灾需要和故障排除的可行性确定故障排除时限。

(3) 在国家站发生故障后，要按业务规定执行地面气象观测应急流程，确保观测数据的完整性，并按以下流程组织维修：

① 由县级维修保障人员进行现场处理，同时上报上一级业务部门，如在 12 h 内无法排除故障，应及时向地级业务部门申请技术支持。

② 地级业务部门要将县级技术支持申请及时报同级管理部门和上级业务部门，组织维修保障人员到达现场进行处理，如在 24 h 内无法排除故障，应及时报地级管理部门并向省级业务部门申请技术支持。

③ 省级业务部门要将地级技术支持申请及时报同级管理部门，并组织维修保障人员到达现场进行处理，在 36 h 内排除故障。

④ 直辖市和海南省所属国家站维修流程由直辖市和海南省(市)级气象保障管理部门自行确定。

(4) 在区域站发生故障后，按以下流程组织维修：

① 由县级维修保障人员(或社会保障人员)进行现场处理，同时上报上一级业务部门，如在

36 h内无法排除故障,应及时向地级业务部门申请技术支持。

② 地级业务部门要将县级技术支持申请及时报同级管理部门,组织维修保障人员到达现场进行处理,在36 h内排除故障,在维修过程中可向省级业务部门申请技术支持,省级业务部门要通过远程技术手段指导地级维修保障人员进行现场维修。

③ 直辖市和海南省所属区域站维修流程由直辖市和海南省(市)级气象保障管理部门自行确定。

(5)区域站故障排除后,现场维修保障人员要详细填写"区域站故障维修记录表"并及时归入自动气象站技术档案,国家站故障维修结束后应按规定通过ASOM系统填报维修信息。

(6)每个自动气象站必须建立完善的技术档案。技术档案内容主要包括:自动气象站生产厂家、技术性能、规格型号、使用手册;维护维修记录、备件更换记录;计量检定、现场校准情况记录等。

1.4.5 计量检定和现场校准业务规定

(1)国家站传感器的检定采取室内检定和现场核查相结合的方式进行,数据采集器采用现场校准方式进行。其中传感器要按照《JJG(气象)2011-自动气象站检定规程》进行室内检定。现场核查方法、数据采集器现场校准方法及云、能见度、天气现象等传感器的检定方法另行规定。区域站传感器和数据采集器采取现场校准方式进行。对于有条件的省也可采用室内检定方式对区域气象站传感器进行检定。

(2)国家站传感器计量检定和现场核查,数据采集器的现场校准业务必须由省级业务部门制订包括时间、人员、备品备件、应急预案在内的年度工作计划,经同级管理部门批准后组织实施。区域站传感器和数据采集器现场校准业务由地市级业务部门制订包括时间、人员、备品备件、应急预案在内的年度工作计划经同级管理部门批准并报上级业务部门备案后组织实施。对于采用室内检定方式对区域站传感器检定的,由省级业务部门统一制定年度工作计划。

(3)国家站传感器现场核查和数据采集器现场校准前应准备充分,并提前通知省级运行监控部门,工作中尽可能缩短校准时间并避免对整点数据传输的影响,工作过程中国家站缺失的数据应按照地面气象观测有关规定用人工观测设备获取的数据进行代替。

(4)区域站传感器和数据采集器现场校准前应准备充分,并提前通知省级运行监控部门,工作过程中区域站缺失的数据不再进行代替。

(5)在国家站因检定更换传感器、数据采集器等备件时,应进行现场核查;在传感器检定周期中段,应对传感器进行现场核查。经核查合格的国家站可继续投入业务使用,不合格的需重新更换相应备件。

1.4.6 备件供应业务规定

(1)自动气象站备件供应包括计划、采购、仓储、配发等环节,遵循"统一计划、集中采购;统筹供应、分级管理"的原则。

(2)各级业务部门要按职责动态储备一定数量的自动气象站整机及备件。

国家站整机至少按全省基准站数量1∶1、基本站3∶1、一般站5∶1储备,储备在省级和地级业务部门,县级储备一定数量的易损件。区域站整机由省级、地级业务部门分别不低于按全省、本地区域站数量100∶1、10∶1储备,县级储备一定数量的易损件。

1.5 气象装备保障业务的发展趋势

1.5.1 提高气象观测技术装备保障业务化水平

(1)完善运行监控业务,实现综合气象观测系统全网实时监控。投入业务运行的各类观测系统要及时纳入运行监控业务。建立完善各类观测系统运行状态监控技术、监控方法和相应的技术标准。健全运行监控信息获取、加工分析处理、监控产品发布和反馈响应等环节的业务流程。制定并实施综合气象观测系统运行监控业务规范、业务运行规定、业务质量考核评价办法和技术装备运行状况通报制度。

(2)健全计量检定业务,确保观测数据准确性。建立完善温度、气压、湿度、风、雨量、云、能见度、天气现象等直接观测气象要素计量检定和现场校准方法,健全相应的计量检定规程和计量校准规范。建立天气雷达、风廓线雷达、气象卫星等遥感观测技术装备标定技术、标定方法和相应的技术标准。完善计量量值溯源、量值传递、检定校准和比对核查等环节的业务流程和业务运行规定。扩大气象计量检定业务容量,逐步覆盖所有观测业务使用的技术装备,严格计量检定程序和技术要求,保证各类观测仪器的技术性能稳定和观测数据准确。

(3)规范维护维修业务,确保技术装备处于良好状态。制定各类气象观测技术装备诊断维修、维护巡检业务标准,完善各类技术装备维护维修业务规定。建立诊断分析、故障响应、故障排除、修后检测、案例建档以及维护巡检等环节的业务流程,规范各类维护维修业务,制定维护维修业务质量考核评价办法。针对各类气象观测系统运行特点和各地实际,分类建立适应观测系统运行要求的维护维修保障模式。加强汛期服务和重大活动保障时期技术装备巡检,及时发现、解决隐患,保障技术装备处于良好工作状态。

(4)完善储备供应业务,保障观测系统正常运转。建立完善技术装备备品备件计划、采购、入库、仓储、调配、出库、统计和跟踪等环节的业务流程,严格各环节业务规定。根据各类观测系统运行要求,合理布局技术装备储备供应当量,实行应急储备物资统一调配制度。

1.5.2 增强气象观测技术装备保障业务能力

(1)建设装备保障综合业务系统。统一技术标准和业务平台,统一设计开发,统筹规划布局,加快建设各级互联互通、涵盖装备保障各项功能的综合业务系统,提高装备保障业务水平。

(2)拓展运行监控能力。建成国家、省两级部署,具有实时在线监控、逐级数据交换、故障报警、监控产品自动生成和分发等功能的运行监控业务平台,丰富监控产品,扩大运行监控业务范围,形成对业务运行的所有观测技术装备进行实时运行监控能力。

(3)加强气象计量业务能力。加强国家级和省级气象计量检定实验室建设,严格控制实验室环境参数,气象计量标准器具要逐步配置到行业最高标准,各项气象要素计量量值要逐步溯源至国际基本单位。加快建设地县级现场校准能力和手段,逐渐形成覆盖所有业务使用的观测技术装备的计量检定能力。

(4)提升维护维修能力。建设全国联网的故障远程诊断系统。建设国家级大型技术装备专用维修测试环境和省级维修测试综合业务平台,配置地县级简单故障检测仪器仪表和现场维修工具,具备重要技术装备故障部件的快速检测与修复能力。建设移动应急维修保障系统,增强机动性和应急保障能力。

(5) 提高储备供应能力。应用物联网、电子标签技术和现代物流管理方法,建设气象技术装备管理信息系统,实现全国气象技术装备和备品备件智能跟踪、动态管理,实施统筹调度和配送。完善气象装备储备库建设,改善库房储备环境条件。利用现代物流渠道和社会资源,提高技术装备供应和周转效率。

(6) 建设装备保障科技设施。建设大气环境模拟实验舱、气象专用技术装备产品质量检验测试平台等重要科技设施,完善中国气象局综合气象观测试验基地,增强技术装备定型考核、产品中试、质量测试评估和技术保障的支撑能力。

1.5.3 推进气象装备社会化保障工作

随着综合气象观测系统快速发展和稳定可靠运行要求的提升,部门装备保障能力不足与保障任务大幅增加的矛盾日益凸显。积极推进气象装备社会化保障,利用社会资源开展部分气象装备的维护维修保障工作,是新形势下做好装备保障工作的重要补充。

1. 因地制宜,采用多种方式推进气象装备社会化保障

气象装备社会化保障工作与当地经济发展水平、社会服务公司维护维修技术水平等方面密切相关,各省(区、市)气象局可根据本单位工作实际、部门保障力量、经济能力和地域特点,因地制宜,灵活采用以下不同方式开展气象装备社会化保障。

(1) 依托生产企业开展社会化保障。邻近气象装备生产企业的省(区、市)气象局可充分利用生产企业技术力量强、备件供应充足等优势,利用生产企业力量开展社会化保障。

(2) 依托社会服务公司开展社会化保障。由于区域气象观测站等装备原理、构造相对简单,其日常维护、巡检和故障维修等工作可由社会服务公司承担,目前一些经济较发达地区的气象部门采用此方式开展区域气象观测站社会化保障取得了较好成效。有条件省(区、市)气象局可采用该方式开展社会化保障。

(3) 通过向生产企业购买售后服务开展社会化保障。根据项目建设情况,在气象装备采购时延长气象装备免费保修期。在气象装备免费保修期之外,通过支付一定的保障服务费,采用包年或计次的方式,向生产企业购买维修服务。

(4) 通过部门内部组建公司开展社会化保障。由部门组建公司开展本省(区、市)气象装备社会化保障,可培养一支由部门主导的装备保障队伍,在维修时效上也较其他方式具有优势,有条件省(区、市)气象局可在充分论证的基础上采用该方式开展社会化保障。

(5) 通过部门内部科技服务实体开展社会化保障。部门内部科技服务实体对气象装备比较了解,可以充分利用科技服务实体用人机制灵活等特点,招聘部分技术人员开展社会化保障。

(6) 利用气象信息员开展社会化保障。目前全国拥有 70 多万气象信息员,气象信息员在继续做好气象信息服务的同时,通过对其培训可以承担区域气象观测站等的维护维修任务,各省(区、市)气象局可积极探索由其开展区域气象观测站的维护维修保障工作。

2. 突出重点,分类推进气象装备社会化保障

本着积极稳妥,突出重点,先易后难,务求实效的原则,针对各种装备技术特点分类推进气象装备社会化保障。

(1) 国家级自动气象站由部门保障为主,通过向生产企业购买备品备件和由生产企业维修故障件等方式解决维修保障问题。

(2) 区域自动气象站在条件许可情况下,可采取由生产企业、社会服务公司、气象部门内部组建公司、部门科技服务实体、气象信息员等多种方式开展社会化保障。有条件的单位也可采用向

生产企业购买服务、延长保修时间的方式开展社会化保障。

（3）探空系统、雷电探测仪、自动土壤水分观测仪等在现有部门保障的基础上,通过向生产企业购买备品备件和由生产企业维修故障件等方式解决维修保障问题。

（4）全球导航卫星系统遥感水汽探测设备（GPS/MET）和大气成分观测设备等高集成度、高精密性的仪器,由部门储备备品备件,出现故障后直接更换并将故障件交生产企业维修。

（5）地面常规观测仪器以部门保障为主,由省和地级负责复杂故障的维修,由台站负责仪器的维护和一般故障的维修。

第 2 章　地面气象自动化观测系统保障基础(8 学时)

授课方式：课程讲授。
教学内容：地面气象自动化观测系统的总体架构、传感器、采集器、新型传感器(云能天、辐射等)、标校、常用维护工具、软件(串口助手)、通信模块(综合集成硬件控制器)。
教学要求：了解现有地面气象自动化观测系统的总体架构,掌握传感器、采集器、新型传感器、通信模块的结构原理和标校方法；熟悉常用维护工具、软件。
重点难点：传感器、采集器、新型传感器、通信模块的结构原理、标校方法。
课程小结：本课程主要介绍了地面气象自动化观测系统的总体架构、各部件的结构原理和常用工具、软件。
思考题：简述地面气象自动化观测系统的总体架构。

自动气象站是依据中国气象局综合观测司《新型自动气象(气候)站功能规格书(修订版)》统一标准、统一功能、统一结构、统一方法、统一规范的要求,设计制造的一种高精度、高稳定、易维护、低功耗、易扩展和具有实时远程监控功能的新型气象观测仪器,可以满足现有气象观测站观测业务的需要。

2.1　总体架构

新型自动气象(气候)站基于现代总线技术和嵌入式系统技术构建,采用了国际标准并遵循标准、开放的技术路线进行设计,它由硬件和软件两大部分组成。硬件包括采集器(1 个主采集器和若干个分采集器)、外部总线、传感器、外围设备 4 部分；软件包括嵌入式软件、业务软件两部分。其总体架构如图 2.1-1 所示。

其中,温湿度测量既可以使用温湿度智能传感器,也可将温度、湿度传感器直接挂接到主采集器上；称重式降水传感器既可以采用串口方式挂接在主采集器上,也可以作为智能传感器挂接在其他采集系统上。

自动气象站的核心是基于 CAN(Controller Area Network,控制器区域网)总线技术和国际标准 CANopen 协议进行设计,涉及物理层、数据链路层和应用层的标准定义。满足此定义和功能规格书的主/分采集器具备统一的物理接口和应用接口,从而达到兼容、互换的目的。

为了实现自动气象站的最小配置,将基本气象要素传感器直接挂接在主采集器上。可以对自动气象站进行不同的配置,以实现不同观测任务或满足不同类别气象观测站的需要,以最大限度地方便维护和降低维护成本。

在已建自动气象站扩展新的测量要素或增加传感器时,不需要对系统已有的传感器连接、布线作改动,只需要将新的分采集器和/或传感器加入到系统中,并进行简单的软件升级/配置。

外围设备主要包括电源、终端微机、通信接口和外存储器。

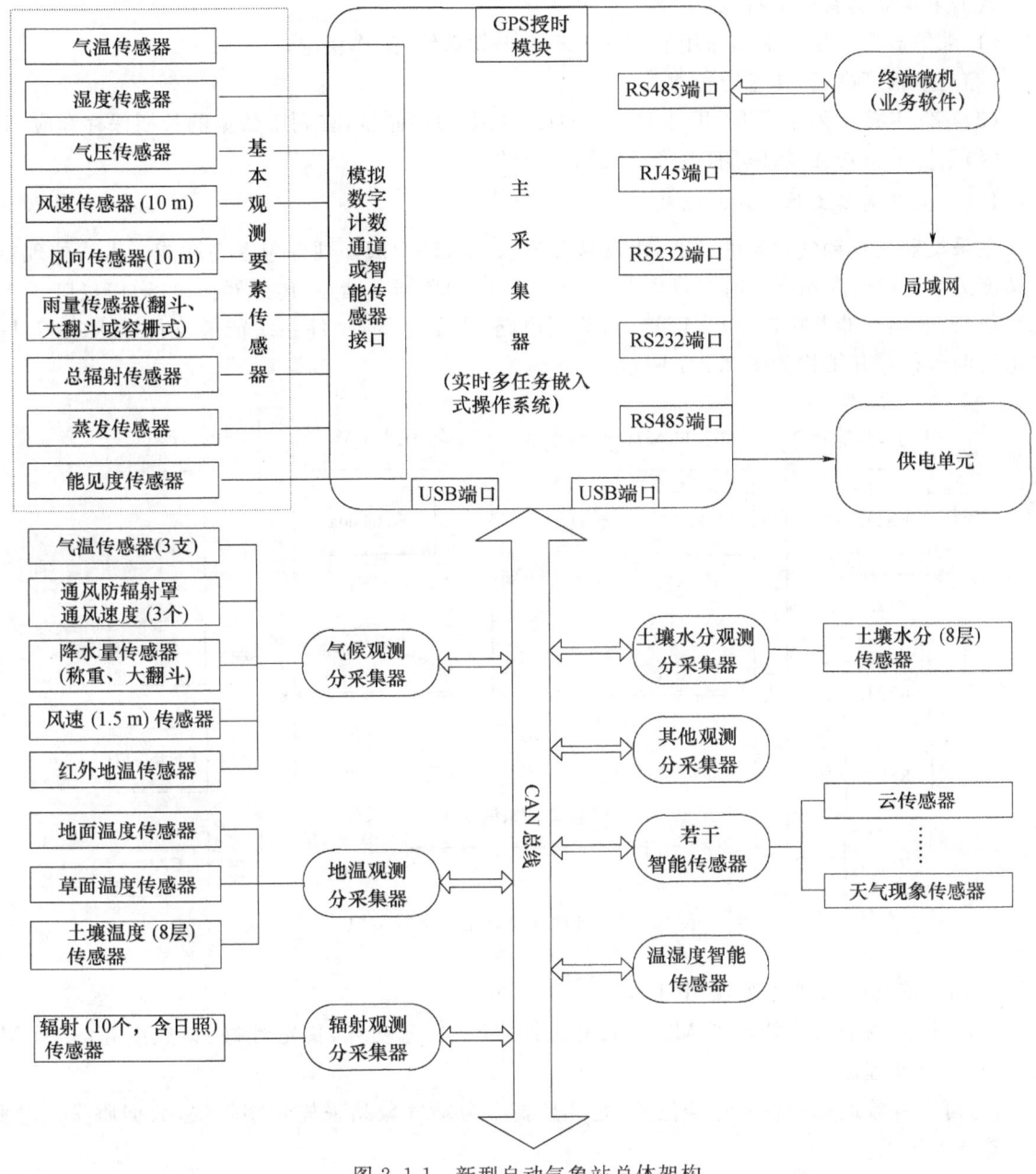

图 2.1-1　新型自动气象站总体架构

2.2　数据采集器

2.2.1　主采集器

主采集器是本系统的核心部件,它挂接各类基本气象要素传感器,对采样数据进行控制运算、数据计算处理、数据质量控制、数据记录存储,实现数据通信和传输,与终端微机或远程数据中心进行交互。

数据采集器具有以下特点：
(1)采集器系统软件采用通用嵌入式 Linux 操作系统,工作稳定。
(2)测量精度高,工作稳定可靠。
(3)存储卡接口采用标准 CF 卡接口,可扩充数据的存储量,有利于数据的长期保存和应用。
(4)系统的低功耗设计可有效降低观测系统的功耗。

2.2.1.1 主采集器工作原理与结构

主采集器是自动气象站的核心,由硬件和嵌入式软件组成。硬件包含高性能嵌入式处理器、高精度 A/D 电路、高精度实时时钟电路、大容量程序和数据存储器、传感器接口、通信接口、CAN 总线接口、外接存储器接口、以太网接口、监测电路、指示灯等,硬件系统能够支持嵌入式实时操作系统的运行。其结构如图 2.2-1 所示。

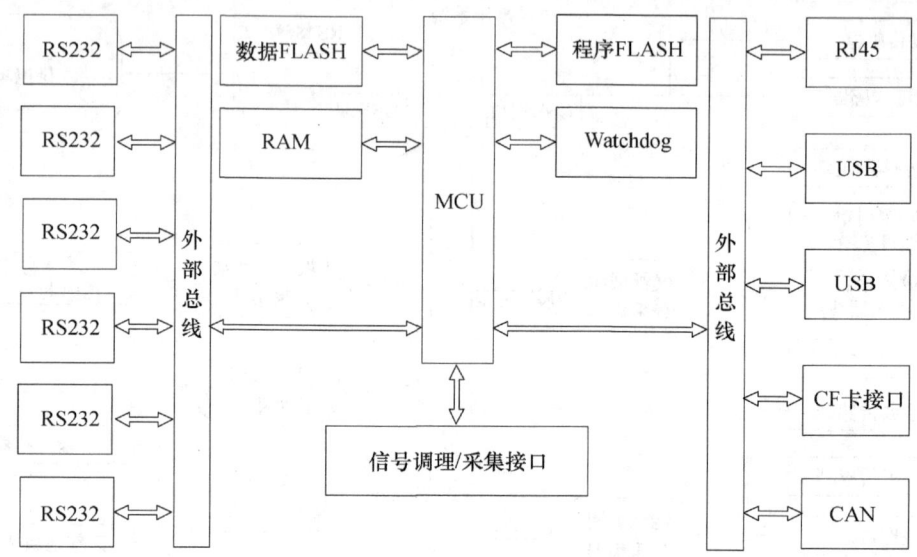

图 2.2-1　自动气象站主采集器结构

1. 高性能的嵌入式处理器 MCU

(1)高性能的嵌入式处理器 MCU 采用运行速度快、低功耗、稳定性好、集成度高的 ARM9 系列的 32 位处理器。

(2)可以有效地处理各种复杂任务,尤其是新型自动气象站采样频率较快,数据质量控制要求计算能力较强。

(3)具有较高的集成度,片内集成有:CAN 控制器、CF 卡接口、USB 接口、以太网接口、串行通信接口、多媒体接口、I^2C 总线接口、SPI 总线接口、计数通道、看门狗电路、MMU 管理电路等,功能强大。

(4)具有非常好的可靠性和稳定性。

(5)相对于其他具有同样性能的 MCU,该 MCU 工作电流 30 mA,而且该 MCU 具有休眠功能,待机模式电流仅 3 mA,可以有效地降低功耗。

2. 激励源电路、模拟量接口、高精度的 A/D 转换电路

该部分电路主要负责模拟量的接入和采集。

技术设计上选用高精度、低温漂、低噪声的模拟电压基准源,以此为基础产生 0.5 mA 的恒

流源输出,为被测电阻提供电流。具有电压、电流、电阻等模拟量测量接口,可接入不同类型的传感器信号,根据输入信号种类的不同,各有相应的防雷抗干扰和滤波接口电路。采样测量电路包括高速低阻抗多路模拟开关,多通道16位A/D转换芯片等,在MCU控制下按照程序要求进行输入信号切换、A/D自校准、量程转换、模数转换等操作。

3. 事件计数接口电路

数据采集器提供3个16位高速计数器。在本系统中主要用于风速传感器输出频率测量、雨量传感器的脉冲信号计数测量,计数器最大容量可达到65535。

4. 并行输入输出接口

数据采集器提供一个8位输入输出接口,可以作为数字量输入接口,也可以由MCU控制其输出,提供外部控制信号。在本系统中主要用于测量风向(7位格雷码输出)和主采集器机箱开关检测(1位)。

5. 大容量的程序和数据存储器、外接存储器接口

程序存储器选用非易失性的存储芯片,容量满足嵌入式软件的容量要求,并具有50%的余量;数据存储器选用非易失性的存储器件,容量满足数据存储的要求,并具有50%的余量;RAM满足嵌入式软件的运行要求,并且有30%的余量。

存储电路选用标准CF卡驱动电路,具有标准CF卡接口,可以接入不同容量的标准CF卡。主控软件自动识别不同厂家的CF卡,不需另外驱动。

6. 串行通信接口、USB接口及RJ-45网络接口

数据采集器共可以对外提供4个RS-232串行口、2个RS-485端口、1个RJ-45网络接口以及USB设备接口,用于满足不同要求的通信方式。

RS-232串行口用于对外通信,可以直接连接本地业务系统;可以通过扩展通信设备(如GPRS MODEM、有线MODEM等)连接到远程业务系统;可以接入带有RS232接口的智能传感器(如气压传感器等);可以接入GPS校时系统。

2个RS-485端口:用于接入能见度传感器或称重式降水传感器,也可用于外部通信。

RJ-45网络接口:用于连接远程业务系统。

USB设备接口:用于连接标准USB存储设备(自动识别,不需驱动程序),通过该口可以将数据采集器内的数据卸载到USB存储设备内。

7. 时钟电路及看门狗电路

(1)时钟电路为系统运行提供精确的时钟,月运行误差小于15 s。时钟电路选用新型高精度的实时时钟器件,器件内部集成了带有温度补偿的晶振,具有定时功能和频率可编程的方波信号输出功能,接口为I^2C方式,为测量系统提供时间同步基准。

(2)看门狗电路用于系统死机后,自动恢复。启用MCU内部的看门狗定时器,并在外部配置了独立的多功能看门狗芯片。当系统故障时,该芯片以电平信号作出响应,芯片内还具有低电压检测电路,可以保护系统免受低电压状况的影响;当电源电压降到最小电压转换点以下时,看门狗芯片置位复位电平,直到电源电压返回且稳定为止。

8. CAN总线接口电路

为系统提供CAN总线接口,可以实现一对多通信,支持CANopen协议。

2.2.1.2 主采集器主要功能

主采集器直接挂接的传感器包括气温、湿度、气压、降水量(翻斗或容栅式、大翻斗式)、风向(10 m高度)、风速(10 m高度)、总辐射、蒸发和能见度,其通道配置要求如表2.2-1所示,同时具

备表 2.2-2 所示的通信接口。

表 2.2-1　主采集器接入传感器通道配置要求

传感器类型	通道类型	数量
气温	模拟(铂电阻)	1
湿度	模拟(电压)	1
气压	RS232	1
风向	数字(7位格雷码)	1
风速	数字(频率)	1
降水量	数字(计数)	1
总辐射	模拟(差分电压)	1
能见度	RS485 或 RS232	1
蒸发量	模拟(电流)	1
渐近开关	数字(电平)	1
称重降水	RS485 或 RS232	1

表 2.2-2　主采集器通信接口配置要求

通信接口	用途	数量
CAN	主、分采集器通信	1
RS232	终端通信	1
RS232	系统调试/监控	1
RJ45	网络通信	1

(1)主采集器具备外接存储器,包括 1 个 CF 卡和 2 个 USB。

(2)主采集器具备监测电路,用于主板温度测量、主板电源测量、交流供电检测和主采集器机箱门状态检测。

(3)主采集器具备指示灯,包括系统指示灯(秒闪)和 CF 卡指示灯,在线编程接口应包括 RS232 或 RJ45。

(4)主采集器主要有两大功能:①完成基本观测要素传感器的数据采样,对采样数据进行控制运算、数据计算处理、数据质量控制、数据记录存储,实现数据通信和传输,与终端计算机或远程数据中心进行交互;②担当管理者角色,对构成自动气象站的其他分采集器进行管理,包括网络管理、运行管理、配置管理、时钟管理等,以协同完成自动气象站的功能。

(5)软件初始化:①对数据采集器进行自检,准备存储器、外围设备;②观测员可通过本地终端对数据采集器设置,并修改所有保证自动气象站正常运行所必需的业务参数[缺省值],包括观测站基本参数、传感器参数、通信参数、质量控制参数、气象报警阈值等;③建立和运行观测任务。

(6)数据采集功能:①对传感器按预定的采样频率进行扫描和将获得的电信号转换成微控制器可读信号,得到气象变量测量值序列;②对气象变量测量值进行转换,使传感器输出的电信号转换成气象单位量,得到采样瞬时值;③对采样瞬时值,根据规定的算法,计算出瞬时气象值(又称气象变量瞬时值);④实现数据质量检查。

(7)数据处理功能:①导出气象观测需要的其他气象变量瞬时值,这种导出通常是在数据采集获得的气象变量瞬时值的基础上进行的,也有通过更高频率的采样过程获得的,如瞬时风计算;②计算出气象观测需要的统计量,如一个或多个时段内的极值数据、专门时段内的总量、不同时段内的平均值以及累计量等;③由数据采集器生成采样瞬时值数据、瞬时气象值(分钟)数据、小时正点数据和监控数据,并写入数据内存储器,同时形成相应数据文件实时写入外存储器。数据处理方法遵循《新型自动气象(气候)站功能规格书(修订版)》的要求。

(8)数据存储功能:①数据采集器内存储 1 d 的采样瞬时值、30 d 的瞬时气象(分钟)值、1 a 的正点气象要素值,以及相应的导出量和统计量等;②数据存储使用循环式存储器结构,允许最新的数据覆盖旧数据;③采集器内部的数据存储器容量留有 50% 的余量;④采集器内部的数据存贮器应具备掉电保存功能;⑤采集数据在外存储器(卡)以文件方式进行存储,能够存储至少 1 a 全要素分钟数据,全部数据以 FAT 的文件方式存入。数据存储格式遵循《新型自动气象(气候)站功能规格书(修订版)》的要求。

(9)数据传输功能分为本地传输和远程通信传输。本地传输是指采集器把数据传送到终端设备(计算机),可分为:①在自动气象站时间表控制下的传输,即自动气象站正常运行时的自动传输;②响应终端命令的传输,即人工干预下的传输,通常由终端微机或中心站发出命令;③超过某个设定的气象阈值时,自动站进入报警状态的传输。自动气象站正常运行时自动传输的时间表和报警的气象阈值可以通过终端命令或业务软件由用户设定。终端微机与数据采集器间的信号传输距离≥200 m。在规定的传送距离之内,信号传送质量不因改变线缆的长度而降低。远程通信传输是指自动气象站具备通过无线方式进行数据远程传输的功能,通过数据采集器的远程通信接口(RS 232)外加远程通信设备(如 GPRS)实现。

(10)数据质量控制功能:数据采集器应具备对用于数据质量检查的各要素极值范围、允许变化速率和变化率值等参数的设置。

① 对采样瞬时值的质量控制:对采样瞬时值变化极限范围的检查;对采样瞬时值变化速率的检查。

② 对瞬时气象值的质量控制:对瞬时气象值变化极限范围的检查;对瞬时气象值变化速率的检查,包括检查瞬时气象值的最大允许变化速率和检查瞬时气象值的最小应该变化速率;标准偏差的计算;内部一致性检查。

数据质量控制的软件处理方法符合《新型自动气象(气候)站功能规格书(业务试用版)》的要求。

(11)GPS 对时功能:数据采集器具备 GPS 自动对时功能,GPS 对时功能失效时提供报警。

(12)状态监测功能:数据采集器可以定时自动监控传感器、采集器等状态,从而保证各部件运行的可靠稳定。也可以接受外部命令实时监测当前状态,并上报至上级业务软件。数据采集器可以检查自身的电压、主板温度、存储使用情况等状态。

(13)报警功能:采集器提供各种报警功能,触发条件主要包括大风(阈值可设置)、降水(阈值可设置)、极端气温(高温或低温)、数据异常、供电异常等。

(14)现场软件升级功能:在不更改任何硬件设备的前提下,可以通过本地终端对数据采集器嵌入式软件进行版本升级。

2.2.2 分采集器

分采集器负责所接入传感器对应气象要素的测量,对挂接的传感器按预定的采样频率进行扫描,收到主采集器发送的同步信号后,将获得的采样数据通过总线发送给主采集器。

2.2.2.1 分采集器工作原理及结构

分采集器硬件包含高性能嵌入式处理器、高精度 A/D 电路、高精度的实时时钟电路、大容量的程序存储器、参数存储器、传感器接口、CAN 总线接口、通信接口、监测电路、指示灯等,硬件系统支持运行嵌入式实时操作系统。其结构框图见图 2.2-2。

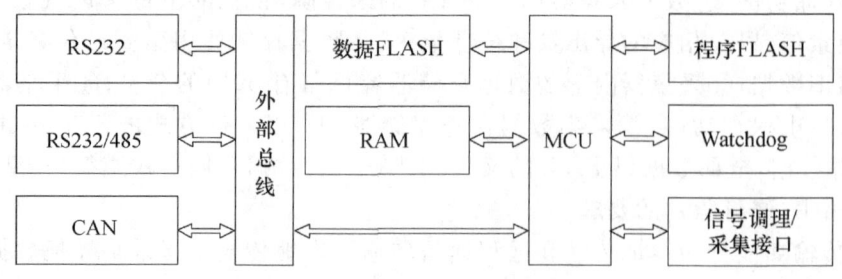

图 2.2-2 自动气象站分采集器结构

(1)高性能的嵌入式处理器 MCU:选用内部具有大容量程序 FLASH 及片内数据 RAM 和双串口的新型高速微控制器,可实现多种信号的采集和运算处理,所选用的 MCU 可实现串行在线系统编程,允许用户在使用时下载新的程序代码,实现远程编程。

(2)激励源电路、模拟量接口、高精度的 A/D 转换电路:与主采集器电路基本相同。

(3)事件计数接口电路:与主采集器电路基本相同。

(4)大容量的程序和参数存储器:程序存储器选用非易失性的存储芯片,容量满足嵌入式软件的容量要求,并具有 50% 的余量;数据存储器选用非易失性的存储器件,容量满足数据存储的要求,并具有 50% 的余量;RAM 满足嵌入式软件的运行要求,并且有 30% 的余量。

(5)串行通信接口电路:分采集器可以对外提供 2 个 RS232 串行口。

(6)时钟电路及看门狗电路:时钟电路为系统运行提供精确的时钟,月运行误差小于 15 s。时钟电路选用新型高精度的实时时钟器件,器件内部集成了带有温度补偿的晶振,具有定时功能和频率可编程的方波信号输出功能,接口为 I^2C 方式,为测量系统提供时间同步基准。看门狗电路用于系统死机后,自动恢复。启用 MCU 内部的看门狗定时器,并在外部配置了独立的多功能看门狗芯片。当系统故障时,该芯片以电平信号作出响应,芯片内还具有低电压检测电路,可以保护系统免受低电压状况的影响;当电源电压降到最小电压转换点以下时,看门狗芯片置复位电平,直到电源电压返回且稳定为止。

(7)CAN 总线接口电路:为系统提供 CAN 总线接口,支持 CANopen 协议。

2.2.2.2 分采集器主要功能

分采集器负责所接入传感器对应气象要素的测量,对挂接的传感器按预定的采样频率进行扫描,收到主采集器发送的同步信号后,将获得的采样数据通过总线发送给主采集器。分采集器主要功能如下。

(1)软件初始化:①对分采集器进行自检,准备外围设备;②与主采集器建立通信联系,接受必要的参数设置;③建立并运行本采集器观测任务。

(2)数据采集功能:①对传感器按预定的采样频率进行扫描和将获得的电信号转换成微控制器可读信号,得到气象变量测量值序列;②对气象变量测量值进行转换,使传感器输出的电信号转换成气象单位量,得到采样瞬时值。

(3)数据传输功能:通过 CAN 总线,按照《新型自动气象(气候)站功能规格书(修订版)》的通信协议,向主采集器发送数据。

(4) 状态监测功能:分采集器可以定时自动监控传感器、采集器等工作状态,从而保证各部件运行的可靠稳定;也可以接受外部命令实时监测当前状态,并上报至上级业务软件。分采集器可以检查自身的电压、主板温度等工作状态。

(5) 现场软件升级功能:在不更改任何硬件设备的前提下,可以通过本地终端对分采集器嵌入式软件进行版本升级。

2.2.3 采集器的接口方式

主采集器、分采集器上的传感器信号线、电源输入线、通信线等接线的连接均采用插座式接线端子插头。

接线端子插头选择两种型号,分为电源输入线端子及其他连接线端子。其中,电源输入线端子间距为5.08 mm,保证电源供电的稳定;其他接线端子间距为3.81 mm;如图2.2-3和2.2-4所示。

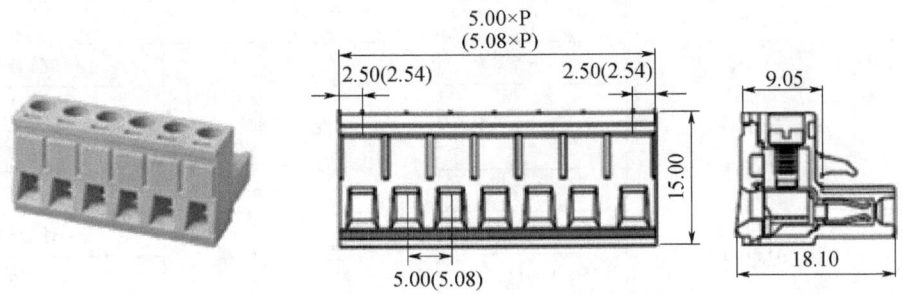

图 2.2-3 接口端子(5.08 mm)示例及尺寸

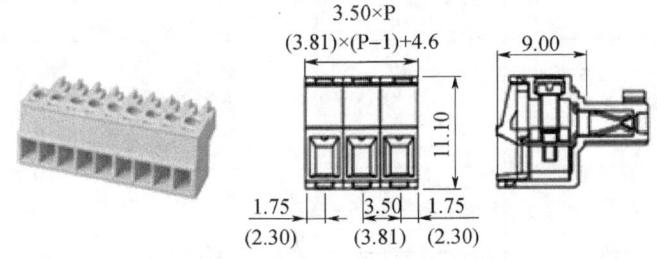

图 2.2-4 接口端子(3.81 mm)示例及尺寸

2.2.3.1 采集器接口

1. 主采集器接口

主采集器接口种类如下:
- 模拟通道测量——气温传感器、湿度传感器、蒸发传感器;
- 计数通道测量——翻斗式雨量传感器、风速传感器;
- 数字量通道测量——风向传感器;
- RS232通道——气压传感器、积雪深度传感器、称重式降水传感器/能见度传感器;
- RS485通道——能见度传感器/称重式降水传感器。

主采集器各接口分配见表2.2-3。

表 2.2-3 主采集器各接口分配表

通道号	通道类型	通道端子	接入设备类型	信号线
CH1	模拟通道	*	保留	—
		+		—
		−		—
		R		—
CH2	模拟通道	*	保留	—
		+		—
		−		—
		R		—
CH3	模拟通道	*	保留	—
		+		—
		−		—
		R		—
CH4	模拟通道	*	蒸发传感器	传感器电源
		+		电流输出＋
		−		电流输出−
		R		地
计数 1	计数通道	C1	翻斗式雨量传感器	计数输出
		GND		地
计数 2	计数通道	+5 V	风速传感器	电源输入
		C2		计数输出
		GND		地
数字接口	数字通道	D0−D6	风向传感器	七位格雷码
		+5 V		电源输入
		GND		
RS232	串行接口	+12 V	气压传感器	电源输入
		Rx		Tx
		Tx		Rx
		GND		GND
RS232	串行接口	+12 V	称重式降水传感器/能见度传感器	电源输入
		Rx		Tx
		Tx		Rx
		GND		GND
RS232	串行接口	+12 V	积雪深度传感器	电源输入
		Rx		Tx
		Tx		Rx
		GND		GND

续表

通道号	通道类型	通道端子	接入设备类型	信号线
RS485	通信接口	A	称重式降水传感器/能见度传感器	A
		B		B
		GND		GND
RS232	通信接口	A	通信	A
		B		B
		GND		GND
CAN 总线	总线接口	CAN_H	分采集器	CAN_H
		CAN_L		CAN_L
		GND		GND
电源输入		+12 V	电源模块	电源输入
		GND		GND

2. 地温分采集器接口

地温分采集器为模拟测量通道，要素为草面温度、地面温度、浅层地温、深层地温，接口分配见表 2.2-4。

表 2.2-4 地温分采集器接口分配表

通道号	通道类型	通道端子	接入设备类型	信号线
CH1	模拟通道	*	草面温度	A
		+		A
		−		B
		R		B
CH2	模拟通道	*	地面温度	A
		+		A
		−		B
		R		B
CH3	模拟通道	*	5 cm 地温	A
		+		A
		−		B
		R		B
CH4	模拟通道	*	10 cm 地温	A
		+		A
		−		B
		R		B
CH5	模拟通道	*	15 cm 地温	A
		+		A
		−		B
		R		B

续表

通道号	通道类型	通道端子	接入设备类型	信号线
CH6	模拟通道	*	20 cm 地温	A
		+		A
		−		B
		R		B
CH7	模拟通道	*	40 cm 地温	A
		+		A
		−		B
		R		B
CH8	模拟通道	*	80 cm 地温	A
		+		A
		−		B
		R		B
CH9	模拟通道	*	160 cm 地温	A
		+		A
		−		B
		R		B
CH10	模拟通道	*	320 cm 地温	A
		+		A
		−		B
		R		B
RS232	串行接口	Rx	调试端口	Tx
		Tx		Rx
		GND		GND
CAN 总线	总线接口	CAN_H	主采集器	CAN_H
		CAN_L		CAN_L
		GND		GND
电源输入	电源接口	+12 V	电源模块	电源输入
		GND		GND

3. 温湿度分采集器接口

温湿度分采集器为模拟测量通道，要素为气温、湿度，接口分配见表 2.2-5。

表 2.2-5　温湿度分采集器接口分配表

通道号	通道类型	通道端子	接入设备类型	信号线
CH1	模拟通道	*	气温	A
		+		A
		−		B
		R		B

续表

通道号	通道类型	通道端子	接入设备类型	信号线
CH2	模拟通道	*	湿度	传感器电源
		+		电压输出+
		-		电压输出-
		R		地
电源输入	电源接口	+12 V	电源模块	电源输入
		GND		GND

2.2.3.2 总线

1. 特点

主采集器和分采集器之间采用双绞线 CAN 总线方式连接,双工通信。总线标准为 ISO-11898。其特性如下:

(1)支持多主方式,可以实现系统冗余或热备份;

(2)可靠的错误处理和检错机制,错误严重的节点可自动关闭输出,发送的信息遭到破坏后可自动重发,网络具备很高的可靠性;

(3)非破坏总线仲裁,允许多个节点同时发送信息,极高的总线利用率;

(4)可实现点对点、一点对多点及全局广播,无需专门的"调度";

(5)直接通信距离最远达 10 km(速率 5 kb/s);

(6)通信介质为双绞线,抗干扰能力强;

(7)由硬件实现数据链路层通信协议。

2. 物理接口

新型自动气象(气候)站的总线物理接口采用 CAN 总线接口,ISO 11892-2 对此进行了详细规定,网络结构如图 2.2-5 所示。

3. 连接器

连接器采用 CiA DR-303-1 的工业级连接器中的开放形式连接器针脚标准,其结构如图 2.2-6 所示,针脚接线描述见表 2.2-6。

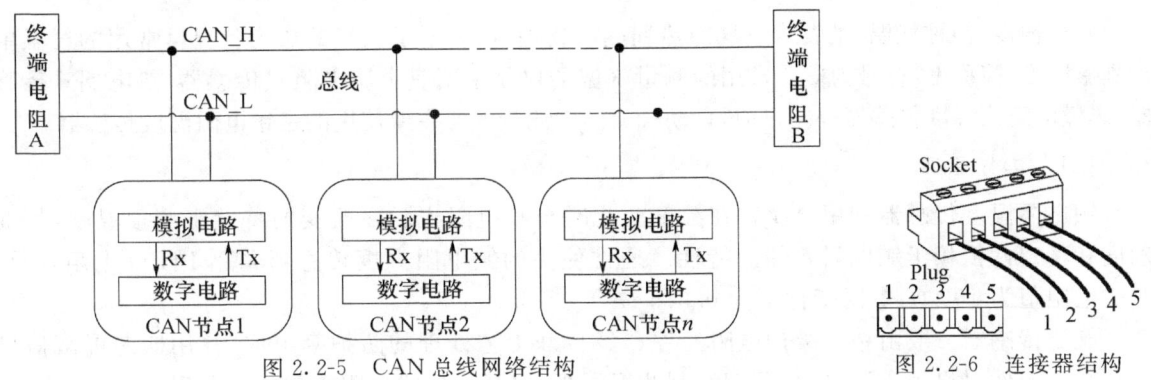

图 2.2-5 CAN 总线网络结构　　　图 2.2-6 连接器结构

表 2.2-6　连接器接线描述

针脚	信号	描述
1	CAN_GND	GND 或 0 V 或 V−
2	CAN_L	CAN_L 线,显性为低电平
3	CAN_SHLD	CAN 屏蔽(可选)
4	CAN_H	CAN_H 线,显性为高电平
5	CAN_V+	CAN 收发器或光隔的电源(可选)

4. 应用层协议

主采集器和分采集器是 CAN 总线上的节点,它们之间的通信遵循 CAN 数据链路层协议和 CANopen 应用层协议,实现网络管理服务和报文传送。

CAN 总线标准已规定了数据链路层协议,目前为 CAN2.0。数据链路层协议由 CAN 控制器在硬件上实现。

主采集器和各分采集器通信协议的规定见《新型自动气象(气候)站功能规格书(修订版)》附录 1。

2.3　常规要素传感器

自动气象站使用的传感器可分为 3 类。
(1)模拟传感器:输出模拟量信号的传感器。
(2)数字传感器:输出数字量(含脉冲和频率)信号的传感器。
(3)智能传感器:带有嵌入式处理器的传感器,具有基本的数据采集和处理功能,可以输出并行或串行数据信号。

模拟传感器、数字传感器、智能传感器连接到主采集器或分采集器,符合自动气象站总线接口的智能传感器可以直接挂在总线上作分采集器使用。

传感器的种类和数量根据实际需要测量的要素确定。

2.3.1　空气温度传感器

空气温度(简称气温)是表示空气冷热程度的物理量,表征了大气的热力状况。常用的气温单位是摄氏度,简称度,符号为℃。常用的测量气温的仪器主要有金属电阻式传感器、热电偶式传感器、热敏电阻式温度传感器等。目前,自动气象站中测量气温主要使用的是铂电阻温度传感器。

2.3.1.1　工作原理

铂电阻温度传感器利用金属铂在温度变化时自身电阻也随之改变的特性来测量温度,其准确度和稳定性依赖于铂电阻元件的特性。通常使用的铂电阻温度传感器采用 Pt100 电阻,0 ℃时的电阻值为 100 Ω,电阻变化率为 0.385 Ω/℃。

气温传感器一般由精密级铂电阻元件和经特殊工艺处理的防护套组成,并用四芯屏蔽信号线从敏感元件引出用于测量,采用四线制测温原理,以减少导线电阻引起的测量误差。

带标准电阻的四线制电阻测温原理见图 2.3-1。

假定传感器的四根导线电阻为 r,在 2、3 端接入标准电阻 R_0 和待测电阻 R_t 串联构成回路。由恒流源提供电流 I_0,由于导线的压降很小,所以 $I_0 = V_1/R_t = V_2/R_0$,即得出 $R_t = R_0 \times V_1/V_2$。

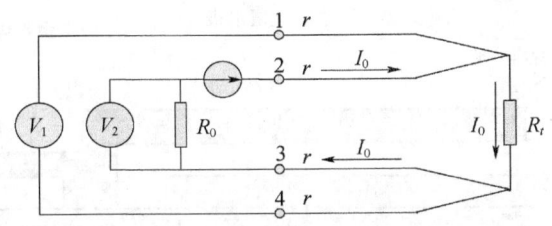

图 2.3-1 四线制电阻测温原理

铂电阻计算公式：$R_t = R_0(1 + A \times t + B \times t^2)$

换算出温度计算公式：$T = A + B \times R_t + C \times R_t^2$

式中，A、B、C 为常数，t 为实际温度（℃），R_0 为标准电阻值 100 Ω。

2.3.1.2 技术参数

自动气象站常用的气温传感器技术参数见表 2.3-1。

表 2.3-1 气温传感器技术参数表

型号		PT100 型	WZP1 型	WUSH-TW100 型	HYA-T 型	WZP2 型
生产厂家		广东省气象计算机应用开发研究所	中环天仪(天津)气象仪器有限公司	江苏省无线电科学研究所有限公司	华云升达(北京)气象科技有限责任公司	中环天仪(天津)气象仪器有限公司
应用的自动站型号		DZZ1-2	DZZ3	DZZ4	DZZ5	DZZ6
测量性能	测量范围	-50~+60 ℃	-50~+50 ℃	-50~+60 ℃	-50~+80 ℃	-50~+60 ℃
	分辨率	0.1 ℃	0.1 ℃	0.01 ℃	0.01 ℃	0.05 ℃
	最大允许误差	±0.2 ℃	±0.2 ℃	±0.1 ℃	±0.1 ℃	±0.1 ℃
	输出信号	四线制	四线制	四线制	四线制	四线制
	时间常数	≤20 s	≤20 s	≤20 s	≤20 s	≤20 s
环境适应性	工作温度范围	-50~+60 ℃	-50~+60 ℃	-50~+60 ℃	-50~+80 ℃	-50~+60 ℃
物理参数	尺寸	长 80 mm 直径 6 mm	长 150 mm 直径 6 mm	长 60 mm 直径 6 mm	长 130 mm 直径 5 mm	长 132 mm 直径 5 mm
	重量	28 g (17 cm 线)	110 g (3 m 线)	200 g (3 m 线)	220 g (3 m 线)	110 g (3 m 线)

2.3.2 空气湿度传感器

空气湿度是表示空气中水汽含量和潮湿程度的物理量，常用绝对湿度、相对湿度、露点温度、霜点温度、饱和水汽压和体积比等来表示。在地面气象观测中，空气湿度是专指相对湿度，是一个无量纲的量，常表示为%RH。常用的测量空气湿度的仪器主要有湿敏电容式湿度传感器、铂电阻电通风干湿表等。目前，自动气象站中主要使用的是湿敏电容湿度传感器。

2.3.2.1 工作原理

湿敏电容湿度传感器的感应元件为湿敏电容，一般是用高分子薄膜电容制成，其结构如图 2.3-2 所示。

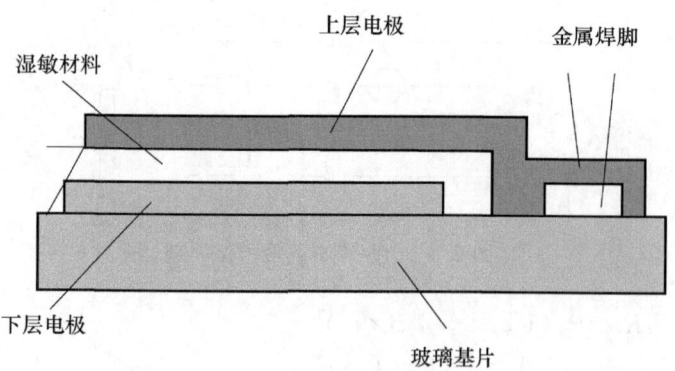

图 2.3-2 湿敏电容结构示意图

当环境湿度变化时,吸湿膜吸收或释放空气中的水汽,电容两极板间的介电常数发生改变,电容量随之改变,经过校准即可建立测量元件电容量与空气湿度的函数关系。

湿敏电容的主要优点是灵敏度高、滞后性小、响应速度快,且易于制造,具有较强的产品互换性。

2.3.2.2 技术参数

自动气象站常用的湿度传感器技术参数见表 2.3-2。

表 2.3-2 湿度传感器技术参数

	型号	DHC1 型	DHC2 型	DHC3 型	HYHMP155A 型
	生产厂家	中环天仪(天津)气象仪器有限公司(引进瑞士罗卓尼克公司产品)	江苏省无线电科学研究所有限公司(引进芬兰维萨拉公司产品)	上海长望气象科技股份有限公司(引进奥地利益加益公司产品)	华云升达(北京)气象科技有限责任公司(引进芬兰维萨拉公司产品)
	应用的自动站型号	DZZ6	DZZ4	DZZ3	DZZ1-2、DZZ5
测量性能	测量范围	0~100%RH	0~100%RH	0~100%RH	0~100%RH
	分辨率	1%RH	1%RH	1%RH	1%RH
	最大允许误差	±3%RH(≤90%RH) ±5%RH(>90%RH)	±3%RH(≤90%RH) ±5%RH(>90%RH)	±3%RH(≤90%RH) ±5%RH(>90%RH)	±2%RH(≤90%RH) ±3%RH(>90%RH)
	时间常数	20 s	20 s	≤40 s	15 s
电气性能	输出信号	0~1 VDC	0~1 VDC	0~1 VDC	0~1 VDC
	额定电压	12 VDC	12 VDC	12 VDC	12 VDC
	功耗	100 mW	36 mW	60 mW	48 mW
环境适应性	工作温度范围	−40~+60 ℃	−40~+60 ℃	−40~+60 ℃	−40~+60 ℃
物理参数	尺寸	299 mm×25 mm	279 mm×40 mm	220 mm×20 mm	279 mm×40 mm
	重量	300 g	350 g	290 g	350 g

2.3.3 气压传感器

气压是作用在单位面积上的大气压力,即等于空气静止时单位面积上方整个垂直空气气柱所受的重力。气压国际制单位为帕斯卡,简称帕,符号是 Pa。在地面气象观测中,气压目前使用的单位是百帕,用符号"hPa"表示。测量气压的仪器有硅电容式数字气压传感器、振弦式气压传感器、振筒式气压传感器。目前,自动气象站中使用的是硅电容式数字气压传感器。

2.3.3.1 工作原理

硅电容式数字气压传感器的感应元件是电容式硅膜盒,其结构原理见图 2.3-3。当外界气压发生变化时,单晶硅膜盒的弹性膜片发生形变,进而引起硅膜盒平行电容器电容量的改变,通过测量电容量来计算本站气压。当气压增大时,单晶硅膜盒的弹性膜片向下弯曲,电容增大;当气压减小时,单晶硅膜盒的弹性膜片向上弯曲,电容减小。

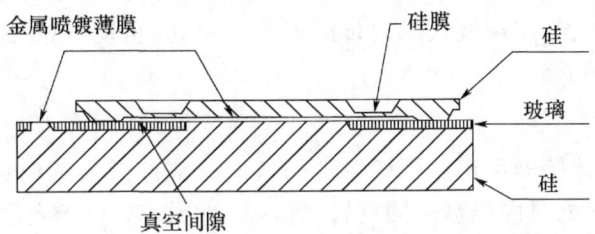

图 2.3-3 硅电容式数字气压传感器原理图

压力测量电路是由电阻器、电容器和 RC 震荡电路模块组成的 RC 振荡器构成。为进一步提高测量性能,有些气压传感器还提供温度补偿功能。

2.3.3.2 技术参数

自动气象站常用的气压传感器技术参数见表 2.3-3。

表 2.3-3 气压传感器技术参数表

型号		PTB330	PTB210	DYC1	HYPTB210
生产厂家		芬兰维萨拉公司	芬兰维萨拉公司	江苏省无线电科学研究所有限公司(引进芬兰维萨拉公司产品)	华云升达(北京)气象科技有限责任公司(引进芬兰维萨拉公司产品)
应用的自动站型号		DZZ1-2、DZZ6	DZZ3	DZZ4	DZZ5
测量性能	测量范围	500~1100 hPa	500~1100 hPa	500~1100 hPa	500~1100 hPa
	分辨率	0.01 hPa	0.01 hPa	0.01 hPa	0.01 hPa
	最大允许误差	±0.25 hPa	±0.25 hPa	±0.25 hPa	±0.25 hPa
	时间常数	300 ms	300 ms	300 ms	300 ms
电气性能	输出信号	RS232C	RS232C	RS232C	RS232C
	额定电压	12 VDC	12 VDC	12 VDC	12 VDC
	功耗	360 mW	180 mW	360 mW	180 mW

续表

型号		PTB330	PTB210	DYC1	HYPTB210
环境适应性	工作温度范围	−40～+60 ℃	−40～+60 ℃	−40～+60 ℃	−40～+60 ℃
物理参数	外形尺寸	145 mm×120 mm×76 mm	139 mm×60 mm×32 mm	143 mm×118 mm×75 mm	139 mm×60 mm×32 mm
	重量	1000 g	138 g	1000 g	138 g

2.3.4 风向传感器

风向是指空气水平流动的来向，其单位为度，符号为°。风向以正北为 0°，顺时针旋转方向进行 0°～360°的风向度量。测量风向的仪器有光电格雷码式风向传感器、霍尔效应电磁式风向传感器、电阻式风向传感器、超声波式风向传感器等。目前，自动气象站中测量风向主要使用的是光电格雷码式风向传感器。

2.3.4.1 工作原理

光电格雷码式风向传感器利用一个低惯性的风向标部件做为感应部件，有风时风向标部件随风旋转，带动转轴下端的风向码盘一同旋转，每转动 2.8125°，位于光电器件支架上下两边的七位光电变换电路就输出一组新的七位并行格雷码，经整形电路整形并反相后输出。七位格雷码盘由 7 个等分的同心圆组成，相邻部分作透光与不透光处理，码盘的上面装有 7 个红外发光二极管，下面对应有 7 个光敏管，中间正对 7 个码道。

格雷码计数的特点是两个相邻码有且仅有一位数字不同，这样能很方便地表示出风向的微小变化，有助于消除乱码，可靠性非常高。

传感器信号输出格式为格雷码，其输入、输出端均采用瞬变抑制二极管进行过载保护。

光电格雷码式风向传感器的工作原理见图 2.3-4。

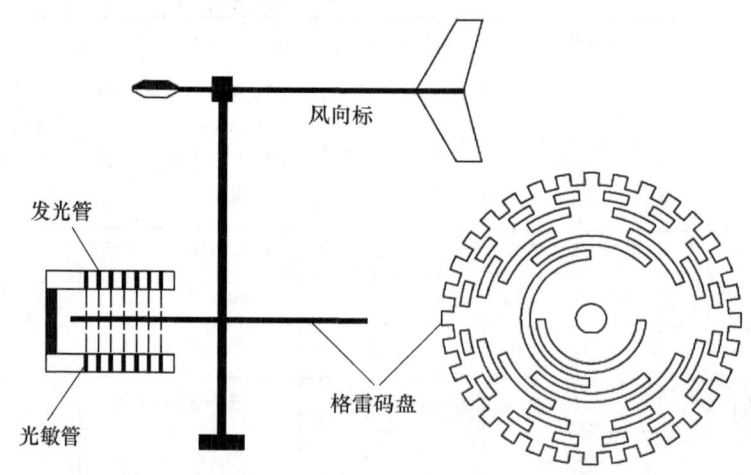

图 2.3-4 光电格雷码式风向传感器原理示意图

风向角度和七位格雷码对照表见表 2.3-4。

表 2.3-4 风向角度和七位格雷码对照表

角度 单位：°	格雷码 GFEDCBA	角度 单位：°	格雷码 GFEDCBA	角度 单位：°	格雷码 GFEDCBA	角度 单位：°	格雷码 GFEDCBA
0(N)	0000000	90(E)	0110000	180(S)	1100000	270(W)	1010000
3	0000001	93	0110001	183	1100001	273	1010001
6	0000011	96	0110011	186	1100011	276	1010011
8	0000010	98	0110010	188	1100010	278	1010010
11	0000110	101	0110110	191	1100110	281	1010110
14	0000111	104	0110111	194	1100111	284	1010111
17	0000101	107	0110101	197	1100101	287	1010101
20	0000100	110	0110100	200	1100100	290	1010100
23	0001100	112	0111100	203	1101100	293	1011100
25	0001101	115	0111101	205	1101101	295	1011101
28	0001111	118	0111111	208	1101111	298	1011111
31	0001110	121	0111110	211	1101110	301	1011110
34	0001010	124	0111010	214	1101010	304	1011010
37	0001011	127	0111011	217	1101011	307	1011011
39	0001001	129	0111001	219	1101001	309	1011001
42	0001000	132	0111000	222	1101000	312	1011000
45	0011000	135	0101000	225	1111000	315	1001000
48	0011001	138	0101001	228	1111001	318	1001001
51	0011011	141	0101011	231	1111011	321	1001011
53	0011010	143	0101010	233	1111010	323	1001010
56	0011110	146	0101110	236	1111110	326	1001110
59	0011111	149	0101111	239	1111111	329	1001111
62	0011101	152	0101101	242	1111101	332	1001101
65	0011100	155	0101100	245	1111100	335	1001100
68	0010100	158	0100100	248	1110100	338	1000100
70	0010101	160	0100101	250	1110101	340	1000101
73	0010111	163	0100111	253	1110111	343	1000111
76	0010110	166	0100110	256	1110110	346	1000110
79	0010010	169	0100010	259	1110010	349	1000010
82	0010011	172	0100011	262	1110011	352	1000011
84	0010001	174	0100001	264	1110001	354	1000001
87	0010000	177	0100000	267	1110000	357	1000000

2.3.4.2 技术参数

目前自动气象站使用的风向传感器主要有 EL15-2C 型和 ZQZ-TFX 型两种型号，其技术参数见表 2.3-5。

表 2.3-5 风向传感器技术参数表

型号		EL15-2C 型	ZQZ-TFX 型
生产厂家		中环天仪(天津)气象仪器有限公司	江苏省无线电科学研究所有限公司
应用的自动站型号		DZZ3、DZZ5、DZZ6、DZZ1-2	DZZ4
测量性能	测量范围	0°～360°	0°～360°
	最大允许误差	±5°	±3°
	分辨率	2.8125°	2.8125°
	启动风速	≤0.3 m/s	≤0.5 m/s
电气性能	供电电源	5～15 VDC	5 VDC
	功耗	<0.3 W	<0.3 W
	输出信号	七位格雷码	七位格雷码
环境适应性	抗风强度	75 m/s(通用型) 90 m/s(强风型)	75 m/s(通用型) 90 m/s(强风型)
	工作温度	−40～+60 ℃	−50～+60 ℃
	工作湿度	0～100%RH	0～100%RH
物理参数	尺寸	550 mm×415 mm	高度 349 mm
	最大回转半径	425 mm	395 mm(普通型) 370 mm(强风型)
	重量	1.8 kg	0.95 kg

2.3.5 风速传感器

风速即空气的流动速度,地面气象观测中特指空气的水平流动速度,单位为"米每秒",以符号"m/s"表示。测量风速的仪器有光电式风速传感器、霍耳效应电磁式风速传感器、螺旋桨式风速传感器、超声波式风速传感器等。目前,自动气象站中测量风速主要使用的是光电式风速传感器和霍尔效应电磁式风速传感器。

2.3.5.1 工作原理

光电式风速传感器采用光电技术,其信号发生器包括截光盘和光电转换器。风杯转动时,通过主轴带动截光盘旋转,光电转换器进行光电扫描产生相应的脉冲信号。在风速测量范围内,风速与脉冲频率成一定的线性关系。其线性方程为:

$$V = 0.2315 + 0.0495 f$$

式中,V 为风速,单位为 m/s;f 为脉冲频率,单位为 Hz。

霍尔效应风速传感器采用电磁感应技术,其信号发生器采用霍尔开关电路,内有 36 只磁体,上下两两相对。风杯转动时,通过主轴带动磁棒盘旋转,18 对磁体形成 18 个小磁场。风杯每旋转一圈,在霍尔开关电路中就感应出 18 个脉冲信号。

在风速测量范围内,风速与脉冲频率成一定的线性关系。其线性方程为:

$$V = 0.1 f$$

式中,V 为风速,单位为 m/s;f 为脉冲频率,单位为 Hz。

2.3.5.2 技术参数

目前,自动气象站使用的风速传感器主要有 EL15-1C(S)型和 ZQZ-TFS 型两种型号,其技术参数见表 2.3-6。

表 2.3-6 风速传感器技术参数表

	型号	EL15-1C 型	EL15-1CS 型(强风型)	ZQZ-TFS 型	ZQZ-TFS(强风)型
	生产厂家	中环天仪(天津)气象仪器有限公司	中环天仪(天津)气象仪器有限公司	江苏省无线电科学研究所有限公司	江苏省无线电科学研究所有限公司
	应用的自动站型号	DZZ1-2、DZZ3、DZZ5、DZZ6	DZZ1-2、DZZ3、DZZ5、DZZ6	DZZ4	DZZ4
测量性能	测量范围	0~60 m/s	0~75 m/s	0~75 m/s	0~100 m/s
	最大允许误差	±0.3 m/s(≤10 m/s) ±3%(>10 m/s)	±1.0 m/s(≤20 m/s) ±5%(>20 m/s)	±(0.3+0.02V)m/s	±(0.3+0.03V)m/s
	分辨率	0.05 m/s	0.05 m/s	0.1 m/s	0.1 m/s
	起动风速	≤0.3 m/s	≤0.5 m/s	≤0.5 m/s	≤0.9 m/s
	测量原理	光电式	光电式	电磁式	电磁式
电气性能	供电电源	5~15 VDC	5~15 VDC	5 VDC	5 VDC
	功耗	50 mW	50 mW	265 mW	265 mW
	输出信号	频率	频率	频率	频率
环境适应性	抗风强度	≥75 m/s	≥75 m/s	≥75 m/s	≥90 m/s
	工作温度	−40~+60 ℃	−50~+60 ℃	−50~+60 ℃	−50~+60 ℃
	工作湿度	0~100%RH	0~100%RH	0~100%RH	0~100%RH
物理参数	尺寸	319 mm×225 mm	319 mm×225 mm	高度 267 mm	高度 267 mm
	回转半径	160 mm	160 mm	113 mm	113 mm
	重量	1 kg	1 kg	650 g	650 g

2.3.6 翻斗式雨量传感器

降水是指从天空降落到地面上的液态和固态(经融化后)的水。降水量是指某一时段内的未经蒸发、渗透、流失的降水,在水平面上积累的深度,以毫米(mm)为单位。常用测量液态降水的仪器有翻斗式雨量传感器、虹吸式雨量传感器和双阀容栅式雨量传感器等。目前,国家地面气象站使用的是双翻斗雨量传感器。

2.3.6.1 工作原理

双翻斗雨量传感器由承水器(常用口径为 200 mm)、上翻斗、汇集漏斗、计量翻斗、计数翻斗和干簧管等组成。其外形结构见图 2.3-5。

承雨器收集的降水通过漏斗进入上翻斗,当雨水积到一定量时,由于水本身重力作用使上翻斗翻转,水进入汇集漏斗。降水从汇集漏斗的节流管注入计量翻斗时,把不同强度的自然降水,调节为比较均匀的降水强度,以减少由于降水强度不同所造成的测量误差。当计量翻斗承受的降水量为 0.1 mm 时,计量翻斗把降水倾倒到计数翻斗,使计数翻斗翻转一次。计数翻斗在翻转时,与它相关的磁钢对干簧管扫描一次。干簧管因磁化而瞬间闭合一次。这样,降水量每次达到 0.1 mm 时,送出一个开关信号,采集器自动对该信号进行采集存储。

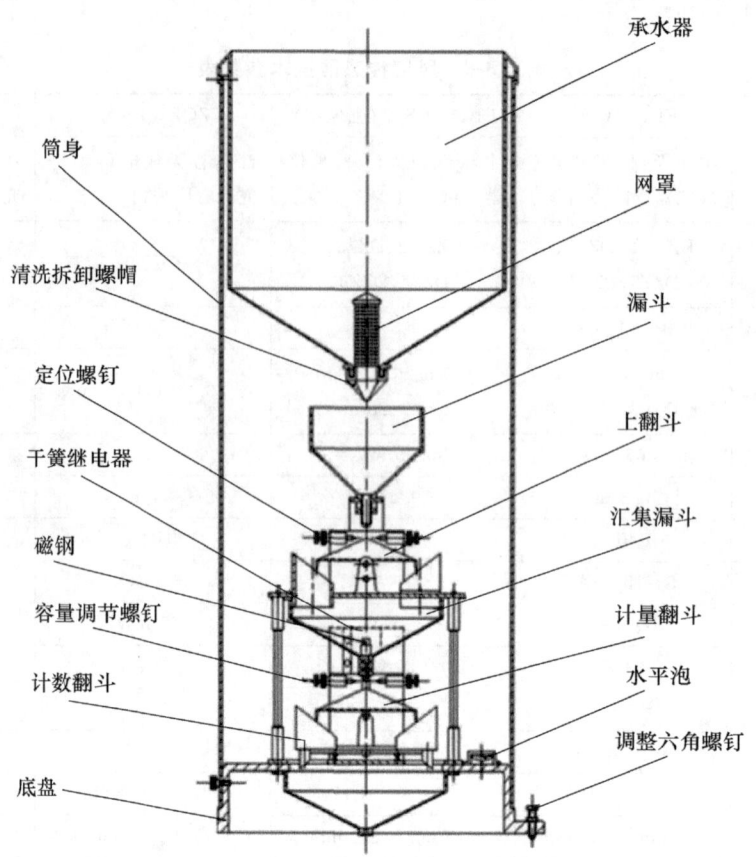

图 2.3-5 双翻斗式雨量传感器外形结构图

2.3.6.2 技术参数

自动气象站常用的翻斗式雨量传感器技术参数见表 2.3-7。

表 2.3-7 雨量传感器技术参数表

型号		SL3-1
生产厂家		上海气象仪器厂
应用的自动站型号		DZZ1-2、DZZ3、DZZ4、DZZ5、DZZ6
测量性能	测量范围	0~4 mm/min
	最大允许误差	±0.4 mm(降水量≤10 mm) ±4%(降水量>10 mm)
	分辨率	0.1 mm
	刃口角度	40°~45°
	承水口径	$\phi 200_{0}^{+0.6}$ mm
电气性能	输出信号	开关信号
环境适应性	工作温度	0~50 ℃
物理参数	尺寸	ϕ260 mm×高 545 mm
	重量	4.1 kg

2.3.7 地温传感器

下垫面温度和不同深度的土壤温度统称地温。下垫面温度包括裸露土壤表面的地面温度、草面温度；不同深度的土壤温度又统称地中温度，主要包括离地面 5、10、15、20 cm 深度的浅层地温及离地面 40、80、160、320 cm 深度的深层地温。常用的地温单位是摄氏度，简称度，符号为℃。地温观测主要使用金属电阻式传感器、玻璃液体温度表等。目前，自动气象站中测量地温主要使用的是铂电阻温度传感器。其工作原理、技术参数同气温传感器，参见 2.3.1 节内容。

2.4 新型传感器

2.4.1 蒸发传感器

蒸发是液态或固态物质转变为气态的过程。自动气象站测定的蒸发量是水面蒸发量，水面蒸发量是指一定口径的蒸发器中，在一定时间间隔内因蒸发而失去的水层深度，以毫米（mm）为单位。测量蒸发的仪器有超声波式蒸发传感器、浮子式蒸发传感器等。目前，自动气象站中使用的是超声波式蒸发传感器。

2.4.1.1 工作原理

超声波式蒸发传感器基于连通器和超声波测距原理，选用高精度超声波探头，根据超声波脉冲发射和返回的时间差来测量水位变化，并转换成电信号输出，计算某一时段的水位变化即得到该时段的蒸发量。

超声波式蒸发传感器和 E-601B 型蒸发器配套使用。整套蒸发测量系统由百叶箱、测量筒、超声波测量探头、连通管、蒸发桶、水圈和溢流桶组成。

2.4.1.2 技术参数

自动气象站常用的蒸发传感器技术参数见表 2.4-1，外形结构见图 2.4-1 和图 2.4-2。

表 2.4-1 蒸发传感器技术参数表

	型号	AG2.0型	WUSH-TV2型
	生产厂家	中环天仪（天津）气象仪器有限公司	江苏省无线电科学研究所有限公司
	应用的自动站型号	DZZ1-2、DZZ3、DZZ5、DZZ6	DZZ4
测量性能	测量范围	0～100 mm	0～100 mm
测量性能	最大允许误差	±0.2 mm（≤10 mm）	±0.2 mm（≤10 mm）
测量性能		±2%（>10 mm）	±2%（>10 mm）
测量性能	分辨率	0.1 mm	0.1 mm
电气性能	输出信号	4～20 mA	4～20 mA
电气性能	供电	10～15 VDC	9～15 VDC
电气性能	功耗	≤2 W	≤2 W
环境适应性	工作温度	0～50 ℃	0～60 ℃
物理参数	尺寸	φ98 mm×高 138 mm	φ100 mm×高 155 mm
物理参数	重量	931 g	890 g

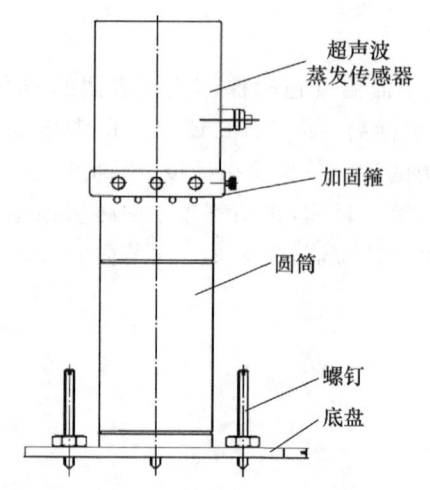
图 2.4-1 AG2.0 型蒸发传感器外形结构

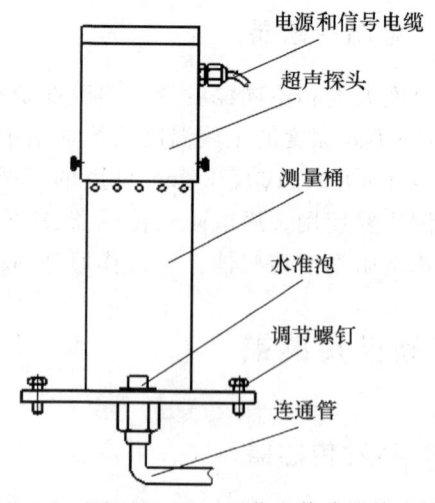
图 2.4-2 WUSH-TV2 型蒸发传感器外形结构

2.4.2 能见度传感器

气象能见度用气象光学视程表示。气象光学视程是指白炽灯发出色温为 2700 K 的平行光束的光通量在大气中削弱至初始值的 5% 所通过的路途长度。在常规地面气象观测中,一般以米为单位,符号是 m。常用的能见度测量仪器有前向散射式能见度传感器、透射式能见度传感器等。目前,自动气象站中主要使用的是前向散射能见度传感器。

2.4.2.1 工作原理

前向散射式能见度传感器由发射单元、接收单元和数据处理单元组成,采用前向散射法,取前向散射角 25°～45°。因前向散射角在 20°～50°时,同一散射角的散射强度与消光系数之间的正比关系,不随采样大气浓度和粒径分布的改变而改变。

发射单元的红外发光管发射出近似平行的红外光束(图 2.4-3),接收单元将采样区内大气前向散射光汇集到接收单元光电传感器的接收面上,并将其转换成与大气能见度成反比关系的电信号。电信号经处理后送至数据处理单元,CPU 对其取样,计算散射光强,由此估算出总的散射量(与仪器结构本身决定的采样角度有关),得到消光系数。

根据柯西米德定律,计算气象光学视程(MOR):

$$MOR = -\ln(\varepsilon)/\sigma$$

式中,ε 为对比阈值;σ 为消光系数。

当 ε=0.05 时,$MOR=2.996/\sigma$。

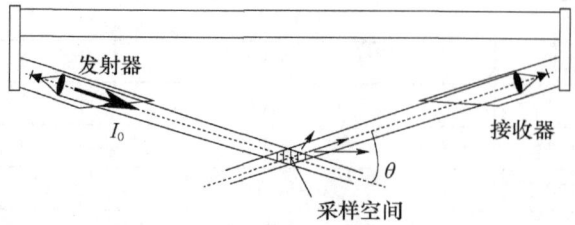
图 2.4-3 前向散射式能见度传感器工作原理示意图

2.4.2.2 技术参数

自动气象站常用的能见度传感器技术参数见表2.4-2,外形结构见图2.4-4至图2.4-6。

表 2.4-2 能见度传感器技术参数表

型号		DNQ1 型	DNQ2 型	DNQ3 型
生产厂家		华云升达(北京)气象科技有限责任公司（引进芬兰维萨拉公司产品）	安徽蓝盾光电子股份有限公司	凯迈(洛阳)环测有限公司
应用的自动站型号		DZZ1-2、DZZ3、DZZ4、DZZ5、DZZ6		
测量性能	测量范围	10～35000 m	10～50000 m	10～50000 m
	最大允许误差	±10%(10～10000 m) ±15%(10000～35000 m)	±10%(10～10000 m) ±20%(10000～50000 m)	±10%(10～1500 m) ±20%(1500～50000 m)
	分辨率	1 m	1 m	1 m
	时间常数	60 s	60 s	60 s
电气性能	供电电源（额定）	24 VDC(测量部分) 220 VAC(加热部分)	220 VAC	220 VAC
	功耗	不加热时:≤3 W 加热时:≤65 W	不加热时:≤30 W 加热时:≤110 W	不加热时:≤30 W 加热时:≤330 W
	通信接口	RS485、RS232	RS485、RS232	RS485、RS232
环境适应性	工作温度	−45～+60 ℃	−45～+50 ℃	−45～+50 ℃
	工作湿度	10%RH～100%RH	10%RH～100%RH	10%RH～100%RH
	大气压力	450～1060 hPa	450～1060 hPa	450～1060 hPa
物理参数	传感器部分外形尺寸（高×宽×深）	199 mm×695 mm×404 mm	1560 mm×250 mm×400 mm	1415 mm×306 mm×222 mm
	整体外形尺寸（高×宽×深）	1075 mm×715 mm×3020 mm	1560 mm×250 mm×3000 mm	1425 mm×525 mm×3019 mm
	传感器部分重量	3 kg	15 kg	15.8 kg
	整体重量	45 kg	50 kg	60 kg

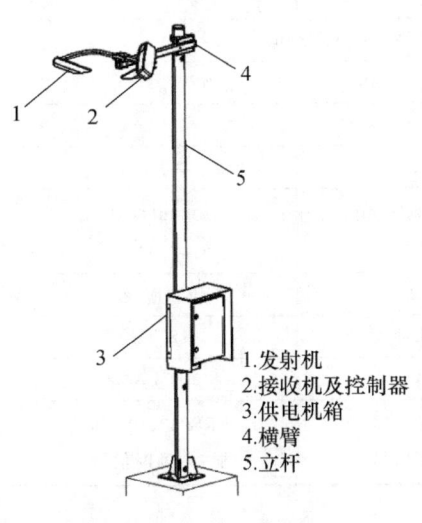

图 2.4-4 DNQ1 型能见度传感器外形结构

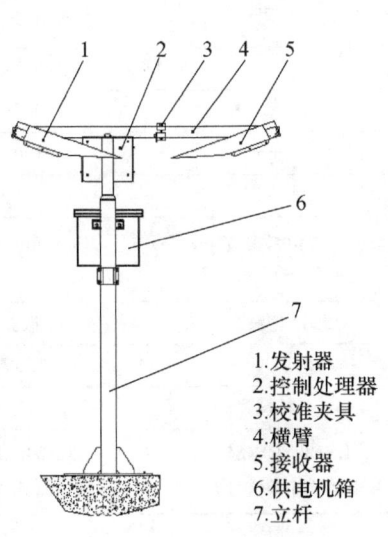

图 2.4-5 DNQ2 型能见度传感器外形结构

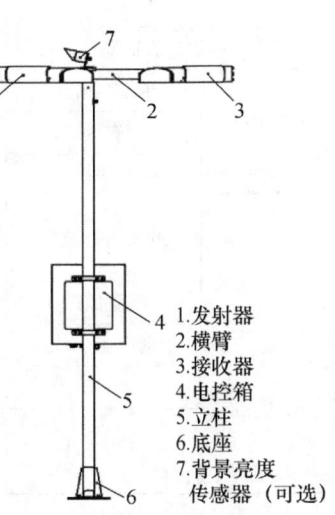

图 2.4-6 DNQ3 型能见度传感器外形结构

2.4.3 称重式降水传感器

降水是指从天空降落到地面上的液态或固态(经融化后)的水。降水量是指某一时段内的未经蒸发、渗透、流失的降水,在水平面上积累的深度,以毫米(mm)为单位。同时测量液态和固态降水的仪器有压力应变式称重降水传感器、振弦式称重降水传感器、加热翻斗式雨量传感器等。目前,自动气象站使用的是压力应变式称重降水传感器和振弦式称重降水传感器。

2.4.3.1 工作原理

称重式降水传感器通过测量落到盛水桶中降水的质量,根据水的密度换算成降水的体积,再根据承水口面积计算出盛水桶中收集的降水总量。计算相邻两分钟的降水总量的差值即得到分钟降水量。由降水质量换算成降水总量的计算公式如下:

$$P = M/(\rho \times S)$$

式中,P 为降水总量;M 为降水总质量;ρ 为水密度;S 为承水口面积。

压力应变称重技术:表面粘贴有电阻应变片的敏感梁在盛水桶的压力作用下产生弹性变形,电阻应变片也随之产生变形,其阻值将发生相应的变化;通过检测电阻应变片的阻值变化,可以得到盛水桶的质量。

振弦称重技术:弦丝弹性元件的固有频率与其所受的张力存在确定的关系;放置盛水桶的托盘对弦丝产生拉力作用,使其固有频率发生变化,通过激振器使弦丝产生振荡,用拾振器检测其振荡频率,利用频率—张力的关系,可计算得到盛水桶的质量。

2.4.3.2 技术参数

自动气象站常用的称重式降水传感器技术参数见表 2.4-3,外形结构见图 2.4-7 和图 2.4-8。

表 2.4-3 称重式降水传感器技术参数表

	型号	DSC1	DSC2	DSC3
	生产厂家	江苏省无线电科学研究所有限公司	华云升达(北京)气象科技有限责任公司	天津华云天仪特种气象探测技术有限公司
	应用的自动站型号	DZZ1-2、DZZ3、DZZ4、DZZ5、DZZ6		
测量性能	承水口内径	$\phi 200^{+0.6}_{0}$ mm	$\phi 200^{+0.6}_{0}$ mm	$\phi 200^{+0.6}_{0}$ mm
	容量	600 mm	400 mm	400 mm
	分辨率	0.1 mm	0.1 mm	0.1 mm
	最大测量误差	±0.3 mm(≤10 mm) ±3%(>10 mm)	±0.4 mm(≤10 mm) ±4%(>10 mm)	±0.4 mm(≤10 mm) ±4%(>10 mm)
	测量原理	压力应变式	振弦式	压力应变式
电气性能	供电电源(额定)	12 VDC	12 VDC	12 VDC
	功耗	<1 W	<1 W	<1 W
	通信接口	RS232、RS485 脉冲(通断信号)	RS232、RS485 脉冲(通断信号)	RS232、RS485 脉冲(通断信号)

续表

	型号	DSC1	DSC2	DSC3
环境适应性	工作温度	−45～+60 ℃	−45～+60 ℃	−50～+60 ℃
	储存温度	−45～+80 ℃	−45～+80 ℃	−50～+80 ℃
	相对湿度	5%RH～100%RH	5%RH～100%RH	5%RH～100%RH
	大气压力	450～1060 hPa	450～1060 hPa	450～1060 hPa
	降水强度	≤10 mm/min	≤10 mm/min	≤10 mm/min
	抗风能力	≤75 m/s	≤75 m/s	≤75 m/s
物理参数	外观尺寸(不含基座)	直径 400 mm 高 780 mm	直径 400 mm 高 780 mm	直径 400 mm 高 780 mm

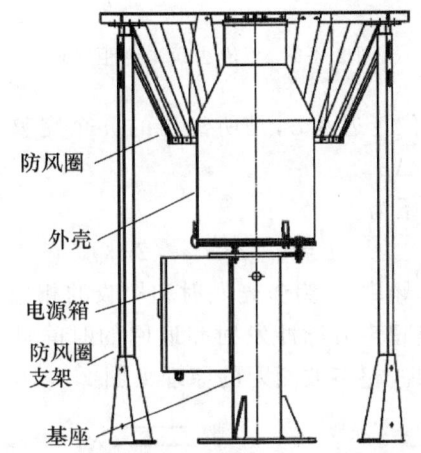

图 2.4-7　DSC1、DSC3 型称重式降水传感器外形结构

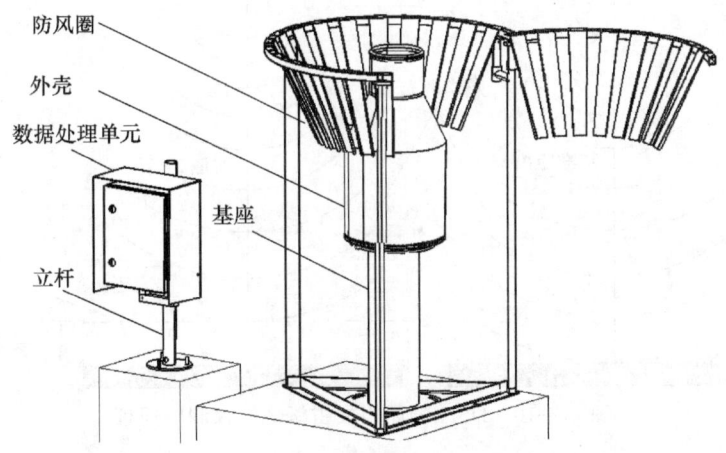

图 2.4-8　DSC2 型称重式降水传感器外形结构

2.4.4　积雪深度传感器

雪深是指从积雪表面到地面的垂直深度,以厘米为单位,符号为 cm。测量雪深的仪器有超声波式雪深传感器、激光式雪深传感器等。目前,自动气象站中主要使用的是激光式雪深传感器

和超声波式雪深传感器。

2.4.4.1 工作原理

激光测距技术：采用相位法测距。用无线电波段频率对激光束进行调制，测定调制光往返测线一次所产生的相位延迟；根据调制光的波长，换算此相位延迟所代表的距离。相位法激光测距的原理见图2.4-9。

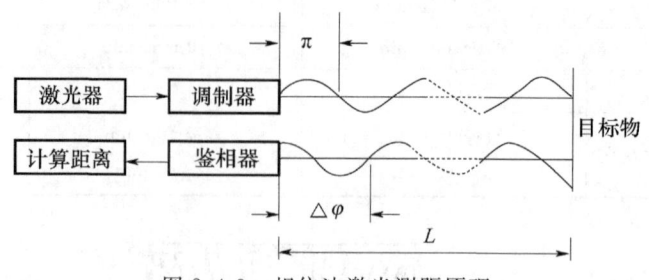

图 2.4-9 相位法激光测距原理

激光往返距离 L 产生的相位延迟为 φ，是所经历的 n 个完整波的相位及不足一个波长的分量的相位 $\Delta\varphi$ 的和，即 $\varphi=2n\pi+\Delta\varphi$。

距离 L 与相位延迟 φ 的关系为：

$$L=(c/2)\times\varphi/(2\pi f)$$

式中，c 为光速；f 为调制激光的频率；φ 为激光发射和接收的相位差。

超声波测距技术：通过测量超声波脉冲发射和返回的时间计算出从传感器探头到目标物的距离，实现雪深的自动连续监测。超声波测距的原理见图 2.4-10。

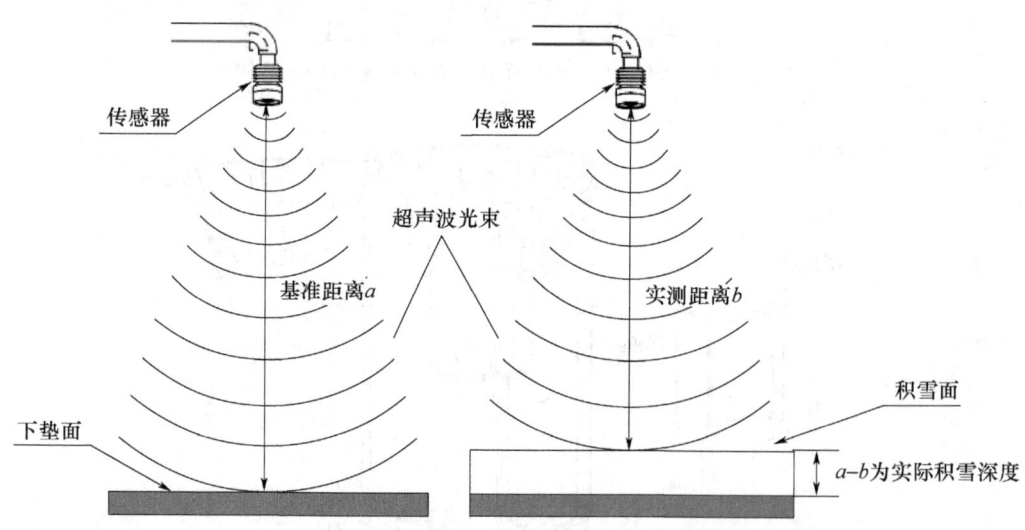

图 2.4-10 DSJ1 型超声波雪深观测仪测距原理

其核心测距部件是 50 千赫（超声波）压电传感器，并配置有温度传感器 HY-T 和通风辐射屏蔽罩进行温度补偿，用来弥补声波速率在不同温度下的变化，提高了测量准确性。

温度补偿公式如下：

$$DISTANCE=H_{\text{Reading}}\times\sqrt{\frac{T}{273.15}}$$

式中，T 为热力学温度；H_{Reading} 为传感器的测量值，该数值使用 0 ℃时的声速(331.4 m/s)计算。

2.4.4.2 技术参数

自动气象站常用的雪深传感器技术参数见表 2.4-4，外形结构见图 2.4-11 和图 2.4-12。

表 2.4-4 雪深传感器技术参数表

型号		DSS1 型	DSJ1 型
生产厂家		江苏省无线电科学研究所有限公司	华云升达(北京)气象科技有限责任公司
应用的自动站型号		DZZ1-2、DZZ3、DZZ4、DZZ5、DZZ6	
测量性能	测量范围	0～2000 mm	0～2000 mm
	最大允许误差	±10 mm	±10 mm
	分辨率	1 mm	1 mm
	测量原理	激光测距	超声波测距
电气性能	供电电源(额定)	12 VDC	12 VDC
	功耗	平均功耗：<2 W(DC12 V,不加热时) 加热功耗：平均<6 W，瞬时<20 W	1 W —
	输出信号	RS232/RS485	RS232
激光特性	波长	650 nm,红光	—
	等级	CLASS 2	—
	激光功率	<1 mW	—
	波束角	0.07°	—

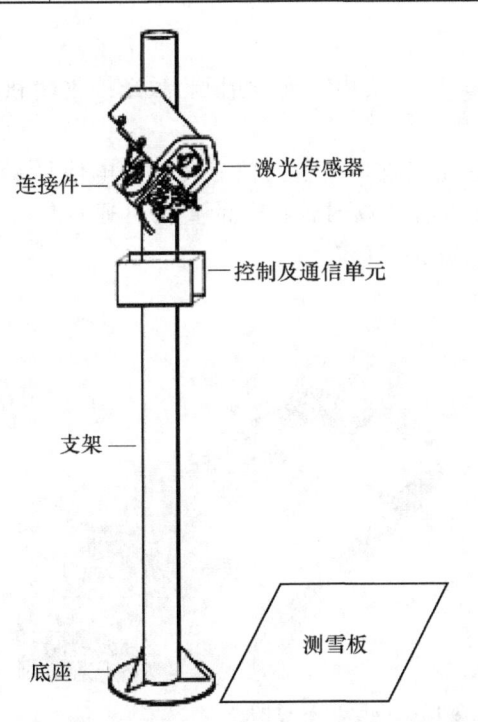

图 2.4-11 DSS1 型雪深观测仪外形结构

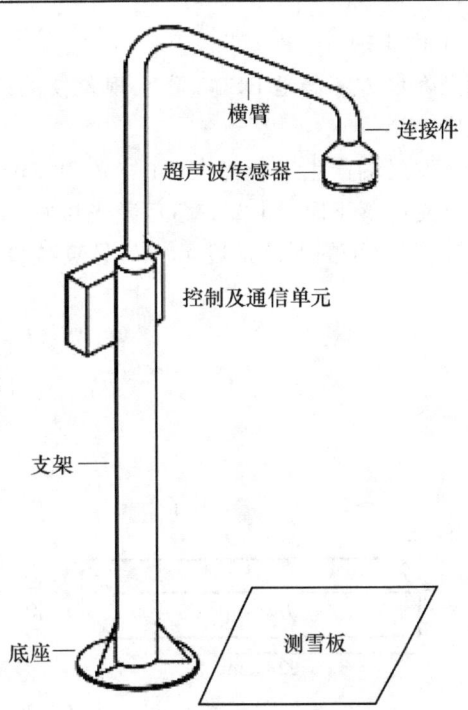

图 2.4-12 DSJ1 型雪深观测仪外形结构

续表

型号		DSS1 型	DSJ1 型
环境适应性	工作温度	−45～+40 ℃	−45～+50 ℃
	储存温度	−45～+80 ℃	—
	工作湿度	0～100%RH	0～100%RH
	大气压力	450～1060 hPa	450～1060 hPa
物理参数	尺寸	长 346 mm×宽 140 mm×高 129 mm	直径 101 mm,高 76 mm
	重量	3 kg	0.65 kg

2.4.5 降水现象仪

降水现象是在一定的天气条件下产生的,是各要素变化的综合结果,与人们生产生活密切相关,是地面气象观测的基本内容之一。

目前,除常规气象要素(温度、湿度、风速、风向、气压、降水量等)实现了仪器自动观测外,天气现象的观测还主要以人工观测为主,存在着主观性强,观测频次低等弊端。实现降水现象自动观测,将改变我国目前地面观测人工观测和仪器观测并行的局面,明显提高地面观测质量,为预报服务提供更多有价值的气象信息和观测产品,是实现气象观测自动化的重要任务。

降水现象仪可以实现对包括毛毛雨、雨(阵雨)、雪(阵雪)、雨夹雪(阵性雨夹雪)、冰雹等天气现象的自动观测与识别。

2.4.5.1 DSG3 型降水现象仪

1. 工作原理

激光降水传感器是 DSG3 降水现象仪的测量单元,主要由激光发射端、激光接收端和信号处理器组成。

激光发射端产生平行光束(红外光 785 nm),激光接收端测量光信号转换为电信号。当降水粒子通过光束落下时(图 2.4-13),激光接收端接收的信号减弱。粒子的直径可通过信号衰减的幅度来计算,粒子的下落速度可由信号衰减量的持续时间确定。

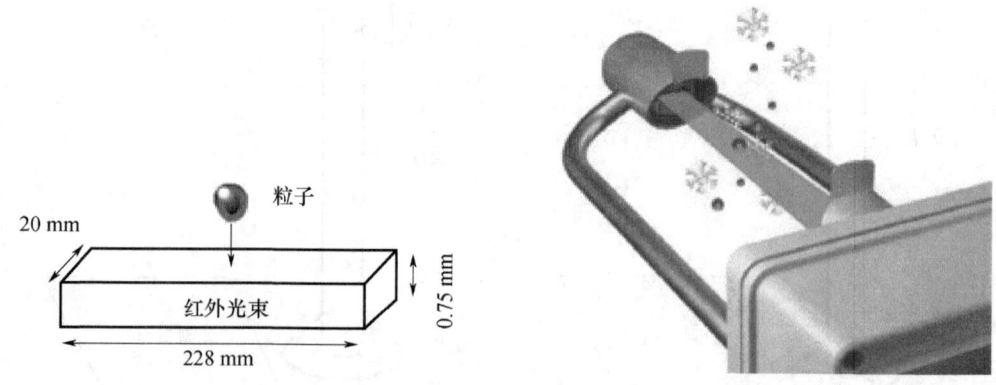

图 2.4-13 DSG3 型降水现象仪工作原理示意图

测量值由信号处理器处理,并检查其合理性(排除如边缘撞击等干扰)。计算输出降水的类型(毛毛雨、雨、雪、雨夹雪、雹以及混合降水等)、粒子尺度谱和速度谱。另外,激光降水传感器还包括温度传感器,增加温度因素判断以提高辨别率:在温度高于 9 ℃时,认为是雨、毛毛雨(软雹,冰雹例外);在温度低于 −4 ℃时,则是雪;在 −4 ℃和 9 ℃之间所有降水类型都有可能。

2. 技术参数

DSG3 型降水现象仪技术参数见表 2.4-5。

表 2.4-5 DSG3 型降水现象仪技术参数表

通用		
	环境条件	−40～+70 ℃,0～100% RH
	最大高度	<1500 m MSL(平均海平面;若>1500 m 请联系生产商)
	尺寸	270 mm×170 mm×540 mm
	重量	4.8 kg(普通);6.5 kg(增强加热)
	防护等级	IP65
	维护	自动污染识别
	EMC 防辐射	EN61326 与 EN61000-4-3 10 V/m EN61000-4-4 level 4(电源线±4 kV,信号线±2 kV) EN61000-4-5 level 4 (电源线±2 kVsymmetric±4 kVasymmetric,信号线±2 kVsymmetric) EN61326 B 级
	支架	支撑杆(ϕ 48～102 mm)
传感器		
	激光二极管 激光等级 调解频率 发光二极管 测量范围	785 nm,最大 0.5 mW 光能 激光等级 1 M(EN 60825-1:1994 A2:2001) 172.8 kHz 日光滤光器(<700 nm) 40～47 cm^2(仪器参数)
	环境温度传感器	NTC Pt100(测量电流<0.8 mA)
	电源	DC 12 V,7 W(太阳能供电) AC 220 V,15 W(普通) AC 220 V,150 W(强加热)
加热		
	玻璃框的加热	每个 2.5 W(用温度调节器)
	选择:在极端的情况下要加热	依据环境温度控制加热, 激光−/接收机一头:每个 9 W 运行器:每个 27 W 外壳:20 W
数据输出		
	RS485/RS232	绝缘电压为 1 KV 1200,2400,4800,9600,19200,38400,57600,115200 7/8 数据位, 奇偶校验无(N)/偶(E)/奇(O) 1/2 停止位 终端电阻(560 Ω)能开关

续表

降水类型		
	粒子大小	0.125～20 mm
	粒子速度	0.2～20 m/s
	降水类型	毛毛雨、雨、雪、雨夹雪、冰雹
	降水类型输出	数据字典
	错报率	≤10%
	最小强度	<0.005 mm/h(毛毛雨)
	最大强度	>1200 mm/h
	降水能见度 MOR	0～99999 m
	雷达反射率	－9.9～99.9 dBz
	降水粒子等级划分	440级(22级直径×20级速度)
附件		
	软件	ISOS
	仪器安装 为减少振动对仪器运行的影响， 用户需提供混凝土基础	支撑杆长：2 m 支撑杆直径：75 mm

2.4.5.2　DSG5型降水现象仪

1. 工作原理

DSG5型降水现象仪的工作原理(图2.4-14)是一个能够发射水平光束的激光传感器，激光器大小为47.4 mm×41 mm×12 mm(长×宽×高)，其发射器和接收器集成在密闭的机壳中。

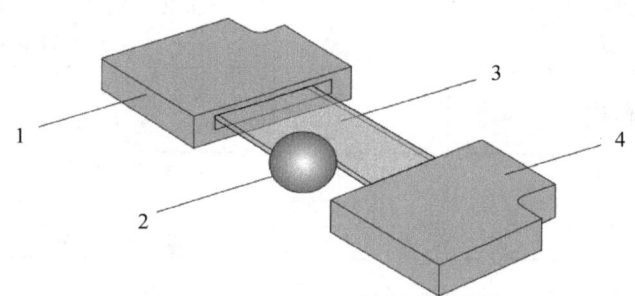

1.激光发生器；2.雨雾粒子；3.激光束；4.激光接收器
图 2.4-14　DSG5型降水现象仪测量原理图

(1)降水粒子粒径的测量

当激光束里没有降水粒子降落穿过时，接收器的输出电压最大。降水粒子穿过水平光束时以其相应的直径遮挡部分光束，因而降低了输出电压，从而可以确定降水粒子的直径大小。

(2)降水粒子下降速度的测量

降水粒子的下降速度是根据电子信号持续的时间推导出来的。电子信号的持续时间为降水粒子开始进入光束到完全离开光束所经历的时间。

由上述两个关键量可以推导出以下参数：降水滴谱、降水类型、降水动能、降水强度、雷达反射率等。安装在传感器头上的防溅护罩能够防止落在传感器头上的降水粒子反弹后掉入激光束造成测量误差。

2. 技术参数

DSG5 型降水现象仪技术参数见表 2.4-6。

表 2.4-6a　DSG5 型降水现象仪技术参数表-1

传感器类型	激光发射源
降水类型	液体、固体、混合
测量区域	54 cm^2
粒径	0.125～26 mm
速度	0.1～22 m/s
接口	RS-485，传输速度 19200，半双工，2 线
降水类型	毛毛雨、雨(阵雨)、雪(阵雪)、雨夹雪(阵性雨夹雪)、冰雹等天气现象
准确性	雨、雪、冰雹相对人工观测准确率＞97％
降水强度	0.001～999.999 mm/h
降水量精度	±5％(液态降水)、±20％(固态降水)
能见度	100～5000 m±10％
雷达反射率	－9.9～99 dBz±20％
存储容量	可存储 10 d 数据

表 2.4-6b　DSG5 型降水现象仪技术参数表-2

电气特性	供电电源	10.5～15 VDC
机械特性	机械尺寸	宽 640 mm×高 380 mm×直径 120 mm
	重量	6.5 kg
	材质	不锈钢、铝合金
	装配/安装	ϕ 52～60 mm 管
环境特性	工作温度	－40～＋70 ℃
	相对湿度	0～100％RH
	大气压力	450～1060 hPa
	太阳辐射	1120 W/m^2
	降水强度	0～6 mm/min
	防护等级	IP65，防盐雾
电磁兼容	过载电压	EN 61000-4-2/4/5/6 5 级
	电磁兼容	EN 61000-4-3
	可靠性	MTBF(Q1)≥3000 h
	可维护性	MTTR≤40 min

2.4.6　云观测设备

2.4.6.1　HY-CL31/51 激光云高仪

1. 工作原理

HY-CL31/51 激光云高仪是从地面向上空发射激光脉冲，通过接收大气对此光脉冲的后向散射达到探测分析大气在不同高度的组成成分,水汽成分对光的后向散射的贡献很大,从而可以分析出云高信息。因其工作方式和产品的精密设计制造,使其在几乎所有天气条件下具有卓越的性能和稳定的可靠性。激光云高仪采用先进的单镜头设计,对低空大气也表现出优良的性能。它不仅可以探测和分析得到三层云的数据,而且对降水期间的垂直能见度和云检测也表现出良好的性能。激光的接收单元采用了目前先进的探测技术,达到了很高的探测精度,使其可以快速测量和检测固态云底下的薄云层,具有一定的穿透性能。

产品在设计时采用模块化设计,方便安装和维护;并且设备具有故障分析功能和全面的自我诊断能力。完整的工作单元可以整体取出,其他部分是支架和防雷电路箱。整体结构如图 2.4-15 和图 2.4-16。

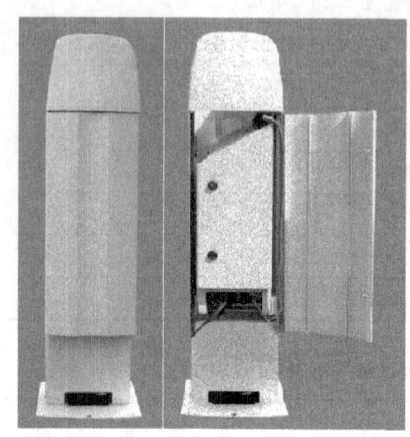
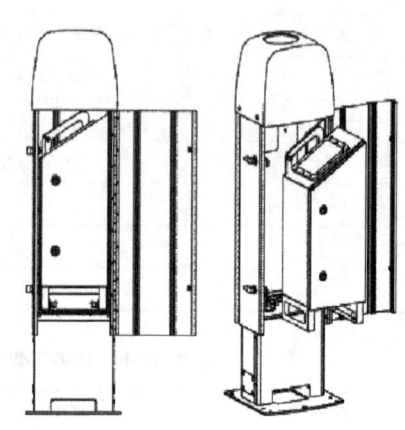

图 2.4-15　整体结构示意图

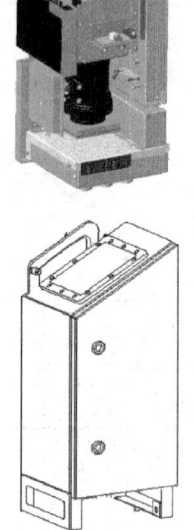
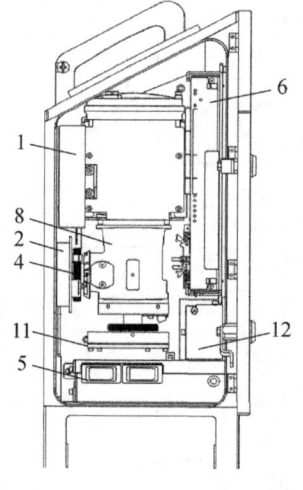

1.内部加热器;　　8.光学单元;
2.激光接收器;　　9.发射单元电缆;
3.光纤;　　　　　10.激光发射单元;
4.接收电缆;　　　11.激光发射单元;
5.主电源开关;　　12.防间断蓄电池;
6.处理主板;　　　13.风扇开关
7.数据连接电缆;

图 2.4-16　激光云高仪机芯结构图

其工作原理是向地面上空的大气层发射激光脉冲,而后探测大气不同层面散射回来的光线的强度,脉冲发射后 67 ns 采集的数据代表 10 m 高度大气的信息,133 ns 的数据代表 20 m 高度大气的信息,依次 49933 ns 的数据对应 7490 m 的高度,如图 2.4-17 所示。

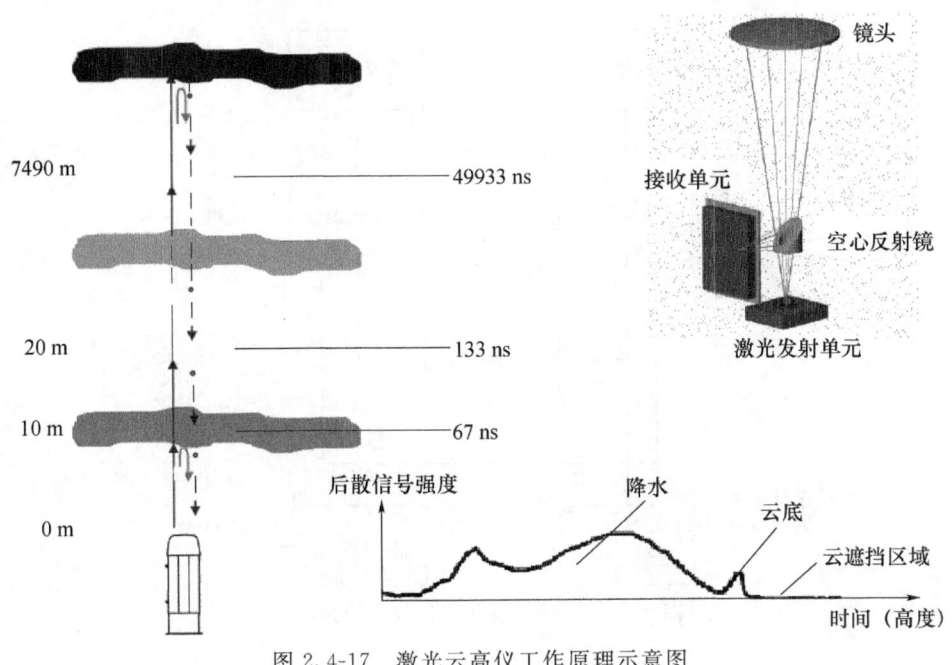

图 2.4-17 激光云高仪工作原理示意图

2. 技术参数

激光云高仪技术参数见表 2.4-7、表 2.4-8。

表 2.4-7 激光云高仪供电输入参数表

性能	描述/数值
电压	220 V
全部	350 W
测量装置	15 W
内部加热器	100 W
窗口调节器加热器	175 W
窗口风扇	20 W
采集器	40 W(含备用容量,实际 10 W)

表 2.4-8 激光云高仪性能特征参数表

性能	描述/数值	
	HY-CL51	HY-CL31
量程	0~15 km	0~7.5 km
分辨率	10、20 m	10、20 m
报告间隔	6~120 s	2~120 s
测量间隔	6 s 默认	2 s 默认

2.4.6.2 CYY-2B激光雷达测云仪

1. 工作原理

图 2.4-18 是激光雷达测云仪的原理框图。

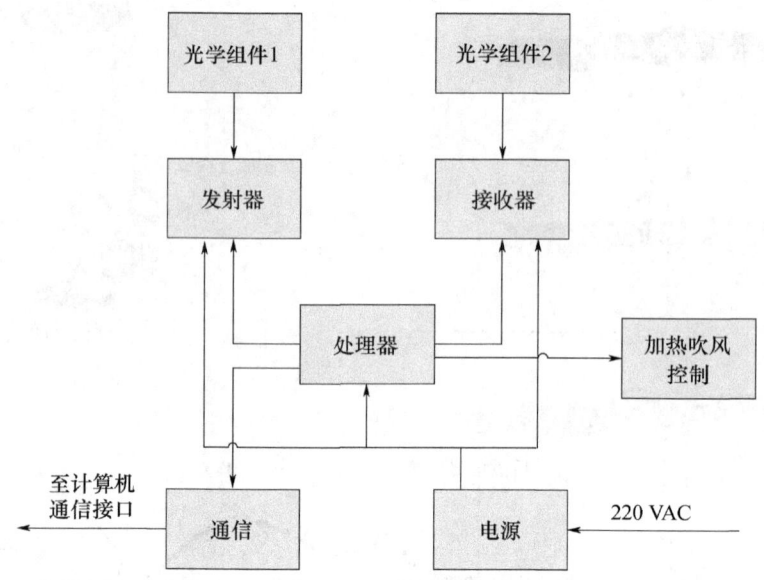

图 2.4-18 激光雷达测云仪的原理框图

发射器主要由发射光学系统和发射器电路组成,通过机械装置固定在内心的发射筒中,仪器工作时发出周期性的红外脉冲激光信号。

接收器主要由接收光学系统和接收器电路组成,通过机械装置固定在内心的接收筒中,仪器工作时接收大气回波信号。

处理器通过 SPI1 总线采集发射器板、能量检测板及窗口检测板的温度、电压、电流等检测值,并向这些板发送控制信号提供+12 V 电压。通过 SPI3 实现与两个外部 EEPROM 读写数据。通过 SPI2 采集接收器板的一些检测值,并向接收器板发送控制信号。通过数据总线读接收器板 FIFO 中的信号。

2. 技术参数

(1)测量范围及精度:云底高度范围为 15 m～10 km;最多可测云层数为 3 层;分辨率为 2.5 m;硬物目标的测量误差为±15 m。

(2)采样周期:30～300 s 连续可设。

(3)工作方式:长期不间断工作。

(4)尺寸和重量:最大外形尺寸(长×宽×高)为(550±10)mm×(300±10)mm×(750±10)mm;重量≤60 kg。

(5)电源:单相交流为 198～242 VAC;不加热时功率≤100 W,加热时功率≤700 W。

(6)通信:接口类型为 RS232/RS485;波特率为 9600、19200、38400、57600;最大有线传输距离≥300 m。

(7)工作环境条件:环境温度为-40～50 ℃;相对湿度为 95%RH(30 ℃)。

(8)贮运条件:环境温度为-55～60 ℃;相对湿度为 95%RH(35 ℃)。

(9)可靠性和维修性:平均故障间隔时间(MTBF)≥500 h;平均修复时间(MTTR)≤0.5 h。

2.4.7 总辐射/散射辐射/反射辐射传感器

总辐射是指水平面上,天空 2π 立体角内所接收到的太阳直接辐射和散射辐射,是波长在 $0.29\sim3.00~\mu m$ 的短波辐射。气象上观测总辐射在单位时间内投射到单位面积上的辐射能,即辐照度,以及一段时间(如一天)辐照度的总量或称累计量,称为曝辐量。辐照度的单位为瓦/米^2(W/m^2),曝辐量的单位为兆焦耳/米^2(MJ/m^2)。测量总辐射的仪器有热电型总辐射传感器、光电型总辐射传感器等。目前,气象辐射观测系统中主要使用的是热电型总辐射传感器。

散射辐射是指太阳辐射经过大气散射或云的反射,从天空 2π 立体角以短波形式向下,到达地面的那部分辐射。

反射辐射是指总辐射到达地面后被下垫面(作用层)向上反射的那部分短波辐射。

散射辐射和反射辐射采用总辐射传感器来测量。

1. 工作原理

总辐射传感器由感应件、玻璃罩和配件组成。其工作原理(图 2.4-19)基于热电效应,感应件由感应面和热电堆组成,感应元件为快速响应的线绕电镀式热电堆,感应面涂无光黑漆。当涂黑的感应面接收辐射增热时,称之为热结点,没有涂黑的一面称之为冷结点,当有太阳光照射时,产生温差电势,输出的电势与接收到的辐照度成正比。

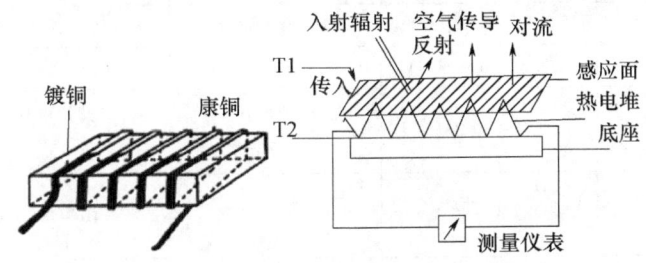

图 2.4-19 热电型辐射传感器测量原理

玻璃罩为半球形双层石英玻璃,能透过波长 $0.27\sim3.20~\mu m$ 的短波辐射,透过率为常数且接近 0.9。采用双层罩是为了减小空气对流和阻止外层罩的红外辐射影响,减小测量误差。

用总辐射传感器测量散射辐射时,需要遮挡太阳直接辐射。常见的遮光装置有两种形式:

(1)用太阳跟踪器带动遮光板(或遮光球)跟随太阳运动,使遮光板(或遮光球)的阴影始终落在感应面上。

(2)用一个圆弧形遮光环,环面对着太阳在天球上的视运动轨迹,保证遮光环在任何时刻都遮住太阳的直接辐射不落到感应面上。这种形式对散射辐射的遮挡较多,因此必须进行遮光环系数订正,如:

$$E = K_0 \times (V/K)$$

式中,E 为辐射强度;V 为信号电压;K 为灵敏度系数;K_0 为遮光环系数。

用总辐射传感器测量反射辐射时,使总辐射传感器的感应面朝下即可。

2. 技术参数

自动气象站常用的总辐射传感器技术参数见表 2.4-9,外形结构见图 2.4-20 至图 2.4-22。

表 2.4-9 总辐射传感器技术参数表

	型号	TBQ-2-B	CMP6	CMP11	FS-S6
	生产厂家	北京华创风云科技有限责任公司	中环天仪（天津）气象有限公司	中环天仪（天津）气象有限公司	江苏省无线电科学研究所有限公司
	常用于自动站型号	DZZ5	DZZ6	DZZ5	DZZ4
测量性能	灵敏度	7～14 μV/(W/m²)	5～20 μV/(W/m²)	7～14 μV/(W/m²)	7～14 μV/(W/m²)
	响应时间(95%)	<35 s(99%)	18 s	5 s	18 s
	年稳定性	<±2%	<±1%	<±0.5%	<±1%
	非线性	<±2%	<±1%	<±0.2%	<±1%
	倾斜回应	<±5%	<±1%	<±0.2%	<±2%
	余弦响应（太阳高度角10°）	<±7%	—	—	—
	方向误差（在80°角1000 W/m²辐照度）	—	<20 W/m²	<10 W/m²	±20 W/m²
	测量角	2π立体角	180°	180°	180°
	辐照度	0～1400 W/m²	0～2000 W/m²	0～4000 W/m²	0～2000 W/m²
	光谱范围	0.27～3.2 μm	310～2800 nm	310～2800 nm	305～2800 nm
	温度系数	≤±2%(−10～40 ℃)	±4%(−10～+40 ℃)	±1%(−10～+40 ℃)	±4%(−10～+40 ℃)
电气性能	输出信号	模拟电压	模拟电压 0～15 mV	模拟电压 0～15 mV	模拟电压
环境适应性	工作温度	−40～+80 ℃	−40～+80 ℃	−40～+80 ℃	−40～+80 ℃
物理参数	外形尺寸	78 mm×84 mm（宽×高）	79 mm×92.5 mm（宽×高）	79 mm×92.5 mm（宽×高）	79 mm×93 mm（宽×高）
	遮阳罩直径	168 mm	150 mm	150 mm	150 mm
	感应面高	55 mm	68 mm	68 mm	68 mm
	重量	1.3 kg	0.6 kg	0.6 kg	0.6 kg

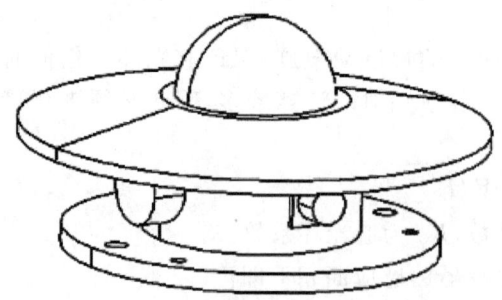

图 2.4-20 TBQ-2-B 型总辐射传感器外形结构示意图

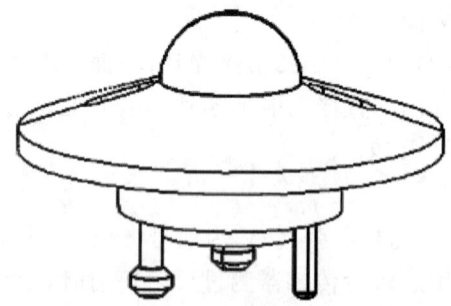

图 2.4-21 CMP6 与 CMP11 型总辐射传感器外形结构示意图

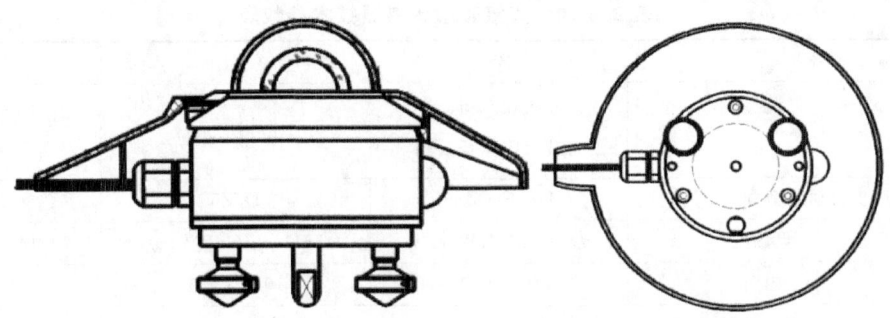

图 2.4-22　FS-S6 型总辐射传感器外形结构示意图

2.4.8　直接辐射传感器

直接辐射是指垂直于太阳入射光的平面上接收到的直接来自太阳、不包括经大气散射的那部分太阳辐射,是波长在 0.29～3.00 μm 的短波辐射。气象上观测直接辐射在单位时间内投射到单位面积上的辐射能,即辐照度,以及一段时间(如一天)辐照度的总量或称累计量,称为曝辐量。辐照度的单位为瓦/米^2(W/m^2),曝辐量的单位为兆焦耳/米^2(MJ/m^2)。测量直接辐射的仪器有热电型直接辐射传感器、廻转遮光辐射传感器等。目前,自动气象站中主要使用的是热电式直接辐射传感器。

1. 工作原理

热电型直接辐射传感器的基本原理与总辐射传感器相同。直接辐射传感器具有一个金属遮光筒,其内壁被涂黑并且有几道光栏以减少内部反射和天空杂散光对感应器件的影响。遮光筒的半开敞角为 2.5°,使感应面仅能接收太阳表面(视角约 0.5°)的辐射和太阳周围很窄的环形天空的散射辐射。如图 2.4-23 所示,圆环 1 范围内所发射的辐射可被传感器的整个感应面所接收,称为全辐照域;圆环 3 以外的辐射无法被感应面接收,称为非辐照域;圆环 2 范围内的辐射可被感应面部分接收,称为部分辐照域或半影区。图中 Z_0 表示半开敞角,Z_1 表示斜角,Z_2 表示极限角。

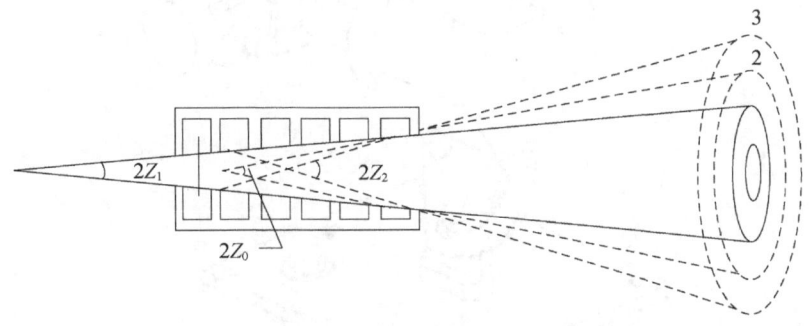

图 2.4-23　直接辐射传感器工作原理

2. 技术参数

自动气象站常用的直接辐射传感器技术参数见表 2.4-10,外形结构见图 2.4-24 至图 2.4-26。

表 2.4-10 直接辐射传感器技术参数表

	型号	TBS-2	CHP1	FS-D1
	生产厂家	北京华创风云科技有限责任公司	Kipp&Zonen	江苏省无线电科学研究所有限公司
	常用于自动站型号	DZZ5/DZZ6	DZZ5	DZZ4
测量性能	灵敏度	7~14 μV/(W/m²)	7~14 μV/(W/m²)	7~14 μV/(W/m²)
	内阻	约 100 Ω	10~100 Ω	10~100 Ω
	响应时间	<25 s(99%)	<5 s(95%)	<18 s(95%)
	年稳定性	<±1%	±0.5%	≤±1%
	非线性(0~1000 W/m²)	—	±0.2%	≤±0.5%
	温度系数	—	<0.5%(−20~+50 ℃)	≤±2%(50 ℃区间)
	光谱范围	0.27~3.2 μm	200~4000 nm	300~3000 nm
	传感器类型	热电堆	热电堆	热电堆
	敞开角	4°	5°±0.2°	5°
电气性能	输出信号	模拟电压	模拟电压 0~15 mV	模拟电压
环境适应性	工作温度范围	−40~70 ℃	−40~+80 ℃	−40~+80 ℃
物理参数	外形尺寸	210 mm×176 mm×20 cm(长×宽×高)	332 mm×74 mm×76 mm(长×宽×高)	385.3 mm×66 mm×59 mm(长×宽×高)
	光筒长度	280 mm	—	—
	支架高度	56 mm	—	—
	重量	4.14 kg(含跟踪装置)	0.9 kg(不包含线缆)	1 kg(不包含线缆)

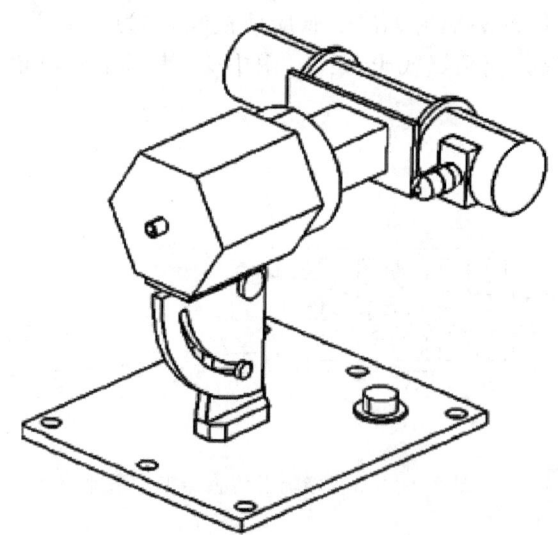

图 2.4-24　TBS-2 型直接辐射传感器外形结构示意图

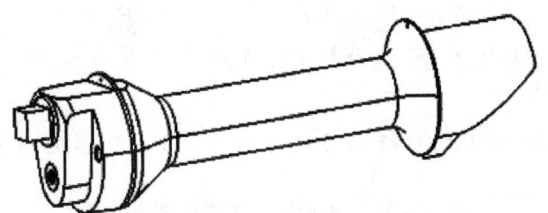

图 2.4-25　CHP1 型直接辐射传感器外形结构示意图

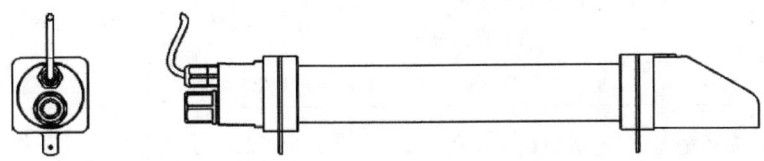

图 2.4-26　FS-D1 型直接辐射传感器外形结构示意图

2.4.9　净全辐射传感器

净全辐射是太阳与大气向下发射的全辐射和地面向上发射的全辐射之差值,也称为净辐射或辐射差额。全辐射是指波长在 0.29～100 μm 的短波辐射和长波辐射。气象上观测全辐射在单位时间内投射到单位面积上的辐射能,即辐照度,以及一段时间(如一天)辐照度的总量或称累计量,称为曝辐量。辐照度的单位为瓦/米²(W/m²),曝辐量的单位为兆焦耳/米²(MJ/m²)。测量净全辐射的仪器有净全辐射传感器、四分量辐射传感器等。目前,自动气象站中主要使用上述两种传感器。

1. 工作原理

净全辐射传感器的基本原理(图 2.4-27)与总辐射传感器相同,但是它的感应元件有上感应面和下感应面。上感应面接收向下的全辐射,下感应面接收向上的全辐射,使热电堆产生正比于净全辐射辐照度的温差电动势。为防止风的影响和保护感应面,净全辐射传感器的上下感应面各有一个对短波辐射和长波辐射透过性好的薄膜罩。净全辐射传感器的感应面对长波辐射和短波辐射的灵敏度不容易做到非常一致,因此有些净全辐射传感器要求在白天采用全波段灵敏度,夜间采用长波灵敏度。

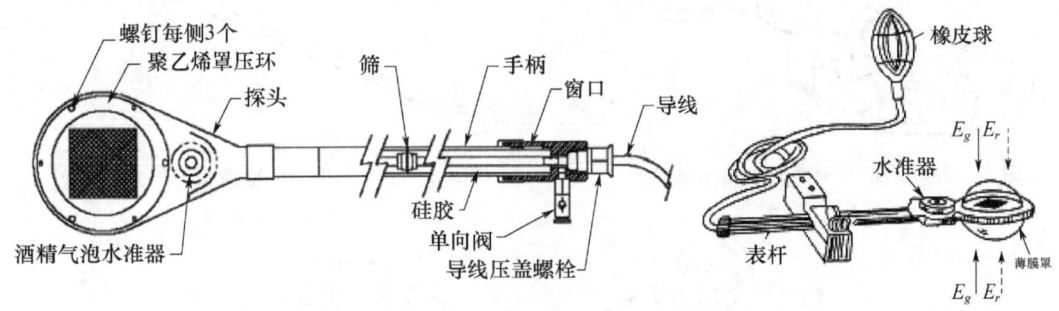

图 2.4-27　净全辐射传感器工作原理

四分量辐射传感器的工作原理是将总辐射传感器、反射辐射传感器、大气长波辐射传感器、地面长波辐射传感器组成一个整体,分别测量向下和向上的短波辐射、长波辐射,将 4 个传感器的灵敏度调节至相同,然后将 4 个输出串(并)联在一起,得到与净全辐射成正比的电动势。也可以分别测量四个辐射成分后根据净全辐射的定义计算得到净全辐射,如下式:

$$E^* = E_g\downarrow + E_L\downarrow - E_r\uparrow - E_L\uparrow$$

式中，E^* 为净全辐射；$E_g\downarrow$ 为总辐射；$E_L\downarrow$ 为大气长波辐射；$E_r\uparrow$ 为反射辐射；$E_L\uparrow$ 为地面长波辐射。

2. 技术参数

自动气象站常用的净辐射传感器技术参数见表 2.4-11，外形结构见图 2.4-28 至图 2.4-30。

表 2.4-11 净辐射传感器技术参数表

	型号	FNP-2	NR-Lite	FS-J1
	生产厂家	北京华创风云科技有限责任公司	Kipp&Zonen	江苏省无线电科学研究所有限公司
	常用于自动站型号	DZZ5	DZZ5	DZZ4
测量性能	灵敏度	7～14 μV/(W/m²)	10 μV/(W/m²)	10～40 μV/(W/m²)（短波） 5～15 μV/(W/m²)（长波）
	温度系数		−0.1 %/℃	<6%（10～40 ℃）
	内阻	约 200 Ω		短波：40～60 Ω 长波：100～400 Ω
	响应时间(95%)	<60 s	<60 s	<18 s
	光谱范围	200 nm～100 μm	200 nm～100 μm	305 nm～2800 nm（短波） 4.5 μm～50 μm（长波）
	传感器类型	热电堆	热电偶	热电
电气性能	输出信号	模拟电压	模拟电压	模拟电压
环境适应性	工作温度范围	−40～70 ℃	−40～80 ℃	−40～80 ℃
物理参数	外形尺寸	307 mm×120 mm （长×直径）	880 mm×80 mm （长×直径）	263 mm×113 mm×121 mm （长×宽×高）
	重量	860 g	490 g	1300 g

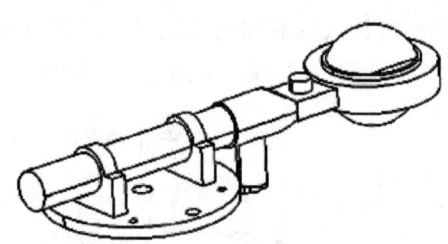

图 2.4-28 FNP-2 型净辐射传感器外形结构示意图

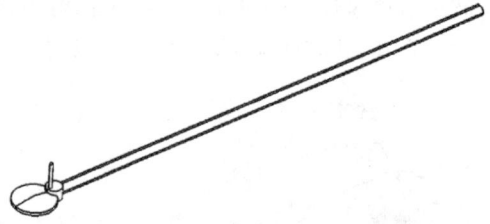

图 2.4-29 NR-Lite 型净辐射传感器外形结构示意图

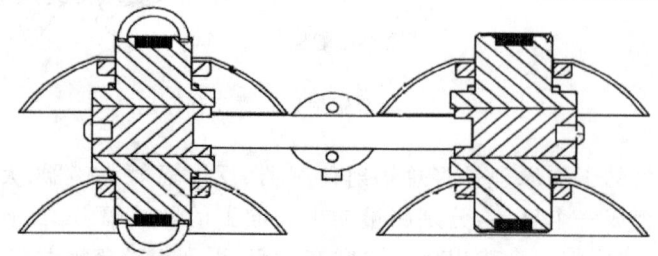

图 2.4-30 FS-J1 型净全辐射传感器外形结构示意图

2.4.10 光电式数字日照计

日照是指太阳在一地实际照射的时数。在一给定时间,日照时数定义为太阳直接辐照度达到或超过 120 瓦/米^2(W/m^2)的各段时间总和,日照时数的单位为小时(h),基本计量时间段为日,月和年的日照时数以日值进行累计。测量日照时数的仪器有太阳直接辐射表、暗筒式日照计、聚焦式日照计、光电式数字日照计等。目前,自动气象站中主要使用的是光电式数字日照计。

2.4.10.1 工作原理

光电式数字日照计主要由光电式数字日照传感器、数据处理单元、供电单元、通信单元、安装附件等部分组成。光电式数字日照传感器包括光学镜筒、光电探测器、遮光筒、信号处理电路、防霜露加热器等;数据处理单元由中央处理器、时钟电路、数据存储器、接口、控制电路等部分构成,主要负责对传感器的输出信号进行采样,并对采样样本进行质量控制、数据运算处理、记录存储。

光电式数字日照传感器采用置于光学镜筒中的三个同轴光电感应器对总辐射和散射辐照进行自动连续观测,利用总辐射和散射辐射的差值来获得实时的太阳直接辐射,根据计算出的直接辐照度判断有无日照。其工作原理如图 2.4-31,三个带有圆柱形漫射器的光电管 D1、D2、D3 分别安置在同一轴线上,并通过遮光罩及其入射窗 W1、W2 对入射到 D2、D3 上的辐射进行约束。

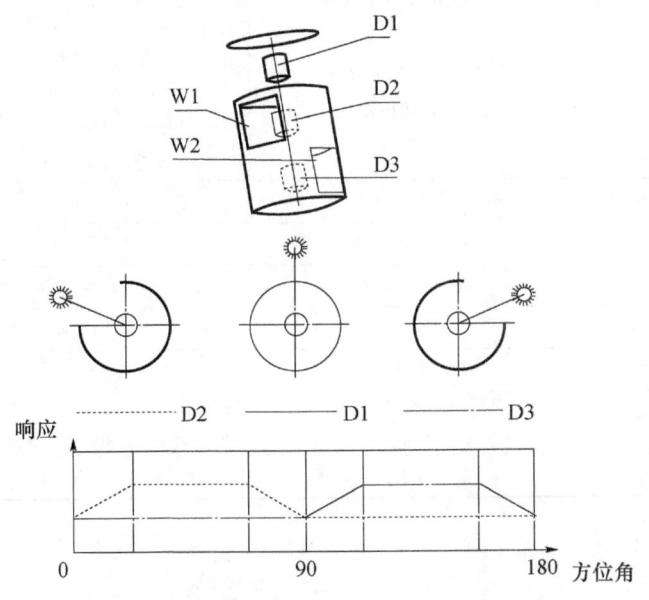

图 2.4-31 光电式数字日照计工作原理图

光电管 D1 在 360°的环形范围内接收总辐射。D2 和 D3 接收环形范围内不同方向上的辐射,而太阳直接辐射只能照射到 D2、D3 中的一个,其中较小的输出值即为散射辐射。直接辐射为总辐射和散射辐射的差值,若直接辐照度≥120 W/m^2 则算作有日照,把时间累计,得到每小时和每天的日照时数。

2.4.10.2 技术参数

自动气象站常用的光电式数字日照计技术参数见表 2.4-12,外形结构见图 2.4-32 至图 2.4-34。

表 2.4-12　光电式数字日照计技术参数表

	型号	DFC1	DFC2	DFC3
	生产厂家	江苏省无线电科学研究所有限公司	华云升达（北京）气象科技有限责任公司	中环天仪（天津）气象有限公司
	常用于自动气象站型号	DZZ1-2、DZZ3、DZZ4、DZZ5、DZZ6		
测量性能	光谱范围	400 nm～1100 nm	400 nm～1100 nm	400 nm～1100 nm
	日照阈值	直接辐照度 120 W/m^2	直接辐照度 120 W/m^2	直接辐照度 120 W/m^2
	阈值最大允许误差	±20%	±20%	±20%
	月观测数据最大允许误差	±10%	±10%	±10%
	年稳定性	±2%	±5%	±2%
	日照电平信号	有日照：1±0.1 V 无日照：0±0.1 V	有日照：1±0.1 V 无日照：0±0.1 V	有日照：1±0.1 V 无日照：0±0.1 V
	响应时间（95%响应）	≤1 s	≤1 s	≤1 s
	温度响应误差（感应器件）	±0.1%/℃	±0.1%/℃	±0.1%/℃
电气性能	接口类型	RS232	RS232	RS232、RS485
	工作电源电压	DC,9～15 V	DC,9～15 V	DC,9～15 V
	加热器电源电压	DC,9～15 V	DC,11～13 V	DC,9～15 V
	功耗	工作电路：<0.1 W 一级加热器：1±0.1 W@12 V 二级加热器：10±1 W@12 V	非加热状态下平均功耗值：<0.2 W 启动 1 W 加热时功耗值：<2 W 启动 10 W 加热时功耗值：<15 W	非加热状态下平均功耗值：<0.2 W 启动 1 W 加热时功耗值：<2 W 启动 10 W 加热时功耗值：<12 W
环境适应性	工作温度	−40～60 ℃	−40～60 ℃	−40～70 ℃
	相对湿度	0～100%RH	0～100%RH	0～100%RH
	大气压力	450～1100 hPa	450～1100 hPa	450～1100 hPa
	最大抗阵风能力	≤60 m/s	≤60 m/s	≤60 m/s
	防护等级	IP65	IP65	IP65
物理参数	外形尺寸	322 mm×108 mm×248 cm（纬度为30°）	外形：205×74 mm 不含手柄 外形：310×74 mm 含手柄	294 mm×72.5 mm×131 mm（传感器）
	重量	1 kg	0.87 kg	0.96 kg

图 2.4-32　DFC1 型外形结构示意图

图 2.4-33　DFC2 型外形结构示意图

图 2.4-34　DFC3 型外形结构示意图

2.4.11 气温多传感器标准系统

气温多传感器标准系统包括：三支气温传感器、气温多传感器标准控制器等，拟新配备的两支气温传感器性能符合《新型自动气象站功能规格需求书（修订版）》要求，与目前业务运行的自动气象站标配的气温传感器完全一致。通过气温多传感器标准系统，解决现行自动气象站气温传感器出现故障导致气温数据异常或缺测的问题，确保气温数据的完整性和可用性，提高自动化程度，减轻人工维护工作量。

2.4.11.1 数据采集

三支气温传感器采集的气温观测数据进入气温多传感器标准控制器，通过融合算法和监控算法将多传感器数据处理为标准值，采样频率为30次/min。

单支气温传感器采集原理：参见《新型自动气象站功能规格需求书（修订版）》。

2.4.11.2 数据处理

气温多传感器标准控制系统结构中，单支气温传感器采集分钟气温观测数据，气温多传感器标准控制器对三支气温传感器采样值进行数据处理，形成气温标准值。

气温多传感器标准控制器选取气温传感器Ⅰ的测量结果作为业务主用数据源，气温传感器Ⅱ和Ⅲ的测量结果作为热备份数据源，将三个传感器的测量结果与标准值进行对比，如超出阈值±0.3 ℃，输出相应状态码，观测业务软件（ISOS）端可实现自动报警，并提示需要检查异常气温传感器。若现用气温传感器异常，标准控制器可自动切换至下一个状态正常的气温数据源，切换顺序为气温传感器Ⅰ、Ⅱ、Ⅲ、Ⅰ依次切换，根据气温数据源形成气温传输值序列；若标准值缺测，或三支气温传感器均超出阈值，则传输值记为缺测，业务软件读取输出的气温传输值作为气温上传数据。整个过程中，数据源切换平滑，无间断，波动幅度由于标准值的存在被限定在指定阈值的范围内。

2.4.11.3 系统结构

气温多传感器标准系统包括三支气温传感器、气温多传感器标准控制器、通信接口和外围设备等，其硬件结构示意图如图2.4-35。

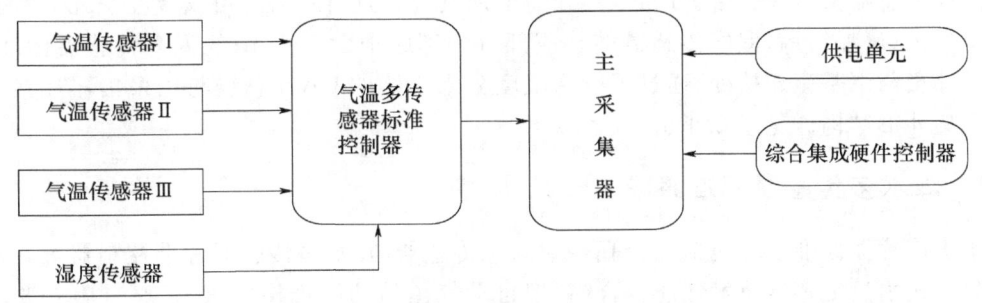

图2.4-35　气温多传感器标准系统硬件结构示意图

气温多传感器标准控制器，可实现多支气温传感器的融合算法，输出气温传输值、气温传感器观测值、气温标准值和设备工作状态等，气温多传感器标准控制器安装在百叶箱与下基座连接处，利用原温湿分采CAN总线与主采集器连接，标准控制器面板上的状态指示灯可以显示设备工作状态。气温多传感器标准控制器示意详见图2.4-36。

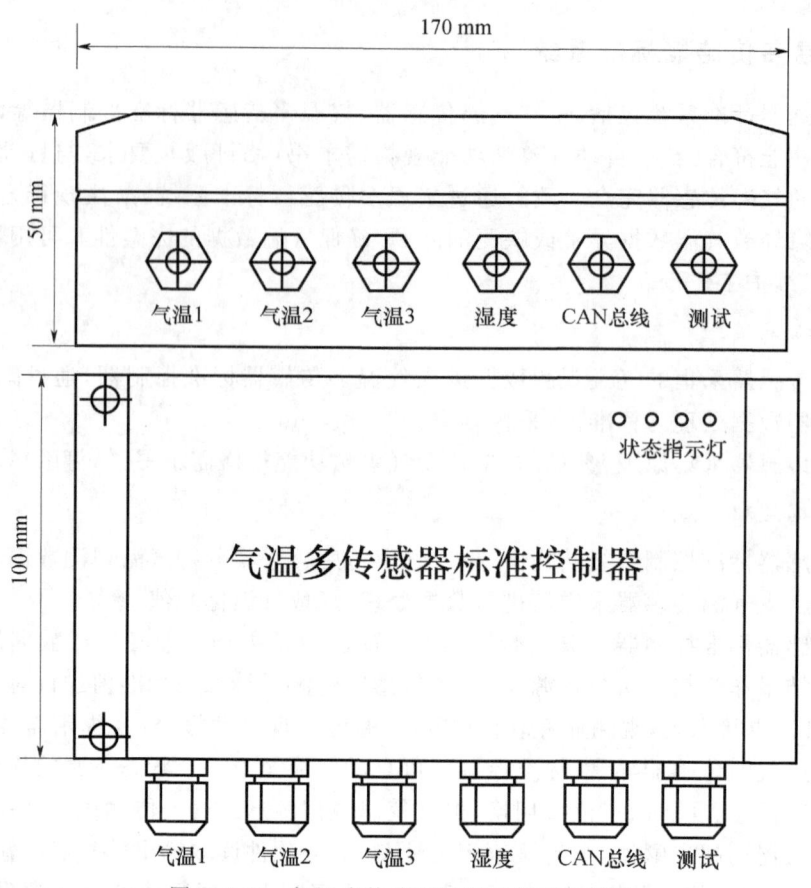

图 2.4-36 气温多传感器标准控制器示意图

2.4.11.4 设备布局

在现有百叶箱内正中位置安装温湿度传感器支架,支架上开有 8 个孔;三支气温传感器安装在支架上的正东、正北、正南(其中正东为气温传感器Ⅰ,正北为气温传感器Ⅱ,正南为气温传感器Ⅲ),湿度传感器安装在支架上的正西,如需增加气温、湿度传感器,可安装在东北、东南、西北、西南 4 个方位;确保气温、湿度传感器的感应部分中部距地面 1.5 m;气温多传感器标准控制器安装在百叶箱与下基座连接处,通过现有温湿度分采集器的 CAN 总线与主采集器连接,温湿度传感器支架外形结构详见图 2.4-37。

2.4.12 降水多传感器标准系统

降水多传感器标准系统包括三个翻斗式雨量传感器、降水多传感器标准控制器等,拟新配备的两个翻斗式雨量传感器技术性能符合《新型自动气象站功能规格需求书(修订版)》要求,与目前业务运行的自动气象站标配的翻斗式雨量传感器完全一致。通过降水多传感器标准系统,解决现行自动气象站雨量传感器出现故障导致雨量数据异常或缺测的问题,确保雨量数据的完整性和可用性,提高自动化程度,减轻人工维护工作量。

2.4.12.1 数据采集

三个翻斗式雨量传感器采集的降水观测数据进入降水多传感器标准控制器,通过融合算法和监控算法将多传感器数据处理为标准值,采样频率为 1 次/min。

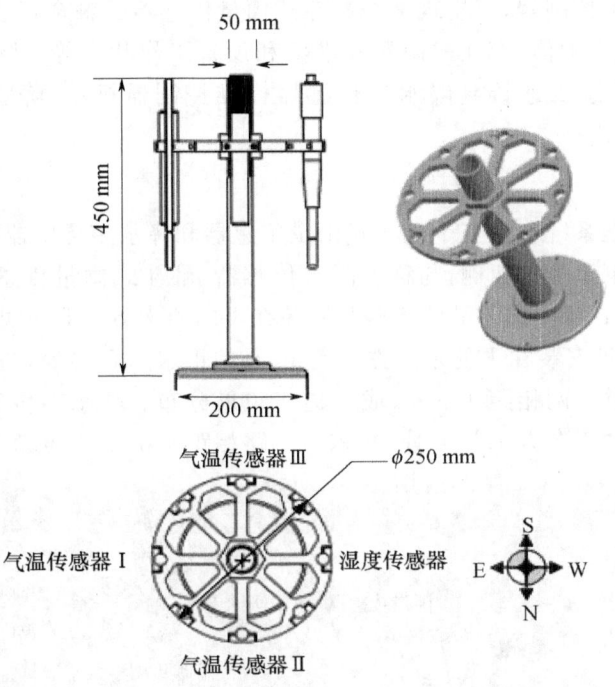

图 2.4-37　温湿度传感器支架外形结构图

单个翻斗式雨量传感器采集原理：参见《新型自动气象站功能规格需求书(修订版)》。

2.4.12.2　数据处理

降水多传感器标准控制系统中，三个翻斗式雨量传感器分别采集降水观测数据，降水多传感器标准控制器对三个翻斗式雨量传感器采样值进行数据处理，形成翻斗式雨量标准值。

降水多传感器标准控制器选取雨量传感器Ⅰ的测量结果作为业务主用数据源，雨量传感器Ⅱ和Ⅲ的测量结果作为热备份数据源，在整点将三个传感器的小时累积降水量测量结果与标准值进行对比，若超出阈值±0.4 mm(≤10 mm)或±4%(>10 mm)，输出相应状态码，观测业务软件(ISOS)端可实现自动报警，并提示需要检查异常雨量传感器。若现用雨量数据源异常或超出阈值，标准控制器可自动切换至下一个状态正常的雨量数据源，在整点完成翻斗式雨量传感器Ⅰ、Ⅱ、Ⅲ、Ⅰ依次切换，整点前保持原有雨量传感器分钟级数据序列，分钟数据和小时数据正常传输，整点后一分钟启用切换后的翻斗式雨量传感器分钟和小时数据作为传输值；若标准值缺测，或三个雨量传感器均超出阈值，则传输值记为缺测。业务软件读取标准控制器传输值作为翻斗式雨量上传数据。

2.4.12.3　系统结构

降水多传感器标准系统包括三个翻斗式雨量传感器、降水多传感器标准控制器、通信接口和外围设备等，其硬件结构示意见图2.4-38。

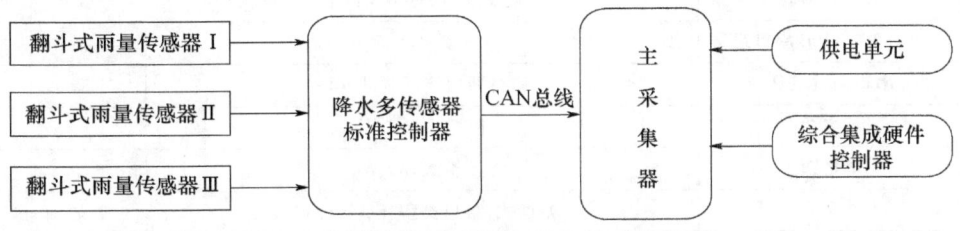

图 2.4-38　降水多传感器标准系统硬件结构示意图

降水多传感器标准控制器,可实现多个翻斗式雨量传感器的融合算法,输出翻斗式雨量传输值、翻斗式雨量传感器观测值、翻斗式雨量标准值和设备工作状态等。降水多传感器标准系统,将地温分采集器 CAN 总线连接到降水多传感器标准控制器机箱,降水多传感器标准控制器 CAN 总线与主采集器连接。

2.4.12.4 设备布局

降水多传感器标准系统包括三个翻斗式雨量传感器和降水多传感器标准控制器。翻斗式雨量传感器Ⅰ安装在闪电定位仪西侧,与称重降水传感器、翻斗式雨量传感器(备份站)东西成行,与东边小路相距 2.5 m;翻斗式雨量传感器Ⅱ安装在Ⅰ的西南方 1.5 m 处,与东边小路相距 3.25 m;翻斗式雨量传感器Ⅲ安装在Ⅰ的东南方 1.5 m、Ⅱ的正东 1.5 m 处,与东边小路相距 1.75 m,三个翻斗式雨量传感器两两相距 1.5 m,成等边三角形分布。降水多传感器标准控制器安装在翻斗式雨量传感器Ⅰ的正东方 1.5 m 处,与东边小路相距 1 m,观测场布局详见图 2.4-39。

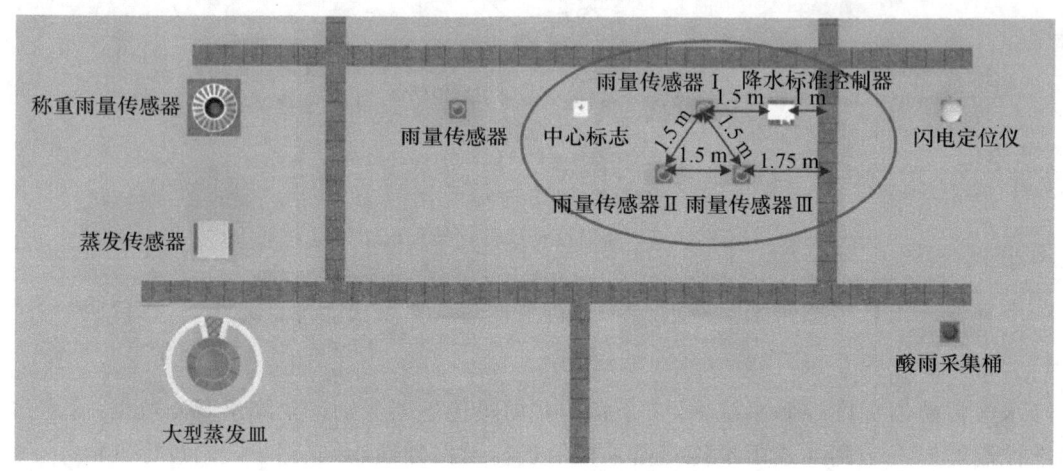

图 2.4-39 降水多传感器布局图

2.5 常用维护工具

自动气象站自动化程度不断提升的同时,也对自动气象站的日常维护提出了更高的要求。为保证自动气象站的正常运行,应该定期进行维护检查,保证数据的准确性、完整性,还要加强业务人员熟练掌握常用维护工具的使用,保证自动气象站软、硬件设备维修维护时效,自动气象站维护工具介绍见表 2.5-1。

表 2.5-1 自动气象站维护工具

序号	名称	规格参数	数量	状态
1	数字万用表	便携式,四位半及以上	1个	
2	RS232 转 USB 串口线	USB2.0,1.5 m	1根	
3	串口调试工具	串行通信接口调试软件	1套	
4	气烙铁	便携式,100 K	1件	
5	电烙铁	便携式,60 W	1件	
6	红光笔	便携式,接口类型:SC/ST/FC	1支	

第 2 章 地面气象自动化观测系统保障基础（8 学时）

续表

序号	名称	规格参数	数量	状态
7	指北针	便携式,表盘直径约 60 mm	1 个	
8	水平尺	300 mm	1 把	
9	螺丝刀	一字 3 mm×75 mm,十字 3 mm×75 mm,一字 6 mm×150 mm,十字 6 mm×150 mm	4 把	
10	钢丝钳	8 寸	1 把	
11	尖嘴钳	8 寸	1 把	
12	剥线钳	7 寸	1 把	
13	美工刀	18 mm,含刀片	1 件	
14	钢卷尺	5 m	1 把	
15	活动扳手	200 mm,300 mm	2 把	
16	内六角扳手	平头,不少于 9 件	1 套	
17	套筒扳手	1/4(6.3 mm),不少于 12 件	1 套	
18	焊锡	ϕ 0.4 mm,ϕ 0.6 mm	各 1 卷	
19	电工胶布	无铅、阻燃、耐低温	1 卷	
20	冲击电钻	钻孔直径 4～12 mm	1 套	
21	钢锯	约 540 mm×170 mm	1 把	
22	羊角锤	长度约 285 mm	1 把	
23	钟表批	一字、十字,不少于 6 支	1 套	
24	单反相机清洁套装	含清洁液、镜头擦拭布、超细纤维毛巾、羊毛刷、镜头笔、气吹等	1 套	
25	防冻液	乙烯乙二醇、甲醇按要求配比	1 桶	
26	抑制蒸发油	航空液压油	1 桶	
27	数显测电笔	便携式,具夜视显示功能	1 支	
28	手电筒	便携式,LED 光源,五号电池	1 支	
29	屏蔽电缆线	国标纯铜,100 m,RVVP2×2.5 mm^2,RVVP2×0.3 mm^2,RVVP4×0.3 mm^2,RVVP8×0.3 mm^2,RVVP12×0.3 mm^2	各 1 卷	
30	热缩管	ϕ 2 mm,ϕ 4 mm,ϕ 6 mm,ϕ 8 mm	各若干	
31	管型预绝缘端头	红、黑、蓝、绿、黄、白等颜色	各若干	
32	螺栓组合	304 不锈钢圆头,M2×4,M2×5,M2×6,M2×8,M2×10,M2.5×4,M2.5×5,M2.5×6,M2.5×8,M2.5×10,M2.5×12,M3×4,M3×5,M3×6,M3×8,M3×10,M3×12	各若干	
33	人字梯	便携式,铝合金,高度约 1.8 m	1 个	
34	安全绳	20 m,ϕ 10.5 mm,2 个保险扣	2 根	

2.5.1 数字万用表的使用

数字式万用表是一种集成多种常用电学测量功能的仪器,不仅可以测量直流电流、直流电压、交流电压、电阻和线路通断等,还可以测量交流电流、电容量、电感量及半导体的一些参数。其测量值由液晶显示屏直接以数字的形式显示,读取方便,应用最为广泛。

自动气象站的巡检维护和故障诊断维修过程中,经常需要使用万用表判断设备运行状态或排查设备故障。因此,熟练掌握万用表的使用方法是日常巡检维护和故障诊断维修的基础。

2.5.1.1 电压的测量

(1)直流电压的测量。首先将黑表笔插进"COM"孔,红表笔插进"VΩ"。把旋钮选到比估计值大的量程(注意:表盘上的数值均为最大量程,"V—"表示直流电压档,"V~"表示交流电压档,"A"是电流档),接着把表笔接电源或电池两端,保持接触稳定。数值可以直接从显示屏上读取,若显示为"1.",则表明量程太小,那么就要加大量程后再测量设备。如果在数值左边出现"—",则表明表笔极性与实际电源极性相反,此时红表笔接的是负极。

(2)交流电压的测量。表笔插孔与直流电压的测量一样,不过应该将旋钮打到交流档"V~"处所需的量程即可。交流电压无正负之分,测量方法跟前面相同。无论测交流还是直流电压,都要注意人身安全,严禁用手触摸表笔的金属部分。

2.5.1.2 电流的测量

(1)直流电流的测量。先将黑表笔插入"COM"孔。若测量大于200 mA的电流,则要将红表笔插入"10 A"插孔并将旋钮打到直流"10 A"档;若测量小于200 mA的电流,则将红表笔插入"200 mA"插孔,将旋钮打到直流200 mA以内的合适量程。调整好后,就可以测量了。将万用表串进电路中,保持稳定,即可读数。若显示为"1.",那么就要加大量程;如果在数值左边出现"—",则表明电流从黑表笔流进万用表。

(2)交流电流的测量。测量方法与直流电流相同,不过档位应该打到交流档位,电流测量完毕后应将红笔插回"VΩ"孔。

2.5.1.3 电阻的测量

将表笔插进"COM"和"VΩ"孔中,把旋钮打旋到"Ω"中所需的量程,用表笔接在电阻两端金属部位,测量中可以用手接触电阻,但不要把手同时接触电阻两端,这样会影响测量精确度的(人体是电阻很大但是有限大的导体)。读数时,要保持表笔和电阻有良好的接触;注意单位:在"200"档时单位是"Ω",在"2 K"到200 K"档时单位为"KΩ","2 M"以上的单位是"MΩ"。

2.5.2 电工刀

在使用电工刀时,不得用于带电作业,以免触电。应将刀口朝外剖削,并注意避免伤及手指。剖削导线绝缘层时,应使刀面与导线成较小的锐角,以免割伤导线。

2.5.3 螺丝刀

使用螺丝刀时,螺丝刀较大时,除大拇指、食指和中指要夹住握柄外,手掌还要顶住柄的末端以防施转时滑脱。螺丝刀较小时,用大拇指和中指夹着握柄,同时用食指顶住柄的末端用力旋动。螺丝刀较长时,用右手压紧手柄并转动,同时左手握住起子的中间部分(不可放在螺钉周围,以免将手划伤),以防止起子滑脱。

注意事项：①带电作业时，手严禁触及螺丝刀的金属杆，以免发生触电事故；②作为电工，不应使用金属杆直通握柄顶部的螺丝刀；③为防止金属杆触到人体或邻近带电体，金属杆应套上绝缘管。

2.5.4　钢丝钳

钢丝钳钳口可用来弯绞或钳夹导线线头；齿口可用来紧固或起松螺母；刀口可用来剪切导线或钳削导线绝缘层；侧口可用来铡切导线线芯、钢丝等较硬线材。

注意事项：①使用前，应检查钢丝钳绝缘是否良好，以免带电作业时造成触电事故；②在带电剪切导线时，不得用刀口同时剪切不同电位的两根线（如相线与零线、相线与相线等），以免发生短路事故。

2.5.5　尖嘴钳

尖嘴钳因其头部尖细，适用于在狭小的工作空间操作。尖嘴钳可用来剪断较细小的导线；可用来夹持较小的螺钉、螺帽、垫圈、导线等；也可用来对单股导线整形（如平直、弯曲等）。若使用尖嘴钳带电作业，应检查其绝缘是否良好，并在作业时金属部分不要触及人体或邻近的带电体。

2.5.6　斜口钳

专用于剪断各种电线电缆，对粗细不同、硬度不同的材料，应选用大小合适的斜口钳。

2.5.7　剥线钳

剥线钳是专用于剥削较细小导线绝缘层的工具，使用剥线钳剥削导线绝缘层时，先将要剥削的绝缘长度用标尺定好，然后将导线放入相应的刀口中（比导线直径稍大），再用手将钳柄一握，导线的绝缘层即被剥离。

2.5.8　电烙铁

焊接前，一般要把焊头的氧化层除去，并用焊剂进行上锡处理，使得焊头的前端经常保持一层薄锡，以防止氧化、减少能耗、保持导热良好。

电烙铁的握法没有统一的要求，以不易疲劳、操作方便为原则，一般有笔握法和拳握法两种，用电烙铁焊接导线时，必须使用焊料和焊剂。焊料一般为丝状焊锡或纯锡，常见的焊剂有松香、焊膏等。

对焊接的基本要求是：焊点必须牢固，锡液必须充分渗透，焊点表面光滑有泽，应防止出现"虚焊""夹生焊"。产生"虚焊"的原因是因为焊件表面未清除干净或焊剂太少，使得焊锡不能充分流动，造成焊件表面挂锡太少，焊件之间未能充分固定；造成"夹生焊"的原因是因为烙铁温度低或焊接时烙铁停留时间太短，焊锡未能充分熔化。

注意事项：①使用前应检查电源线是否良好，有无被烫伤；②焊接电子类元件（特别是集成块）时，应采用防漏电等安全措施；③当焊头因氧化而不"吃锡"时，不可硬烧；④当焊头上锡较多不便焊接时，不可甩锡、不可敲击；⑤焊接较小元件时，时间不宜过长，以免因热损坏元件或绝缘；⑥焊接完毕，应拨去电源插头，将电烙铁置于金属支架上，防止烫伤或火灾的发生。

2.5.9 扳手

扳手是用来旋转六角或方头螺栓、螺钉、螺母的一种常用工具。因它的特点是开口尺寸可以在规定范围内任意调节,所以特别适用于螺栓规格多的场合使用。活扳手由头部和柄部组成,头部由活络扳唇、呆扳唇、扳口、蜗轮和轴销等构成。

使用时,将扳口调节到比螺母稍大些,用右手握手柄,再用右手指旋动蜗轮使扳口紧压螺母。扳动大螺母时,因为力矩较大,手应握在手柄的尾处;扳动较小螺母时,需用力矩不大,但螺母过小易打滑,故手应握在靠近头部的地方,可随时调节蜗轮,收紧活络扳唇,防止打滑。

注意事项:①使用扳手时,严禁带电操作;②使用扳手时应随时调节扳口,把工件的两侧面夹牢,以免螺母脱角打滑,不得用力太猛;③扳手不可反用,以免损坏活动扳唇,也不可用钢管接长手柄来施加较大的扳拧力矩;④扳手不得当做撬棍和锤子使用。

2.6 串口调试软件(SSCOM32)的使用

2.6.1 功能简介

本软件为新型自动气象站配套的调试软件,利用该软件能够完成自动气象站采集终端与PC机的通信连接,以及串口通信端口、波特率、数据位、停止位和奇偶校验参数设置。

2.6.2 界面简介

点击运行串口调试软件(SSCOM32),软件正常启动后,出现如图2.6-1所示界面:

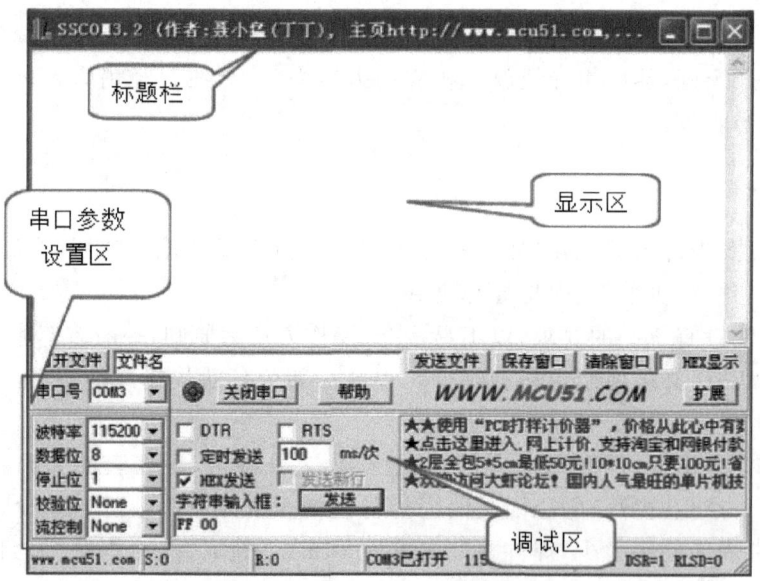

图2.6-1 串口调试软件界面图

软件由"串口参数设置区""调试区""显示区"和"标题栏"组成,每个功能区由输入框、下拉选项框或按钮等组成。在软件界面边框下侧,会实时提示串口的状态以及软件与采集器通信终端的连接状态。

2.6.3 软件的使用连接

(1)确保采集器断电,终端串口线与 PC 机可用串口连接正确,正确查看、记录映射到 PC 机的串口号。

(2)点击运行串口调试软件,使软件正常运行。

(3)在串口参数设置区,点击"串口号"右侧的下拉框选项,查看是否与所记录的串口号一致,若有则选中该串口标号,否则请关闭软件按照上述步骤重试。

(4)采集系统参数设置。点击波特率右边的下拉框选项,选择默认值"9600"即可,数据位为 8,停止位为 1,无校验位和流量控制,串口调试软件的界面最下方会显示设置好的参数。

(5)点击"打开串口"按钮,若串口打开成功,在软件界面边框下侧,会实时提示串口的状态。

(6)将采集器终端与 PC 机进行连接,并对采集器上电,软件将自动和采集器终端进行连接通信。

2.6.4 软件界面操作方法

若软件已经成功连接上采集器终端,可以对软件各功能区参数进行设置和查询。在气象采集器终端各项功能区参数查询与设置过程中,为保证自动气象站的稳定运行,请注意下面的几点要求和建议:

(1)请不要将采集器再次随意上电、断电;

(2)请不要将采集器终端串口线随意拔插;

(3)请不要随意关闭串口、断开连接,或者关闭软件;

(4)请不要通过软件随意更改采集器各项参数,请根据实际需求进行设置和查询。

发送命令/数据接收操作如下:

(1)在字符串输入框,选择手动发送或者自动发送(按照设定的发送周期循环发送字符串输入框内的数据)自动气象站终端调试命令,并按回车键,这时如果没有什么错误,对方的串口通信工具就会收到发送的内容;

(2)命令发送后,界面的最下方会显示发送数据的数量;

(3)在软件显示区,实时显示返回参数信息、设备状态信息、采集器采集的各观测气象要素值,如图 2.6-2 所示。

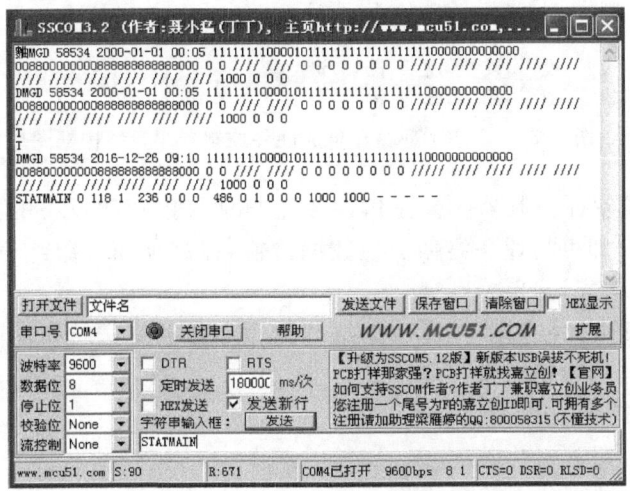

图 2.6-2 发送命令/数据接收示意图

2.7 综合集成硬件控制器

2.7.1 概述

DPZ1型综合集成硬件控制器包括室外机（通信控制模块、光电转换模块）和室内机（光电转换模块）两部分，两组光电转换模块之间以光纤相连接，通信控制模块通过串口与观测设备连接，室内机（光电转换模块）通过网口与业务终端计算机连接。其硬件和软件安装方法参见《DPZ1型综合集成硬件控制器用户手册》。

DPZ1型综合集成硬件控制器的硬件包含通信控制模块、光电转换模块、交流防雷模块、供电单元、外围部件等，软件分为驱动程序和管理软件。其逻辑结构如图2.7-1所示。

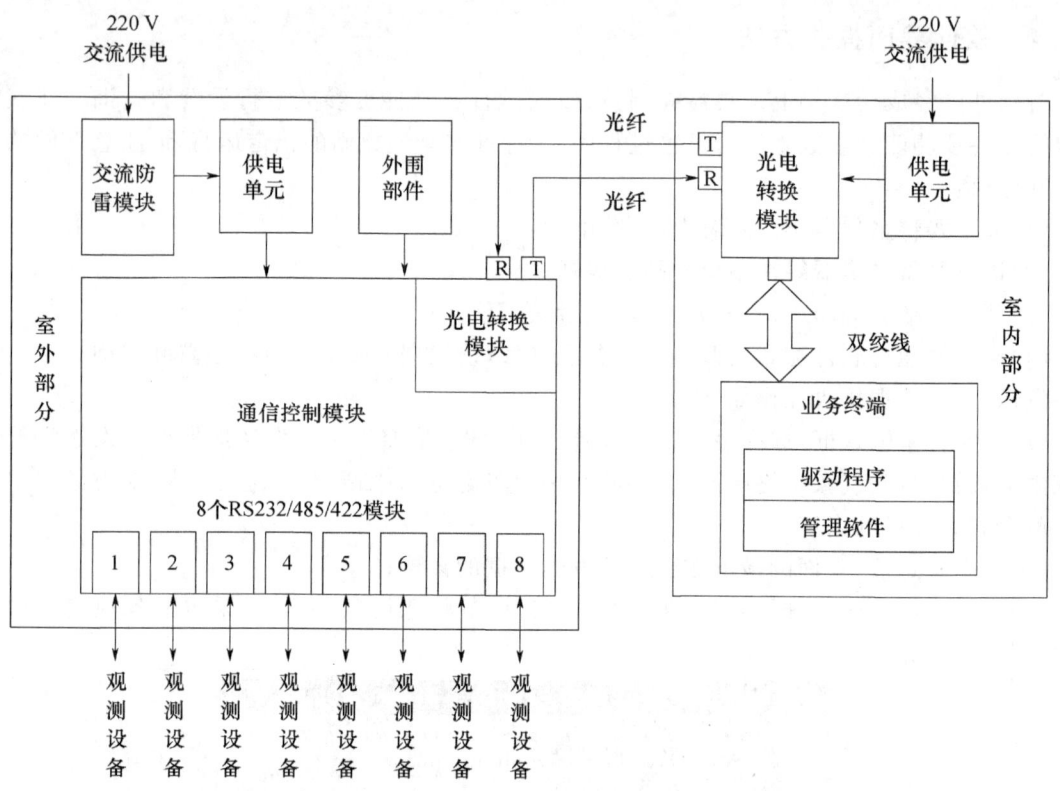

图2.7-1 DPZ1型综合集成硬件控制器逻辑结构框图

DPZ1型综合集成硬件控制器主要是解决多个自动气象观测设备的集约化管理，实现多观测设备仅通过一根光纤即可与业务终端实现数据传输，提高地面气象综合观测系统的集成化程度、可扩展性、稳定性、可靠性。

DPZ1型综合集成硬件控制器具有数据透明传输和数据格式转换功能，可将非数据对象字典格式的观测数据转换为数据对象字典格式。

2.7.2 主要技术指标

DPZ1 型综合集成硬件控制器主要技术指标见表 2.7-1。

表 2.7-1　DPZ1 型综合集成硬件控制器主要技术指标

序号	参数	技术指标
1	通信波特率	115200、57600、38400、19200、9600、4800、2400、1200(初始默认 9600)
2	通信接口	① 8 个可插拔 RS232/485/422 接口(采用 5 位接线端子,初始默认 RS232) ② 4 个 RJ45 接口(其中 1 个为 8 串口转以太网接口,3 个为以太网转光纤接口) ③ 1 组 ST 光纤收发接口(支持 1300 nm 多模光纤) ④ 1 个 RS232DB9 母口(调试口) ⑤ 1 个 USB 母口(B 型)(调试口) ⑥ 1 个 USB 母口(A 型)(预留) ⑦ SD 卡插槽(数据存储)
3	指示灯	① 2 个电源指示灯 ② 7 个状态指示灯 ③ 8 个 RS232/485/422 接口通信指示灯 ④ 2 组 ST 光纤收发接口通信指示灯(通信控制模块和光电转换模块)
4	按键	① 1 个系统复位按键 ② 1 个恢复出厂设置按键
5	通信距离	内部集成了光纤接口,室内配备以太网光纤转换器实现 100 Base-TX(RJ45)和 100 Base-FX(光纤信号)的转换 最大有线传输距离:≥500 m
6	通信防雷	内部采用光电隔离和浪涌保护,可抑制电磁干扰
7	供电电源	单向交流 220 V(50 Hz)±10%
8	蓄电池	12 V 38 AH,保证综合集成硬件控制器在无外电情况下可正常工作 24 小时以上
9	整机功耗	<8 W
10	串口数据缓存大小	7 K
11	存储卡容量	1 G
12	数据到报率	99.9%
13	数据准确性	99.9%
14	设备可靠性和可维护性	平均故障间隔时间(MTBF)≥8000 h 平均修复时间(MTTR)≤0.5 h
15	环境适应性	工作环境温度:−40~+60 ℃ 相对湿度:10%RH~95%RH 抗降水:≤300 mm/h 抗风:风速≤30 m/s 防尘防水:IP65
16	机械条件	正弦稳态振动 ① 频率:2~9 Hz;位移:1.5 mm ② 频率:9~200 Hz;加速度:5 m/s^2 非稳态振动(冲击) ① 峰值加速度:40 m/s^2 ② 脉冲持续时间:6 ms ③ 次数:1000 次 自由跌落 ① 高度:0.5 m ② 次数:2 次

2.7.3 组成结构

2.7.3.1 通信控制模块

通信控制模块,采用DC9~15 V供电,具有8个可手动插拔的串口传输模块(支持RS232/485/422通信方式),4个RJ45接口(其中1个为8串口转以太网接口,3个为以太网光纤转换接口),1组光纤收发接口(支持1300 nm多模光纤),1个RS232调试接口,2个USB接口和1个SD卡插槽。其外观及接口布置见图2.7-2。

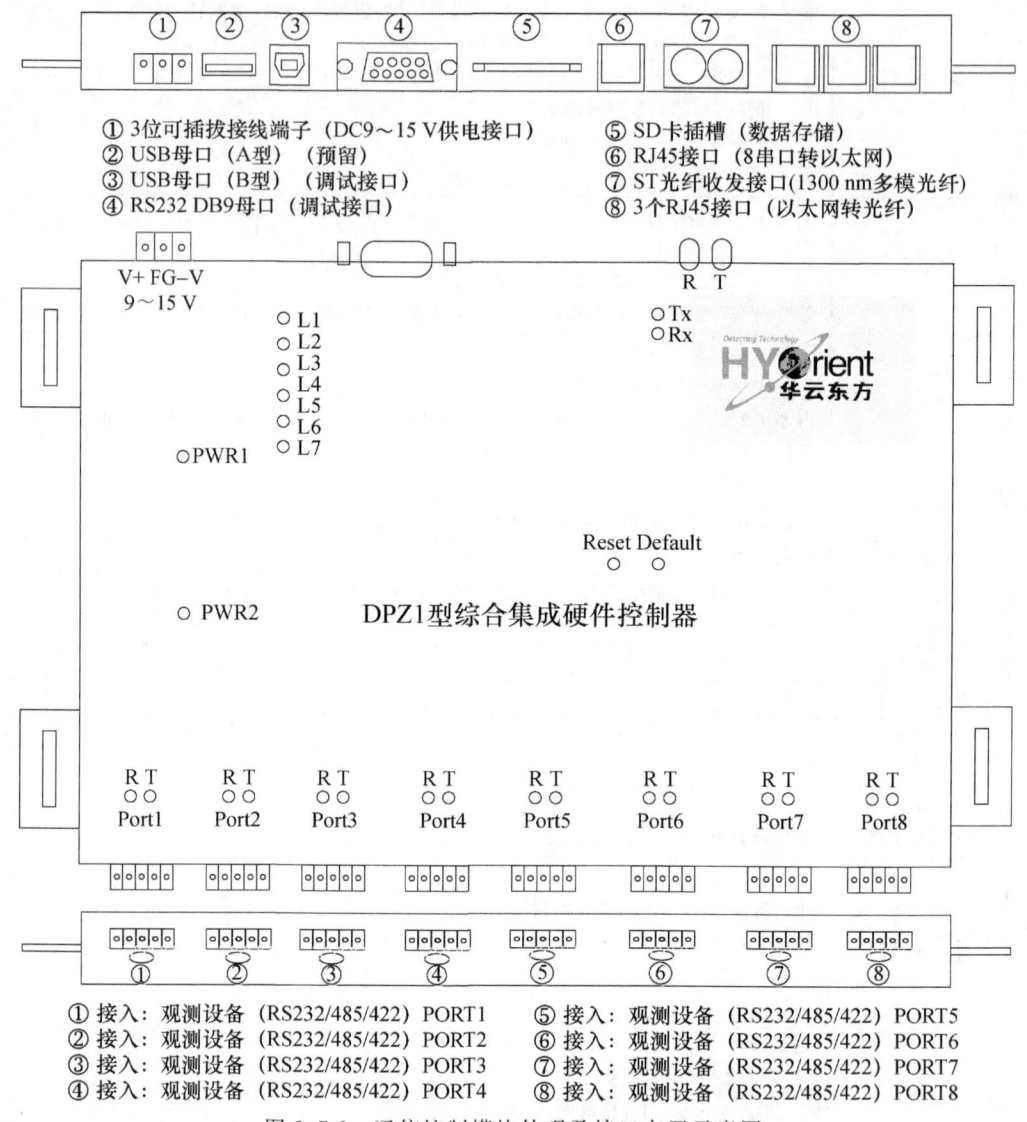

图2.7-2 通信控制模块外观及接口布置示意图

通信控制模块面板配置有电源、光纤通信和串口通信状态等指示灯以及系统复位和恢复出厂设置按键,便于用户对设备工作和各通信接口的数据传输状态进行检查,通信控制模块面板指示说明见表2.7-2。

表 2.7-2 通信控制模块面板指示说明

序号	面板标识	功能描述
1	PWR1	电源指示灯,设备正常工作时常亮
2	PWR2	电源指示灯,设备正常工作时常亮
3	L1	设备启用正常运行后闪烁,系统启动指示灯
3	L7	恢复出厂设置指示灯,恢复出厂设置成功后闪烁1次
4	Tx	光纤数据发送指示灯,通信正常时常亮
4	Rx	光纤数据接收指示灯,通信正常时闪烁
5	R	串口数据接收指示灯,有数据传输时闪烁
5	T	串口数据发送指示灯,有数据传输时闪烁
6	Reset	系统复位按键,长按1秒钟系统重启
6	Default	恢复出厂设置按键,长按5秒钟恢复出厂设置成功

2.7.3.2 光电转换模块

光电转换模块通常放置在室内,实现 100 Base-TX(RJ45)和 100 Base-FX(光纤信号)的转换,通过光纤与室外通信控制模块连接通信,采用 DC9～15 V 供电,具有 3 个 RJ45 接口和 1 组 ST 光纤收发接口,3 个 RJ45 接口支持 10/100 M、全双工、半双工自适应。光纤接口采用 ST 接头,支持 1300 nm 多模光纤。外观及接口布置见图 2.7-3。

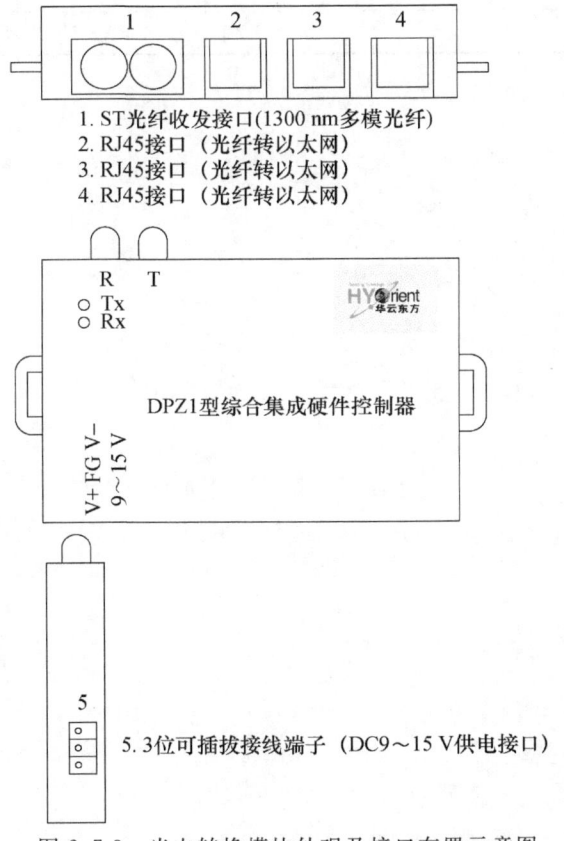

图 2.7-3 光电转换模块外观及接口布置示意图

2.7.3.3 串口传输模块

串口传输模块支持 3 种串行通信方式动态切换,可灵活配置、手动拔插,在内部集成了串口隔离保护器,采用光电隔离,设备与系统之间只有光传送,没有电接触,可抑制干扰和浪涌。外观及接口布置见图 2.7-4,串口传输模块面板指示说明见表 2.7-3。

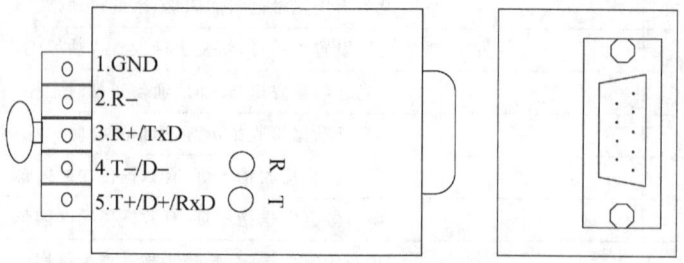

图 2.7-4 串口传输模块外观及接口布置示意图

表 2.7-3 串口传输模块面板指示说明

脚号	定义
1	GND
2	422Rx−
3	422Rx+/232TxD
4	422Tv−/485A−
5	422Tx+/485A+/232RxD

第 3 章 自动气象站(36 学时)

3.1 传感器与工具

授课方式:实习实践。
教学内容:通过对传感器的拆装,学习传感器的结构原理、维护方法和工具的使用。
教学要求:掌握各传感器的结构原理和工具使用。
重点难点:传感器的拆装。
课程小结:本课程主要介绍了地面气象观测传感器的结构原理和实际拆装维护方法。
思考题:简述单翼(格雷码)风向传感器工作原理。

各传感器的结构原理见 2.3 和 2.4 节,维护方法见 3.6 节,工具的使用见 2.5 节,本节可结合对实物进行拆装,使学员掌握各传感器的结构原理和工具的使用。

3.2 自动气象站搭建及实习

授课方式:实习实践。
教学内容:认识拆分、设计好的自动气象站模块化单元和相关工具;演示自动气象站模块化搭建过程,讲解搭建中的技术要点;学员动手搭建、还原;讲解实习操作与实际业务之间的联系和区别。各要素传感器输出的测量方法;常用调试命令。实际安装时,传感器的高度、方向、位置的要求,调整方法;各类仪表检测,使用时候的注意事项,用电安全。自动气象站与业务软件联调参数设置。
教学要求:掌握自动气象站各传感器的电特性,自动气象站的实验室组装方法;熟悉自动气象站各传感器在采集器上接线端子的分配情况和接线方法,各要素传感器的输出测量方法及调试命令;了解自动气象站供电电路和信息采集、信号处理设计的原理,实习操作与实际业务之间的联系与区别,以及各要素传感器在现场实地安装时的具体规范要求和方法。
重点难点:自动气象站的模块化结构,强电与弱电分布。
课程小结:本课程主要介绍了自动气象站的结构与组装。
思考题:如何判断自动气象站的温度传感器工作是否正常?

3.2.1 自动气象站搭建原理

3.2.1.1 DZZ3 型自动气象站

1.采集系统

(1)数据采集器

① CAMS-MA 主采集器

CAMS-MA 主采集器可挂接气象要素传感器和分采集器。其技术性能指标见表 3.2-1,外观及接口布置见图 3.2-1。

表 3.2-1 CAMS-MA 主采集器技术性能指标

MCU 特性	处理器	32 位 ARM9 系列 ATMEL AT91SAM9263
	处理器主频	最高 200 MHz
测量性能	A/D 转换精度	16 位,1/65535
时钟性能	实时时钟	误差<15 s/月
传感器接口	气温(预留)	1 个模拟通道,用于测量铂电阻值
	湿度(预留)	1 个模拟通道,用于测量电压值
	辐射(预留)	1 个模拟通道,用于测量电压值
	蒸发	1 个模拟通道,接入 AG2.0 型蒸发传感器
	气压	1 个 RS232 接口,接入 PTB210 型气压传感器
	风向	7 位数字通道,接入 EL15-2C 型风向传感器
	风速	1 个计数通道,接入 EL15-1C 型风速传感器
	翻斗雨量	1 个计数通道,接入 SL3-1 型翻斗雨量传感器
	能见度	1 个 RS232 接口,接入能见度传感器
	称重降水	1 个 RS232 接口,接入称重式降水传感器
	雪深	1 个 RS232 接口,接入雪深传感器
	门开关	1 个数字通道
通信接口	RS232	4 个
	RS485	1 个
	CAN	1 个
	RJ45	1 个
	USB-HOST	2 个
	USB-DEV	1 个
其他接口	指示灯	系统指示灯 CF 卡指示灯
	编程接口	2 个
	外存储器接口	1 个 CF 卡接口
	电源输出	6 个
电气性能	供电电压	DC12 V
	功耗	<1.08 W
环境适应性	工作温度范围	−50～+80 ℃
监测功能	主板温度测量	具备
	主板电压测量	具备
	交流供电检测	具备
	机箱门状态检测	具备
物理参数	尺寸	208 mm×105 mm×44 mm
	重量	900 g

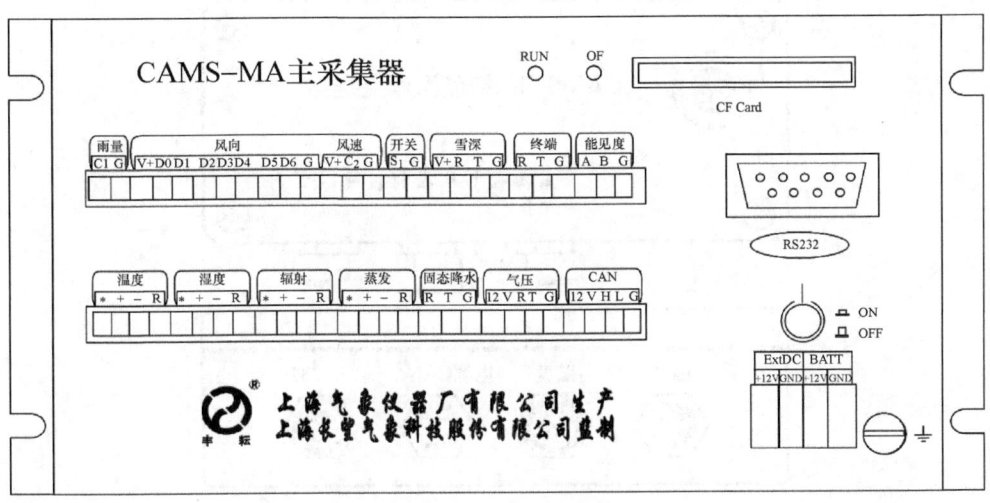

图 3.2-1 CAMS-MA 主采集器外观及接口布置示意图

② CAMS-TH 温湿度分采集器

CAMS-TH 温湿度分采集器可挂接气温和湿度传感器,通过 CAN 总线接入主采集器。其技术性能指标见表 3.2-2,外观及接口布置见图 3.2-2、内部连线见图 3.2-3。

表 3.2-2 CAMS-TH 温湿度分采集器技术性能指标

MCU 特性	处理器	ARM CORTEX 系列
测量性能	A/D 转换精度	16 位,1/65535
时钟性能	实时时钟	误差<15 s/月
传感器接口	气温	1 个模拟通道,接入 WZP1 型温度传感器
	湿度	1 个模拟通道,接入 DHC3 型湿度传感器
通信接口	RS232	1 个
	CAN	1 个
其他接口	编程接口	可通过串行接口 RS232 在线编程
	电源输出	1 个
电气性能	供电电压	DC12 V
	功耗	<0.20 W
环境适应性	工作温度范围	−50~+80 ℃
监测功能	主板温度测量	具备
	主板电源电压测量	具备
	传感器状态监测	具备
物理参数	尺寸	150 mm×64 mm×34 mm
	重量	600 g

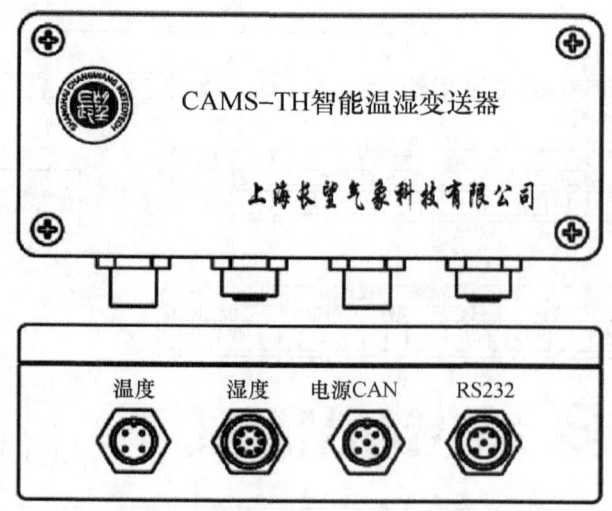

图 3.2-2　CAMS-TH 温湿度分采器外观及接口布置示意图

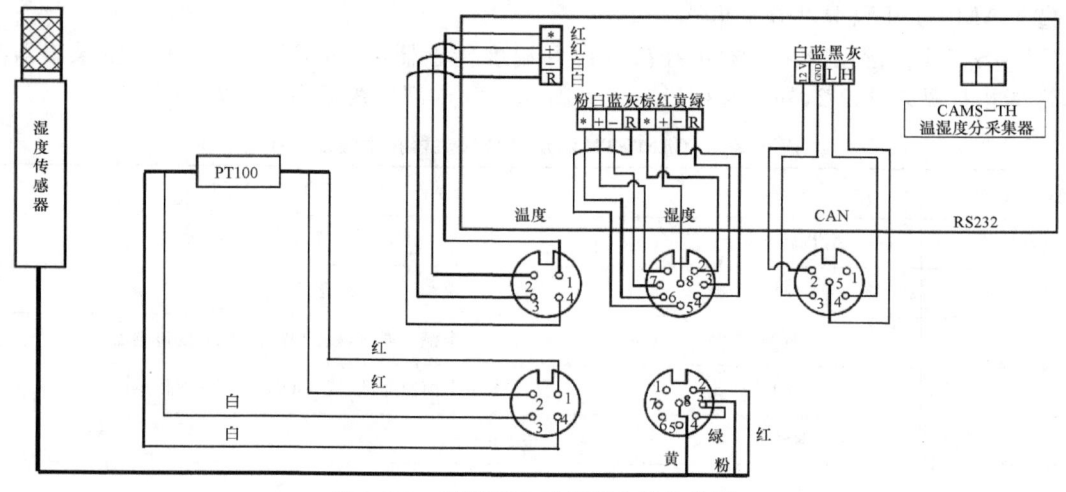

图 3.2-3　温湿度分采集器内部连线图

③ CAMS-ST 地温分采集器

CAMS-ST 地温分采集器可挂接草面温度、地面温度、浅层地温、深层地温传感器,通过 CAN 总线接入主采集器。其技术性能指标见表 3.2-3,外观及接口布置见图 3.2-4。

表 3.2-3　CAMS-ST 地温分采集器技术性能指标

MCU 特性	处理器	ARM CORTEX 系列
测量性能	A/D 转换精度	16 位,1/65535
时钟性能	实时时钟	误差<15 s/月
传感器接口	温度	10 个模拟通道,接入 WZP1 型温度传感器

续表

MCU 特性	处理器	ARM CORTEX 系列
通信接口	RS232	1个
	CAN	1个
其他接口	指示灯	4个
	编程接口	1个
电气性能	供电电压	DC12 V
	功耗	<0.5W
环境适应性	工作温度范围	−50～+80 ℃
监测功能	主板温度测量	具备
	主板电源测量	具备
物理参数	尺寸	208 mm×105 mm×44 mm
	重量	850 g

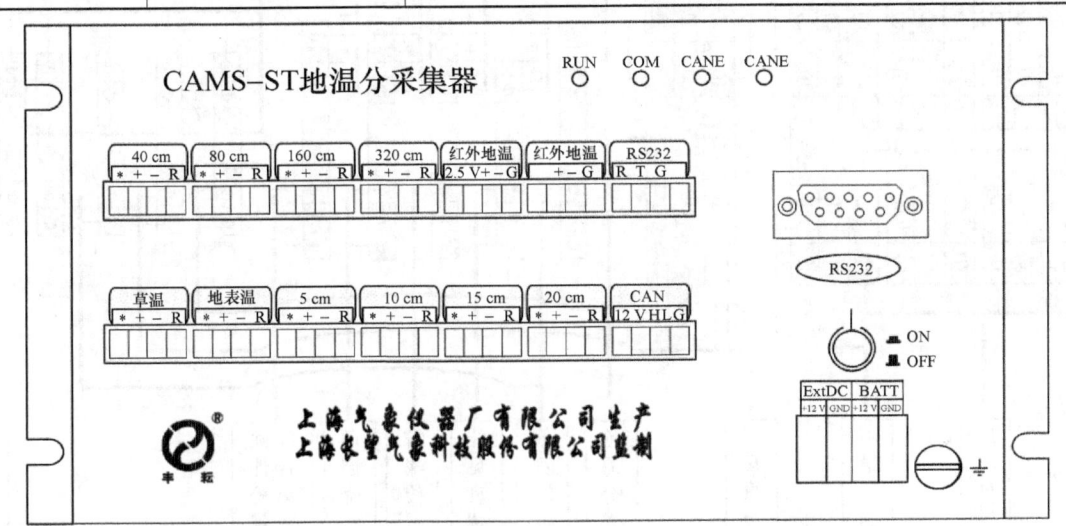

图 3.2-4　CAMS-ST 地温分采集器外观和接口布置示意图

(2) 采集器机箱

① 主采集器机箱

主采集器机箱内安装 CAMS-MA 主采集器、PTB210 气压传感器、光纤转换模块等，外部接口为航空接插件。配有综合集成硬件控制器的自动气象站时，主采集器机箱内不安装光纤转换模块。

通过外部接口，主采集器机箱可接入风向、风速、翻斗式雨量、称重式降水、能见度、蒸发、雪深等传感器以及分采集器，连接电源和综合集成硬件控制器。

主采集器机箱内部连线见图 3.2-5。

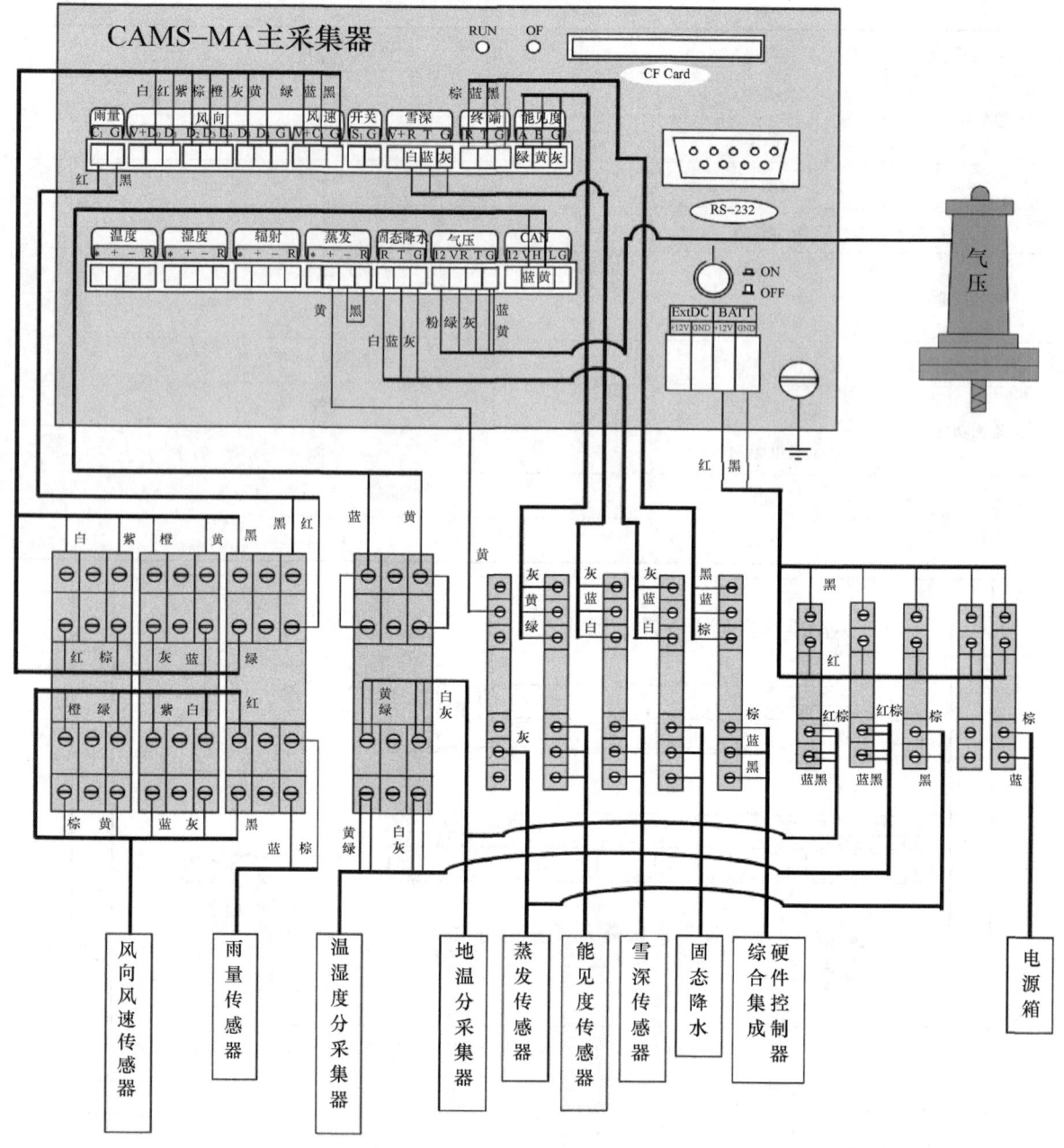

图 3.2-5 主采集器机箱内部连线图

② 地温分采集器机箱

地温分采集器机箱内安装 CAMS-ST 地温分采集器，外部接口为航空接插件。通过外部接口，地温分采集器机箱可接入地温传感器，连接主采集器和电源。

地温分采集器机箱内部结构布局和连线见图 3.2-6。

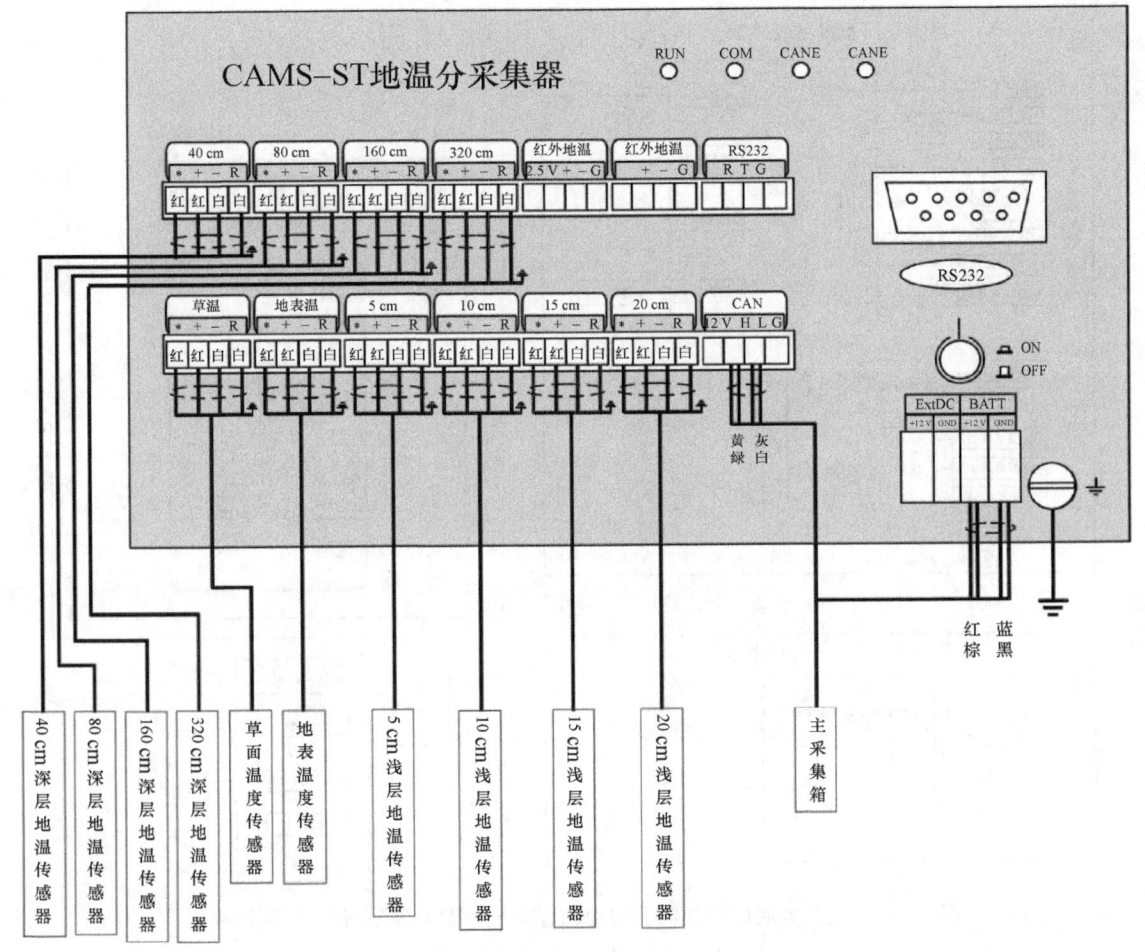

图 3.2-6 地温分采集器机箱内部结构和连线图

2. 通信系统

地面综合气象观测系统可通过综合集成硬件控制器连接至业务计算机。综合集成硬件控制器与地面综合气象观测系统通信连接示意见图 3.2-7。

3. 电源系统

DZZ3 电源箱内安装空气开关、浪涌保护器、供电充电控制器、蓄电池等,外部接口为航空接插件(或防水接头)。

通过外部接口,DZZ3 电源箱连接交流电源输入、直流电源输出。

电源箱内部连线见图 3.2-8。

3.2.1.2 DZZ4 型自动气象站

1. 采集系统

(1)WUSH-BH 主采集器

WUSH-BH 主采集器可挂接气象要素传感器和分采集器。其技术性能指标见表 3.2-4,外观及接口布置见图 3.2-9。

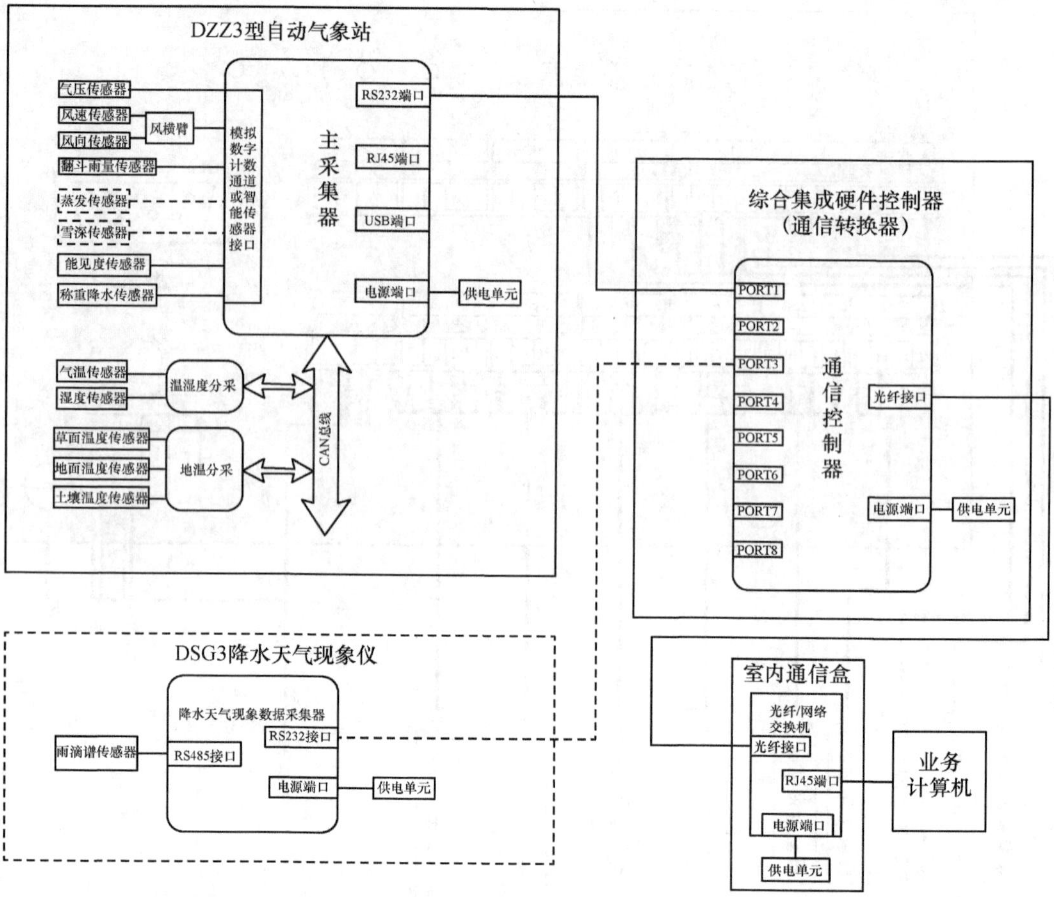

图 3.2-7　综合集成硬件控制器与地面综合气象观测系统通信连接示意图

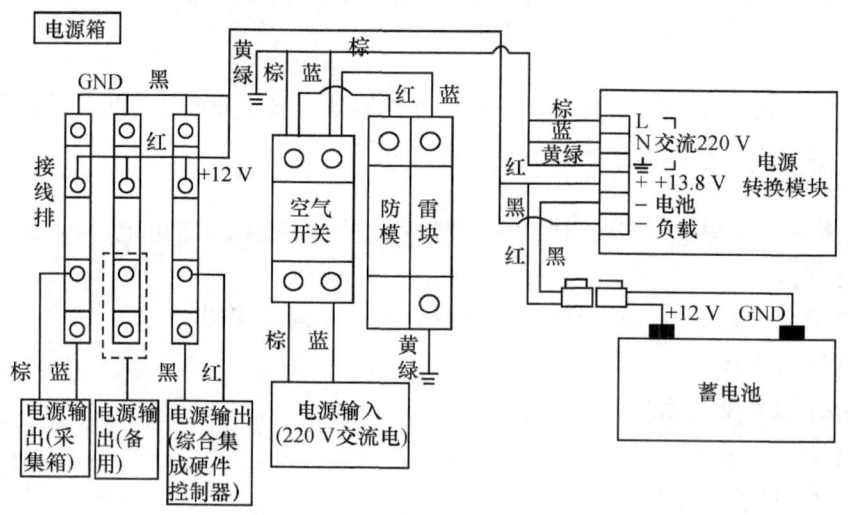

图 3.2-8　电源箱内部连线图

表 3.2-4 WUSH-BH 主采集器技术性能指标

MCU 特性	处理器	32 位 ARM9 系列 ATMEL AT91SAM9263
	处理器主频	最高 200 MHz
测量性能	A/D 转换精度	24 位
时钟性能	实时时钟	误差<15 s/月
传感器接口	气温(预留)	1 个模拟通道,用于测量铂电阻值
	湿度(预留)	1 个模拟通道,用于测量电压值
	辐射(预留)	1 个模拟通道,用于测量电压值
	蒸发	1 个模拟通道,接入 WUSH-TV2 型蒸发传感器
	气压	1 个 RS232 接口,接入 DYC1 型气压传感器
	风向	7 位数字通道,接入 ZQZ-TFX 型风向传感器
	风速	1 个计数通道,接入 ZQZ-TFS 型风速传感器
	翻斗雨量	1 个计数通道,接入 SL3-1 型翻斗雨量传感器
	能见度	1 个 RS485 接口,接入能见度传感器
	称重降水	1 个 RS485 接口,接入 DSC1 型称重式降水传感器
	雪深	1 个 RS232 接口,接入 DSS1 型雪深传感器
	门开关	1 个数字通道
通信接口	RS232	4 个
	RS485	2 个
	CAN	1 个
	RJ45	1 个
	USB-HOST	2 个
	USB-DEV	1 个
其他接口	指示灯	系统指示灯 CF 卡指示灯
	编程接口	2 个
	外存储器接口	1 个 CF 卡接口
	电源输出	4 个
电气性能	供电电压	DC12 V
	功耗	<1 W
环境适应性	工作温度范围	−50~+80 ℃
监测功能	主板温度测量	具备
	主板电压测量	具备
	交流供电检测	具备
	机箱门状态检测	具备
物理参数	尺寸	208 mm×105 mm×44 mm
	重量	1000 g

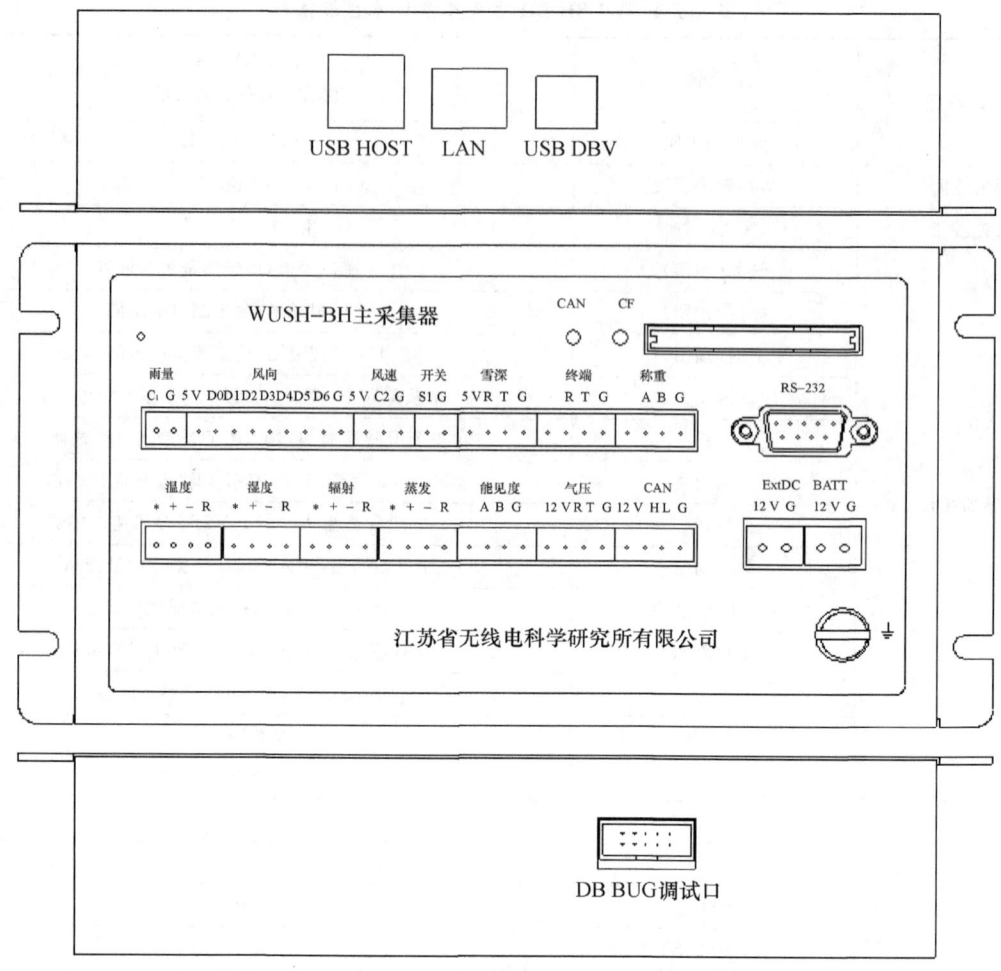

图 3.2-9　WUSH-BH 主采集器外观及接口布置示意图

(2)WUSH-BTH 温湿度分采集器

WUSH-BTH 温湿度分采集器可挂接气温和湿度传感器,通过 CAN 总线接入主采集器。其技术性能指标见表 3.2-5,外观及接口布置见图 3.2-10。

表 3.2-5　WUSH-BTH 温湿度分采集器技术性能指标

MCU 特性	处理器	ARM7 系列
测量性能	A/D 转换精度	24 位
时钟性能	实时时钟	误差<15 s/月
传感器接口	气温	1 个模拟通道,接入 WUSH-TW100 型温度传感器
	湿度	1 个模拟通道,接入 DHC2 型湿度传感器
通信接口	RS232	1 个
	CAN	1 个
其他接口	指示灯	3 个
	编程接口	可通过串行接口 RS232 在线编程
	电源输出	1 个

续表

MCU 特性	处理器	ARM7 系列
电气性能	供电电压	DC12 V
	功耗	<0.3 W
环境适应性	工作温度范围	−50～+80 ℃
监测功能	主板温度测量	具备
	主板电源电压测量	具备
	传感器状态监测	具备
物理参数	尺寸	150 mm×64 mm×34 mm
	重量	350 g

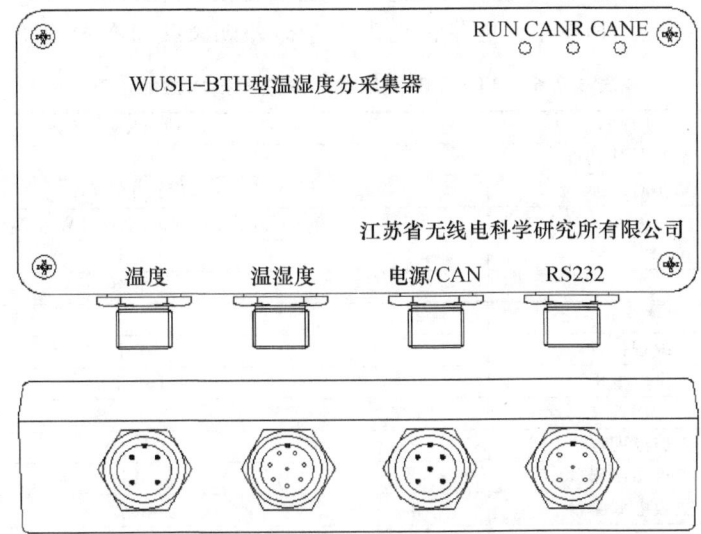

图 3.2-10　WUSH-BTH 温湿度分采集器外观及接口布置示意图

WUSH-BTH 温湿度分采集器的接口引脚定义见图 3.2-11，内部连线见图 3.2-12。

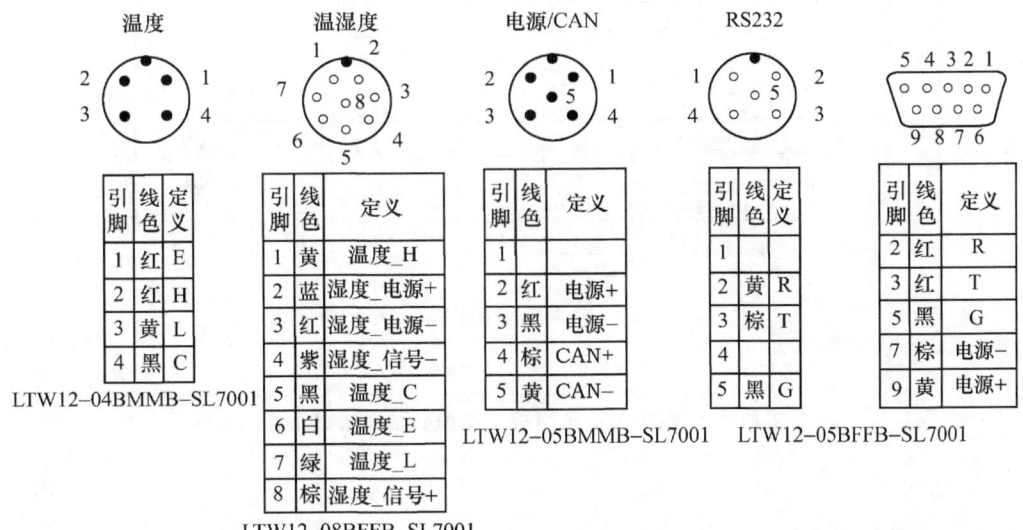

图 3.2-11　温湿度分采集器接口引脚定义

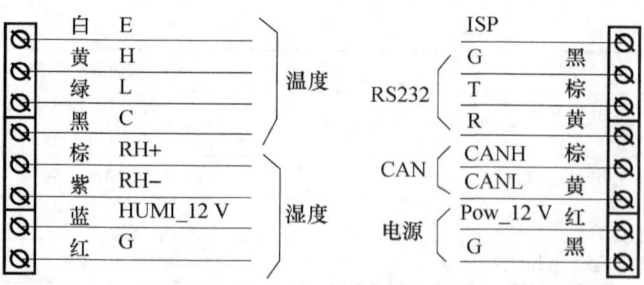

图 3.2-12　WUSH-BTH 温湿度分采集器内部连线图

(3) WUSH-BG2 地温分采集器

WUSH-BG2 地温分采集器可挂接草面温度、地面温度、浅层地温、深层地温传感器，通过 CAN 总线接入主采集器。其技术性能指标见表 3.2-6，外观及接口布置见图 3.2-13。

表 3.2-6　WUSH-BG2 地温分采集器技术性能指标

MCU 特性	处理器	16 位 ARM7 系列
测量性能	A/D 转换精度	24 位
时钟性能	实时时钟	误差 15 s/月
传感器接口	温度	10 个模拟通道，接入 ZQZ-TW 型温度传感器
通信接口	RS232	2 个
	CAN	1 个
其他接口	指示灯	4 个
	编程接口	1 个
电气性能	供电电压	DC12 V
	功耗	<0.5 W
环境适应性	工作温度范围	−50～+80 ℃
监测功能	主板温度测量	具备
	主板电源测量	具备
物理参数	尺寸	208 mm×105 mm×44 mm
	重量	1000 g

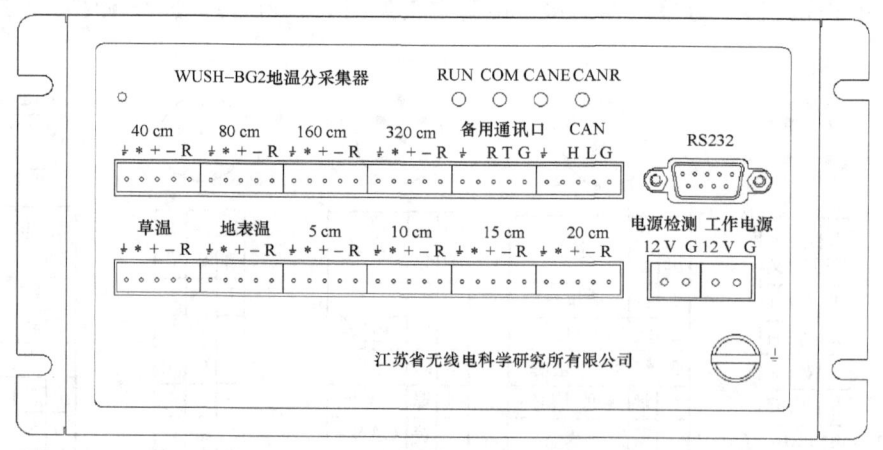

图 3.2-13　WUSH-BG2 地温分采集器外观和接口布置示意图

2. 采集器机箱

(1) 主采集器机箱

主采集箱内安装 WUSH-BH 数据采集器、DYC1 气压传感器、光纤转换模块及防雷模块等，外部接口为航空接插件以及光纤接口。

通过外部接口,主采集器机箱可接入风向、风速、翻斗雨量、称重降水、能见度、蒸发、雪深等要素的传感器以及分采集器,连接电源和综合集成硬件控制器。

主采集器机箱内部结构布局见图 3.2-14,外部接口布置见图 3.2-15,主采集器机箱内部连接见图 3.2-16 和图 3.2-17。

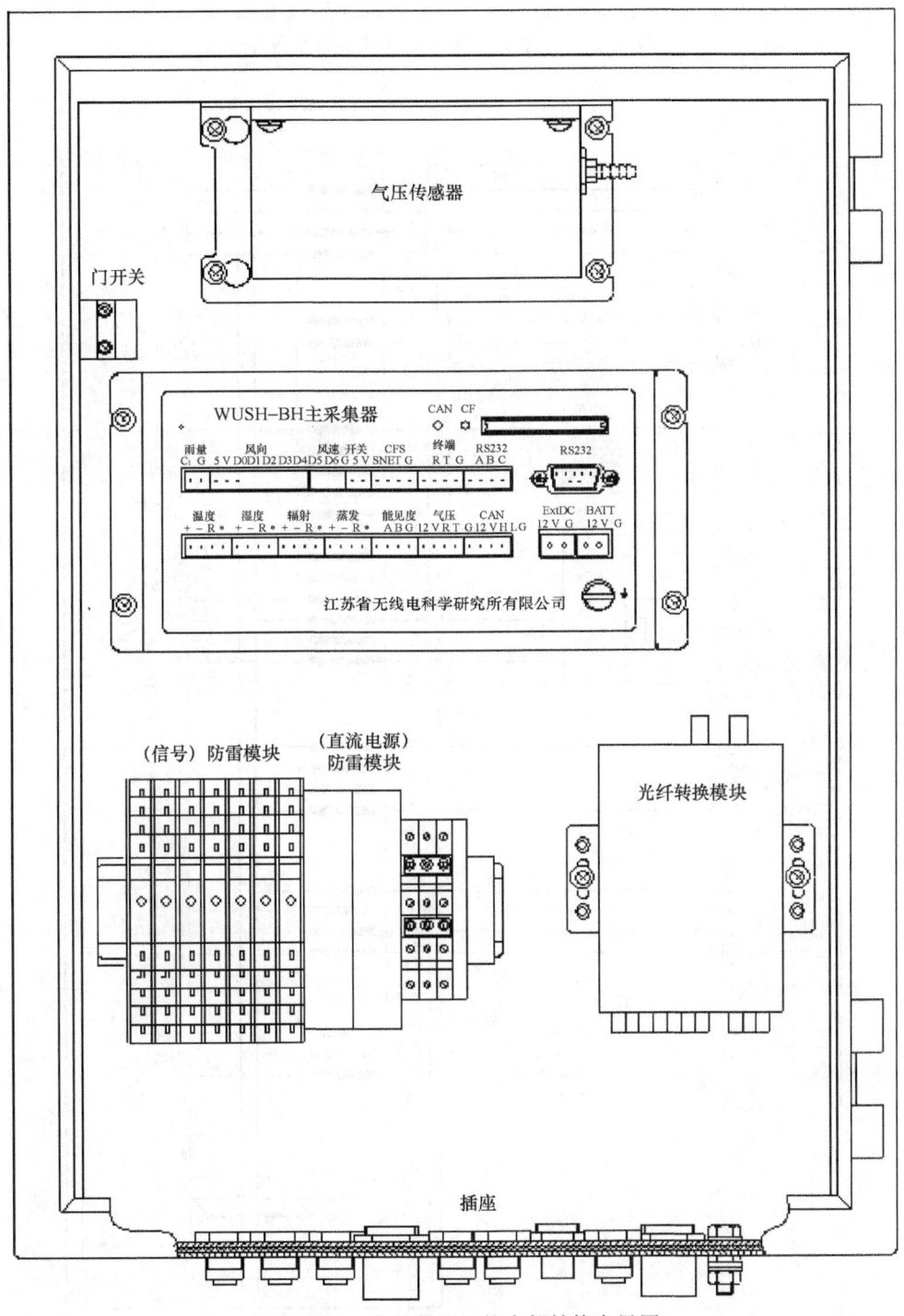

图 3.2-14　主采集器机箱内部结构布局图

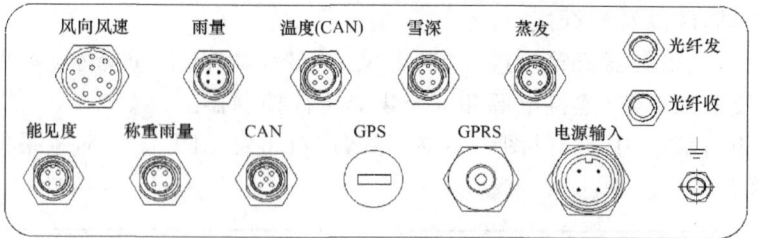

图 3.2-15 主采集器机箱外部接口布置图

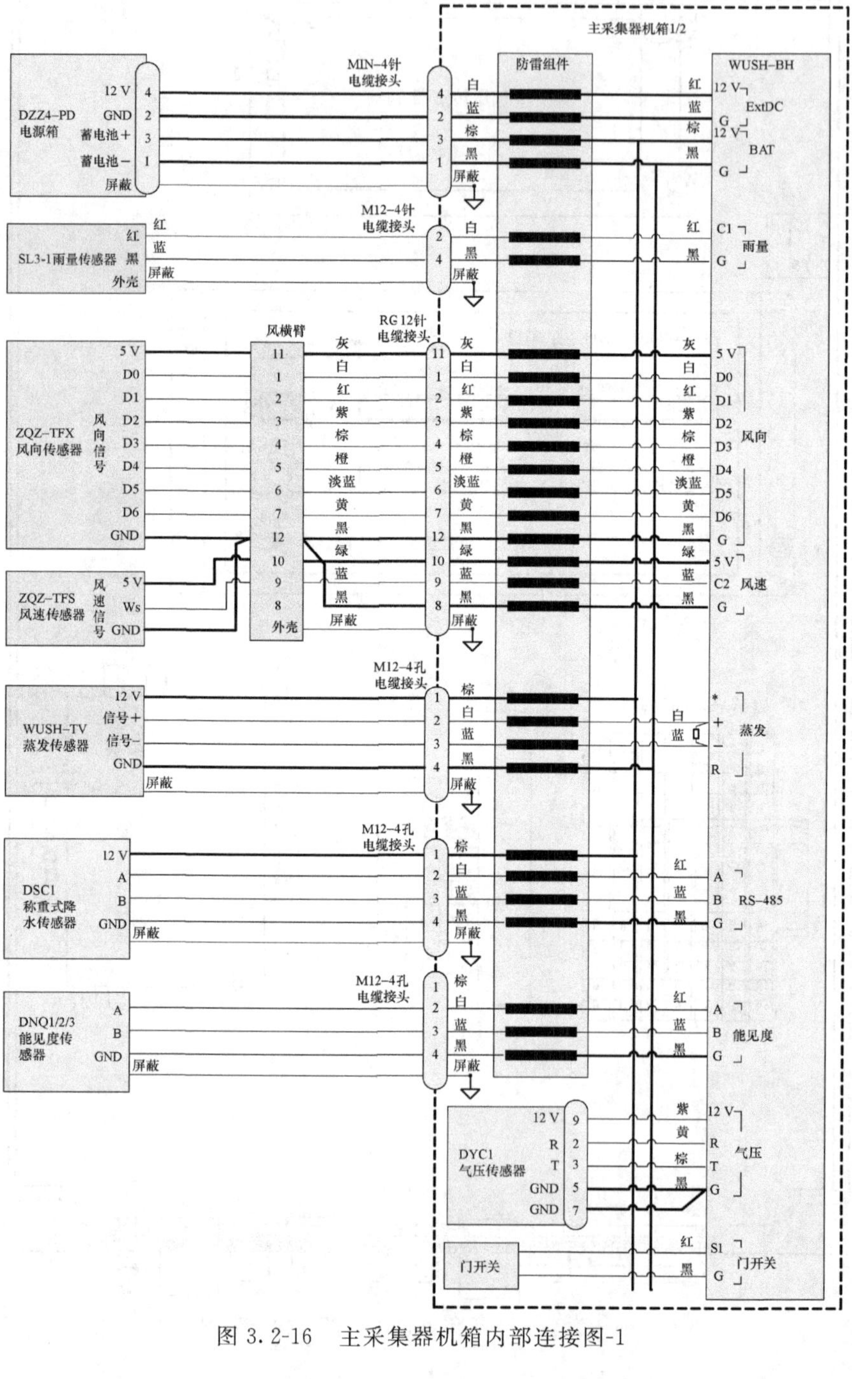

图 3.2-16 主采集器机箱内部连接图-1

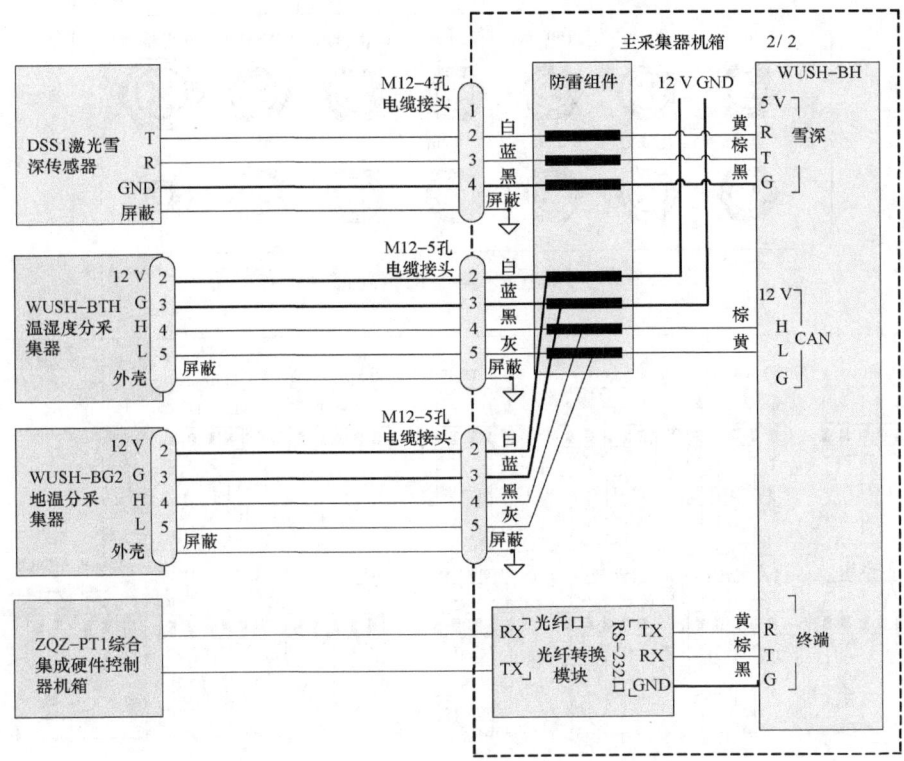

图 3.2-17　主采集器机箱内部连接图-2

(2)地温分采集器机箱

地温分采集器机箱内安装了 WUSH-BG2 地温分采集器、防雷模块等部件，外部接口为航空接插件；也可根据用户需要提供防水接头形式的地温分采集器机箱。通过外部接口，地温分采集器机箱可接入地温传感器，连接主采集器和电源。

地温分采集器机箱内部结构布局见图 3.2-18，外部接口布置见图 3.2-19，内部连线见图 3.2-20。

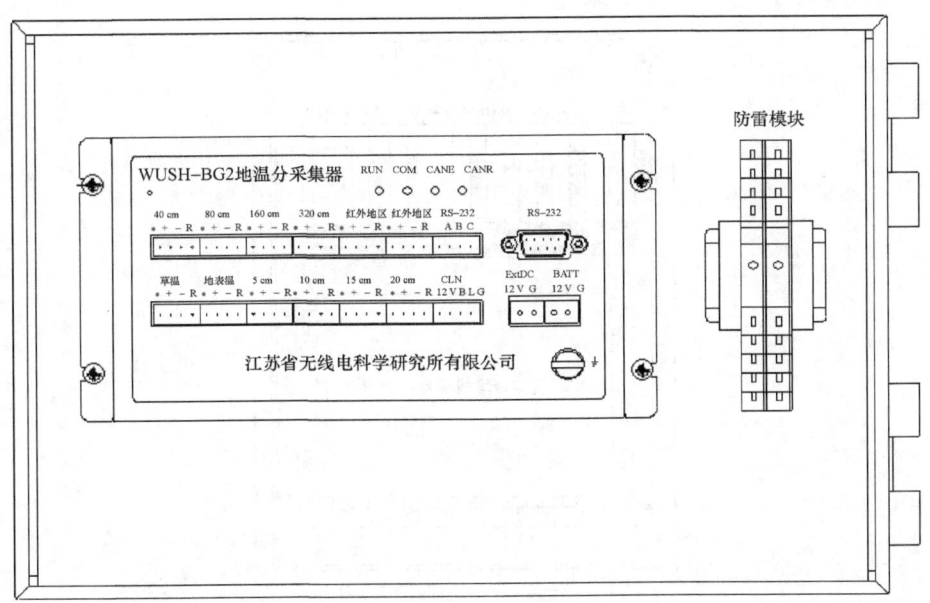

图 3.2-18　地温分采集器机箱内部结构布局图

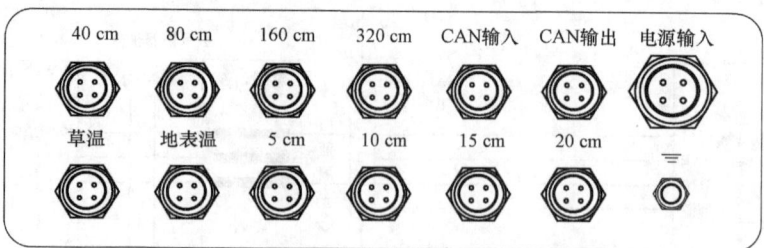

图 3.2-19　地温分采集器机箱外部接口布置图

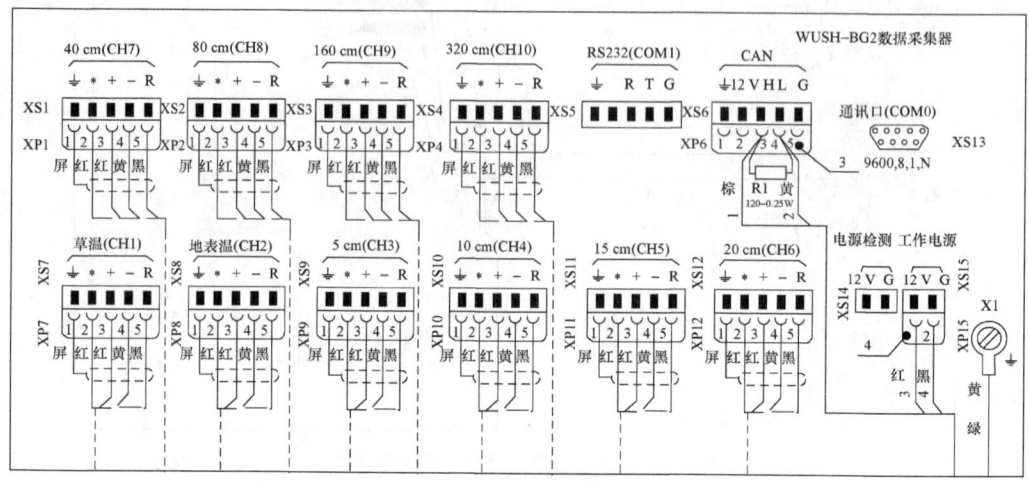

图 3.2-20　地温分采集器机箱内部连线图

3. 通信系统

ZQZ-PT1 综合集成硬件控制器机箱内安装了 DPZ1 综合集成硬件控制器、光纤转换模块等,其内部布局见图 3.2-21,内部连线见图 3.2-22。地面综合气象观测系统可通过综合集成硬件控制器机箱连接至业务计算机。

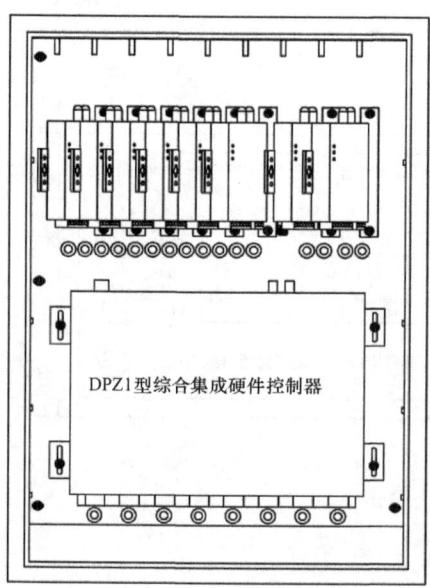

图 3.2-21　综合集成硬件控制器机箱内部布局图

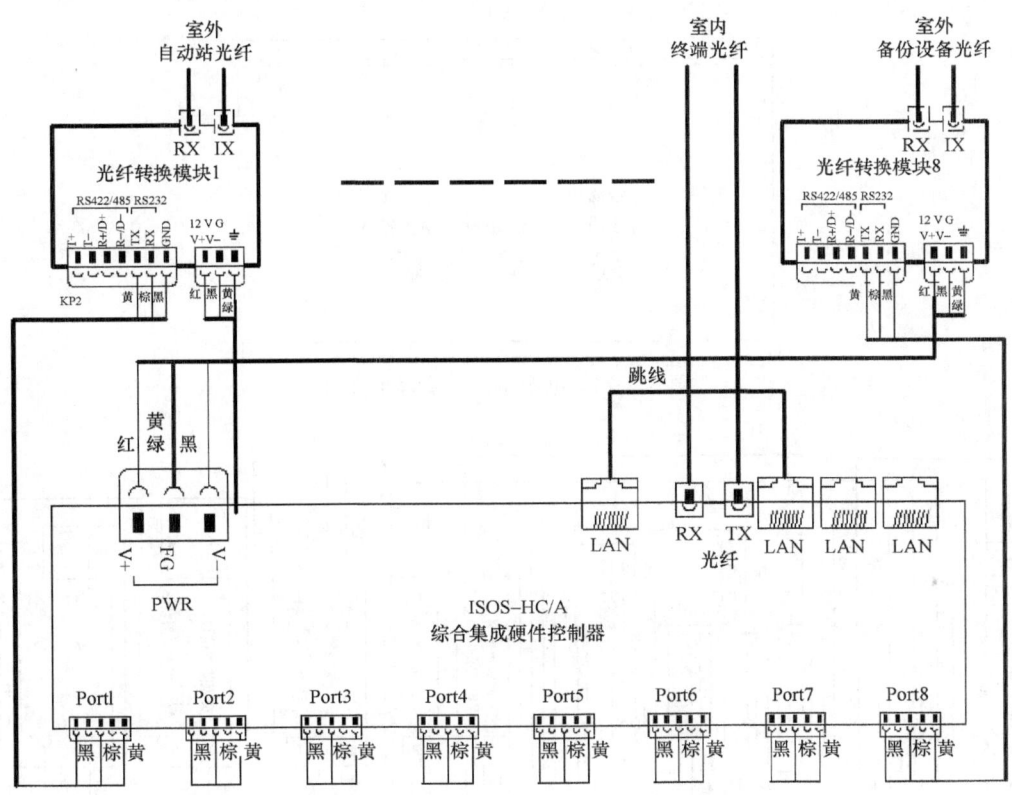

图 3.2-22 综合集成硬件控制器机箱内部连线图

4. 电源系统

DZZ4-PD 电源箱内安装空气开关、开关电源、充电保护模块、交流防雷模块、直流防雷模块、蓄电池等，外部接口为航空接插件。通过外部接口，DZZ4-PD 电源箱连接交流电源输入、直流电源输出。

电源箱内部结构布局见图 3.2-23，外部接口布置见图 3.2-24，内部连线见图 3.2-25。

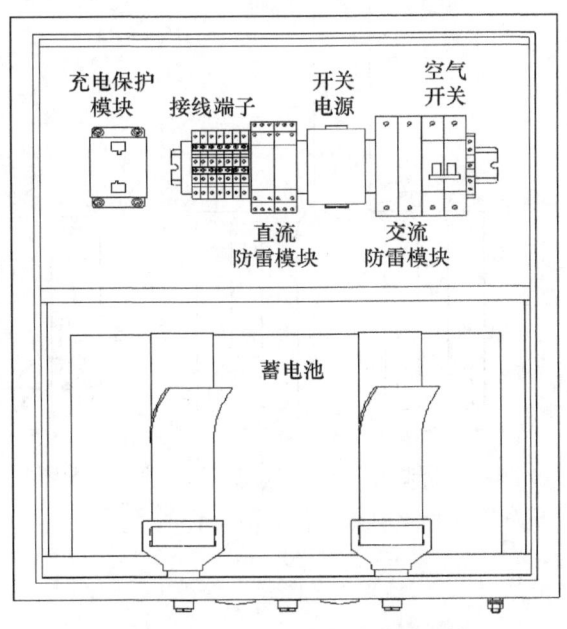

图 3.2-23 电源箱内部结构布局图

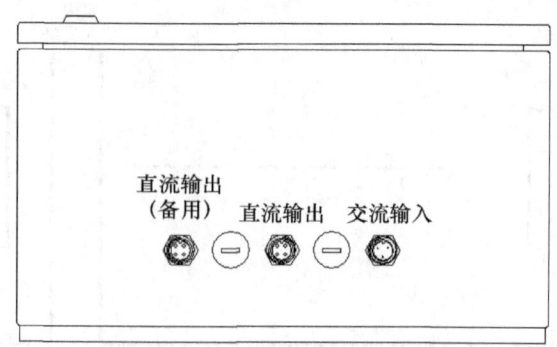

图 3.2-24 电源箱外部接口布置图

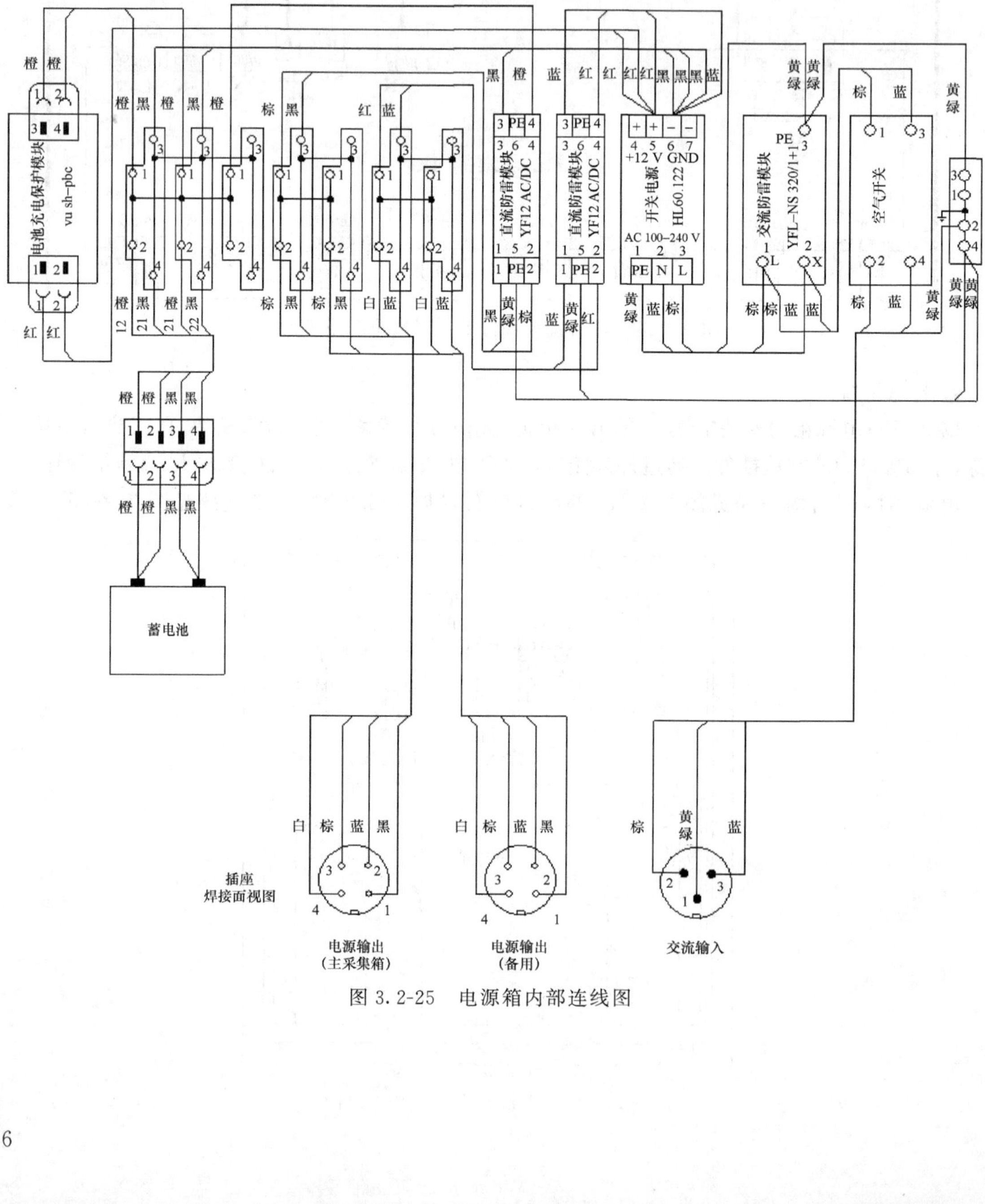

图 3.2-25 电源箱内部连线图

3.2.1.3 DZZ5型自动气象站

1. 采集系统

(1)HY3000主采集器

HY3000主采集器可挂接气象要素传感器和分采集器。其技术性能指标见表3.2-7,外观及接口布置见图3.2-26。

表 3.2-7 HY3000 主采集器技术性能指标

MCU 特性	处理器	32 位 ARM9 处理器 AT91SAM9263
	处理器主频	最高 200 MHz
测量性能	A/D 转换精度	16 位
时钟性能	实时时钟	误差<15 s/月
传感器接口	气温(预留)	1 个模拟通道,用于测量铂电阻值
	湿度(预留)	1 个模拟通道,用于测量电压值
	辐射(预留)	1 个模拟通道,用于测量电压值
	蒸发	1 个模拟通道,接入 AG2.0 型蒸发传感器
	气压	1 个 RS232 接口,接入 HYPTB210 型气压传感器
	风向	7 位数字通道,接入 EL15-2C 型风向传感器
	风速	1 个计数通道,接入 EL15-1C 型风速传感器
	翻斗式雨量	1 个计数通道,接入 SL3-1 型翻斗式雨量传感器
	能见度	1 个 RS232 接口,接入 DNQ1 型能见度传感器
	称重式降水	1 个 RS232 接口,接入 DSC2 型称重式降水传感器
	雪深	1 个 RS232 接口,接入 DSJ1 型雪深传感器
	门开关	1 个数字通道
通信接口	RS232	5 个数字传感器接口、2 个调试接口
	CAN	1 个接口
	RJ45	1 个接口
	USB	2 个接口
其他接口	指示灯	系统指示灯、CF 卡指示灯
	编程接口	1 个
	外存储器	1 个 CF 卡接口
	电源输出	2 个
电气性能	额定供电电压	DC12 V
	功耗	<1.2 W
环境适应性	工作温度范围	−40～+80 ℃
监测功能	主板温度测量	具备
	主板电源测量	具备
	交流供电检测	具备
	机箱门状态检测	具备
物理参数	尺寸	208 mm×105 mm×44 mm
	重量	1200 g

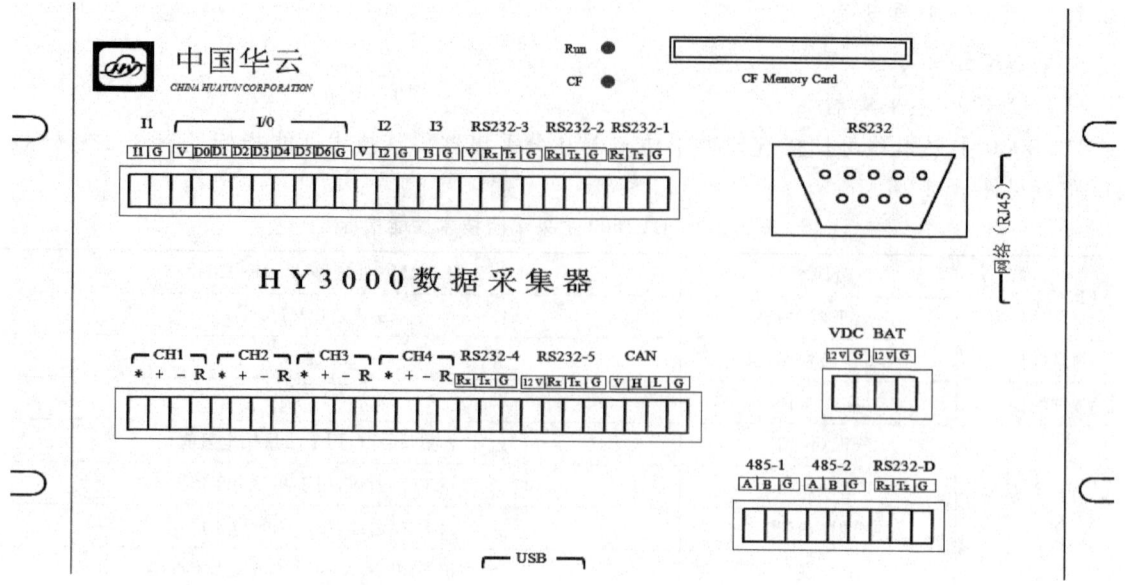

图3.2-26 HY3000主采集器外观及接口布置示意图

(2)HY1101温湿度分采集器

HY1101温湿度分采集器可挂接气温和湿度传感器,通过CAN总线接入主采集器。其技术性能指标见表3.2-8,外观及接口布置见图3.2-27,HY1101温湿度分采集器的内部连线见图3.2-28。

表3.2-8 HY1101温湿度分采集器技术性能指标

MCU特性	处理器	ARM7系列
	处理器主频	4 MHz
测量性能	A/D转换精度	16位
时钟性能	实时时钟	误差<15 s/月
传感器接口	气温	1个模拟通道,接入HYA-T型温度传感器
	湿度	1个模拟通道,接入HMP155A型湿度传感器
通信接口	RS232	1个
	CAN	1个
其他接口	指示灯	无
	编程接口	1个JTAG口,可通过RS232接口写入程序
	电源输出	1个
电气性能	额定供电电压	DC12 V
	功耗	<0.3 W
环境适应性	工作温度范围	−40~+80 ℃
监测功能	主板温度测量	具备
	主板电源电压测量	具备
	传感器状态监测	具备
物理参数	尺寸	149 mm×64 mm×37 mm
	重量	500 g

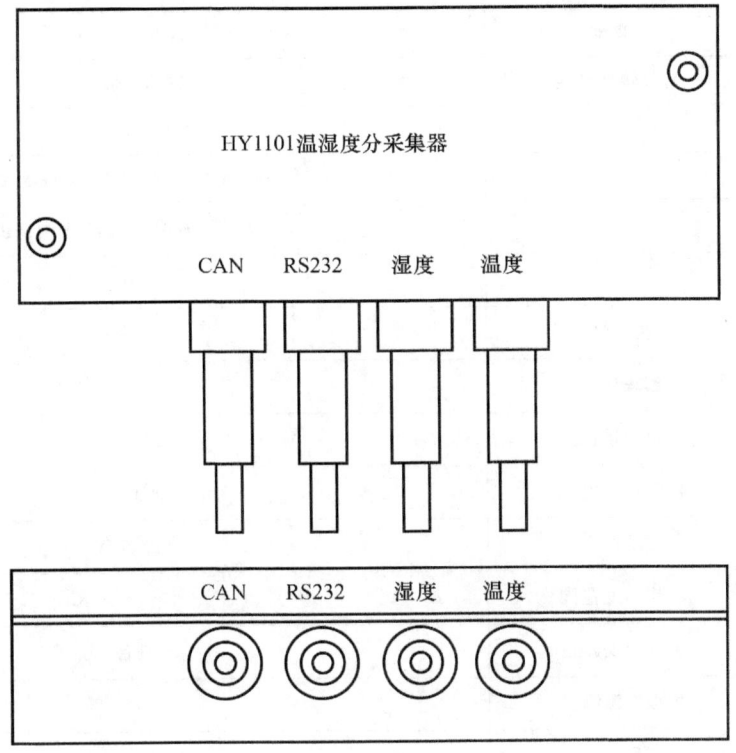

图 3.2-27　HY1101 温湿度分采集器外观及接口布置示意图

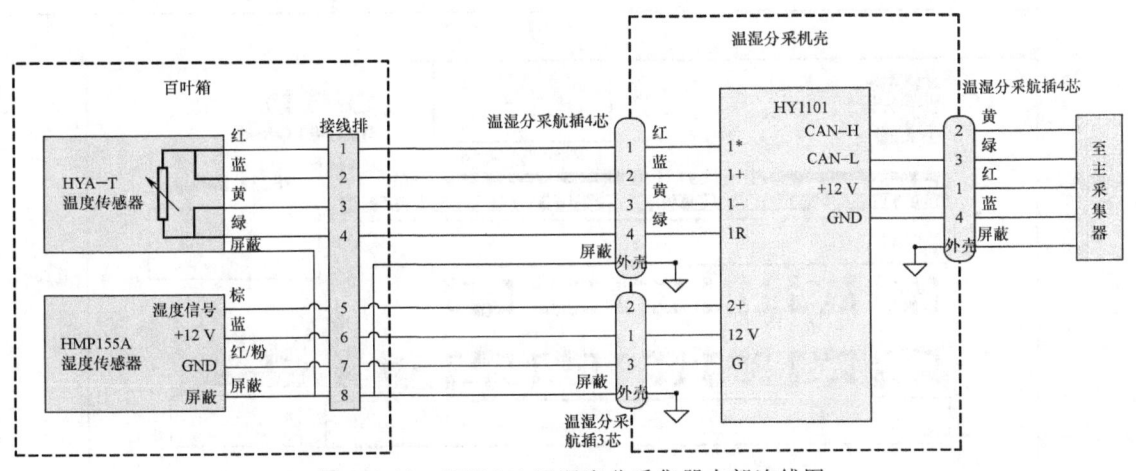

图 3.2-28　HY1101 温湿度分采集器内部连线图

(3)HY1310 地温分采集器

HY1310 地温分采集器可挂接草面温度、地面温度、浅层地温、深层地温传感器，通过 CAN 总线接入主采集器。其技术性能指标见表 3.2-9，外观及接口布置见图 3.2-29。

表 3.2-9 HY1310 地温分采集器技术性能指标

MCU 特性	处理器	ARM7 系列
测量性能	A/D 转换精度	16 位/24 位
时钟性能	实时时钟	误差<15 s/月
传感器接口	温度	10 个模拟通道，接入 HYA-T 型温度传感器
通信接口	RS-232	3 个数字传感器接口，1 个调试接口
	CAN	1 个
其他接口	指示灯	3 个
	编程接口	1 个
	电源接口	1 个
电气性能	额定供电电压	DC12 V
	功耗	<0.5 W
环境适应性	工作温度范围	−40～+80 ℃
监测功能	主板温度测量	具备
	主板电源测量	具备
物理参数	尺寸	208 mm×105 mm×44 mm
	重量	1200 g

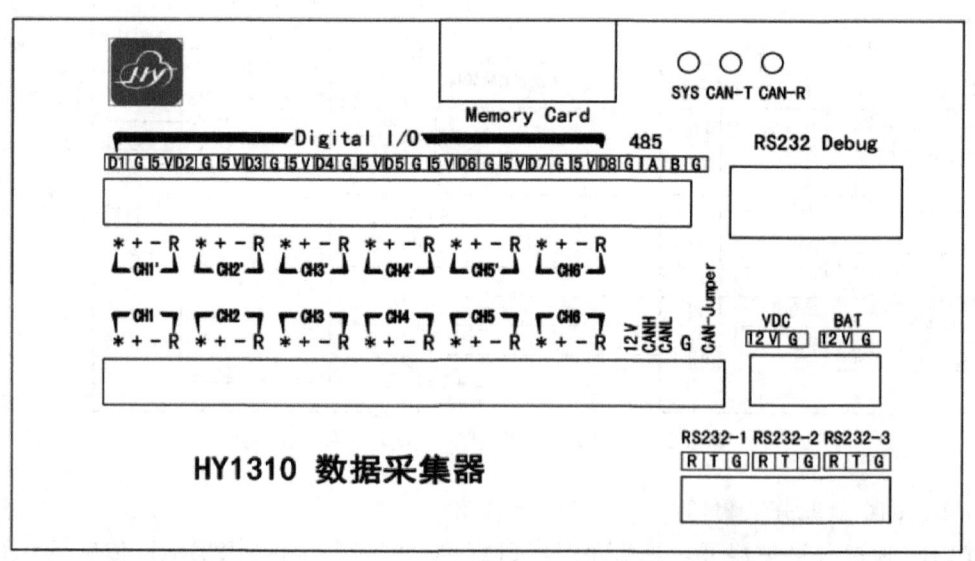

图 3.2-29 HY1310 地温分采集器外观和接口布置示意图

2. 采集器机箱

（1）主采集器机箱

主采集器机箱内安装 HY3000 数据采集器、HYPTB210 气压传感器、光纤转换模块等，外部接口为航空接插件。配有综合集成硬件控制器的自动气象站,主采集器机箱内不安装光纤转换模块。

通过外部接口,主采集器机箱可接入风向、风速、翻斗雨量、称重降水、能见度、蒸发、雪深等传感器以及分采集器,连接电源和综合集成硬件控制器。

主采集器机箱内部结构布局见图 3.2-30,底板结构见图 3.2-31,主采集器机箱内部连线见图 3.2-32 和图 3.2-33。

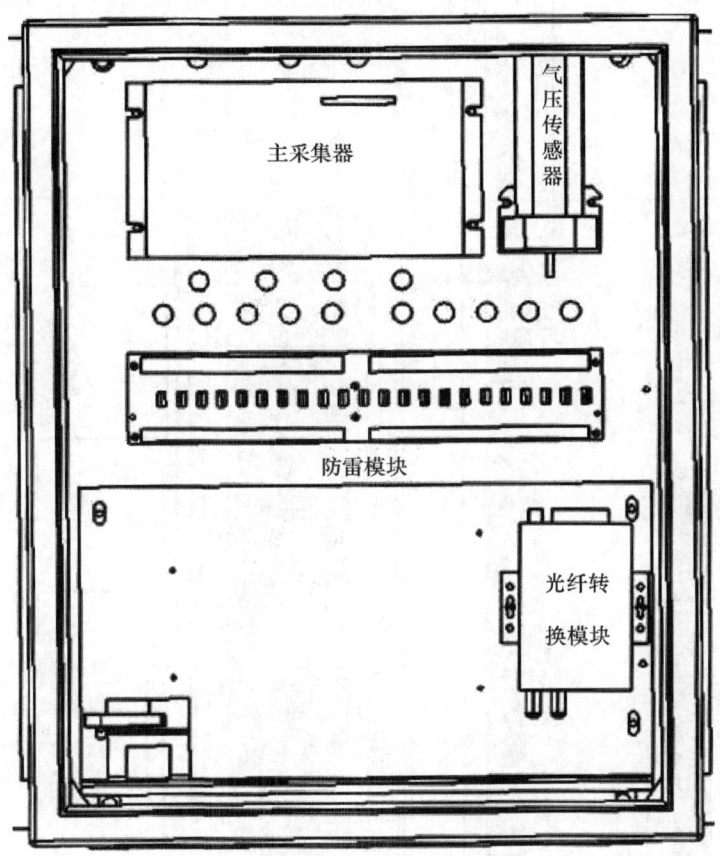

图 3.2-30 采集器机箱内部结构布局图

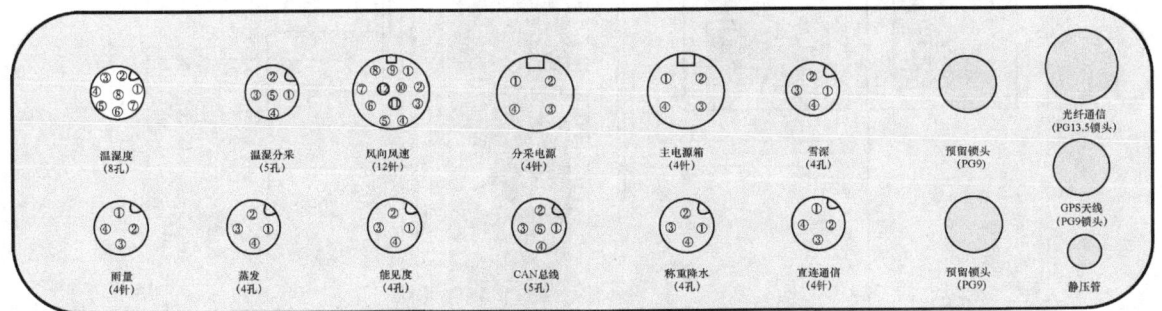

图 3.2-31 主采集器机箱底板结构图

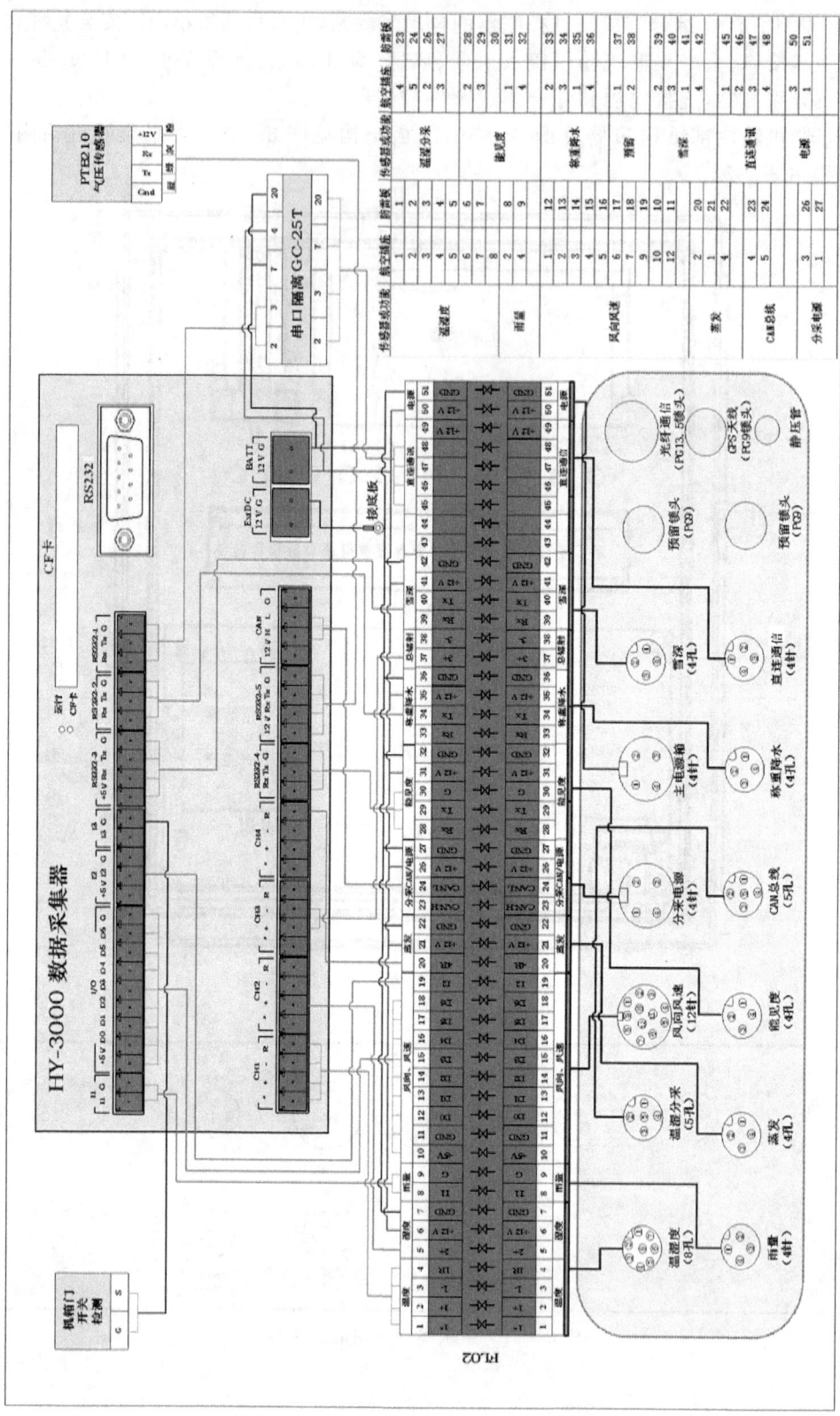

图 3.2-32 主采集器机箱内部连线示意图

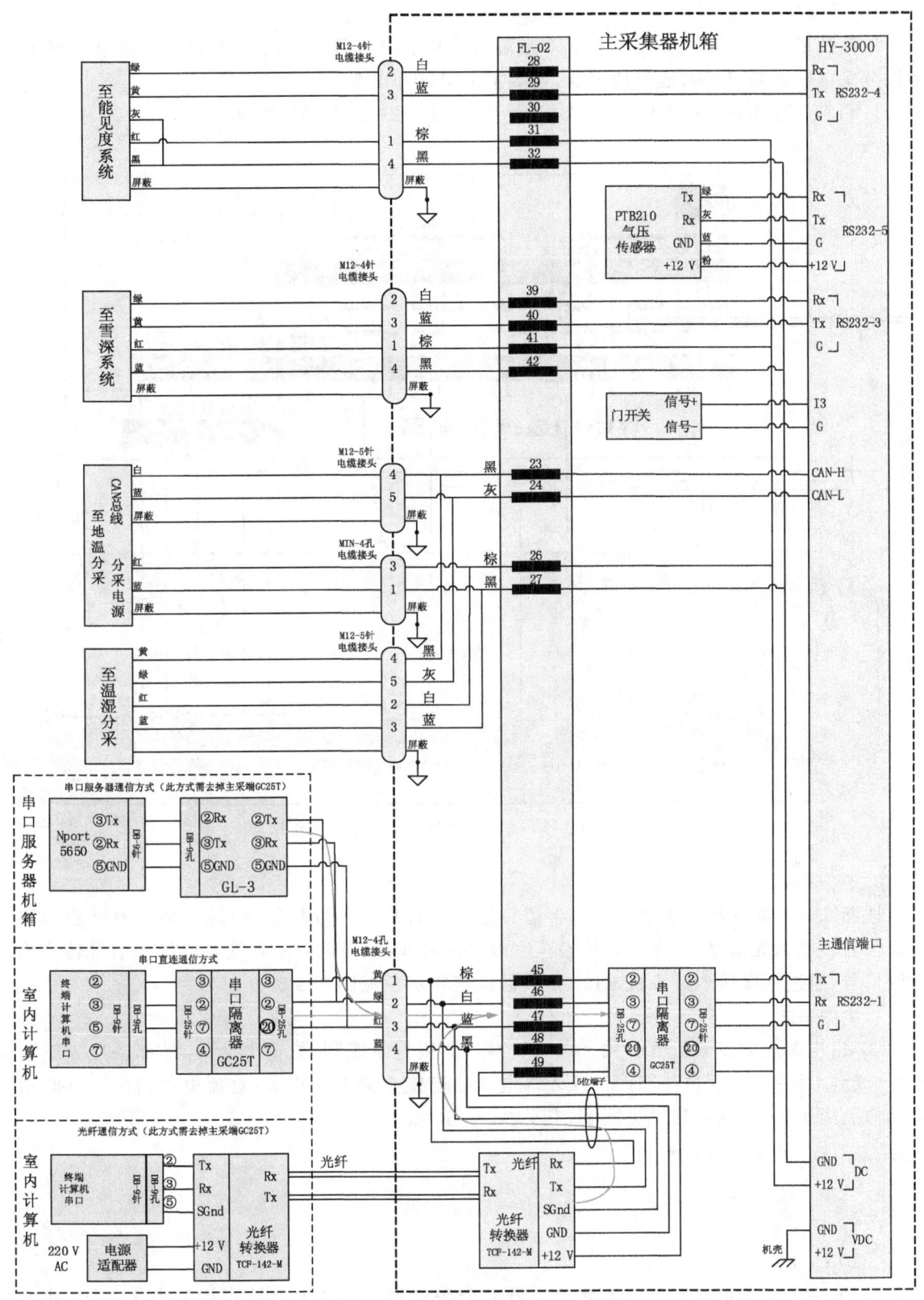

图 3.2-33 主采集器机箱内部连接图

(2)地温分采集器机箱

地温分采集器机箱内安装 HY1310 地温分采集器,外部接口为航空接插件。通过外部接口,地温分采集器机箱可接入地温传感器,连接主采集器和电源。

HY1310 地温分采集器机箱内部连接示意见图 3.2-34,内部接线见图 3.2-35。

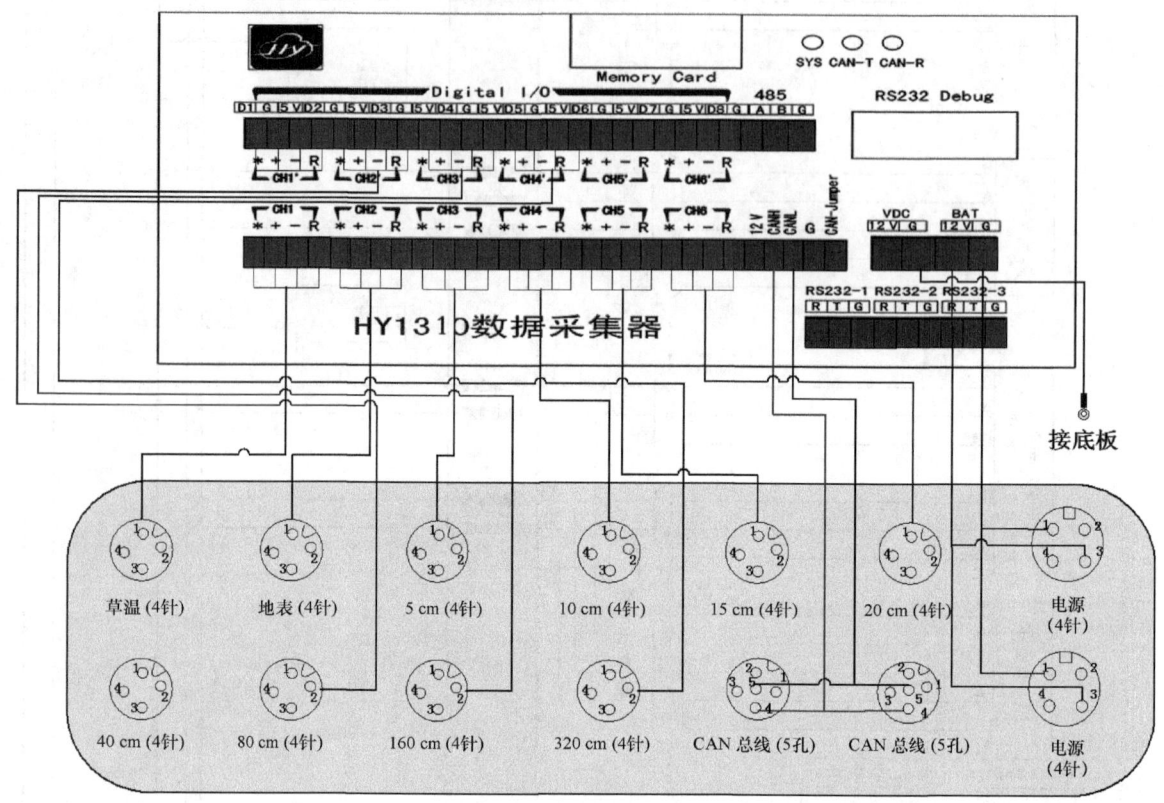

图 3.2-34　HY1310 地温分采集器连接示意图

3.通信系统

地面综合气象观测系统通过串口将信号接入综合集成硬件控制器;综合集成硬件控制器将串行信号转换为光信号,通过光纤传输至室内光纤转换器;室内光纤转换器再将光信号转换为以太网信号,通过网线接入计算机 RJ45 口。通信连接示意见图 3.2-36。

4.电源系统

DZZ5 电源箱内安装空气开关、浪涌保护器、交流充电控制器、蓄电池等,外部接口为航空接插件(或防水接头)。通过外部接口,DZZ5 电源箱连接交流电源输入、直流电源输出。电源箱内部结构见图 3.2-37,内部连线见图 3.2-38。

3.2.1.4　DZZ6 型自动气象站

1.采集系统

(1)数据采集器

①DZZ6 主采集器

DZZ6 主采集器可挂接气象要素传感器和分采集器。其技术性能指标见表 3.2-10,外观及接口布置示意见图 3.2-39。

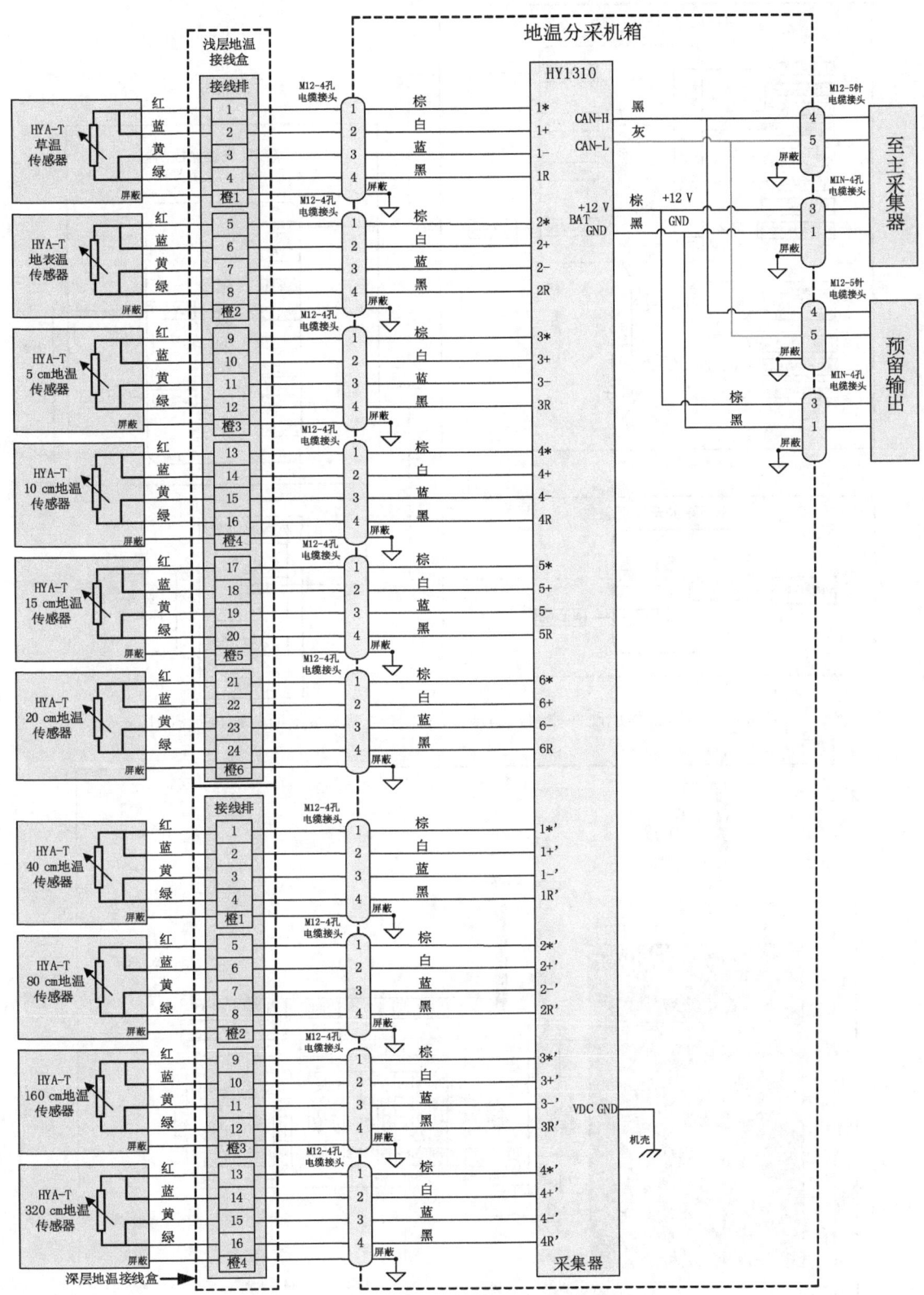

图 3.2-35 HY1310 地温分采集器内部接线图

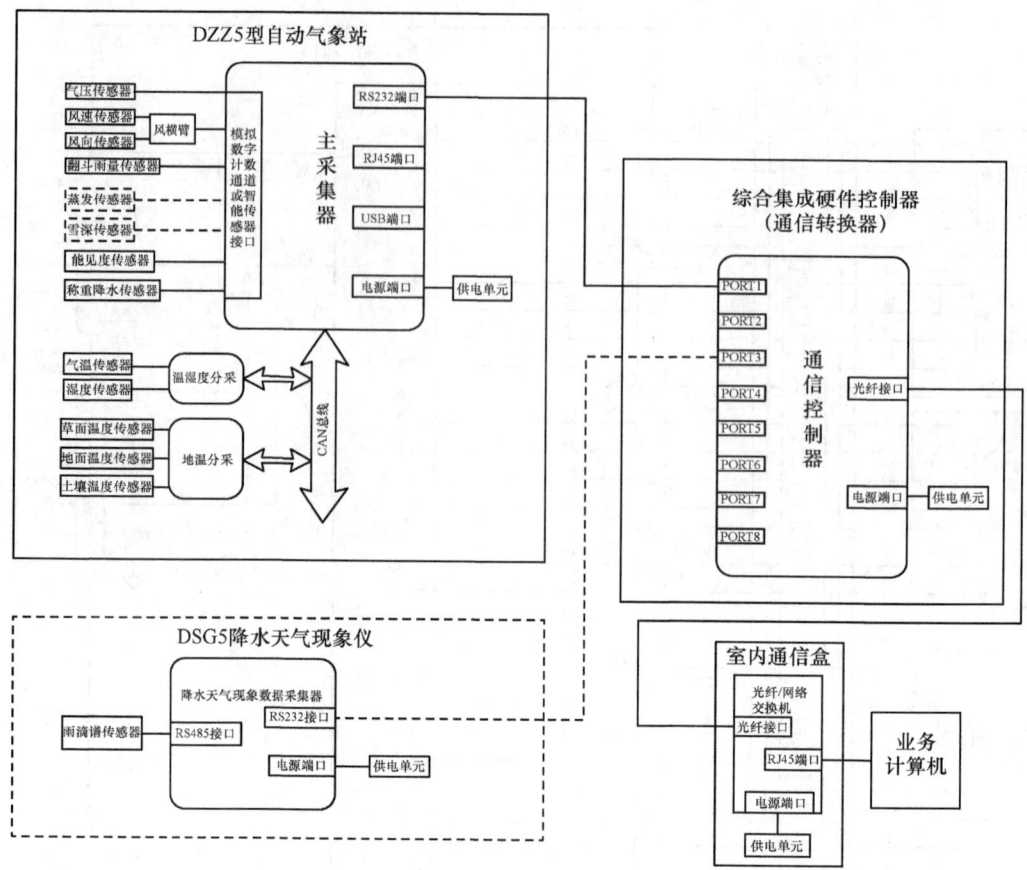

图 3.2-36　综合集成硬件控制器与地面综合气象观测系统通信连接示意图

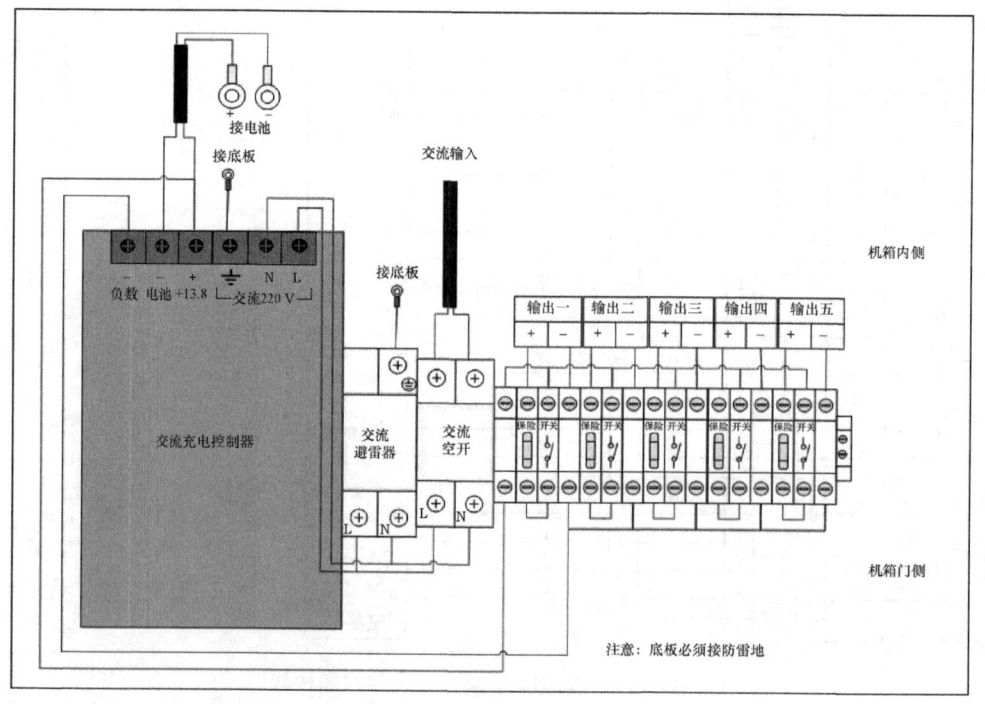

图 3.2-37　电源箱内部结构图

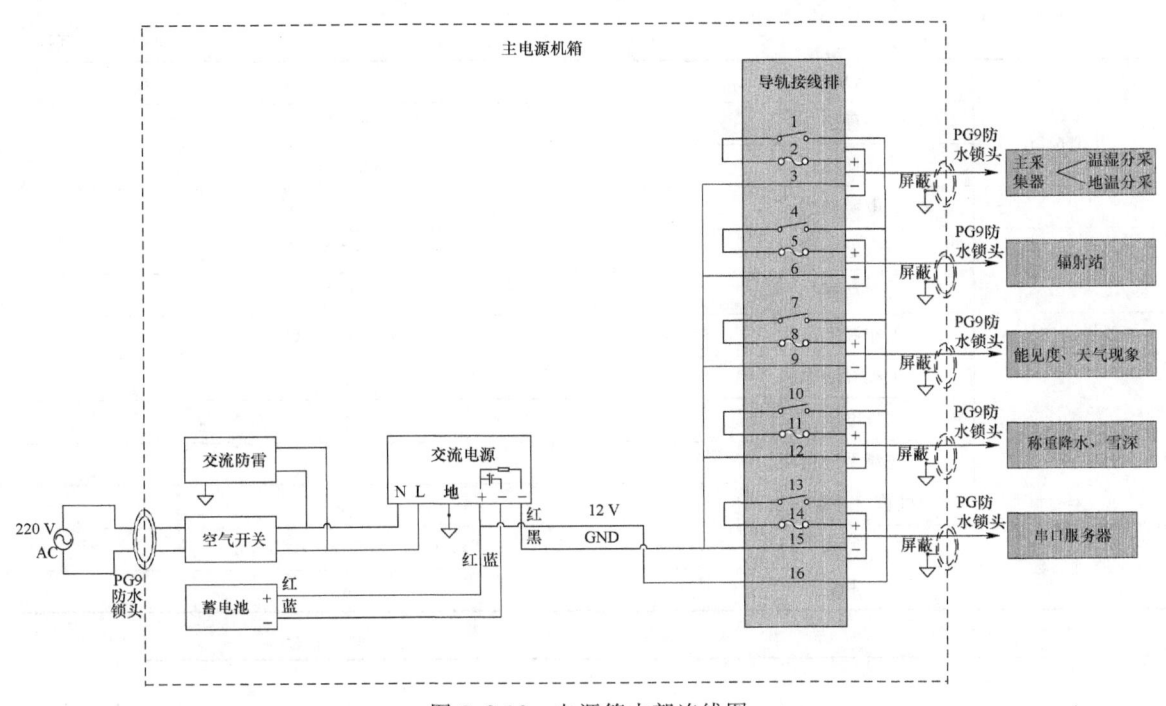

图 3.2-38　电源箱内部连线图

表 3.2-10　**DZZ6 型主采集器技术性能指标**

MCU 特性	处理器	ARM9 处理器 AT91SAM9263,32 位处理器
	处理器主频	200 MHz
测量性能	A/D 转换精度	16 位
时钟性能	实时时钟	误差<15 s/月
传感器接口	气温(预留)	1 个模拟通道,用于测量铂电阻值
	湿度(预留)	1 个模拟通道,用于测量电压值
	辐射(预留)	1 个模拟通道,用于测量电压值
	蒸发	1 个模拟通道,接入 AG2.0 型超声波蒸发传感器
	气压	1 个 RS232 接口,接入 PTB330 型气压传感器
	风向	7 位数字通道,接入 EL15-2C 型风向传感器
	风速	1 个计数通道,接入 EL15-1C 型风速传感器
	翻斗雨量	1 个计数通道,接入 SL3-1 型翻斗雨量传感器
	能见度	1 个 RS232 接口,接入能见度传感器
	称重降水	1 个 RS232 接口,接入称重式降水传感器
	雪深	1 个 RS232 接口,接入雪深传感器
	门开关	1 个数字通道
通信接口	RS232	5 个
	RS485	1 个
	CAN	1 个
	RJ45	1 个
	USB-HOST	2 个
	USB-DEV	1 个

续表

其他接口	指示灯	2个
	编程接口	2个
	外存储器接口	1个CF卡接口
	电源输出	4个
电气性能	供电电压	DC12 V
	功耗	<1.2 W
环境适应性	工作温度范围	−40～+80 ℃
监测功能	主板温度测量	具备
	主板电压测量	具备
	交流供电检测	具备
	机箱门状态检测	具备
物理参数	尺寸	210 mm×105 mm×45 mm
	重量	1216 g

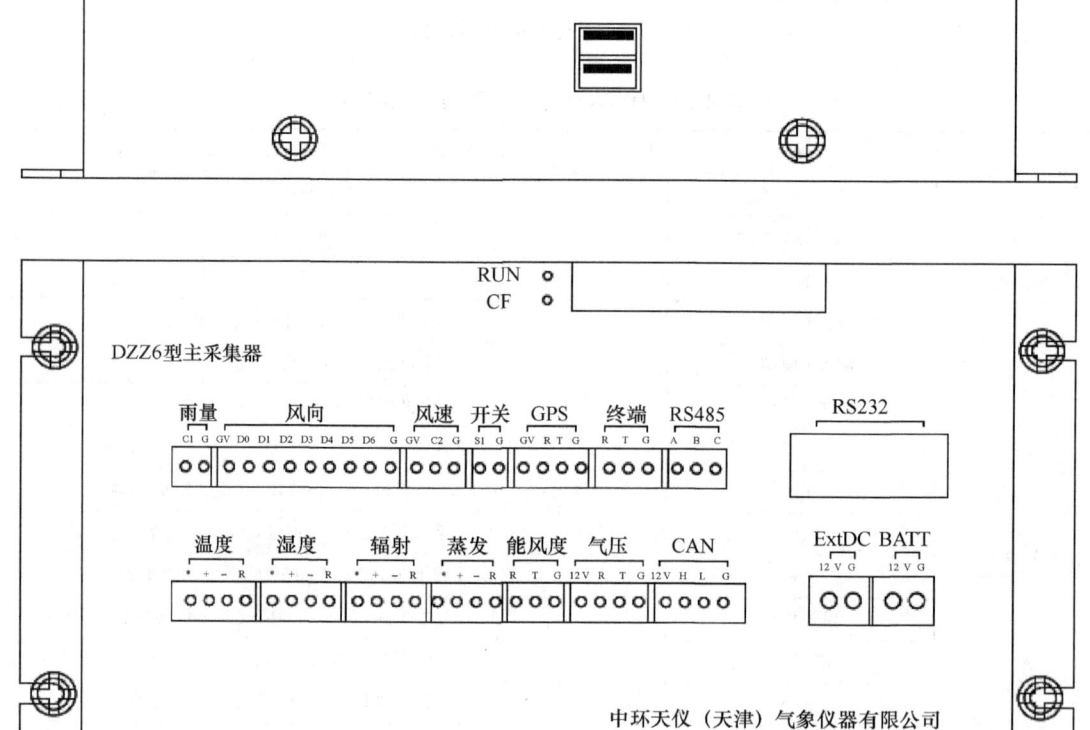

图 3.2-39　DZZ6 型主采集器外观外观及接口布置示意图

② DZZ6 型温湿度分采集器

DZZ6 型温湿度分采集器可挂接气温和湿度传感器，通过 CAN 总线接入主采集器。其技术性能指标见表 3.2-11，外观及接口布置见图 3.2-40。

表 3.2-11 DZZ6 型温湿度分采集器技术性能指标

MCU 特性	处理器	ARM7 系列
测量性能	A/D 转换精度	16 位
时钟性能	实时时钟	误差<15 s/月
传感器接口	气温	1 个模拟通道,接入 WZP2 型温度传感器
	湿度	1 个模拟通道,接入 DHC1 型湿度传感器
通信接口	RS232	1 个
	CAN	1 个
其他接口	指示灯	0 个
	编程接口	可通过串行接口 RS232 在线编程
	电源输出	1 个
电气性能	供电电压	DC12 V
	功耗	<0.25 W
环境适应性	工作温度范围	−40～+80 ℃
监测功能	主板温度测量	具备
	主板电源电压测量	具备
	传感器状态监测	具备
物理参数	尺寸	150 mm×64 mm×34 mm
	重量	435 g

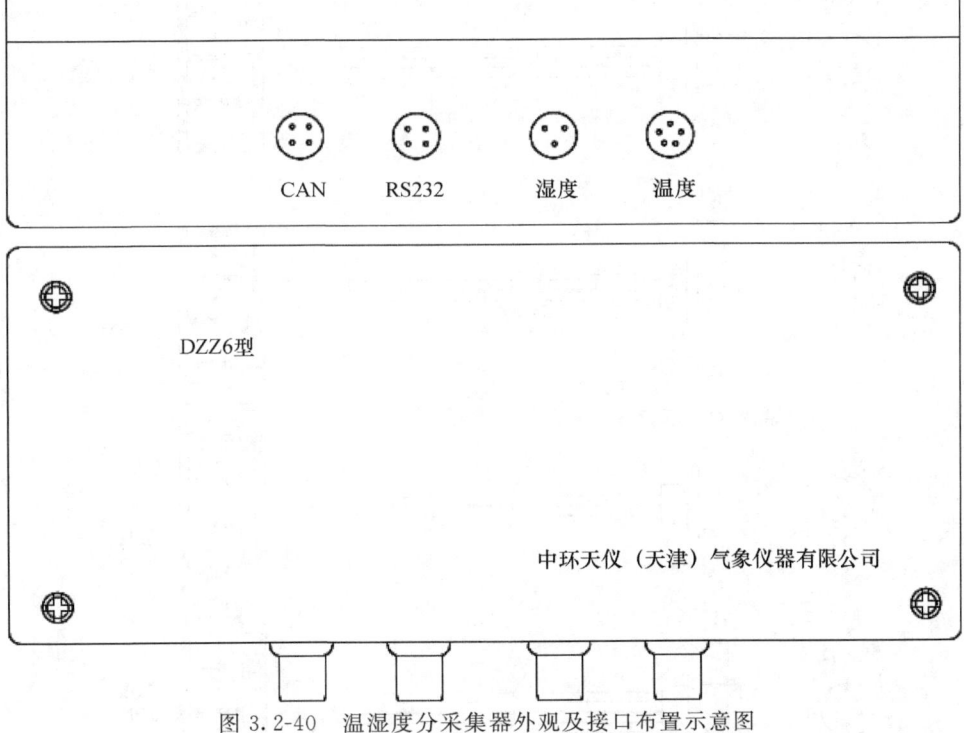

图 3.2-40 温湿度分采集器外观及接口布置示意图

DZZ6 型温湿度分采集器的接口引脚定义见表 3.2-12,温湿度分采集器的内部连线见图 3.2-41。

表 3.2-12　DZZ6 型温湿度分采集器接口引脚定义

CAN 航空插座	1	2	3	4
对应 JU3 端子	1	2	3	4
功能说明	12 V	CAN_H	CAN_L	GND
RS232 航空插座	1	2	3	4
对应 JU1 端子	1	2	3	留空
功能说明	R	T	G	留空
温度航空插座	1	2	3	4
对应 JT1 端子	1	2	3	4
功能说明	*	+	−	R
湿度航空插座	1	2	3	
对应 JT2 端子	1	2	3	
功能说明	12 V	湿度	GND	

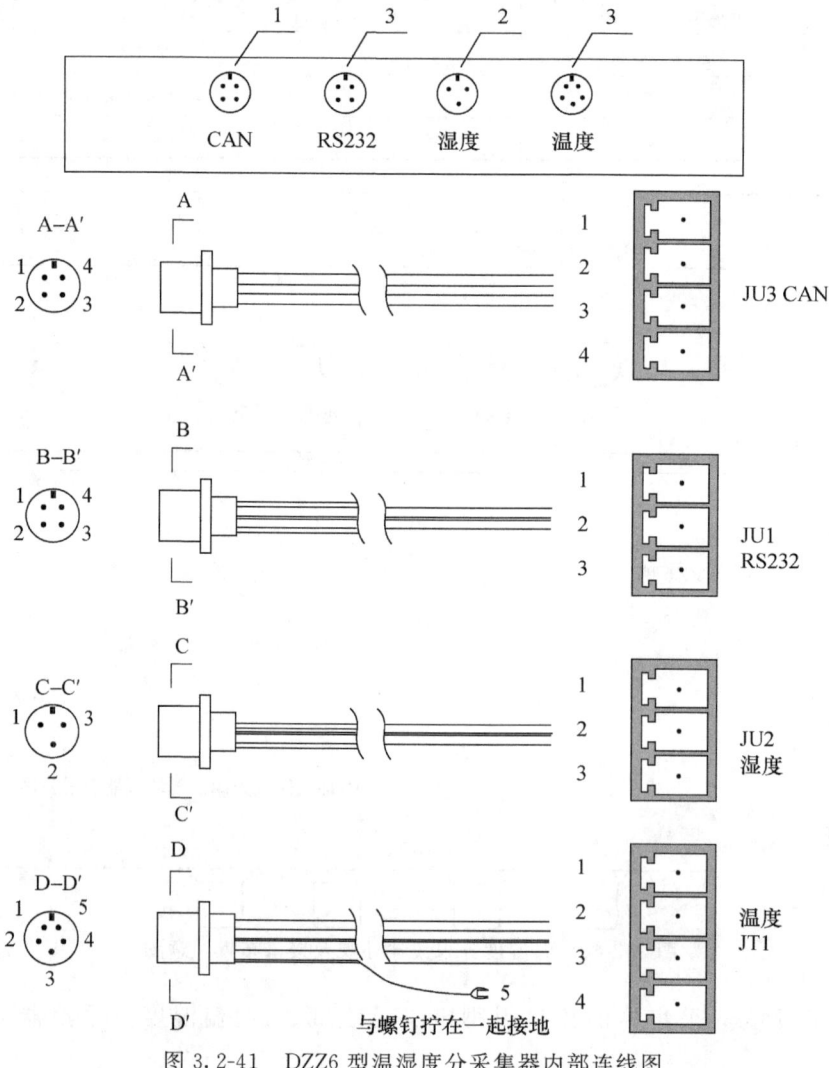

图 3.2-41　DZZ6 型温湿度分采集器内部连线图

③ DZZ6 型地温分采集器

DZZ6 型地温分采集器可挂接草面温度、地面温度、浅层地温、深层地温传感器,通过 CAN 总线接入主采集器。其技术性能指标见表 3.2-13,外观及接口布置见图 3.2-42。

表 3.2-13　DZZ6 型地温分采集器技术性能指标

MCU 特性	处理器	ARM7 系列
测量性能	A/D 转换精度	16 位
时钟性能	实时时钟	误差<15 s/月
传感器接口	温度	10 个模拟通道,接入 WZP1 型温度传感器
通信接口	RS232	2 个
	CAN	1 个
其他接口	指示灯	4 个
	编程接口	可通过串行接口 RS232 在线编程
电气性能	供电电压	DC12 V
	功耗	<0.5 W
环境适应性	工作温度范围	−40～+80 ℃
监测功能	主板温度测量	具备
	主板电源测量	具备
物理参数	尺寸	208 mm×105 mm×32 mm
	重量	700 g

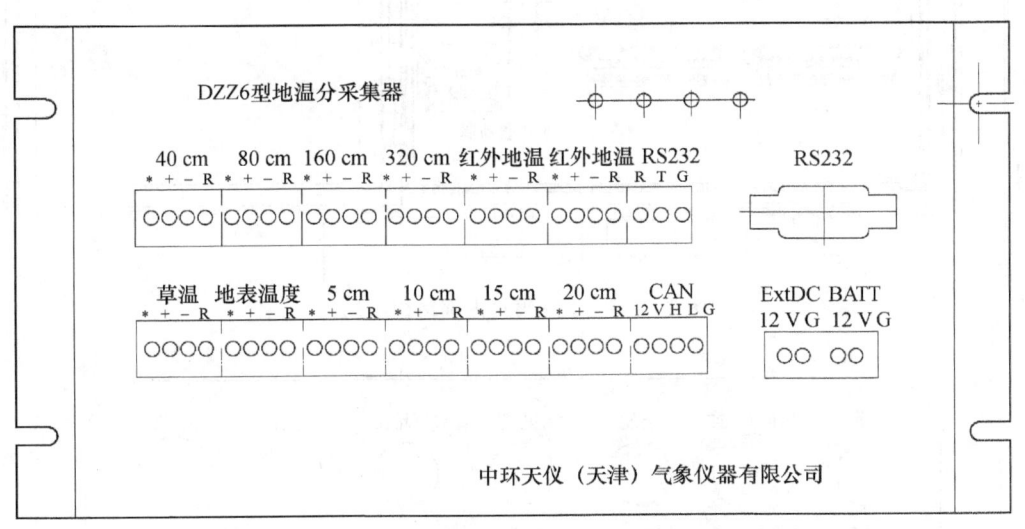

图 3.2-42　DZZ6 型地温分采集器外观和接口布置示意图

(2) 采集器机箱

① 主采集器机箱

主采集器机箱内安装 DZZ6 型主采集器、PTB330 气压传感器、长线驱动器/光纤转换模块及防雷模块等,外部接口为航空接插件以及光纤接口。

通过外部接口,主采集器机箱可接入风向、风速、翻斗雨量、称重降水、能见度、蒸发、雪深等传感器以及分采集器,连接电源和综合集成硬件控制器。

主采集器机箱内部结构布局见图 3.2-43,底板航空插头布局见图 3.2-44,接口示意见图 3.2-45、图 3.2-46。

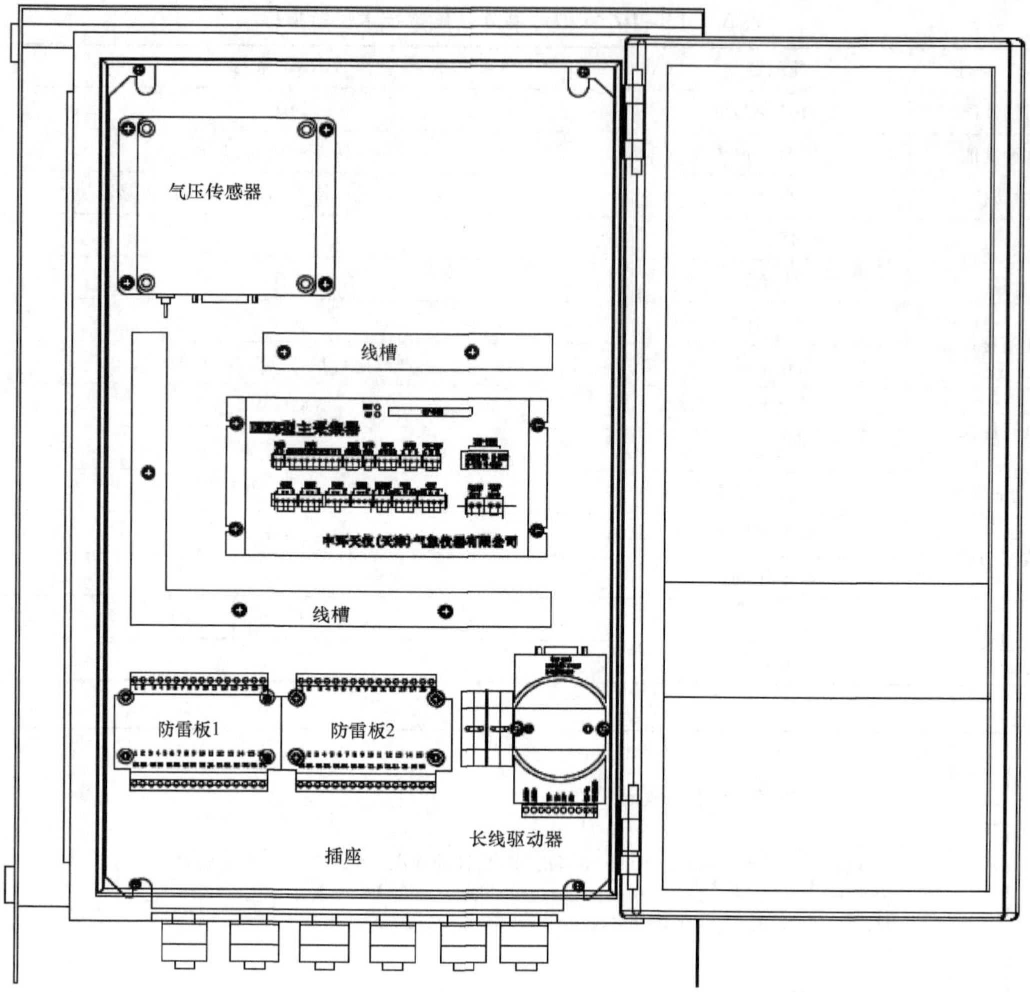

图 3.2-43 主采集箱内部结构布局图

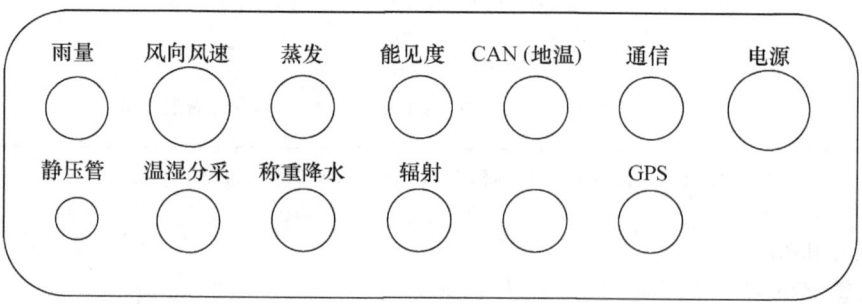

图 3.2-44 主采机箱底板航空插头布局图

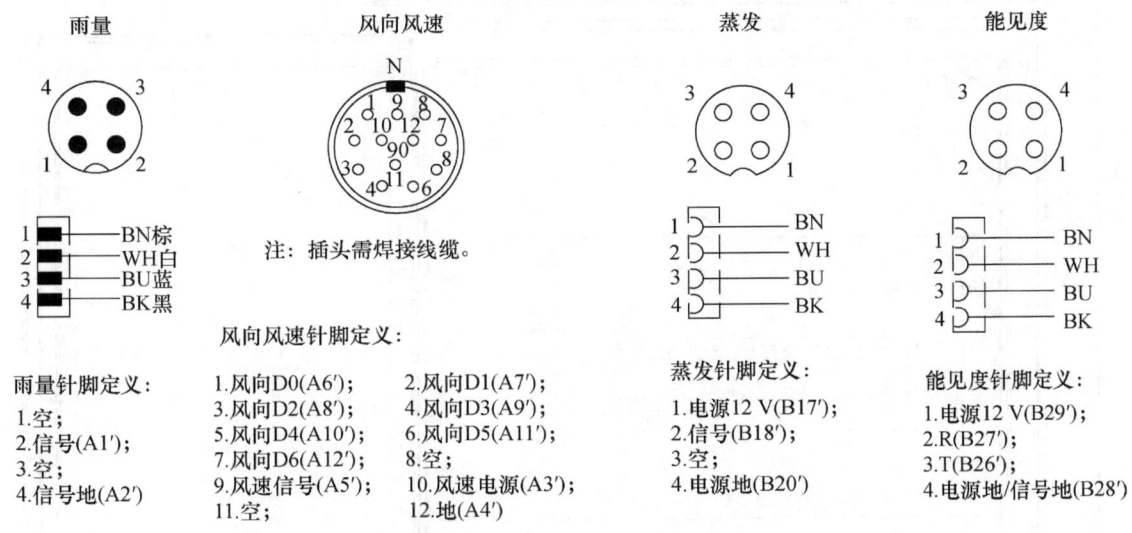

图 3.2-45　主采集器机箱接口示意图-1

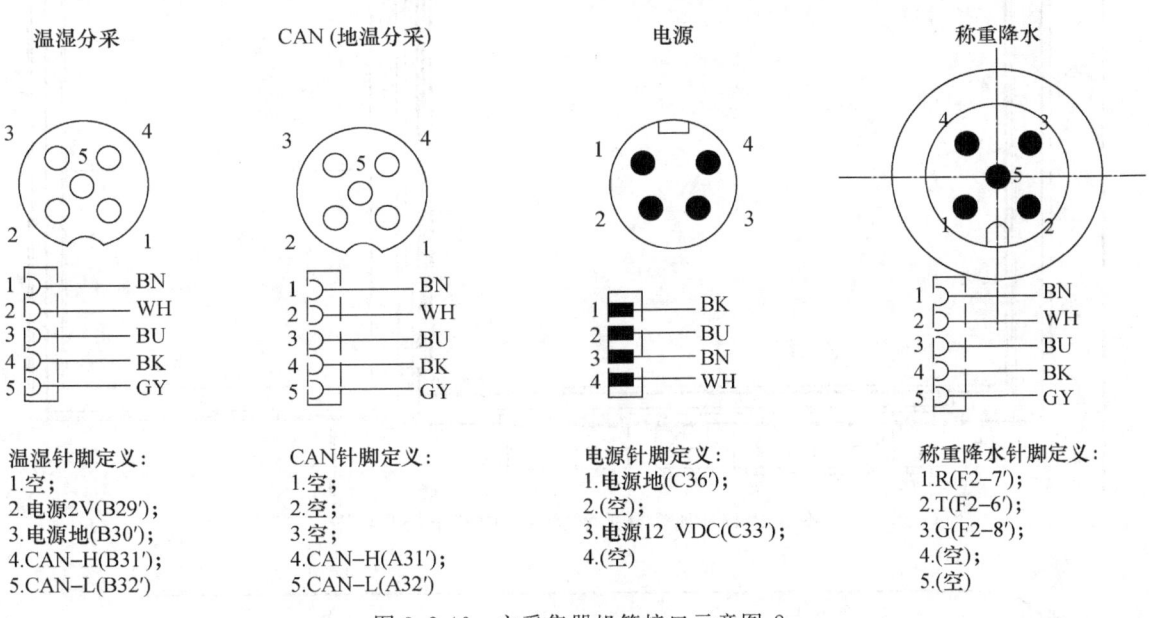

图 3.2-46　主采集器机箱接口示意图-2

② 地温分采集器机箱

地温分采集器机箱内安装了 DZZ6 型地温分采集器部件,外部接口为航空接插件;也可根据用户需要提供防水接头形式的地温分采集器机箱。通过外部接口,地温分采集器机箱可接入地温传感器,连接主采集器。

地温分采集器机箱内部结构布局见图 3.2-47,外部接口布置见图 3.2-48,内部连线见图 3.2-49、图 3.2-50。

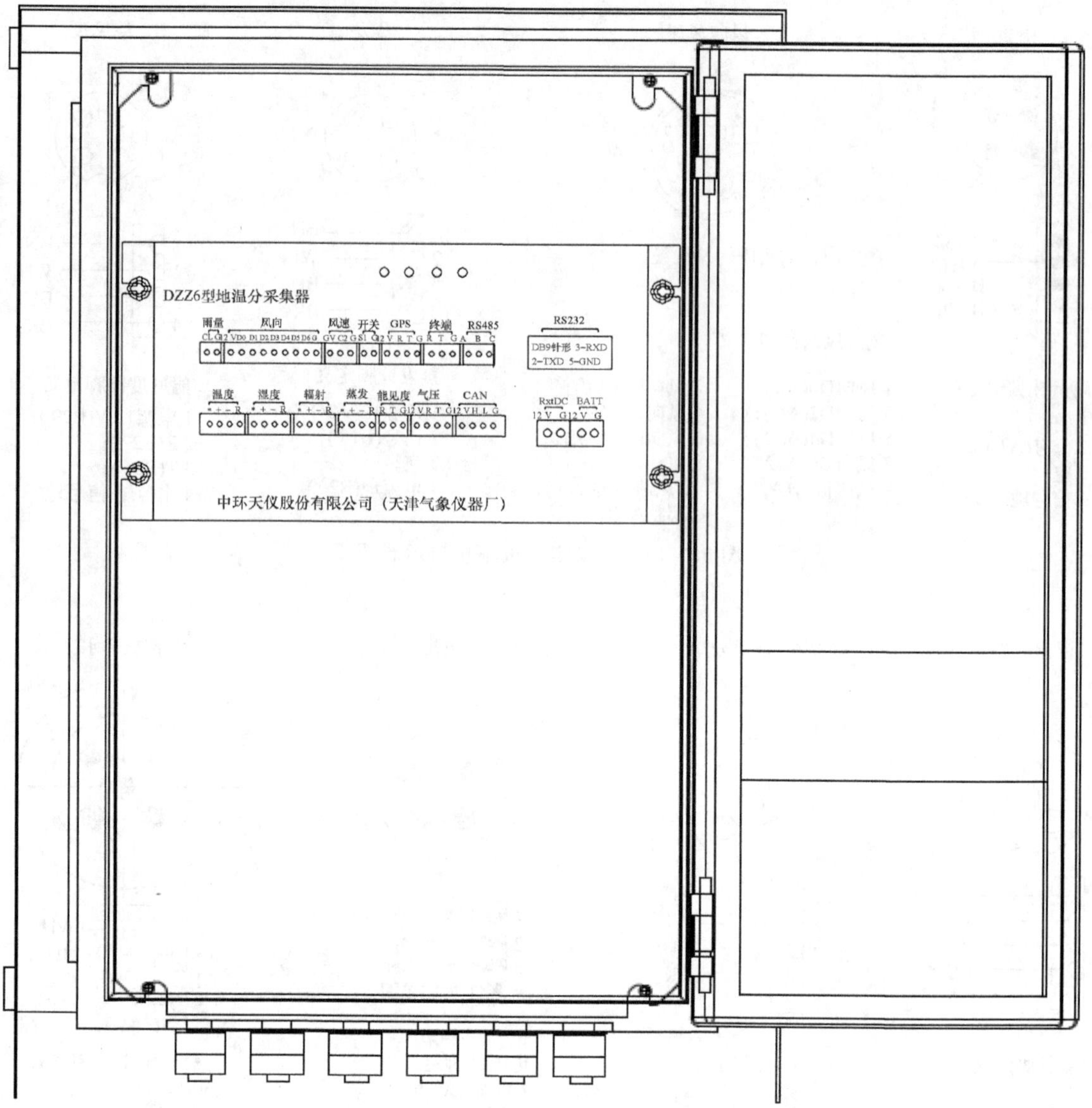

图 3.2-47　地温分采集器机箱内部结构布局图

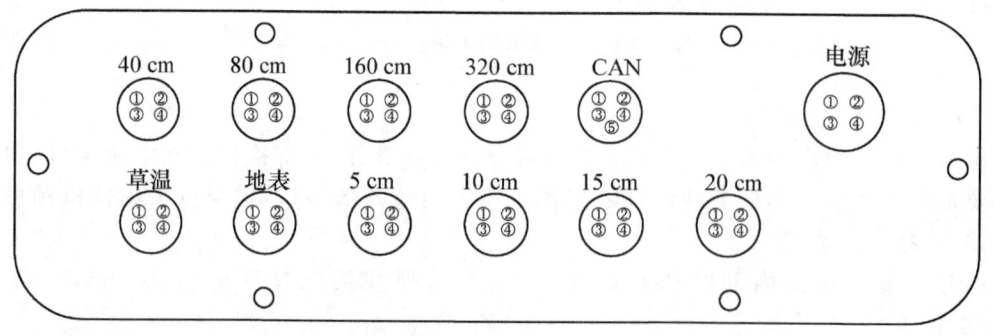

图 3.2-48　地温分采集器机箱外部接口布置图

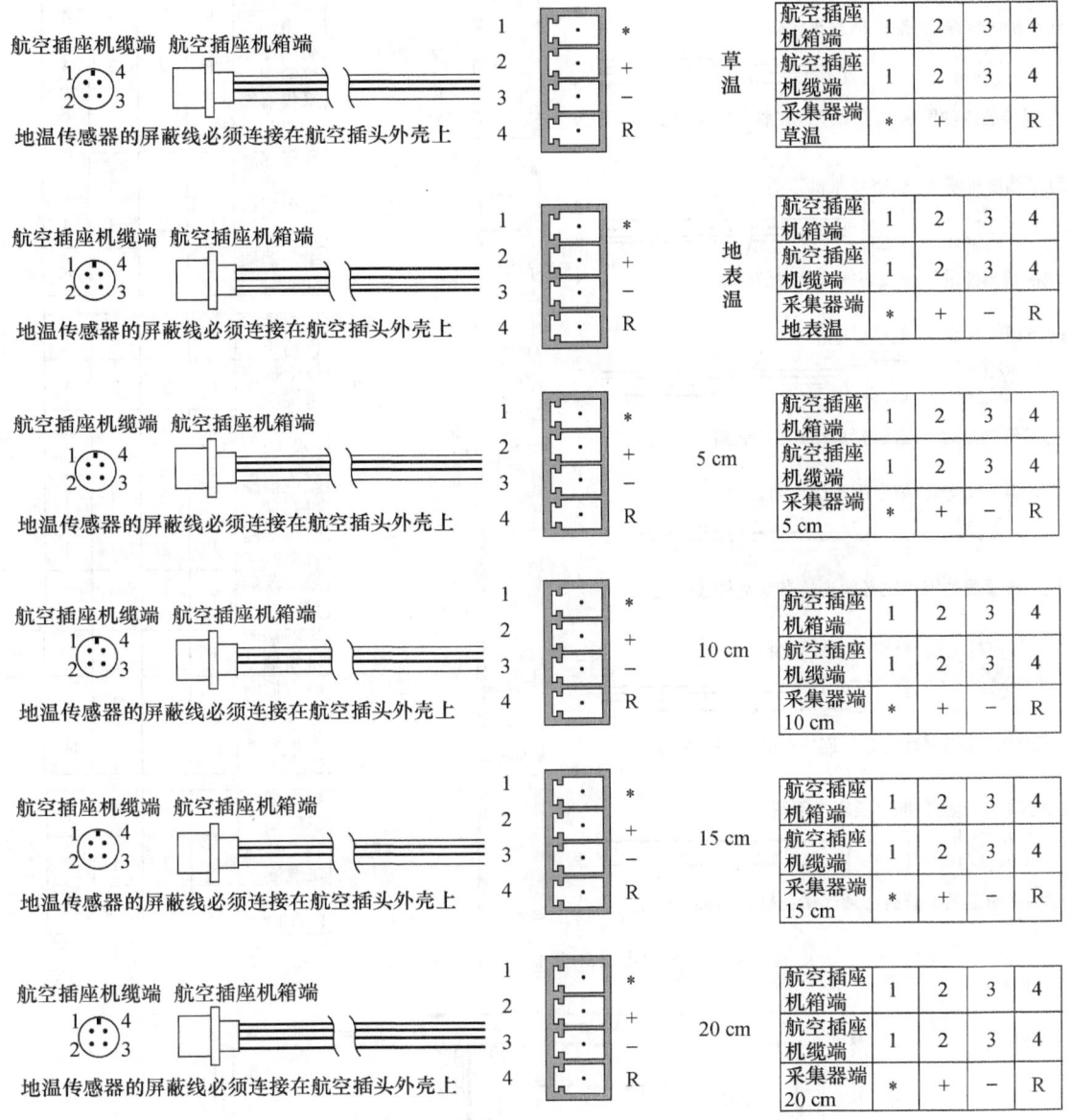

图 3.2-49 地温分采集器机箱内部连线示意图-1

2.通信系统

综合集成硬件控制器机箱内安装 DPZ1 综合集成硬件控制器、开关电源、防雷模块等，其内部布局见图 3.2-51。主采集器可通过综合集成硬件控制器机箱接至业务计算机。综合集成硬件控制器连接示意见图 3.2-52，机箱的内部连线见图 3.2-53。

3.电源系统

DZZ6 型电源箱内部集成了空气开关、开关电源、防雷模块、蓄电池等，并在底部以航空插头/座形式提供交流电源、直流电源输入输出接口。

电源箱内部结构布局见图 3.2-54，底部接口布置见图 3.2-55，内部连线见图 3.2-56。

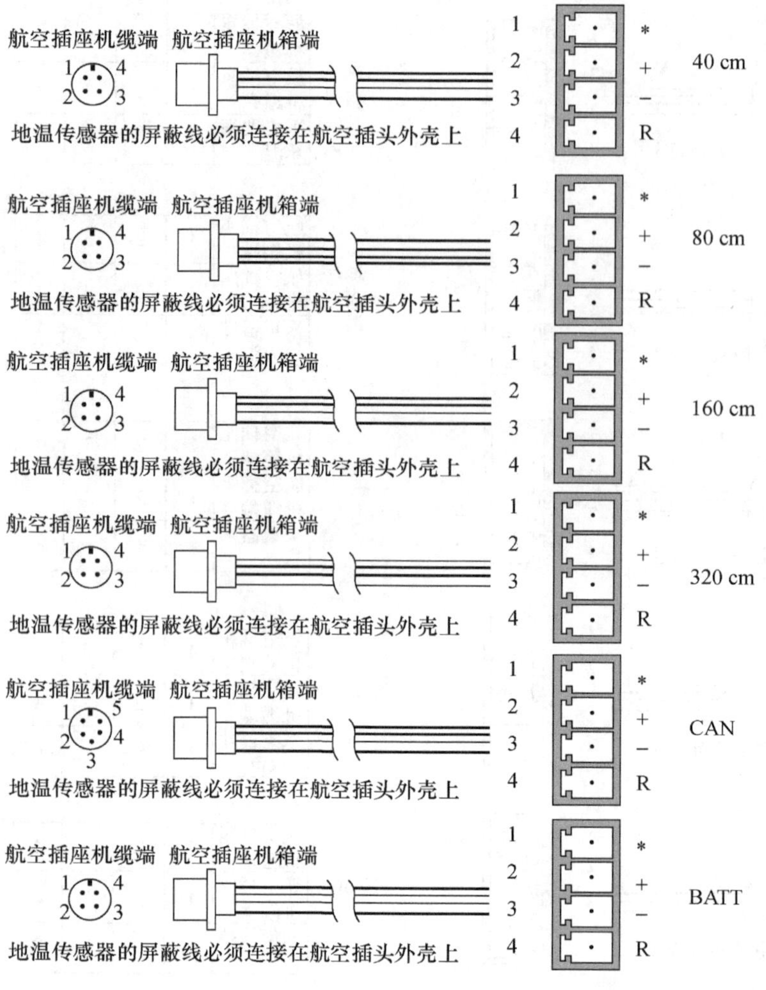

航空插座机箱端	1	2	3	4
航空插座机缆端	1	2	3	4
采集器端 40 cm	*	+	−	R

航空插座机箱端	1	2	3	4
航空插座机缆端	1	2	3	4
采集器端 80 cm	*	+	−	R

航空插座机箱端	1	2	3	4
航空插座机缆端	1	2	3	4
采集器端 160 cm	*	+	−	R

航空插座机箱端	1	2	3	4
航空插座机缆端	1	2	3	4
采集器端 320 cm	*	+	−	R

航空插座机箱端	1	2	3	4	5
航空插座机缆端	1	2	3	4	5
采集器端 CAN				H	L

航空插座机箱端	1	2	3	4
航空插座机缆端	1	2	3	4
采集器端 BATT	G		12 V	

图 3.2-50　地温分采集器机箱内部连线示意图-2

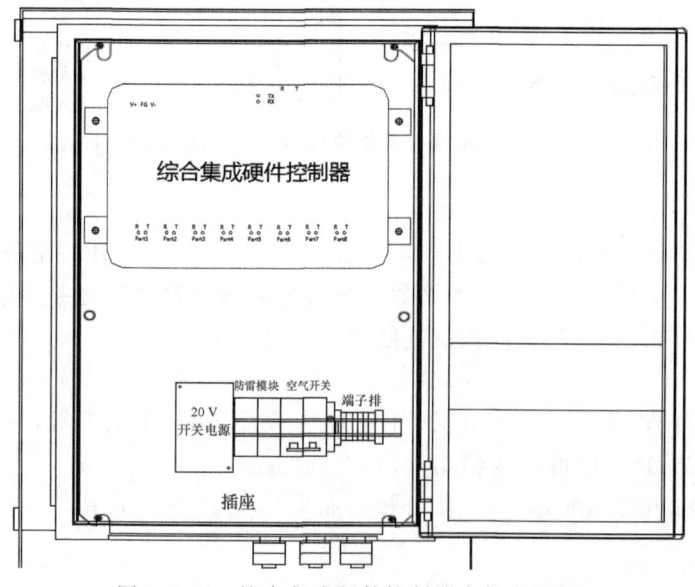

图 3.2-51　综合集成硬件控制器内部布局图

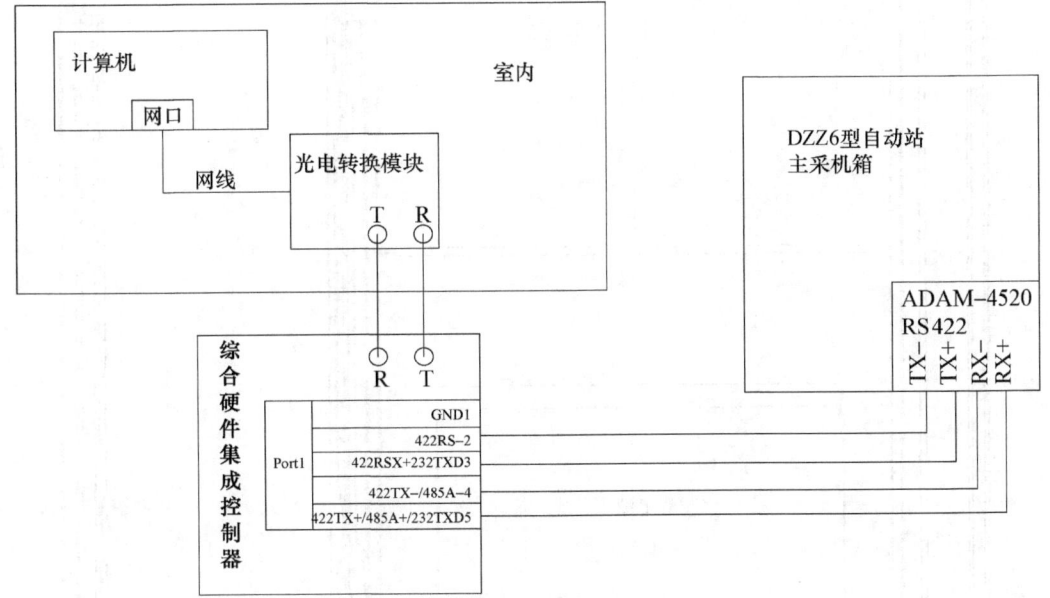

图 3.2-52　综合硬件集成控制器连接示意图

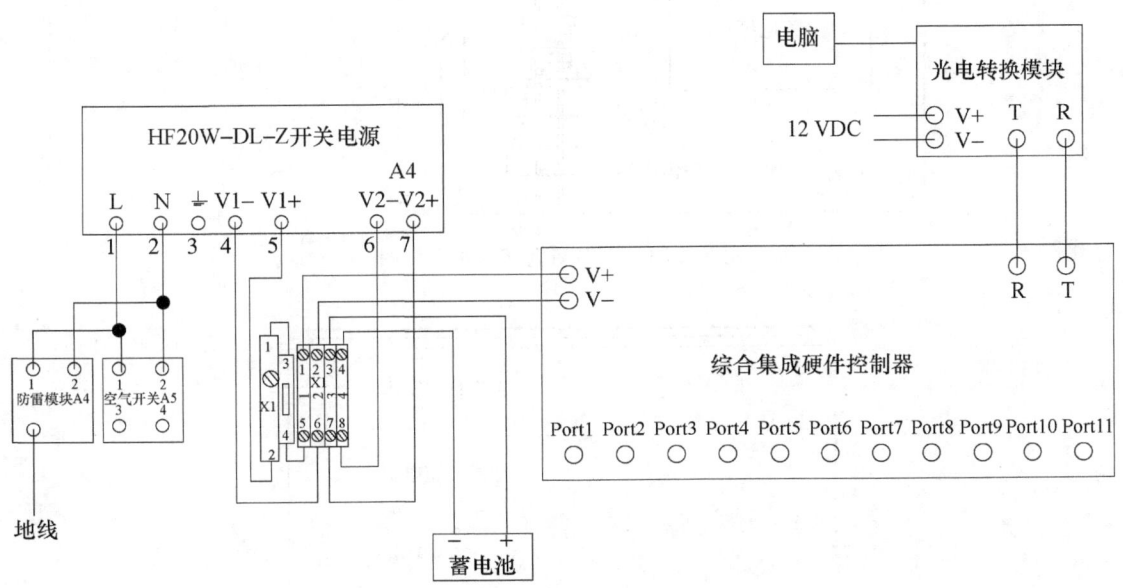

图 3.2-53　综合集成硬件控制器箱内部连线图

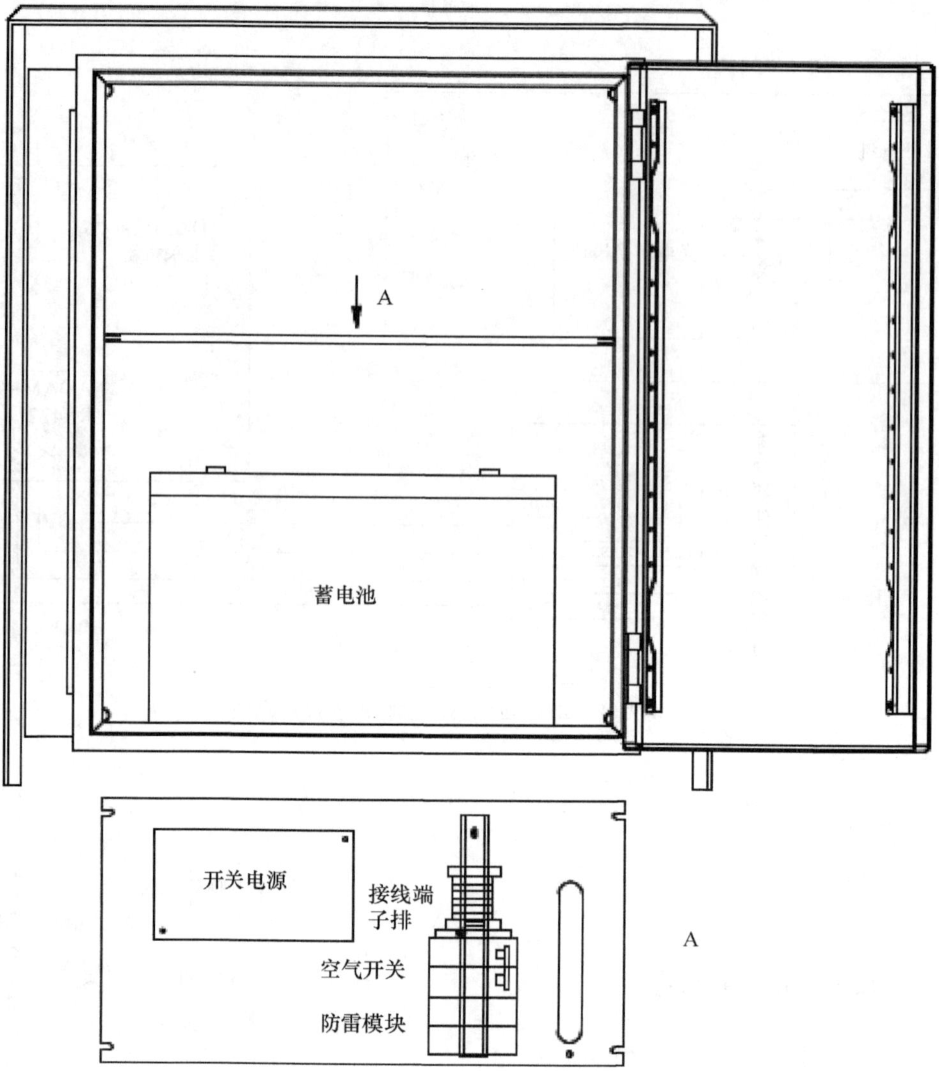

图 3.2-54　电源箱内部结构布局图

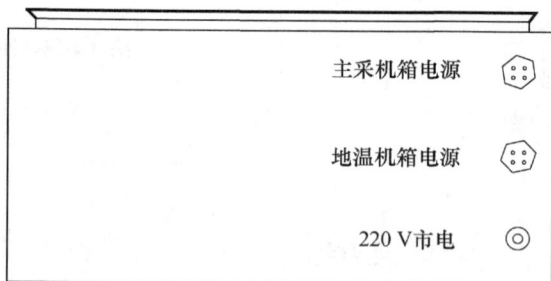

图 3.2-55　电源箱底部接口布置图

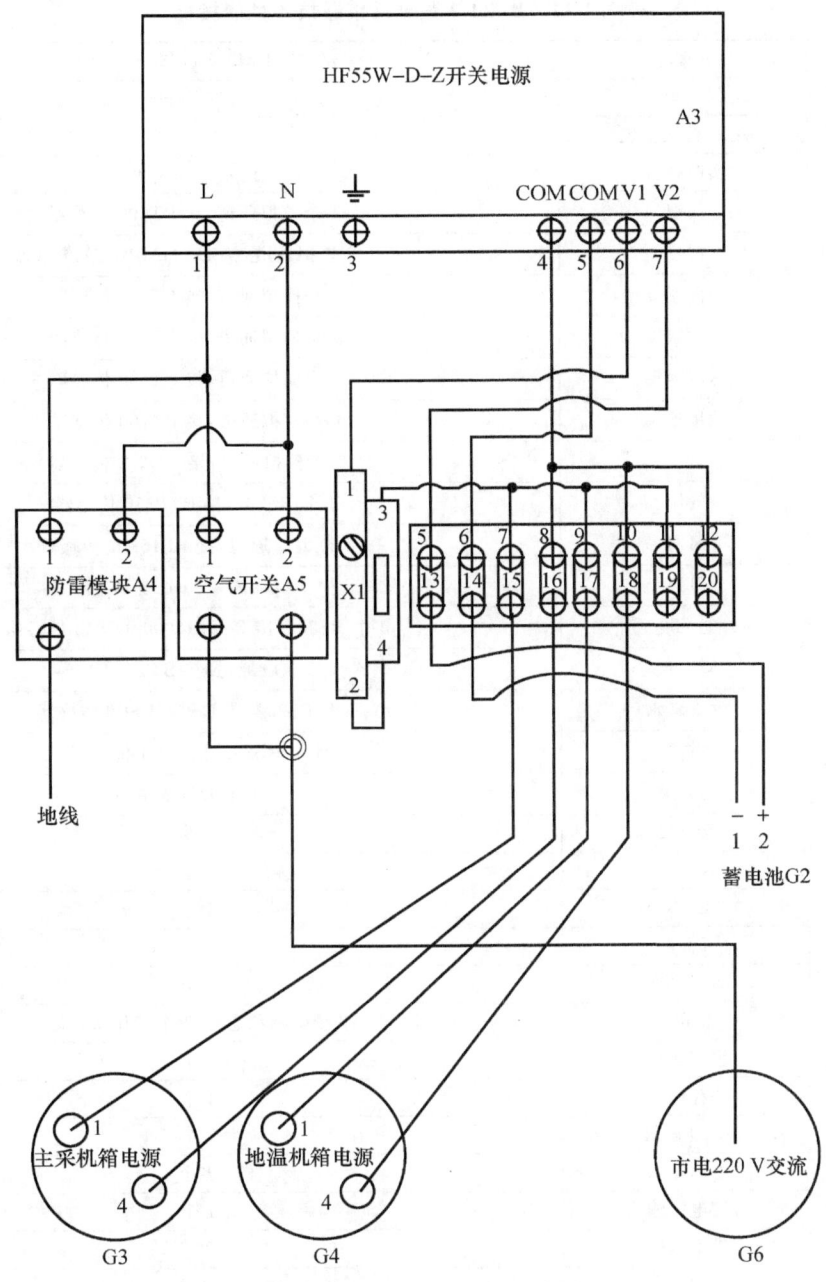

图 3.2-56 电源箱内部连线图

3.2.1.5 DZZ1-2 型自动气象站

1. 采集系统

(1) 数据采集器

① DZZ1-2 数据采集器

DZZ1-2 数据采集器的技术性能指标见表 3.2-14,外观及接口布局见图 3.2-57。

表 3.2-14　DZZ1-2 数据采集器技术性能指标

MCU 特性	处理器	32 位 ARM9，STM32F207x 系列
	主频	200 MHz
测量性能	A/D 转换精度	2 个 16 位
时钟性能	实时时钟	误差<15 s/月
传感器接口	气温	1 个模拟通道，接 PT100 传感器
	湿度	1 个模拟通道，接 HYHMP155A 传感器
	地面温度	1 个模拟通道，接 PT100 传感器
	草面温度	1 个模拟通道，接 PT100 传感器
	深层地温	4 个模拟通道，接 PT100 传感器
	浅层地温	4 个模拟通道，接 PT100 传感器
	蒸发	1 个模拟通道，接 AG2.0 传感器
	气压	1 个 RS232，接 PTB330 传感器
	风向	7 个 I/O 通道，接 EL15-2C 传感器
	风速	1 个 I/O 通道，接 EL15-1C 传感器
	能见度	1 个 RS232，接 Belfort6000/DNQ3 传感器
	降雨量	1 个 I/O 通道，接 SL3-1 传感器
	称重降水	1 个 RS232，接 DSC2/DSC3 传感器
	雪深	1 个 RS232，接 DSJ1 传感器
	门开关	1 个 I/O 通道
通信接口	RS232	8 个
	RS485	4 个
	CAN	1 个
	RJ45	1 个
	USB-HOST	1 个
其他接口	指示灯	3 个电源状态灯、1 个工作状态灯
	编程接口	1 个
	外存储器	1 个
	LED 显示	1 个
	电源输出	多个
	可控电源输出	1 个
电气性能	供电电压	220 V
	功耗	<2 W
监测功能	主板温度测量	具备
	主板电压测量	具备
	交流供电检测	具备
	机箱门状态检测	具备
环境适应性	工作温度范围	−20~+70 ℃
	工作湿度范围	0~100%RH
	抗浪涌能力	10 kA
尺寸及重量	尺寸	300 mm×200 mm×100 mm
	重量	3000 g

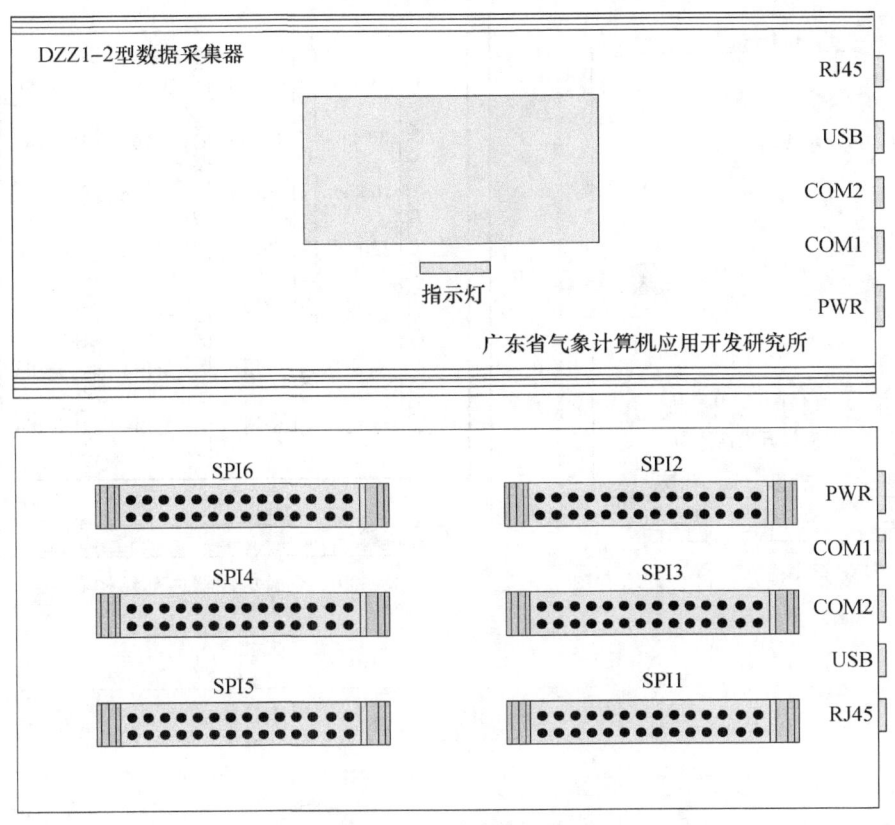

图 3.2-57　外观及接口布置图

② DZZ1-2 地温集线器

地温集线器用于连接地面温度、草面温度、浅层地温和深层地温共 10 路模拟信号,可挂接草面温度、地面温度、浅层地温、深层地温传感器,地温集线器配有 14 路模拟信号接线端子。地温集线器的信号放大倍数与测量转换精度指标见表 3.2-15,外观及接口布局见图 3.2-58,内部结构见图 3.2-59。

表 3.2-15　DZZ1-2 地温集线器技术性能指标

备用通道		4 路
电气性能	供电电压	DC5 V
	功耗	1 W
环境适应性	工作温度范围	−20～+70 ℃

(2)采集器机箱

① 主采集器机箱

主采集器机箱内安装 DZZ1-2 数据采集器、气压传感器、电源模块、防雷模块、电池、通信模块、信号接线板等。通过外部接口,主采集器机箱可接入风向、风速、翻斗雨量、称重降水、能见度、蒸发、雪深等传感器以及地温集线器。

主采集器机箱内部结构布局见图 3.2-60,底板结构见图 3.2-61,主采集器机箱内部连接见图 3.2-62。

图 3.2-58 集线器外观及接口布置示意图

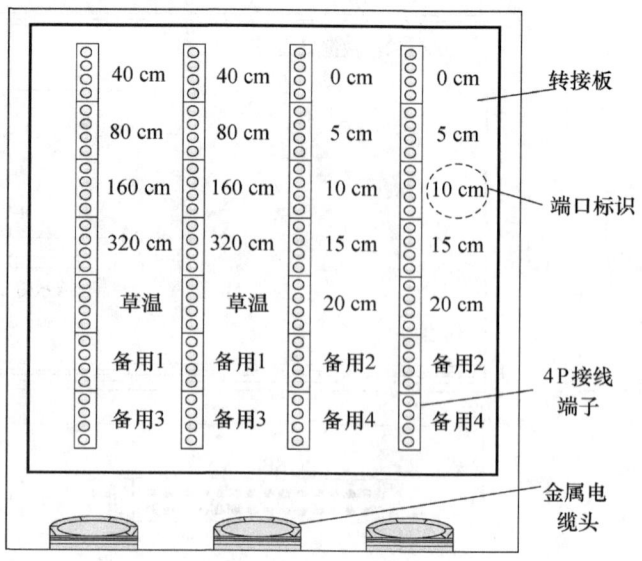

图 3.2-59 地温集线器内部结构布局图

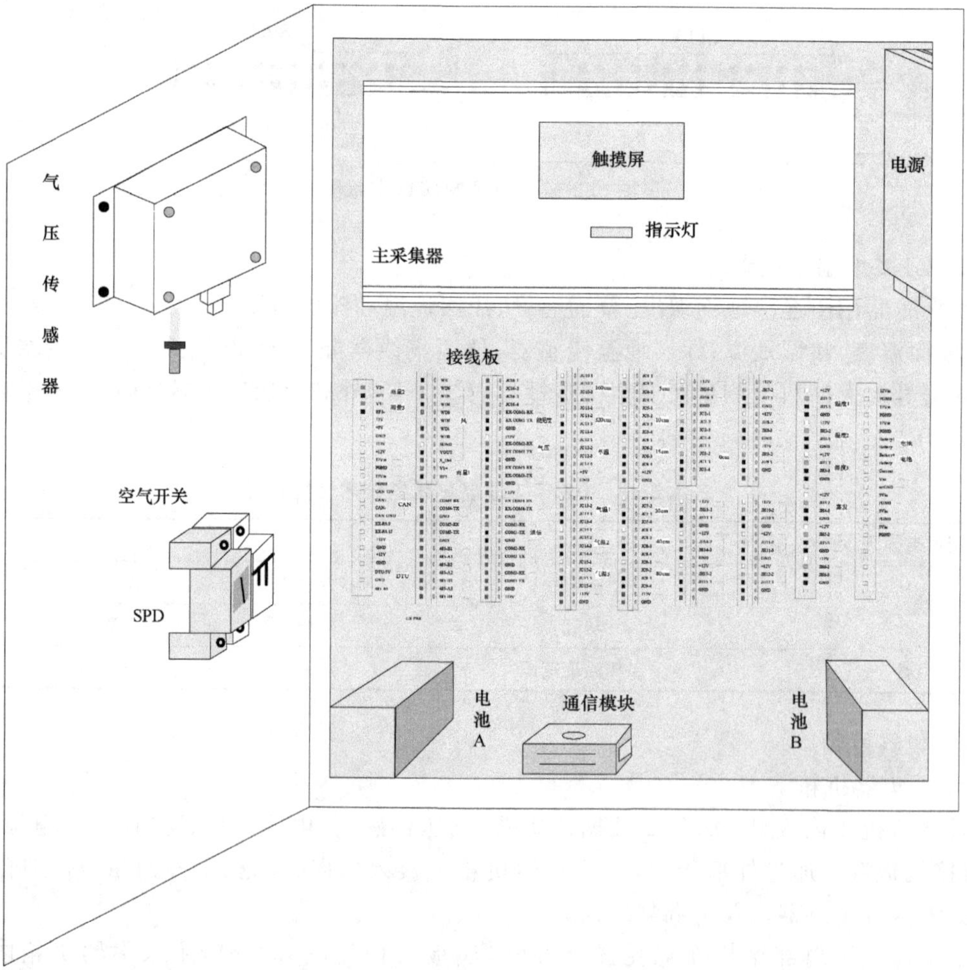

图 3.2-60 主采集器机箱内部结构布局图

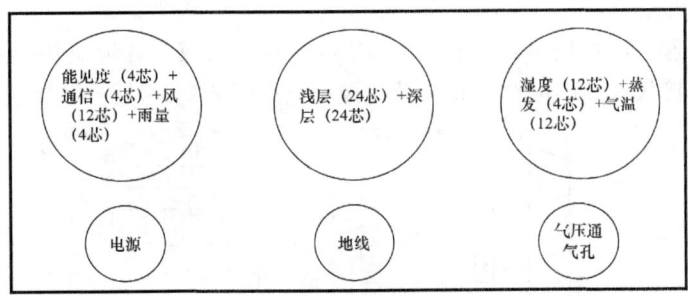

图 3.2-61　主采集器机箱底板结构图

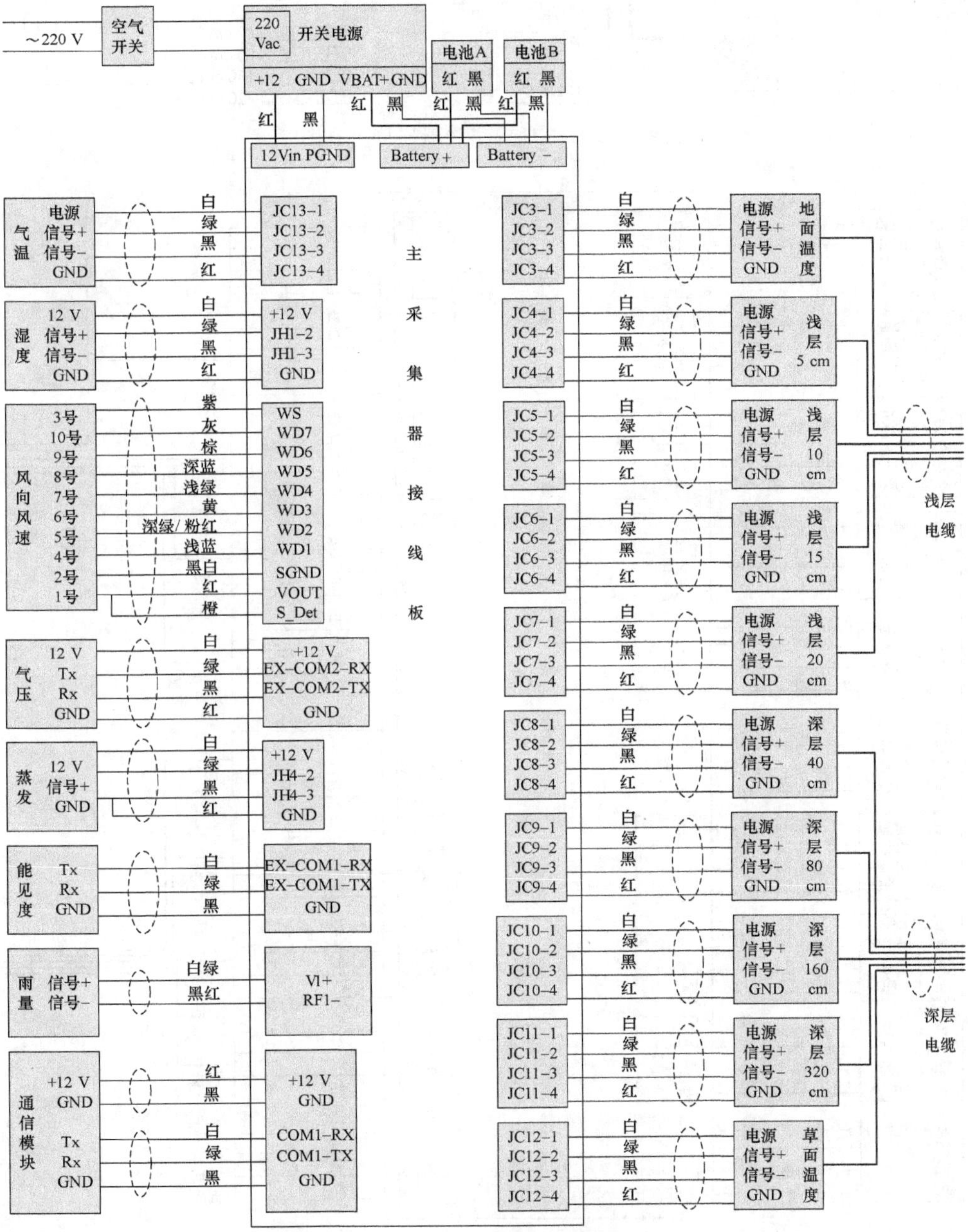

图 3.2-62　主采集器机箱内部连接图

② 地温集线器机箱

地温集线器由机箱、立杆、信号转接板以及 4P 接线端子组成。各地温传感器线缆从地温集线器机箱底板接入信号转接板。其内部结构布局及连接示意见图 3.2-63、信号转接板连接见图 3.2-64。

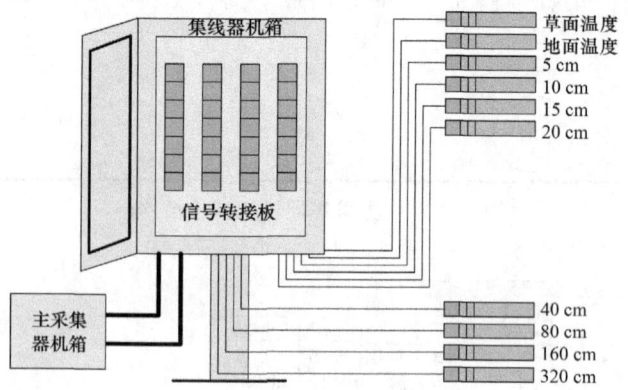

图 3.2-63　地温集线器连接示意图

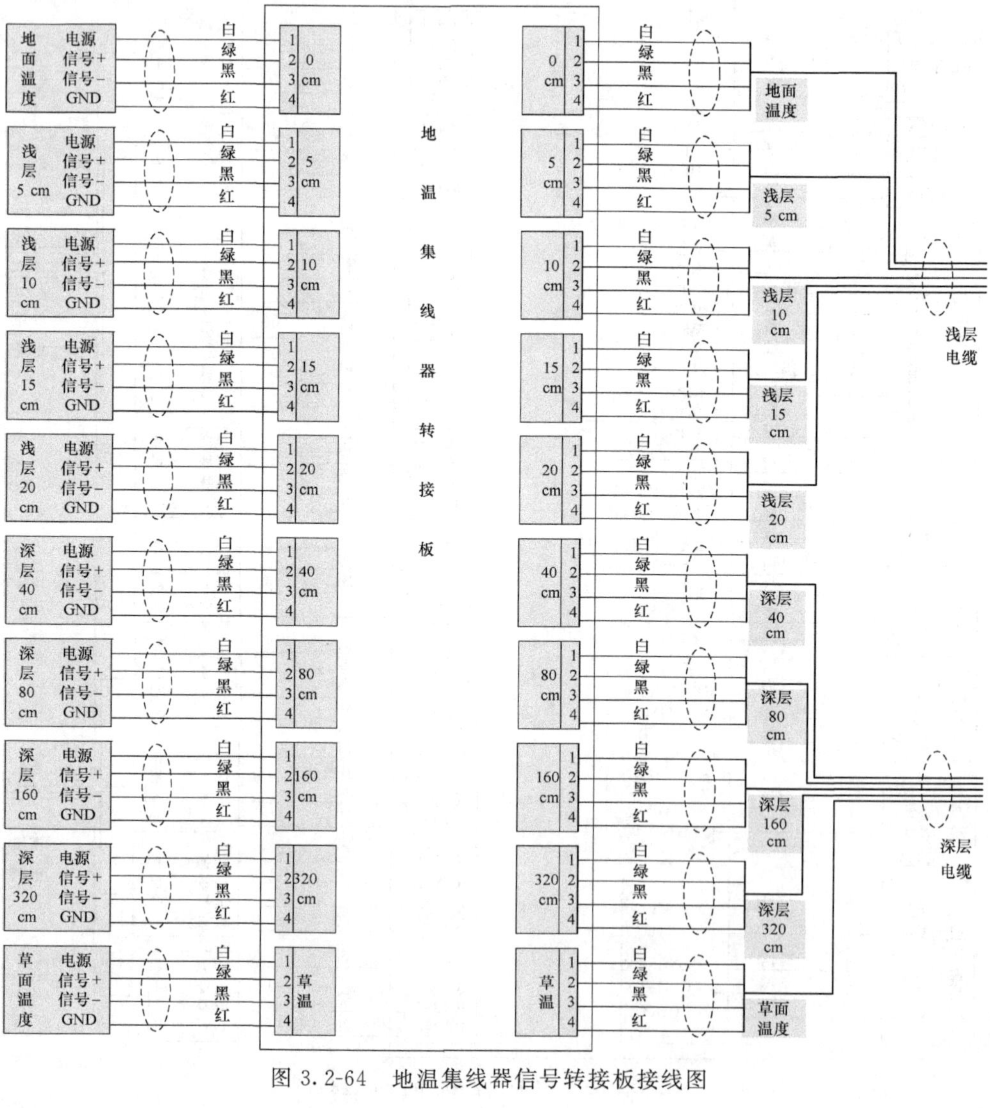

图 3.2-64　地温集线器信号转接板接线图

2. 通信系统

主采集器通过串口将信号送入综合集成硬件控制器;综合集成硬件控制器将串行信号转换为光信号,通过光纤传输至室内光纤转换器;室内光纤转换器再将光信号转换为以太网信号,通过网线接入计算机 RJ45 口。综合集成硬件控制器通信连接见图 3.2-65,内部连线见图 3.2-66。

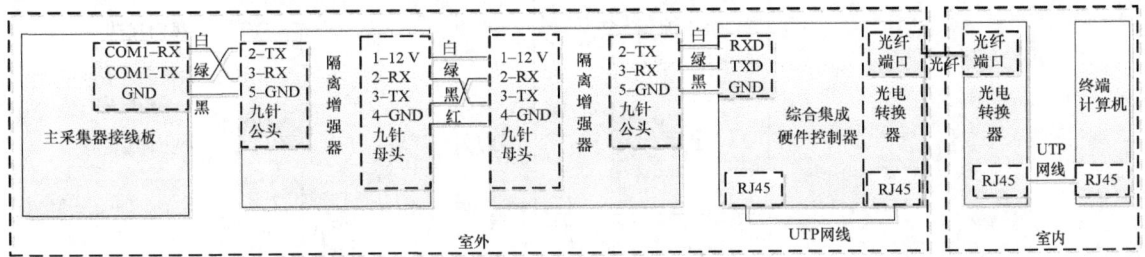

图 3.2-65　综合集成硬件控制器通信连接图

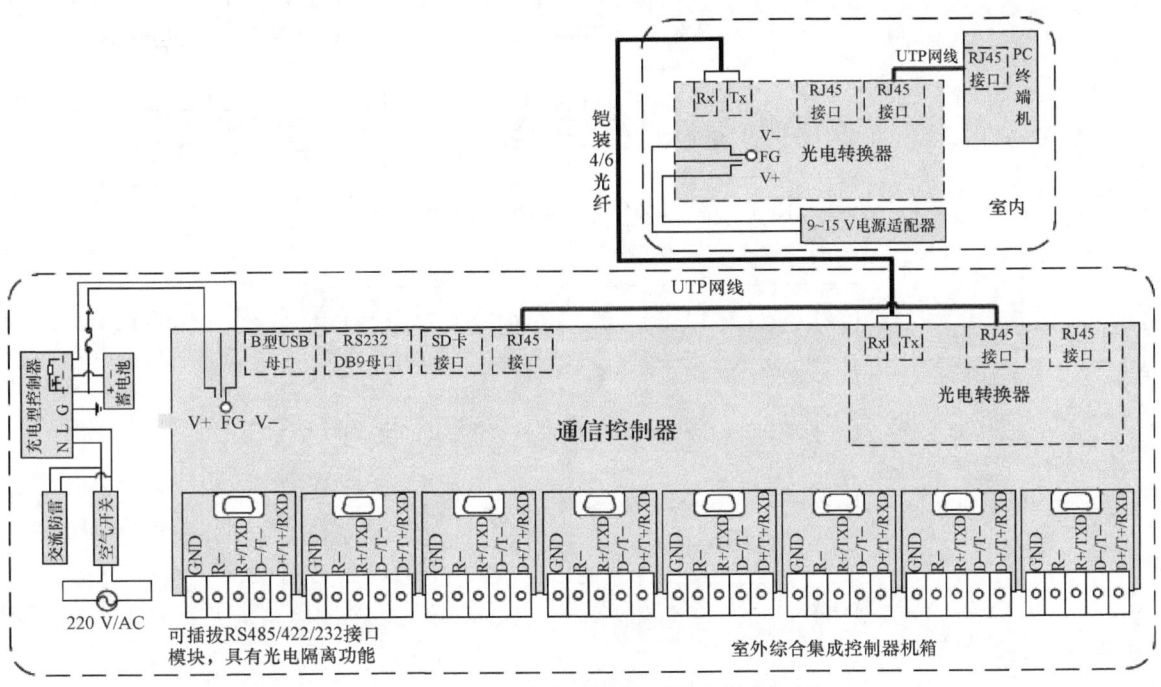

图 3.2-66　综合集成硬件控制器内部连线图

3. 电源系统

DZZ1-2 型自动气象站的 DZZ1-2-LD 电源模块由充电控制电路、电池保护电路、工作指示灯、电池输出与充电转换电路组成,安装在主采集器机箱内,其连接示意见图 3.2-67。电源模块的外观示意见图 3.2-68,内部连线见图 3.2-69。

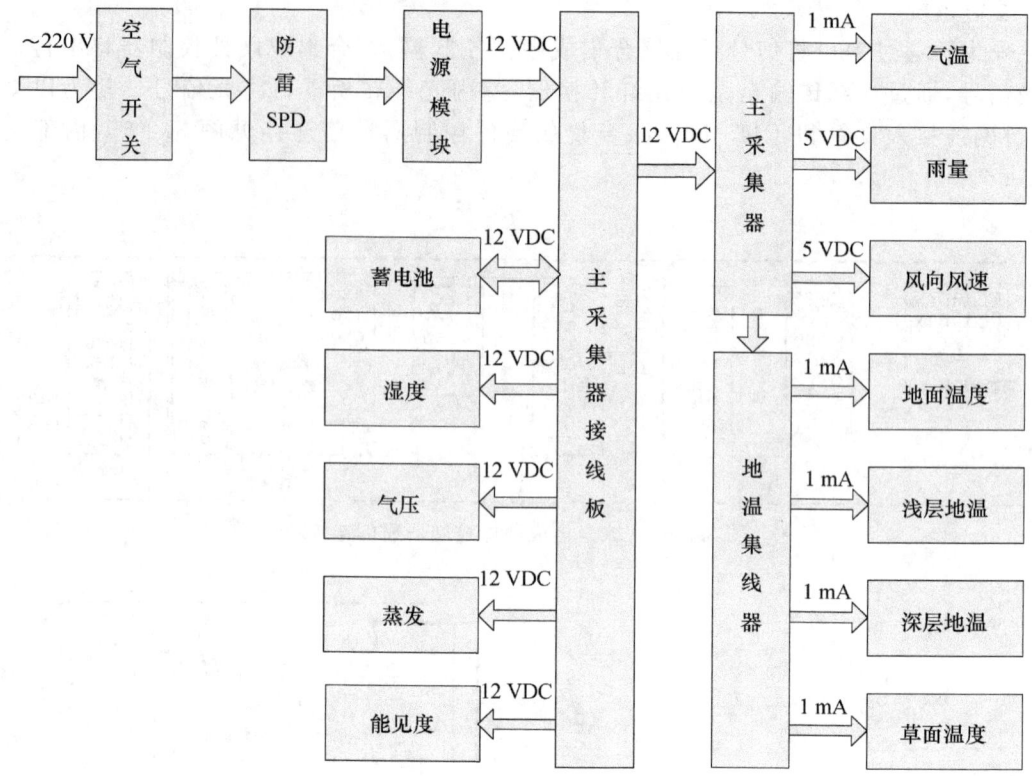

图 3.2-67 DZZ1-2 电源设备连接示意图

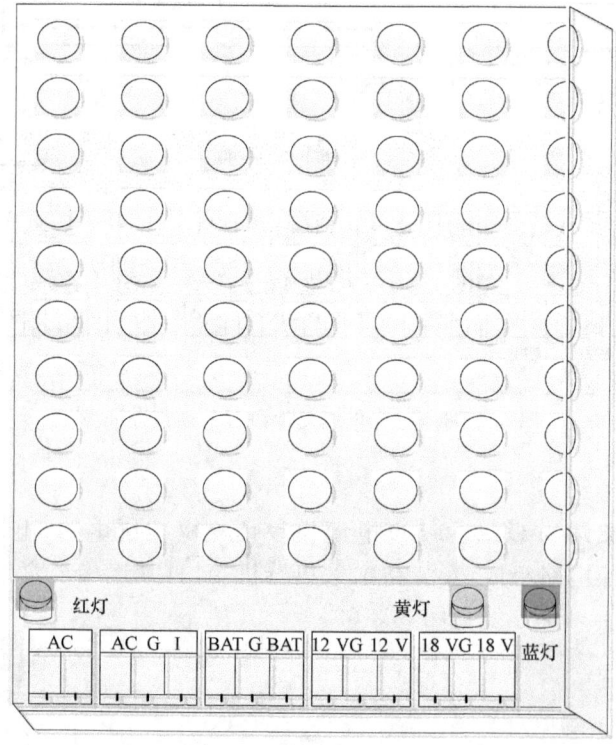

图 3.2-68 DZZ1-2-LD 电源模块的外观示意图

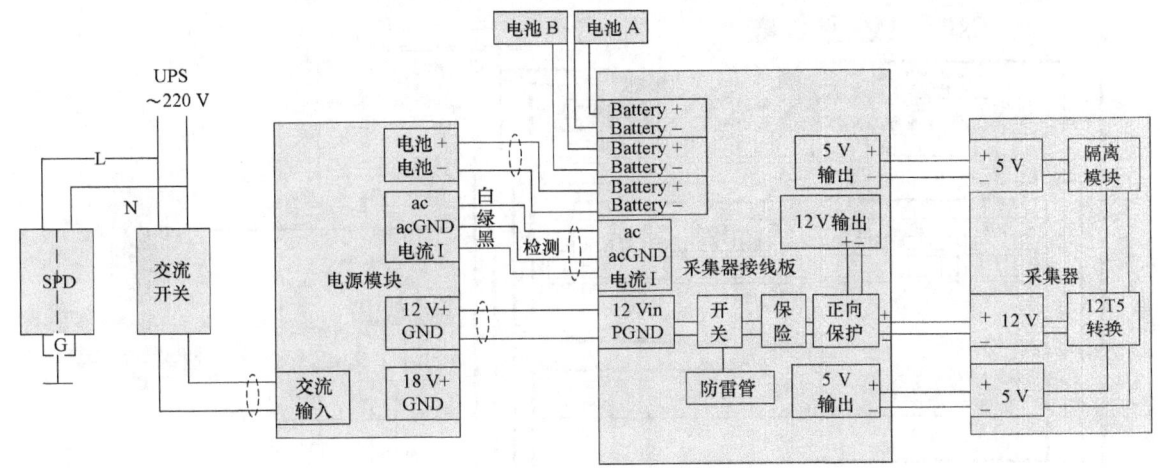

图 3.2-69　DZZ1-2-LD电源模块内部连线图

3.2.2　自动气象站搭建实习

3.2.2.1　DZZ3型自动气象站搭建

仪器设备:DZZ3型自动气象站、万用表、工具各1套。

实习要求:了解自动气象站的结构与原理;掌握自动气象站供电电路原理、连接与测试方法;掌握自动气象站的实验室组装方法;掌握正确使用万用表测量主采集器供电电压和各传感器输出信号的测量方法。

实习学时:4学时。

1.DZZ3型自动气象站的结构与原理

主采集器机箱内安装CAMS-MA主采集器、PTB210气压传感器等。通过外部接口,主采集器机箱可接入风向、风速、翻斗式雨量等传感器以及分采集器,连接电源。熟悉DZZ3型自动气象站结构,主采集器机箱内部连线见图3.2-70。

2.供电单元连接与测试

DZZ3型自动气象站供电线路连接图如图3.2-71所示:

(1)将交流电源220 V接入机箱内部的空气开关上;

(2)将机箱内空气开关引出电源连线接入电源控制器;

(3)将电源控制器输出直流电源线接入到采集器下方的插排上,经插排引出的直流电源线接入到主采集器供电接口(注意直流电源线的正负输入端);

(4)正确选用万用表档位和量程,测量机箱内空气开关引入交流电源220 V;

(5)将空气开关向上推上,测量机箱内空气开关、电源控制器输入端交流电源220 V;

(6)将万用表的档位开关拨入直流电压档,测量电源控制器输出直流电压;

(7)测量主采集器供电电压是否正常。

3.温湿度分采集器、传感器的安装与测量

温湿度分采集器电气连接图如图3.2-72所示。

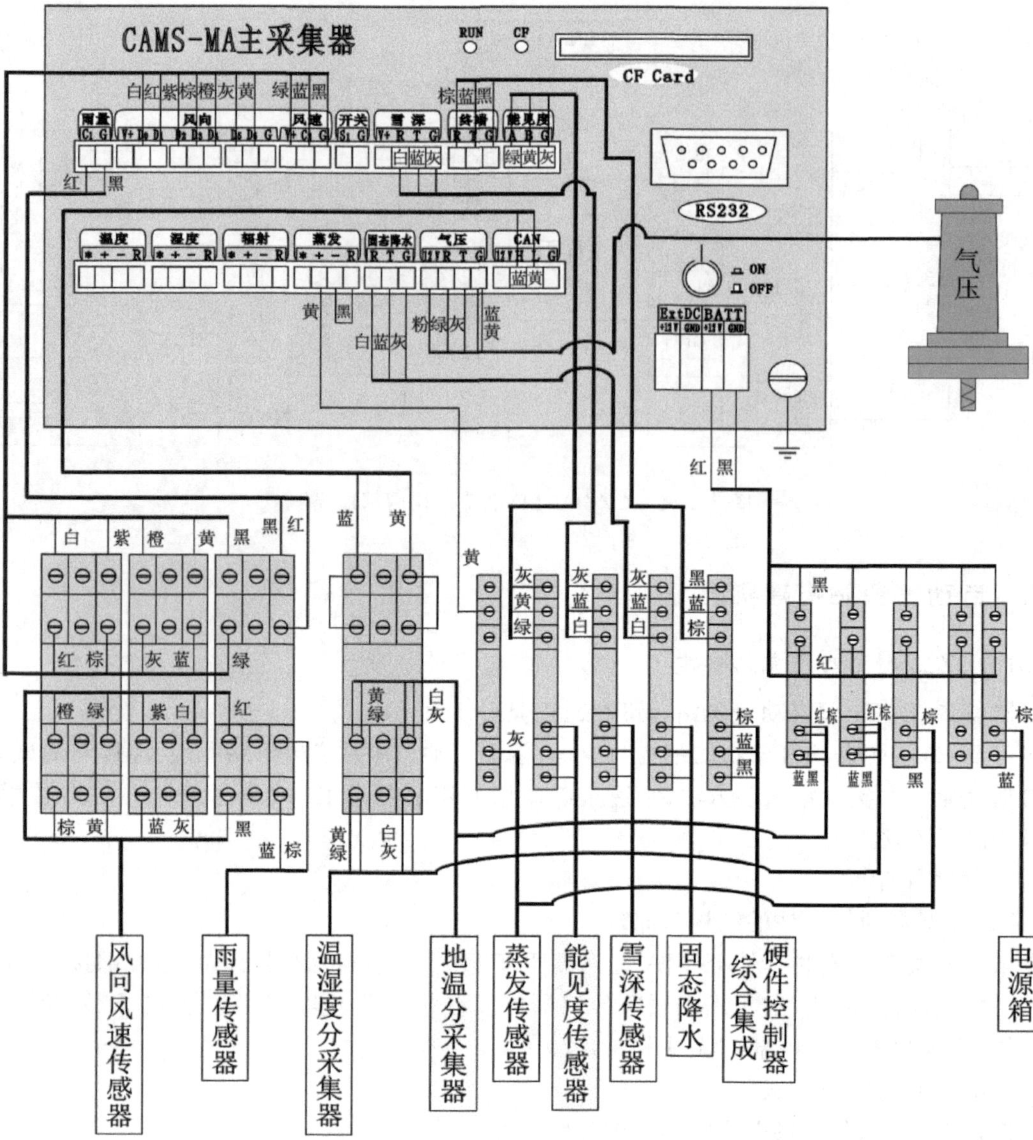

图 3.2-70 主采集器机箱内部连线图

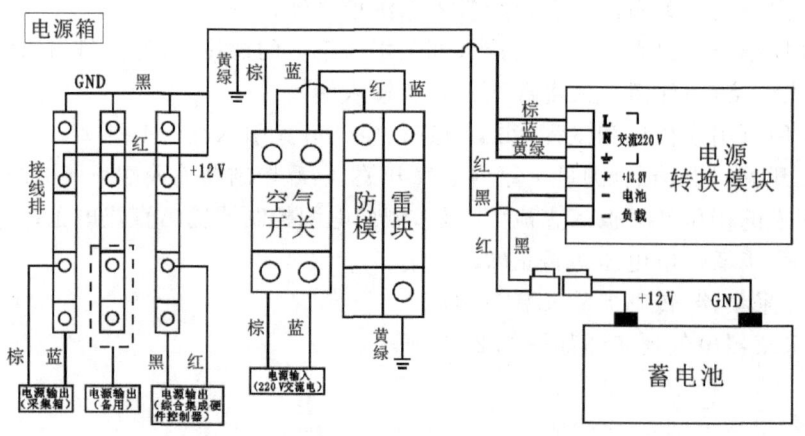

图 3.2-71 DZZ3 型自动气象站供电线路连接图

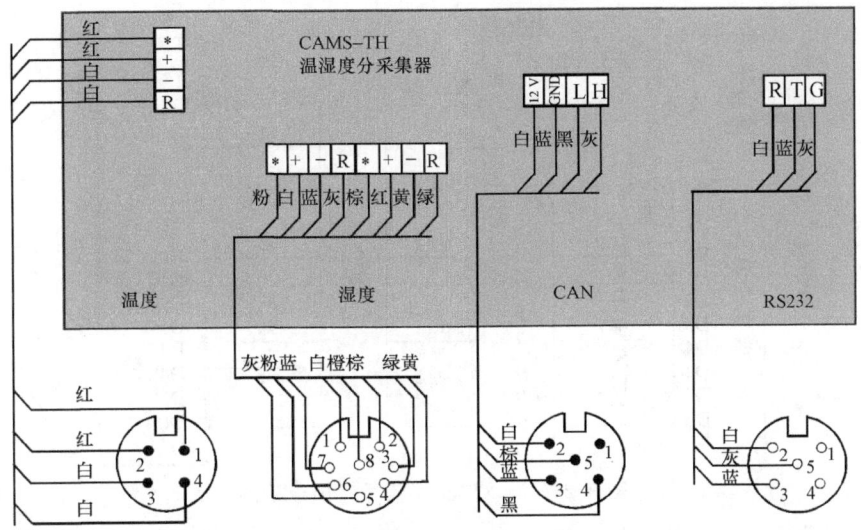

图 3.2-72 温湿度分采集器电气连接图

将主采集器交直流开关断开、自动气象站设备断电。

(1) 将温湿度传感器安装在桌面的专用支架上,感应部分向下垂直,调整感应部分距地面高度为 1.5 m;

(2) 将 PT100 型铂电阻温度传感器航空插头接入温湿度分采集器 CAMS-TH 的"温度"接口,并将线缆从专用支架引出,多余线缆缠绕后放入支架下方的盒子中(注意航空插头内部卡槽与温湿分采插头对应);

(3) 将 DHC3 型温湿度传感器与连线连接,将连线航空插头接入温湿度分采集器的"湿度"接口,并将线缆从专用支架引出,多余线缆缠绕后放入支架下方的盒子中(注意航空插头内部凸起与温湿分采插座凹槽对齐);

(4) 将温湿度 CAN 总线一端接入温湿度分采集器的 CAN 接口,另一端接入主采集器温湿度 CAN 总线接口(注意航空插头内部凸起与温湿分采插座凹槽对齐);

(5) 打开温湿度分采集器外壳,测量内部电路;

(6) 将万用表档位选择开关拨到"Ω"档,用万用表测量 PT100 型铂电阻温度传感器连线插头 1、3 脚(或 2、4 脚)电阻值 R_1,测量 1、2 脚(3、4 脚)之间电阻值 R_2,R_1 减去 R_2 求得铂电阻的电阻 R,利用公式 $T=(R-100)/0.385$,估算出此时的温度值 T,并初步判断传感器工作是否正常;

(7) 给主采集器加电,测量温湿度分采集器内部湿度端子的供电电压和湿度信号输出电压值,转化为相应的湿度值,并初步判断传感器是否正常;

(8) 盖好温湿度分采集器外壳,固定螺丝。

4. 风传感器的安装与测量

风传感器信号输出连接图如图 3.2-73 所示。

将主采集器交直流开关断开、自动气象站设备断电。

(1) 将风速传感器风杯安装在风横臂南端;

(2) 将风速传感器 EL15-1C 安装在风横臂上(风横臂应南北向放置,风速传感器置于南端),传感器中轴应垂直,将连线插头与传感器连接,并将固定螺母拧紧;

(3) 将风向标安装在风向传感器 EL15-2C 上;

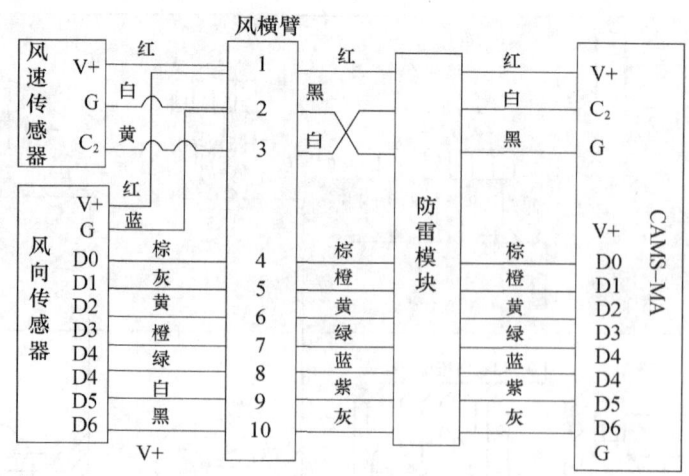

图 3.2-73 风传感器信号输出连接图

(4)将风向传感器 EL15-2C 安装在风横臂上,风向传感器置于北端,传感器中轴应垂直,并将插头与传感器连接;

(5)风横臂南北向及水平调节用指南针调节风横臂的南北向,使风横臂正南北向放置,用水平尺调节风横臂水平,调整好固定螺母;

(6)风向传感器指北调节将风向标与风横臂平行,调节风向传感器,使风向标指北标示线与风向传感器指北标示线指向一致,调整好后固定螺母;

(7)将风向传感器连线插头接入主采集器风传感器的采集通道;

(8)给主采集器加电,检查风传感器供电电压;

(9)分别测量风杯静止和转动时,风速传感器输出与地之间的电压;

(10)将风向标转至某一方向(如 WSW 方向),分别测量风向信号 D0、D1、D2、D3、D4、D5、D6 输出对地电压值,记为 $V0\sim V6$;

(11)根据电平高低将 $V0\sim V6$ 值转化成格雷码数字信号 D0~D6;

(12)按照格雷码转二进制的方法,将格雷码 D0~D6 转化为二进制码 B0~B6;

(13)将二进制码 B0~B6 转化为十进制数 A;

(14)按照公式 $WD=A\times 2.8125$,计算出当前的风向值。

注意:室内风传感器的安装没有具体规定安装高度,室外要求风传感器风横臂按南北向架设在牢固的风塔(杆)上,风向标中心距地面高度 10~12 m。

5.气压传感器的安装与测量

将主采集器交直流开关断开,自动气象站设备断电。

(1)将气压传感器 PTB210 安装在机箱内的固定位置;

(2)将静压管安装在主采集器的机箱上;

(3)将气压传感器 PTB210 连接线安装在主采集器气压接口;

(4)给主采集器加电,分别测量气压接口供电电压、R 与 G、T 与 G 信号输出电压。

注意:室内对气压传感器的高度未做要求,室外气压传感器的安装高度应符合观测场海拔高度等参数要求。

6.雨量传感器的安装与测量

(1)拆卸雨量传感器外筒,将线缆从底座小孔内穿入;

(2)将线缆穿入后,在上面打个结,防止因拉线时将线缆拉断;

(3)连接雨量传感器——将红蓝连接线正确接入翻斗雨量传感器的红、黑接线柱,另一端接入主采集器雨量通道;

(4)将万用表档位选择开关拨到蜂鸣档或用"Ω"档正确测量,测量翻斗计数功能是否正常;

(5)调节底座水平,并固定螺栓,测量底座水平并调节(根据雨量传感器底座水平泡调节底座水平);

(6)盖上雨量传感器外筒,测量筒口水平并调节,固定所有螺丝。

7. 地温分采与传感器的安装

(1)将草温、地表温、5 cm、10 cm、15 cm、20 cm、40 cm、80 cm、160 cm、320 cm 地温传感器连线接入地温分采对应的采集通道,并紧固各传感器屏蔽线;

(2)测量每根地温传感器连线插头 1、3 脚(或 2、4 脚)之间电阻值 R_1,测量 1、2 脚(3、4 脚)之间电阻值 R_2,R_1 减去 R_2 求得铂电阻的电阻 R,利用公式 $T=(R-100)/0.385$,估算出此时的温度值 T,测量完毕,将各传感器接入地温分采对应的采集通道;

(3)将地温 CAN 总线一端接入地温分采集器 CAN 总线接口,另一端接入主采集器 CAN 总线接口,并紧固 CAN 总线屏蔽线;

(4)给主采集器加电,检查地温分采集器指示灯是否正常。

8. 仪器整理

(1)先断电(先关闭交流电,再关闭直流电),然后进行传感器等设备的拆卸和复位;

(2)万用表、工具等摆放整齐;

(3)检查工具是否完整,仪器设备是否完好。

3.2.2.2 DZZ5 新型自动气象站搭建

仪器设备:DZZ5 型自动气象站、万用表、工具各 1 套。

实习要求:了解自动气象站的结构与原理;掌握自动气象站供电线路原理与测试;掌握自动气象站的设备安装与测试。

实习学时:4 学时。

1. DZZ5 型自动气象站的结构与原理

熟悉 DZZ5 型自动气象站的结构,参见图 3.2-74 和 3.2-75 所示。

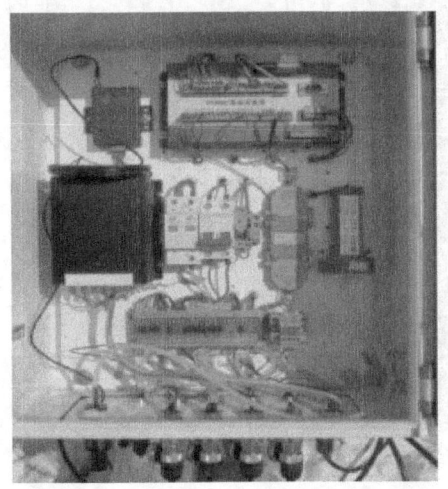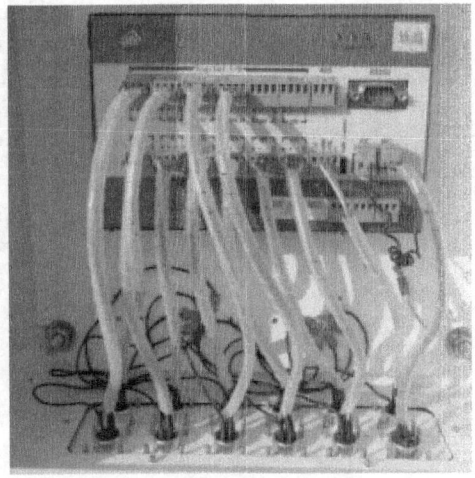

图 3.2-74 DZZ5 型自动气象站机箱实物图

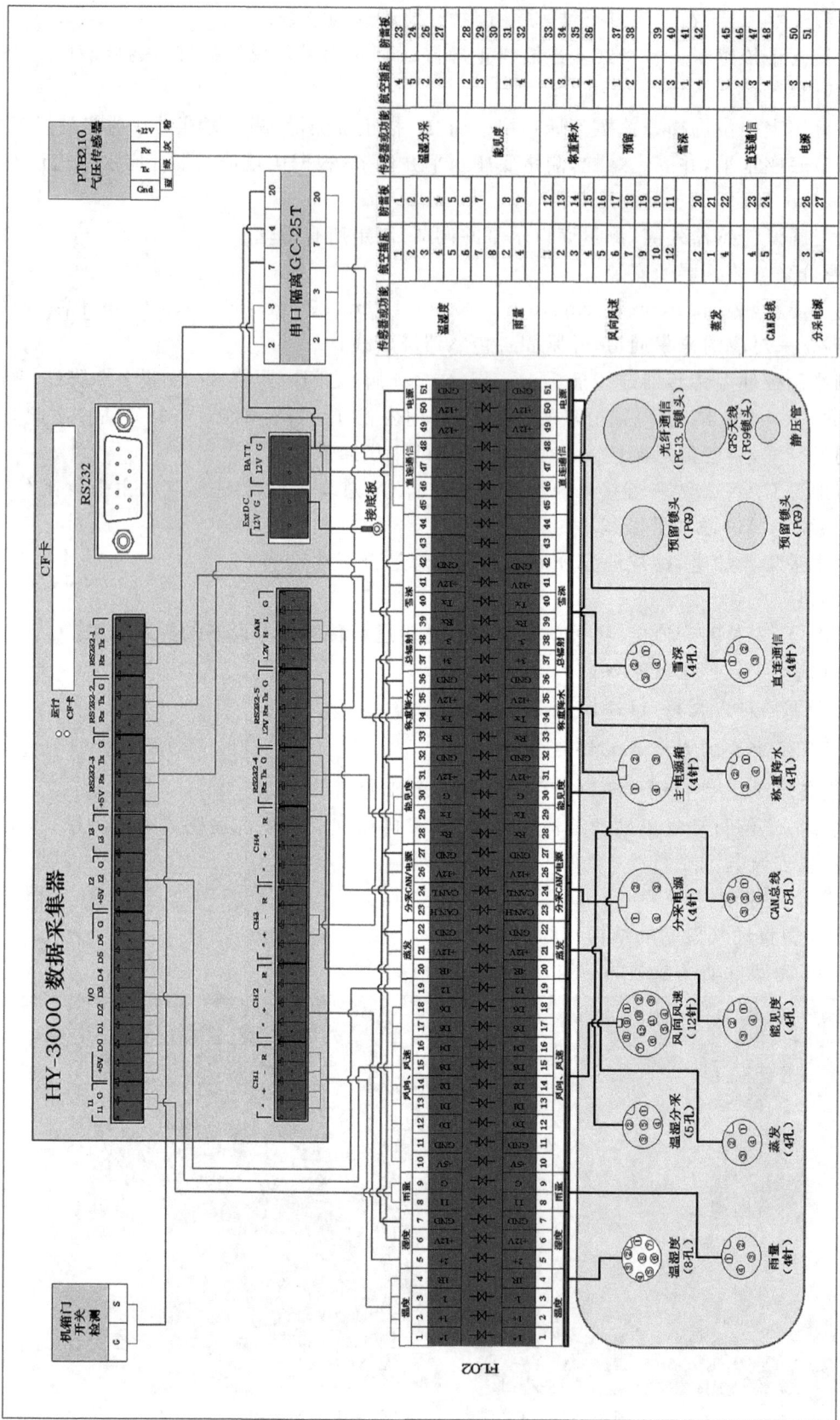

图3.2-75 DZZ5型自动气象站采集器接线图

2.供电单元连接与测试
(1)DZZ5型自动气象站供电线路连接图如图 3.2-76 和图 3.2-77 所示。

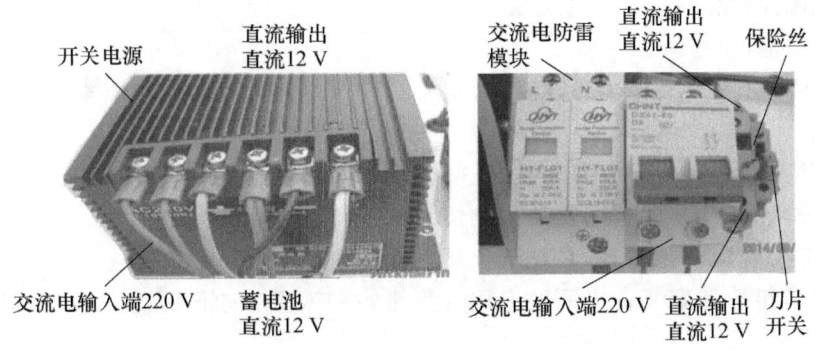

图 3.2-76　电源控制系统实物图

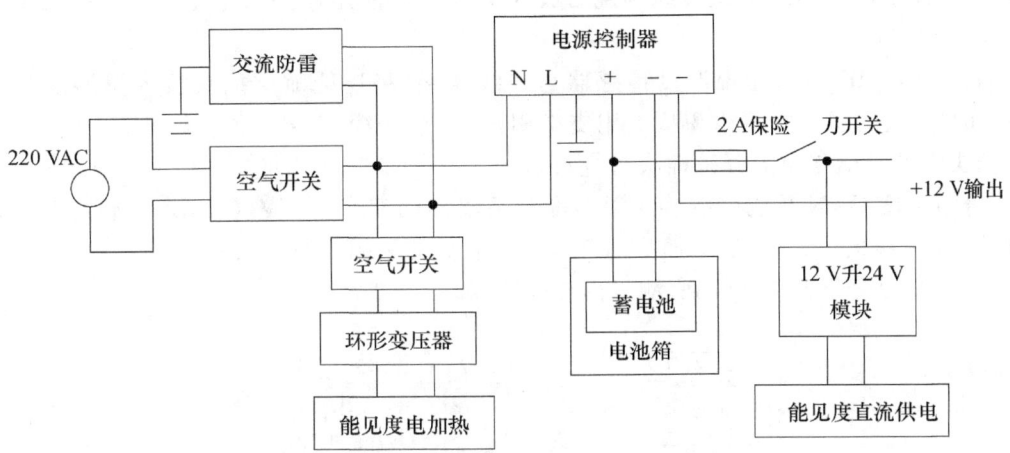

图 3.2-77　DZZ5型自动气象站供电线路连接图

(2)将直流电源箱连线接入主采集器主电源箱插口;
(3)将交流电源 220 V 引入主采集器空气开关,合上直流刀片开关与空气开关,为主采集器加电;
(4)如图 3.2-78 所示,对下列各点进行测量:

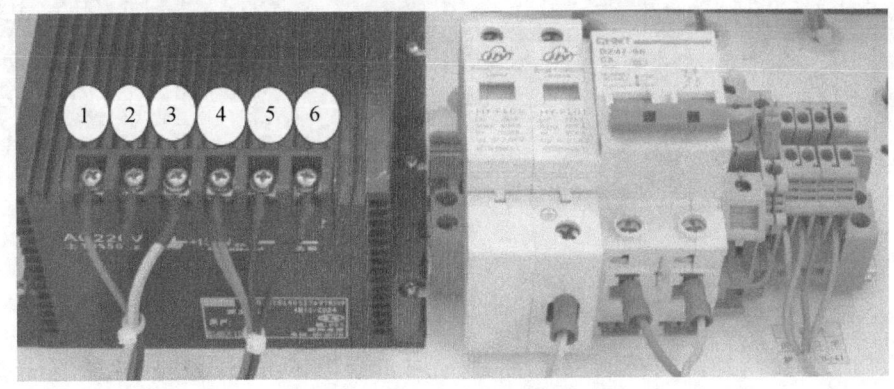

图 3.2-78　供电单元测量示意图

① 使用万用表测量空气开关输入电压；
② 测量电源控制器交流输入电压；
③ 测量电源控制器直流输出电压；
④ 测量电池输出电压；
⑤ 对保险管、直流开关好坏进行测试,正常情况下,用万用表蜂鸣档测试保险管、直流刀片开关应蜂鸣；
⑥ 给主采集器加电,测量主采集器、分采集器和各传感器供电电压。

3. 温湿度分采集器、传感器的安装与测量

将主采集器交直流开关断开、自动气象站设备断电。

(1)将温湿度传感器安装在桌面的专用支架上,感应部分向下垂直,调整感应部分距地面高度为 1.5 m；

(2)将 HYA-T 型铂电阻温度传感器航空插头接入温湿度分采集器 HY1101 的"温度"接口,并将线缆从专用支架引出,多余线缆缠绕后放入支架下方的盒子中(注意航空插头内部卡槽与温湿分采插头对应)；

(3)将 HYHMP155A 型温湿度传感器与连线连接,将连线航空插头接入温湿度分采集器 HY1101 的"湿度"接口,并将线缆从专用支架引出,多余线缆缠绕后放入支架下方的盒子中(注意航空插头内部卡槽与温湿分采插头对应)；

(4)将温湿度 CAN 总线一端接入温湿度分采集器的 CAN 总线接口,另一端接入主采集器温湿度 CAN 总线接口(注意航空插头内部卡槽与温湿分采插头对应)；

(5)打开温湿度分采集器外壳,测量内部电路,如图 3.2-79；

图 3.2-79 DZZ5 温湿度分采集器内部结构图

(6)将万用表档位选择开关拨到"Ω"档,用万用表测量铂电阻温度传感器连线插头 1、3 脚(或 2、4 脚)之间电阻值 R_1,测量 1、2 脚(3、4 脚)之间电阻值 R_2,R_1 减去 R_2 求得铂电阻的电阻

R,利用公式 $T=(R-100)/0.385$,估算出此时的温度值 T,并初步判断传感器工作是否正常;

(7)给主采集器加电,测量温湿度分采集器内部湿度端子的供电电压和湿度信号输出电压值,转化为相应的湿度值,并初步判断传感器是否正常;

(8)盖好温湿度分采集器外壳,固定螺丝。

4.风传感器的安装与测量

风传感器信号输出连接如图 3.2-80 所示。

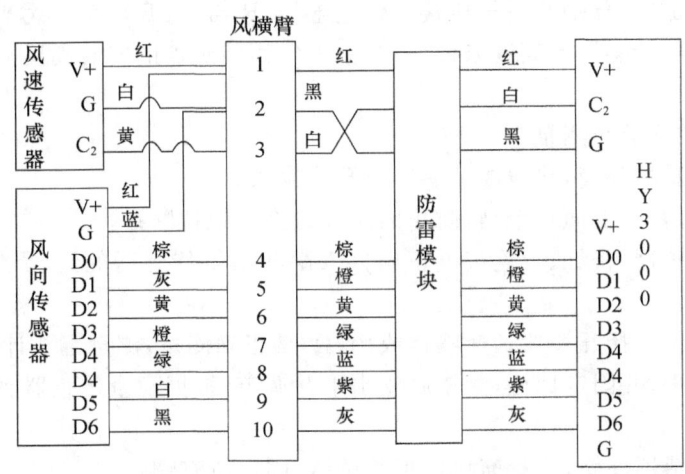

图 3.2-80 风传感器信号输出连接图

将主采集器交直流开关断开、自动气象站设备断电。

(1)将风速传感器风杯安装在风横臂南端;

(2)将风速传感器 EL15-1C 安装在风横臂上(风横臂应南北向放置,风速传感器置于南端),传感器中轴应垂直,将连线插头与传感器连接,并将固定螺母拧紧;

(3)将风向标安装在风向传感器 EL15-2C 上;

(4)将风向传感器 EL15-2C 安装在风横臂上,风向传感器置于北端,传感器中轴应垂直,并将插头与传感器连接;

(5)风横臂南北向及水平调节用指南针调节风横臂的南北向,使风横臂正南北向放置,用水平尺调节风横臂水平,调整好固定螺母;

(6)风向传感器指北调节将风向标与风横臂平行,调节风向传感器,使风向标指北标示线与风向传感器指北标示线指向一致,调整好后固定螺母;

(7)将风向传感器连线插头接入主采集器风传感器的采集通道;

(8)给主采集器加电,检查风传感器供电电压;

(9)分别测量风杯静止和转动时,风速传感器输出与地之间的电压;

(10)将风向标转至某一方向(如 WSW 方向),分别测量风向信号 D0、D1、D2、D3、D4、D5、D6 输出对地电压值,记为 $V0 \sim V6$;

(11)根据电平高低将 $V0 \sim V6$ 值转化成格雷码数字信号 D0~D6;

(12)按照格雷码转二进制的方法,将格雷码 D0~D6 转化为二进制码 B0~B6;

(13)将二进制码 B0~B6 转化为十进制数 A;

(14)按照公式 $WD=A \times 2.8125$,计算出当前的风向值。

注意:室内风传感器的安装没有具体规定安装高度,室外要求风传感器风横臂按南北向架设在牢固的风塔(杆)上,风向标中心距地面高度10~12 m。

5.气压传感器的安装与测量

将主采集器交直流开关断开,自动气象站设备断电。

(1)将气压传感器PTB210安装在机箱内的固定位置;

(2)将静压管安装在主采集器的机箱上,将气压传感器PTB210连接线安装在主采集器气压接口;

(3)给主采集器加电,分别测量气压接口供电电压、R与G,T与G信号输出电压。

注意:室内对气压传感器的高度未做要求,室外气压传感器的安装高度应符合观测场海拔高度等参数要求。

6.雨量传感器的安装与测量

(1)拆卸雨量传感器外筒,将线缆从底座小孔内穿入;

(2)将线缆穿入后,在上面打个结,防止因拉线时将线缆拉断;

(3)连接雨量传感器,将红、蓝连接线正确接入翻斗雨量传感器的红、黑接线柱,另一端接入主采集器雨量通道;

(4)将万用表档位选择开关拨到蜂鸣档或用"Ω"档正确测量,测量翻斗计数功能是否正常;

(5)调节底座水平,并固定螺栓,测量底座水平并调节(根据雨量传感器底座水平泡调节底座水平);

(6)盖上雨量传感器外筒,测量筒口水平并调节,固定所有螺丝。

7.地温分采与传感器的安装

(1)将草温、地表温、5 cm、10 cm、15 cm、20 cm、40 cm、80 cm、160 cm、320 cm地温传感器连线接入地温分采对应的采集通道,并紧固各传感器屏蔽线;

(2)测量每根地温传感器连线插头1、3脚(或2、4脚)之间电阻值R_1,测量1、2脚(3、4脚)之间电阻值R_2,R_1减去R_2求得铂电阻的电阻R,利用公式$T=(R-100)/0.385$,估算出此时的温度值T,测量完毕,将各传感器接入地温分采对应的采集通道;

(3)将地温CAN总线一端接入地温分采集器CAN总线接口,另一端接入主采集器CAN总线接口,并紧固CAN总线屏蔽线;

(4)给主采集器加电,检查地温分采集器指示灯是否正常。

8.仪器整理

(1)先断电(先关闭交流电,再关闭直流电),然后进行传感器等设备的拆卸和复位;

(2)万用表、工具等摆放整齐;

(3)检查工具是否完整,仪器设备是否完好。

3.2.2.3　DZZ4型自动气象站搭建

仪器设备:DZZ4型自动气象站、万用表、工具各1套。

实习要求:了解自动气象站的结构与原理;掌握自动气象站供电线路原理与测试;掌握电源箱上电、断电,蓄电池连接、工作电压检查;掌握自动气象站各传感器安装和测量方法。

实习学时:4学时。

1.DZZ4型自动气象站的结构与原理

主采集箱内安装WUSH-BH数据采集器、DYC1气压传感器、光纤转换模块及防雷模块等,外部接口为航空接插件以及光纤接口。通过外部接口,主采集器机箱可接入风向、风速、翻斗雨量、称重降水、能见度、蒸发、雪深等要素的传感器以及分采集器,连接电源和综合集成硬件控制器。机箱内部结构如图 3.2-81 至图 3.2-83 所示。

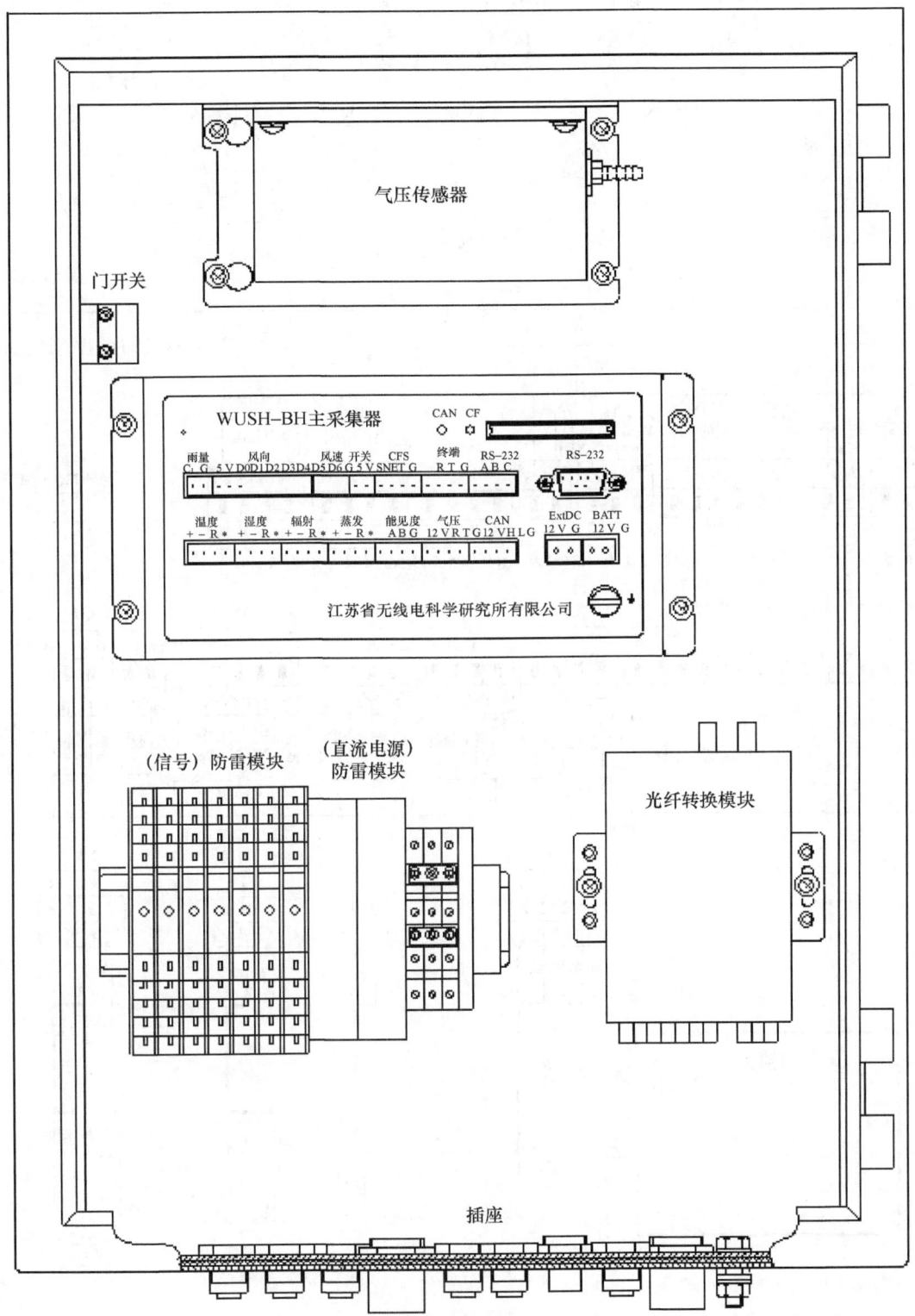

图 3.2-81　主采集器机箱内部结构布局图

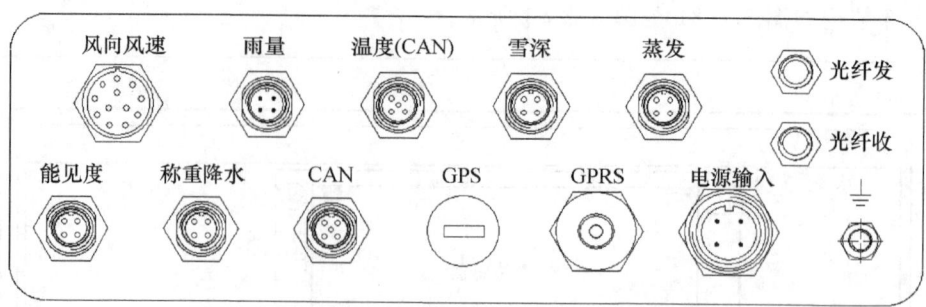

图 3.2-82 主采集器机箱外部接口布置图

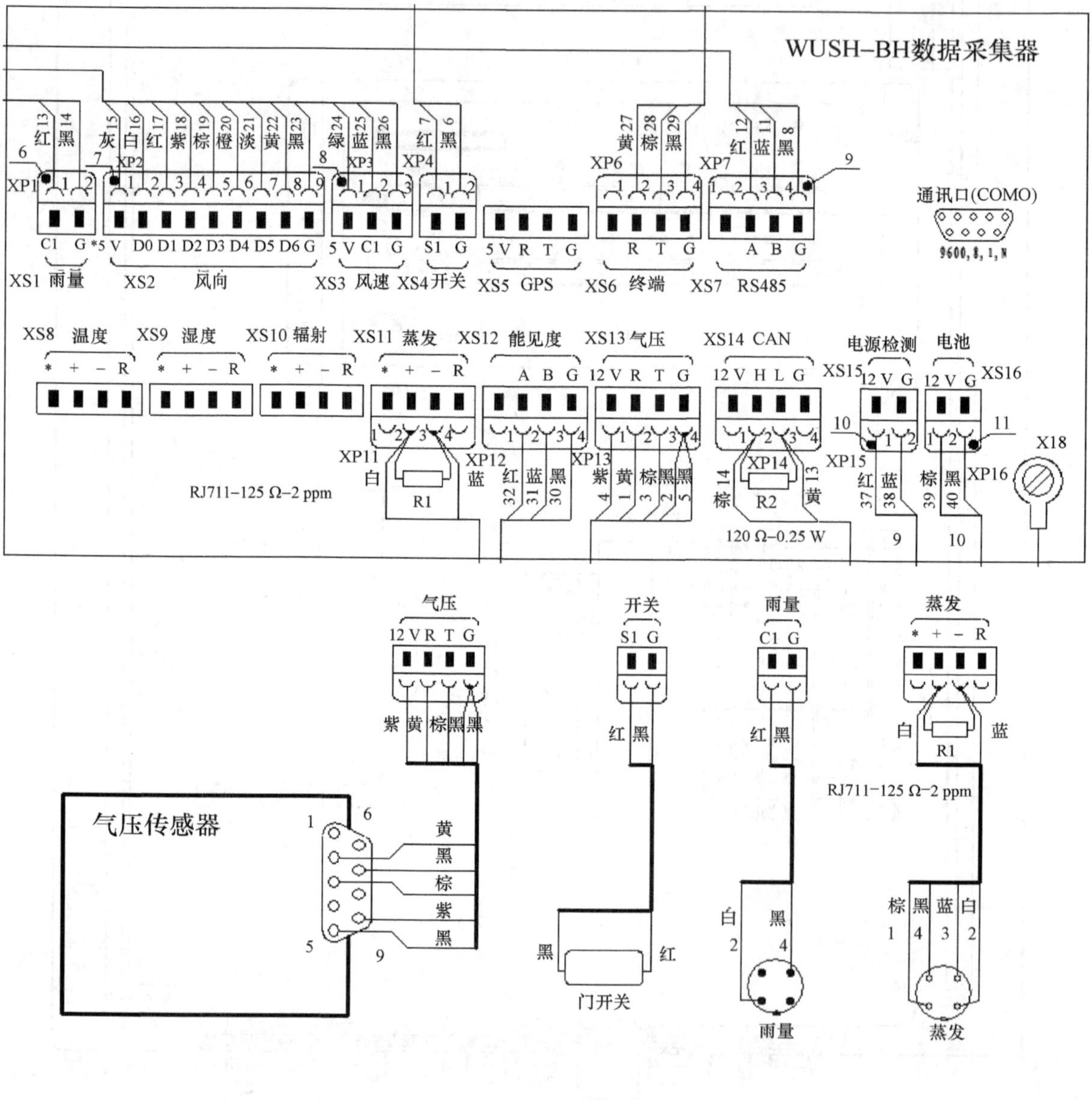

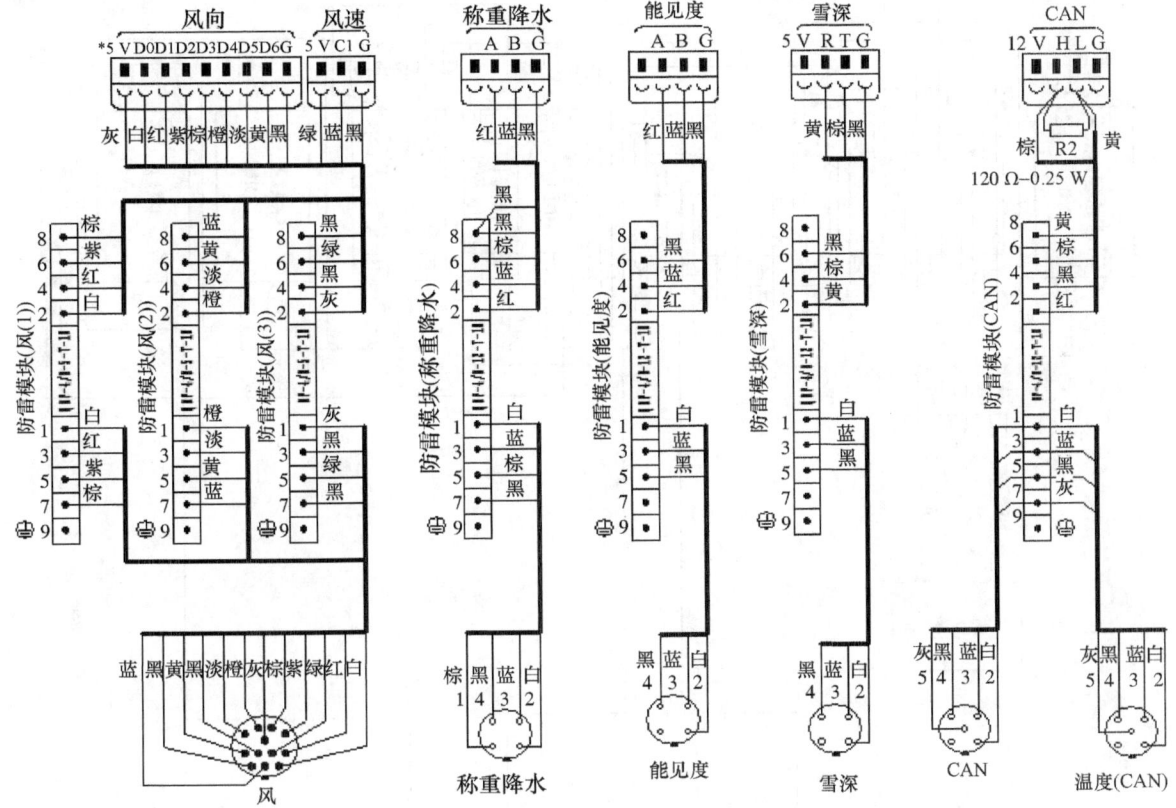

图 3.2-83　主采集器机箱内部连线示意图

2.供电单元连接与测量

DZZ4-PD 电源箱内安装空气开关、开关电源、充电保护模块、交流防雷模块、直流防雷模块、蓄电池等,外部接口为航空接插件。通过外部接口,DZZ4-PD 电源箱连接交流电源输入、直流电源输出如图 3.2-84。

(1)打开电源箱门,将交流电源 220 V 引入空气开关下方;

(2)将空气开关向上推上,测量机箱内空气开关、电源控制器输入端交流电源 220 V;

(3)将万用表的档位开关拨入直流电压档,测量电源控制器输出直流电压;

(4)将电源控制器输出的直流电压接入主采集器机箱输入端插头,测量主采集器供电电压是否正常;

(5)给主采集器加电,测量主采集器、分采集器和各传感器供电电压。

3.温湿度分采集器、传感器的安装与测量

将主采集器交直流开关断开、自动气象站设备断电。

(1)将温湿度传感器安装在桌面的专用支架上,感应部分向下垂直,调整感应部分距地面高度为 1.5 m;

(2)将 WUSH-TW100 型铂电阻温度传感器航空插头接入温湿度分采集器 WUSH-BTH 的"温度"接口,并将线缆从专用支架引出,多余线缆缠绕后放入支架下方的盒子中(注意航空插头内部卡槽与温湿分采插头对应);

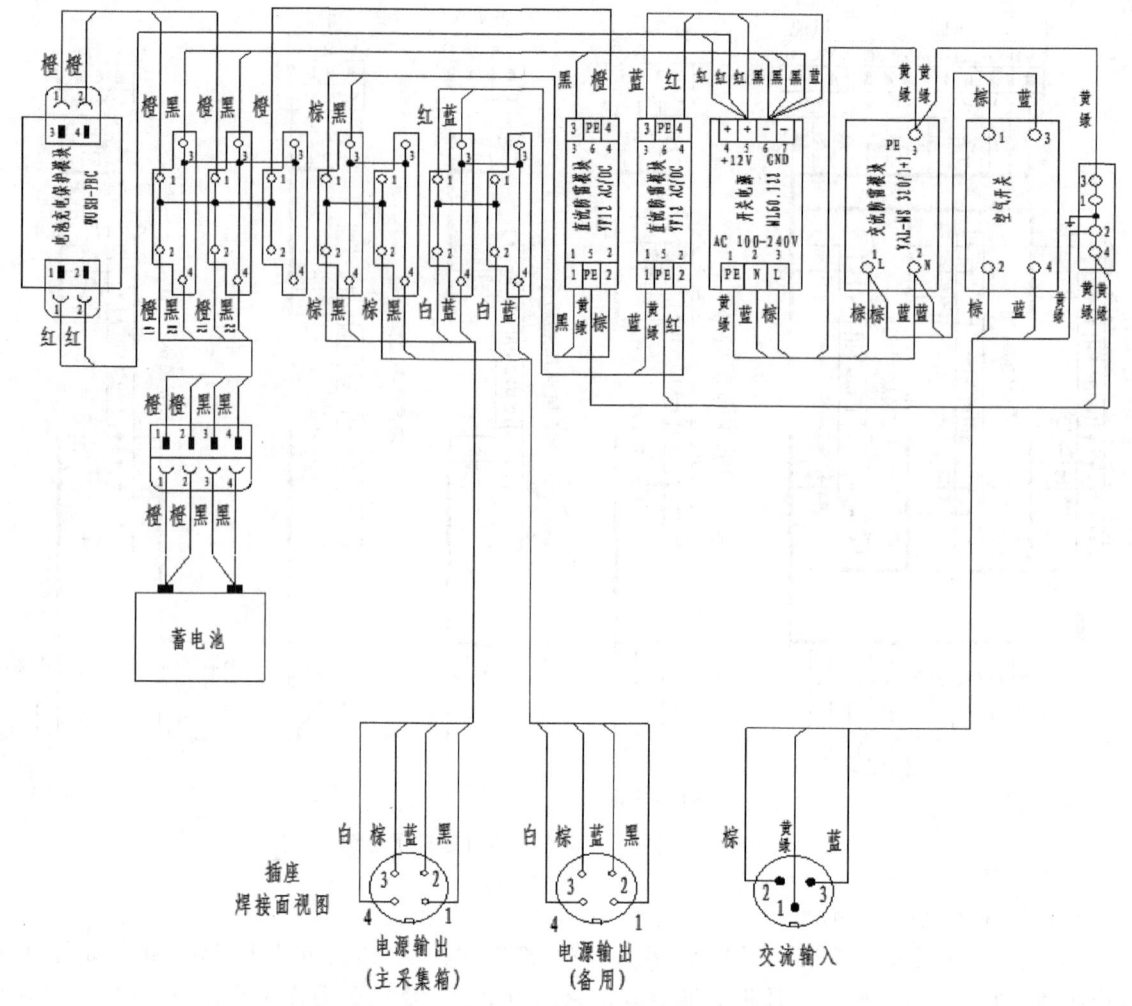

图 3.2-84　DZZ4-PD 电源箱内部连线图

(3)将 DHC2 型温湿度传感器与连线连接,将连线航空插头接入温湿度分采集器 WUSH-BTH 的"湿度"接口,并将线缆从专用支架引出,多余线缆缠绕后放入支架下方的盒子中(注意航空插头内部卡槽与温湿分采插头对应);

(4)将温湿度 CAN 总线一端接入温湿度分采集器的 CAN 总线接口,另一端接入主采集器温湿度 CAN 总线接口(注意航空插头内部卡槽与温湿分采插头对应);

(5)打开温湿度分采集器外壳,测量内部电路,如图 3.2-85;

(6)将万用表档位选择开关拨到"Ω"档,用万用表测量铂电阻温度传感器连线插头棕、蓝(或棕、黑)电阻值 R_1,测量棕、白(蓝、黑)之间电阻值 R_2,R_1 减去 R_2 求得铂电阻的电阻 R,利用公式 $T=(R-100)/0.385$,估算出此时的温度值 T,并初步判断传感器工作是否正常;

(7)给主采集器加电,测量温湿度分采集器内部湿度端子的供电电压和湿度信号输出电压值,转化为相应的湿度值,并初步判断传感器是否正常;

(8)盖好温湿度分采集器外壳,固定螺丝。

4. 风传感器的安装与测量

风传感器信号输出连接如图 3.2-86 所示。

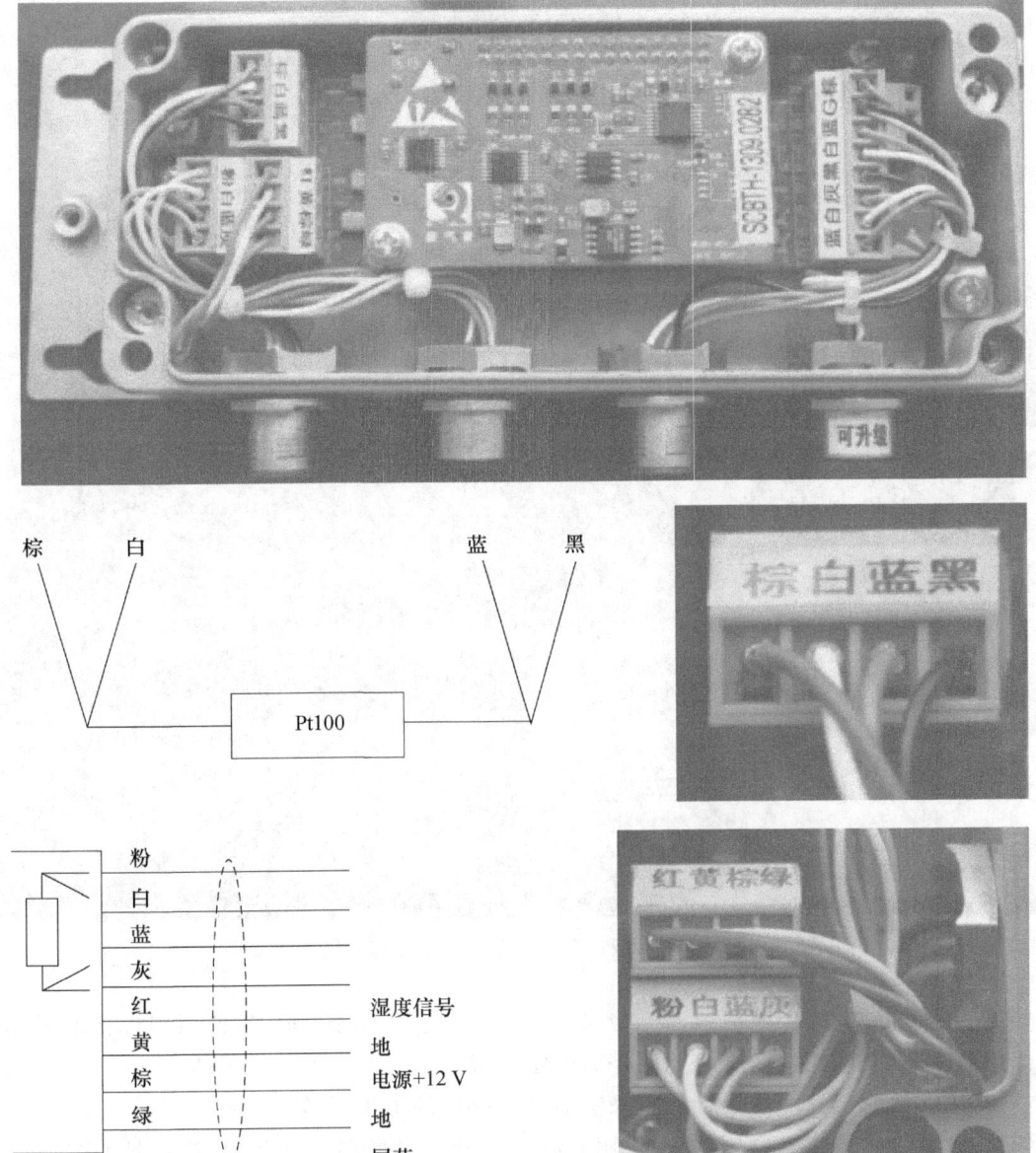

图 3.2-85　温湿度分采集器内部电路图

将主采集器交直流开关断开、自动气象站设备断电。

(1)将风速传感器风杯安装在风横臂南端;

(2)将风速传感器 ZQZ-TFS 安装在风横臂上(风横臂应南北向放置,风速传感器置于南端),传感器中轴应垂直,将连线插头与传感器连接,并将固定螺母拧紧。

(3)将风向标安装在风向传感器 ZQZ-TFX 上;

(4)将风向传感器 ZQZ-TFX 安装在风横臂上,风向传感器置于北端,传感器中轴应垂直,并将插头与传感器连接;

(5)风横臂南北向及水平调节用指南针调节风横臂的南北向,使风横臂正南北向放置,用水平尺调节风横臂水平,调整好固定螺母;

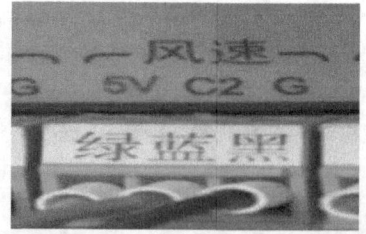
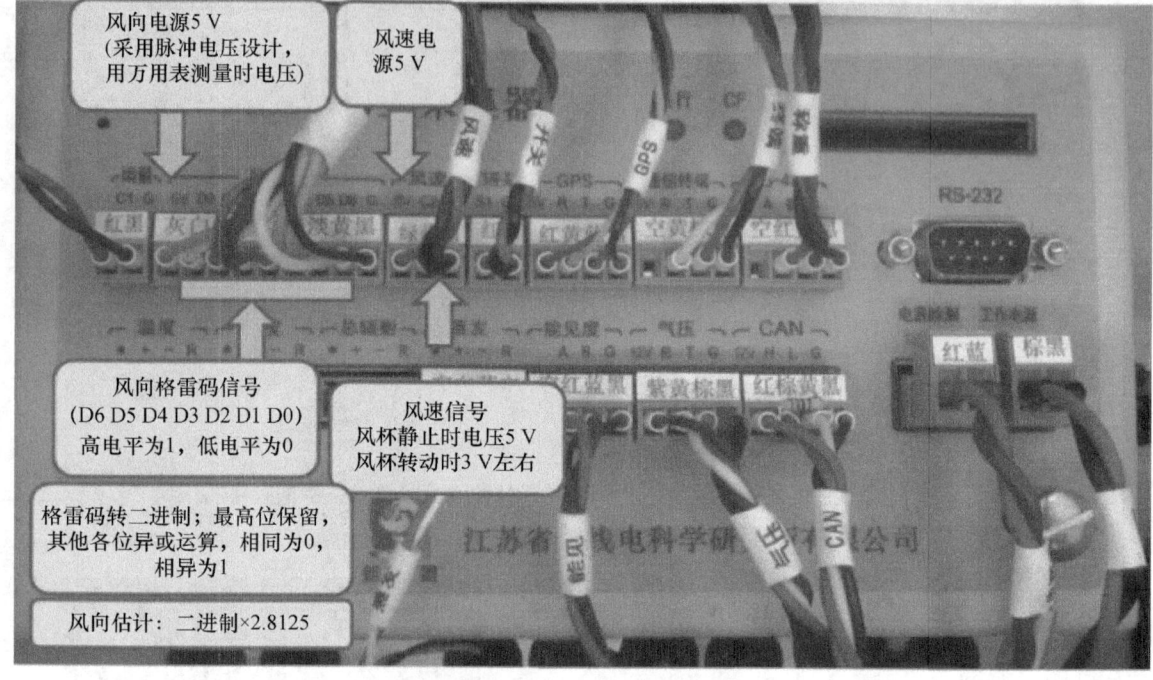

图 3.2-86　DZZ4 型自动气象站风传感器信号输出连接图

（6）风向传感器指北调节将风向标与风横臂平行,调节风向传感器,使风向标指北标示线与风向传感器指北标示线指向一致,调整好后固定螺母；

（7）将风向传感器连线插头接入主采集器风传感器的采集通道；

（8）检查风传感器供电电压,使用万用表的电压档测量风向的灰和黑（电源地）之间的电压,测量风速的绿和黑（电源地）之间的电压；

（9）分别测量风杯静止和转动时,风速传感器输出与地之间的电压；

（10）将风向标转至某一方向（如 WNW 方向）,分别测量风向信号 $D0$、$D1$、$D2$、$D3$、$D4$、$D5$、$D6$ 输出对地电压值,记为 $V0 \sim V6$；

（11）根据电平高低将 $V0 \sim V6$ 值转化成格雷码数字信号 $D0 \sim D6$；

（12）按照格雷码转二进制的方法,将格雷码 $D0 \sim D6$ 转化为二进制码 $B0 \sim B6$；

（13）将二进制码 $B0 \sim B6$ 转化为十进制数 A；

（14）按照公式 $WD = A \times 2.8125$,计算出当前的风向值。

注意：室内风传感器的安装没有具体规定安装高度,室外要求风传感器风横臂按南北向架设在牢固的风塔（杆）上,风向标中心距地面高度 10～12 m。

5. 雨量传感器的安装与测量

(1) 拆卸雨量传感器外筒,将线缆从底座小孔内穿入;

(2) 将线缆穿入后,在上面打个结,防止因拉线时将线缆拉断;

(3) 连接雨量传感器,将红、蓝连接线正确接入翻斗雨量传感器的红、黑接线柱,另一端接入主采集器雨量通道;

(4) 将万用表档位选择开关拨到蜂鸣档或用"Ω"档正确测量,测量翻斗计数功能是否正常;

(5) 调节底座水平,并固定螺栓,测量底座水平并调节(根据雨量传感器底座水平泡调节底座水平);

(6) 盖上雨量传感器外筒,测量筒口水平并调节,固定所有螺丝。

6. 地温分采与传感器的安装

(1) 将草温、地表温、5 cm、10 cm、15 cm、20 cm、40 cm、80 cm、160 cm、320 cm 地温传感器连线接入地温分采对应的采集通道,并紧固各传感器屏蔽线;

(2) 测量每根地温传感器传感器连线插头 1、3 脚(或 2、4 脚)之间电阻值 R_1,测量 1、2 脚(3、4 脚)之间电阻值 R_2,R_1 减去 R_2 求得铂电阻的电阻 R,利用公式 $T=(R-100)/0.385$,估算出此时的温度值 T。测量完毕,将各传感器接入地温分采对应的采集通道;

(3) 将地温 CAN 总线一端接入地温分采集器 CAN 总线接口,另一端接入主采集器 CAN 总线接口,并紧固 CAN 总线屏蔽线;

(4) 给主采集器加电,检查地温分采集器指示灯是否正常。

7. 仪器整理

(1) 先断电(先关闭交流电,再关闭直流电),然后进行传感器等设备的拆卸和复位;

(2) 万用表、工具等摆放整齐;

(3) 检查工具是否完整,仪器设备是否完好。

3.3 自动气象站联调

授课方式:实习实践。

教学内容:讲解自动气象站与业务终端间的连接方法,业务软件通信配置及串口调试命令等,实现自动气象站数据正常采集,常见通信故障的处理。

教学要求:熟悉自动气象站与业务终端通信连接,掌握常用串口调试指令。

重点难点:串口调试指令与常见通信故障的处理。

课程小结:本课程主要介绍了自动气象站与业务终端的连接和常用调试指令。

思考题:查看自动气象站最新分钟观测资料的指令是什么?

自动气象站搭建完成并与计算机连接后,还需要进行相关配置才能在计算机上采集到观测数据。使用通信线或单独光纤连接的具体配置流程如下(使用综合硬件集成硬件控制器连接的需先对综合硬件集成硬件控制器进行设置,具体设置方法参见 2.7 节。

1. 查看计算机通信端口

右键点击"我的电脑",选择"管理",再点击"设备管理"进入"端口(COM 和 LPT)",查看连接自动气象站的对应端口号,如图 3.3-1。

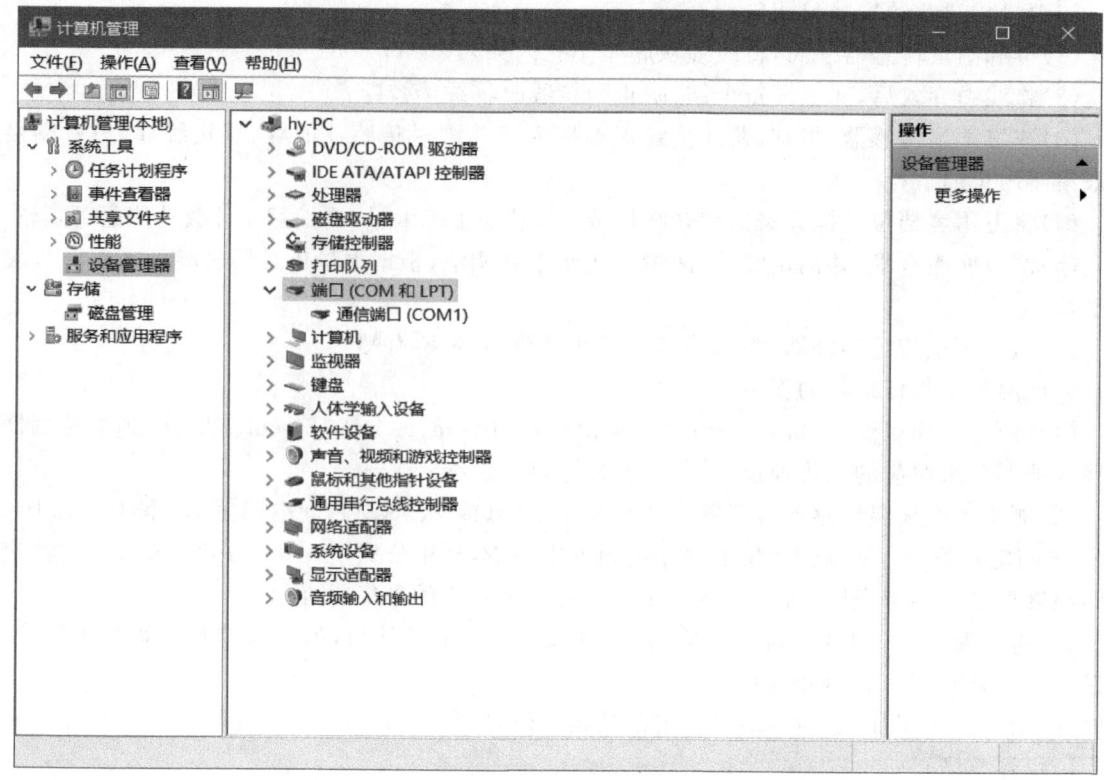

图 3.3-1　查看计算机通信端口

2.配置业务软件参数

（1）观测项目挂接设置

在采集软件 smo 上面的下拉菜单中选择"参数设置"，点击观测项目挂接设置，根据连接的传感器情况选择相应的项目挂接，并点击保存，如图 3.3-2。

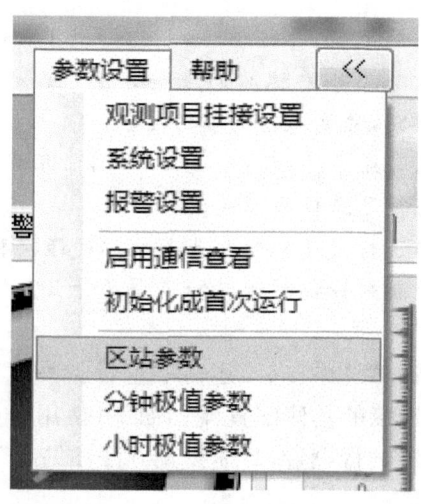

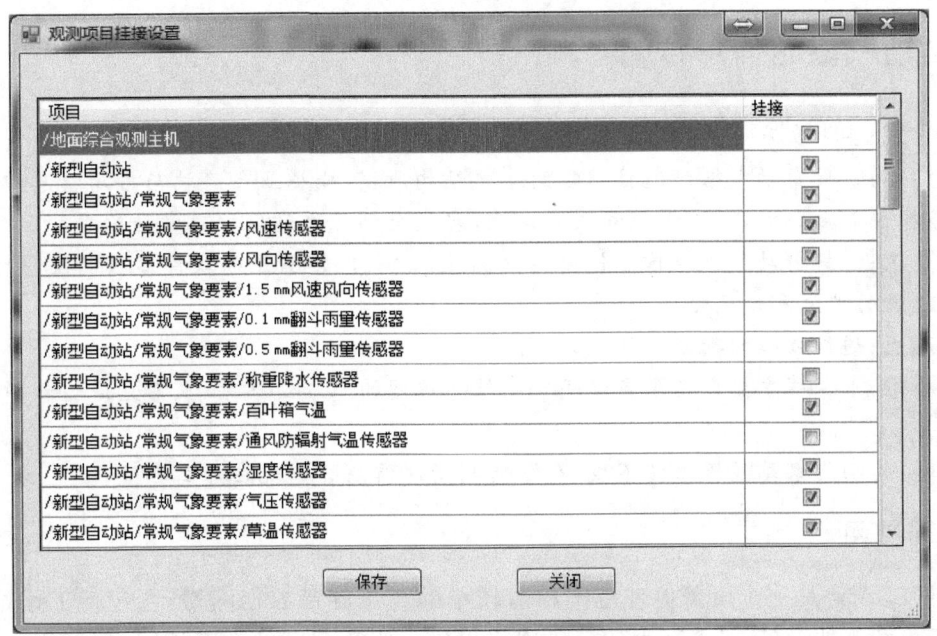

图 3.3-2 业务软件观测项目挂接设置

(2)通信参数设置

在采集软件 smo 左侧的树状菜单中,右键点击"新型自动气象站",选择"通信参数",根据连接自动气象站的对应端口号设置"通信端口",保存即可。

3. 进入串口调试界面

在采集软件 smo 上面的下拉菜单中选择"设备管理",点击终端维护,即可进入串口调试界面,如图 3.3-3。其终端操作命令参考《新型自动气象站功能规格需求说明书(修订版)》。

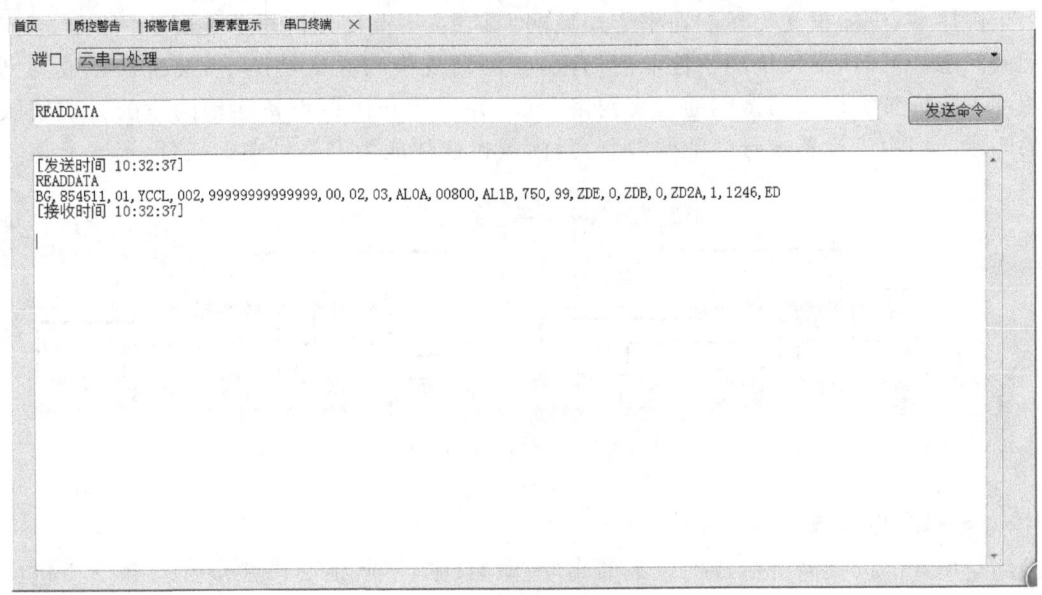

图 3.3-3 业务软件串口调试窗口

3.4 自动气象站信息传输

授课方式：实习实践。

教学内容：讲授自动气象站通信网络的基本结构原理，模拟业务终端与省局信息中心之间的通信，业务软件参数配置，通信调试和故障处理，实现自动气象站数据正常传输。

教学要求：了解自动气象站信息传输链路的基本结构，熟悉业务软件参数的配置方法，掌握常见通信故障的调试和处理方法。

重点难点：通信故障的判断和处理方法。

课程小结：本课程主要介绍了自动气象站信息传输的基本链路结构、常见通信故障的判断和处理方法。

思考题：自动气象站数据上传不成功，如何判断通信故障出现在什么环节？

3.4.1 局域网

局域网（LAN）是一个覆盖地理范围相对较小的高速容错数据网络，它包括工作站、个人计算机、打印机和其他设备。LAN为计算机用户提供了资源共享的设备访问，如打印、文件交换、电子邮件交换等。局域网与广域网（WAN）和城域网的主要区别体现在覆盖范围、网络所有权、数据速率等方面，这些区别引发了技术实现上的区别。

3.4.1.1 传统以太网

以太网是在1972年发明的，初期的以太网是基于同轴电缆的，到20世纪80年代末期基于双绞线的以太网完成了标准化工作，即常说的10BASE-T（集线器HUB）。传统以太网（图3.4-1）试图通过网桥来分割主机，形成多个冲突域，这样单播报文就会被限制在自己的冲突域内，从而减少报文碰撞的发生。但是对于二层广播报文而言是可以跨多个冲突域的，即整个局域网仍然是一个广播域，广播报文仍然能在整个局域网上扩散，因此使用网桥不能解决网络二层广播报文的泛滥问题。同时，受传统网桥性能的局限，在网络规模较大的情况下，网桥通常成为网络传输的瓶颈。同样传统以太网试图通过将网络分段，并采用路由器设备连接网段的方式解决广播泛滥的问题。但由于设备本身性能的限制，路由器也往往成为网络传输的瓶颈。

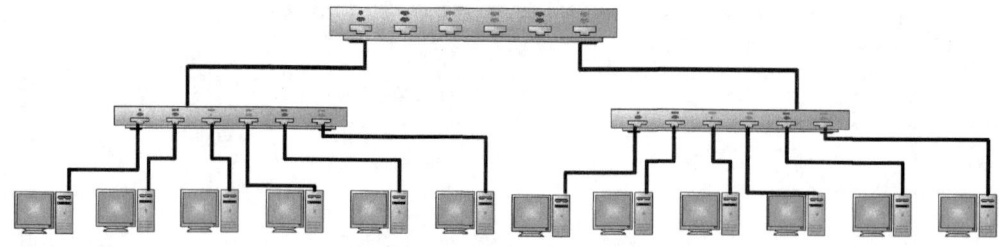

图3.4-1 传统以太网示意图

3.4.1.2 交换式以太网

采用交换式的以太网设备替代原来的集线器（HUB）。区别交换式集线器和交换机的不是其工作原理，而是其拥有的功能。交换式集线器和交换机都能够提供给终端独占的带宽，都能够自动建立、维护地址表，并根据地址表的内容在输入、输出端口间建立交换通路。但交换机能够提供更多的功能,如信息优先级、服务分类、VLAN、流量控制和网管等,更大程度上满足了网络对于高速、灵活、智能、可靠、扩充性好的需求,将局域网由单纯的数据传输网络提升到适合多媒体应用、话音/数据/图象融合的新境界。

1. 二层交换

二层交换技术(图 3.4-2)极大地提高了以太网的性能,为了将广播和本地流量限制在一定的范围内,交换式以太网采取划分逻辑子网(VLAN)的方式。虚拟网(VLAN)技术就是将一个交换网络逻辑地划分成若干子网,每一个子网就是一个广播域。逻辑上划分的子网在功能上与传统物理上划分的子网相同,划分可以根据交换机的端口、MAC 地址来进行。引入 VLAN 技术可以带来众多的益处:降低移动与变更的管理成本、性价比更佳的广播控制、高效的组播控制、便于网络监控和管理。IEEE802.1Q 定义了标准的 VLAN 格式,并保证 VLAN 信息在不同厂家设备间的互通。

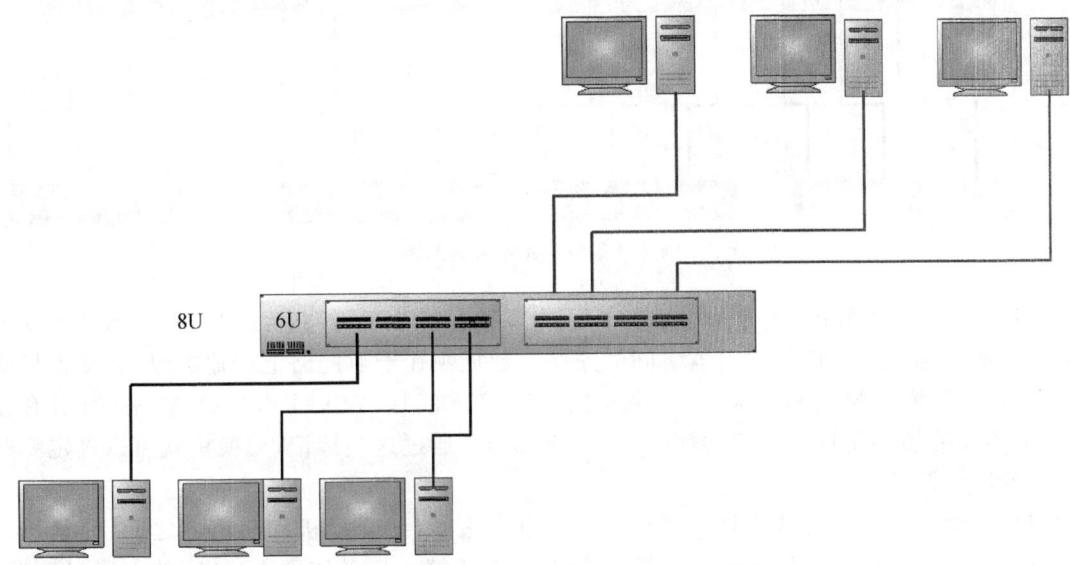

图 3.4-2 二层交换示意图

2. 三层交换

三层交换技术(图 3.4-3)的实质就是硬件实现的路由,三层交换机对于数据包的处理过程与传统路由器相同。在逻辑上,三层交换和路由是等同的,三层交换的过程就是 IP 报文选路的过程。三层交换机与路由器在转发操作上的主要区别在于其实现的方式:三层交换机通过硬件实现查找和转发;传统路由器通过微处理器上运行的软件实现查找和转发;三层交换机的转发路由表与路由器一样,需要通过路由协议来建立和维护。在以太局域网(LAN)中引入三层交换能够更加经济地替代传统路由器和更大程度地满足对于局域网主干带宽的需求。

3. VLAN 类型

(1)基于端口的 VLAN;

(2)基于 MAC 地址的 VLAN;

(3)基于协议的 VLAN;

(4)基于子网的 VLAN。

4. VLAN 链路

接入链路(Access link)指的是用于连接主机和交换机的链路。通常情况下主机并不需要知道自己属于哪些VLAN,主机的硬件也不一定支持带有VLAN标记的帧。主机要求发送和接收的帧都是没有打上标记的帧。接入链路属于某个特定的端口,这个端口属于一个并且只能是一个VLAN。这个端口不能直接接收其他VLAN的信息,也不能直接向其他VLAN发送信息。不同VLAN的信息必须通过三层路由处理才能转发到这个端口上。

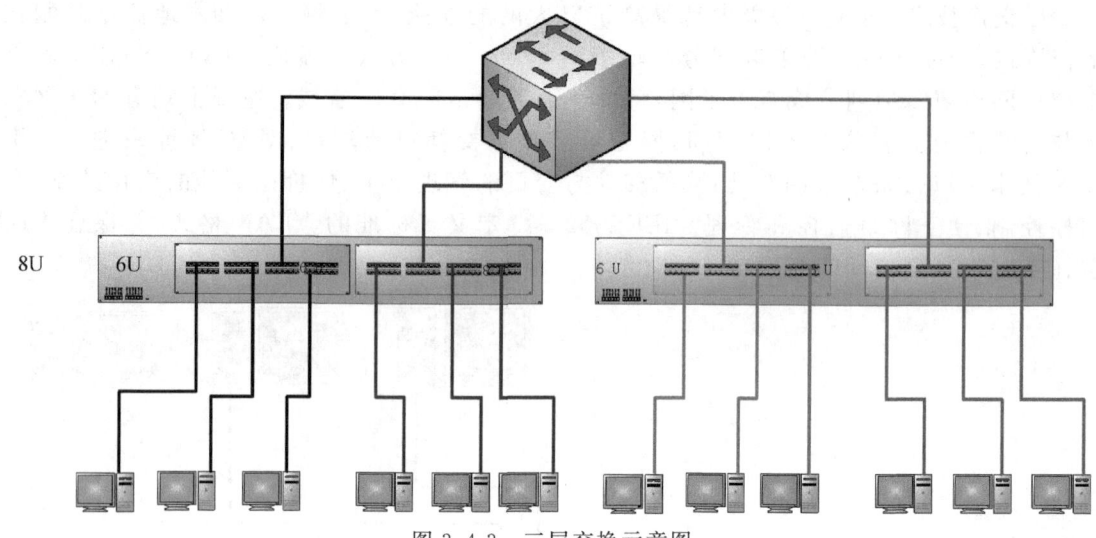

图3.4-3 三层交换示意图

干道链路(Trunk link)是可以承载多个不同VLAN数据的链路。干道链路通常用于交换机间的互连,或者用于交换机和路由器之间的连接。数据帧在干道链路上传输的时候,交换机必须用一种方法识别数据帧是属于哪个VLAN的。IEEE802.1Q定义了VLAN帧格式,所有在干道链路上传输的帧都是打上标记的帧(tagged frame)。通过这些标记,交换机就可以确定哪些帧分别属于哪个VLAN。

与接入链路不同,干道链路是用来在不同的设备之间(如交换机和路由器之间、交换机和交换机之间)承载VLAN数据,因此干道链路是不属于任何一个具体的VLAN的。通过配置,干道链路可以承载所有的VLAN数据,也可以配置为只能传输指定的VLAN的数据。干道链路虽然不属于任何一个具体的VLAN,但是可以给干道链路配置一个pvid(port VLAN ID)。当干道链路不论因为什么原因,Trunk链路上出现了没有带标记的帧,交换机就给这个帧增加带有pvid的VLAN标记,然后进行处理。

5. Trunk和VLAN

无论一个网络由多少个交换机构成,也无论一个VLAN跨越了多少个交换机,按照VLAN的定义,一个VLAN就确定了一个广播域。广播报文能够被在一个广播域中的所有主机接收到,也就是说,广播报文必须被发送到一个VLAN中的所有端口。因为VLAN可能跨越多个交换机,当一个交换机从某VLAN的一个端口收到广播报文后,为了保证同属于一个VLAN的所有主机都接收到这个广播报文,交换机必须按照如下原则将报文转发:

(1)发送给本交换机中同一个VLAN中的其他端口;

(2)将这个发送报文发送给本交换机的包含这个VLAN的所有干道链路,以便让其他交换机上的同一个VLAN的端口也发送该报文。将一个端口设置为Trunk端口,也就是说,与这个端口相连的链路被设置为Trunk链路,同时还可以配置哪些VLAN的报文可以通过这个干道链路。配置允许通过的VLAN,需要根据网络的配置情况进行考虑,而不应该让Trunk

链路传输所有的 VLAN,因为某一个 VLAN 的所有广播报文必须被发送到这个 VLAN 的每一个端口,如果让干道链路传输所有的 VLAN,这些广播报文将被干道链路传送到所有的其他交换机上。如果在干道链路的另外一端没有这个 VLAN 的成员端口,那么带宽和处理时间就会被白白浪费。

3.4.2 局域网络配置

3.4.2.1 VLAN 的基本配置

在串口(console)下配置:选开始－所有程序－附件－通信－超级终端后确定进入系统。

要进入 VLAN 视图,如果指定的 VLAN 没有创建那么先创建它:VLAN VLAN_id。

上面的 VLAN_id 是要进入或要创建并进入 VLAN 的 VLAN_id。对于创建的 VLAN_id,取值范围:1~4000;对于进入的 VLAN_id,取值范围:1~4000。在系统视图下键入 VLAN 2,如果 VLAN 2 不存在,则创建 VLAN 2 并同时进入 VLAN 2 的 VLAN 视图;如果 VLAN 2 已经存在,则直接进入 VLAN 2 的 VLAN 视图。

1. 给端口指定 VLAN

命令格式:port access vlan vlan_id

该命令用于把当前端口加入到指定的 VLAN 中。vlan_id:VLAN 接口的 ID,取值范围为 1~4000。

此命令使用的条件是:当前以太网端口不能是 Trunk 端口而且 vlan_id 所指的 VLAN 不是缺省 VLAN 且必须存在。将 Ethernet0/1 端口加入到 VLAN 2 中(VLAN 2 已经存在且不是缺省 VLAN,Ethernet0/1 端口不是 Trunk 端口)。

[Quidway-Ethernet0/1]port access vlan 2

2. 设置接口为 VLAN Trunk

打开以太网接口的 VLAN Trunk 功能,基于 IEEE 802.1Q 标准。

命令格式:port link-type {access|trunk|hybrid}

该命令用来设置端口为 Trunk。

access:设置端口为 untaged,即为非 trunk 端口。

trunk:设置端口为 tagged,即为 trunk 端口。

hybrid:设置端口为 hybrid 端口。

使用 port link-type 命令把端口设为 trunk 口和非 trunk 口,设为 trunk 口后只允许 VLAN 1通过,想要改变允许通过的 VLAN 范围使用 port trunk permit vlan 命令。把一端口设置为 trunk 端口后,默认允许 VLAN 1 通过,即 PVID 为 1。

3. 设置 Trunk 端口中允许通过的 VLAN

命令格式:port Trunk permit vlan { vlan_id_list|all }

该命令用来设置 Trunk 端口中允许通过的 VLAN。

port Trunk permit vlan 命令用来改变 Trunk 端口允许通过的 VLAN 接口的范围,如果多次使用 port Trunk permit vlan 命令,那么 Trunk 端口允许通过的 VLAN 是这些 vlan_id_list 的合集。ALL:允许所有 VLAN 通过此 Trunk 端口。

将 Trunk 端口 Ethernet0/3 设置为允许 2、4、50~100 的 VLAN 通过。

[Quidway-Ethernet0/3]port Trunk permit vlan 2 4 50 to 100

4. 设置 Trunk 端口的缺省 VLAN ID(pvid)

命令格式：port Trunk pvid　vlan　vlan_id

该命令用来设置 Trunk 端口的缺省 VLAN ID(pvid)。

只有 Trunk 端口才能配置该命令，非 Trunk 端口配置该命令会有出错提示信息。该命令用于为 Trunk 端口设置一个缺省的 VLAN。Trunk 端口的缺省 VLAN 必须已经存在。如果 Trunk 端口的缺省 VLAN ID 代表的 VLAN 不存在，会发生丢包现象，建议用户不要作这样的配置。

正确配置 Trunk 端口的缺省 VLAN ID 的条件是：该 VLAN 必须已经存在，Trunk 端口上必须已经加入该 VLAN，同时本 Trunk 端口的缺省 VLAN ID 和相连的对端交换机的 Trunk 端口的缺省 VLAN ID 必须一致。

5.3 个和 VLAN 相关的常用命令

(1)指定 VLAN 描述字符：description string

description 命令用来给当前指定的 VLAN 一个描述，string：当前 VLAN 的描述字符串，字符串长度范围为 1～200 字符。

该命令可以为当前的 VLAN 指定一个描述字符串。描述字符串是为了区分各个 VLAN，如小组名称、部门名称等。缺省情况下，描述字符串为空。

(2)查看 VLAN 设置：display vlan [vlan_id]

该命令用来显示指定和全部 VLAN 的相关信息。vlan_id：指定要显示 VLAN 的 vlan_id。

相关信息包括：VLAN ID、VLAN 是否启动了路由功能（即是否有 route interface）。

(3)开启/关闭 VLAN 接口：up/down

down 命令用来关闭 VLAN 接口，up 命令用来打开 VLAN 接口。

缺省情况下，当 VLAN 接口下所有以太网口状态为 down 时，VLAN 接口为 down 状态，即关闭状态；VLAN 接口下有一个或一个以上的以太网端口处于 up 状态，VLAN 接口处于 up 状态。

当 VLAN 接口的相关参数及协议配置好之后，可以使用该命令启动接口；或者当 VLAN 接口出现故障时，可以将接口先关闭，然后再启动，这样有可能使接口恢复正常。关闭和启动 VLAN 接口对于属于这个 VLAN 的任何一个以太网端口都不起作用。

6.给 VLAN 指定端口

命令格式：port interface_list

该命令用于向 VLAN 中添加一个或一组端口。

[quidway-VLAN100]port e0/1

[quidway-VLAN100]port e0/2 to e0/10

3.4.2.2　VLAN 路由

前面学习了 VLAN 的基础知识，主要是基于二层的，但是 VLAN 之间的信息还需要互通，这样就需要通过 VLAN 的三层路由功能来实现。下面将学习三层交换机是如何来实现 VLAN 的三层路由功能的，同时还会学到如何来配置 VLAN 间路由。

1.VLAN 间路由的需求

(1)二层网络广播问题

二层交换式网络中，整个网络是一个扁平的结构。网络全部由二层交换机构造起来，整个网络是一个大的广播域。在以太网中，所谓广播域就是指在一个网络中，广播帧（目的 MAC 地址为 ff-ff-ff-ff-ff-ff 的帧）将要被转发的最大范围。

在二层交换机中,交换机仅根据 MAC 地址进行帧的选路和转发,当一个完整正确的以太网帧从一个交换机端口上被接收上来以后,交换机将在自己维护的 MAC 地址表中去查找地址,根据地址类型的不同和查找结果的不同情况,交换机对帧采取不同的处理。

单播帧,目的地址在 MAC 地址表中存在:按照目的地址在地址表中的表项所指的输出端口,将帧转发到相应的端口上。

单播帧,目的地址在 MAC 地址表中不存在:在广播域的所有端口上广播该帧。

广播帧:在广播域的所有端口上广播该帧在扁平的二层网络上,广播域是整个网络,当出现广播帧或在地址表中不能匹配到目的地址帧的时候,帧将被广播到整个网络上,全部的主机都将接收到。

由于网络广播和目的地址未匹配的帧的普遍存在,当二层网络的规模增加,应用多样化后,网络的广播流量将增加,对整个网络的效率产生较大的影响。由于整个网络在一个广播域,所有的用户都能够不受控制地直接访问网络的所有部分,并能影响到网络的所有部分的正常运行,因此对于网络的安全性也造成一定的威胁。

(2)VLAN 隔离二层广播域

为了解决网络由广播导致的效率下降和安全性等问题,VLAN 的概念被引入,在支持VLAN 功能的交换机组成的网络中,每一个 VLAN 被设计为一个独立的广播域。

VLAN 之间被严格地隔离开来,任何一个帧都不能从自己所属的 VLAN 被转发到其他的 VLAN 中。整个网络被划分为若干个规模更小的广播域,网络的广播被控制在相对比较小的范围内,提高了网络的带宽利用率,改善了网络的效率和性能。每个人都不能随意地从网络上的一点,毫无控制地直接访问另一点的网络或监听整个网络上的帧,隔离的广播域改善了网络的安全性。

VLAN 可以实现用户的分组,通过配置 VLAN 可以实现灵活的网络管理,同时在网络迁移的时候,由于交换机的灵活配置,可以轻松修改网络设计,而不需要修改网络的布线等烦琐、耗时的工作。

(3)连接不同的 VLAN—VLAN 间路由

一个网络在使用 VLAN 隔离多个广播域后,各个 VLAN 之间是不能互相访问的,因为各个 VLAN 的流量实际上已经在物理上隔离开来了。

隔离网络并不是建网的最终目的,选择 VLAN 隔离只是为了优化网络,最终还是要让整个网络能够畅通起来。VLAN 之间的通信解决办法是,在 VLAN 之间配置路由器,这样 VLAN 内部的流量仍然通过原来的 VLAN 内部二层网络进行,从一个 VLAN 到另外一个的通信流量,通过路由在三层上进行转发,转发到目的网络后,再通过二层交换网络把报文最终发送给目的主机。

由于路由器对以太网上的广播报文采取不转发的策略,因此中间配置的路由器仍然不会改变划分 VLAN 所达到的广播隔离的目的。在 VLAN 之间做互连使用的路由器上,可以通过各种配置,比如对路由协议的配置、对访问控制的配置等形成对 VLAN 之间互相访问的控制策略,使网络处于受控的状态。

2.三层交换机做 VLAN 间路由(基于硬件路由引擎的三层交换机)

二层交换机和路由器在功能上的集成构成了三层交换机,三层交换机在功能上实现了VLAN 的划分、VLAN 内部的二层交换机和 VLAN 间路由的功能。

三层交换机是把二层交换机和路由器在网络中的功能通过硬件技术集成到一个盒子里,提高了网络的集成度,增加了转发性能。

三层交换机在 IP 路由的处理上做了以上改进,实现了简化的 IP 转发流程,利用专用的芯片实现了硬件的转发,这样绝大多数的报文处理都在硬件中实现了,只有极少数报文才需要使用软件转发,整个系统的转发性能能够得以成百上千倍地增加。相同性能的设备在成本上得以大幅度下降。

3. VLAN 间路由的配置

创建 VLAN 的路由接口属性。为了给 VLAN 接口号,指定 IP 地址,需要给 VLAN 创建一个虚拟路由接口。

Interface vlan vif_id

vif_id:虚接口号,且虚接口号与 VLAN id 相等。

Interface VLAN-Interface VLAN _id

VLAN _id:VLAN 接口的标识号,取值范围 1~4000。

只有在相应 VLAN 创建后才能创建/进入相应的 VLAN 接口视图。进入 VLAN 接口 2 的配置视图。

[quidway]interface vlan—interface 2

给 VLAN 指定 IP 地址和掩码

ip address ip_address mask

ip_address:VLAN 接口的 IP 地址。

Mask:VLAN 接口的 IP 地址的掩码。

只有在相应 VLAN 接口创建后,才能为其指定相应的 IP 地址和掩码。

为 VLAN 接口 20 指定 IP 地址和掩码。

[quidway-VLAN-interface20]ip address 1.1.1.1 255.255.255.0

例:VLAN 2 和 VLAN 3 间路由的配置

首先按照网络的路由规划将 VLAN 配置好。

[quidway] VLAN 2

(进入 VLAN 2 的配置视图)

[quidway-VLAN 2]port e0/1 to e0/10

(给 VLAN 2 指定端口)

(另一方法是给 port e0/1 指定 VLAN 2)

[quidway] VLAN 3

(进入 VLAN 3 的配置视图)

[quidway-VLAN 3]port e0/11 to e0/20

(给 VLAN 3 指定端口)

[quidway] VLAN 2

(进入 VLAN 2 的配置视图)

[quidway-VLAN 2] interface vlan 2

(为 VLAN 2 创建路由接口)

[quidway-VLAN-interface 2] ip address 10.134.3.1 255.255.255.0

(给 VLAN 2 的路由接口指定 IP 地址)

[quidway-VLAN 2] vlan 3

（进入 VLAN 3 的配置视图）

[quidway-VLAN 3] interface vlan 3

（进入 VLAN 3 创建路由接口）

[quidway-VLAN-interface 3] ip address 10.134.4.1 255.255.255.0

（给 VLAN 3 的路由接口指定 IP 地址）

上面 VLAN 间路由的配置已完成,只要在主机上配置主机的 IP 地址和默认网关,将默认网关指向所在 VLAN 在三层交换机上的三层接口地址,主机的 IP 地址要配置为与三层交换机上的三层接口地址同一个网段上的地址。在配置完成以上项目后,可以使用 ping 等工具测试网络是否连通。如果能 ping 通其他 VLAN 所在接口地址,那么说明三层路由接口已经生效,可以实现跨网段的三层互通。

3.4.3 广域网

广域网简称 WAN(wide area network),是在一个广泛范围内建立的计算机通信网。广泛的范围是指地理范围可以超越一个城市,一个国家甚至全球。因此对通信的要求高、复杂性也高。在实际应用中,广域网与局域网(LAN)互连,即局域网可以是广域网的一个终端系统。广域网主要用来将距离较远的局域网彼此连接起来,来实现局域网之间的通信。广域网是一种跨地区的数据通信网络,使用运营商提供的设备作为信息传输平台。对照 OSI 参考模型,广域网技术主要位于底层的 3 个层次,分别是物理层、数据链路层和网络层。

3.4.3.1 点到点连接

广域网连接的一种比较简单的形式是点到点之间连接,这条连接被两个连接设备独占,中间不存在分叉或交叉点。这种连接的特点是比较稳定,但线路相对利用率较低。常见的点到点连接的主要形式有:拨号电话线路、ISDN 拨号线路、DDN 专线、E1 线路等。这种点到点连接的线路上链路层封装的协议主要有两种:PPP 和 HDLC。PPP 协议是华为路由器上的缺省封装。

3.4.3.2 分组交换方式

广域网络连接的另一种形式是多个网络设备在传输数据时共享一个点到点的连接,也就是说这条连接不是被某个设备独占,而是由多个设备共享使用。网络在进行数据传输时使用"虚电路 VC"来提供端到端的连接。通常这种连接要经过分组交换网络,而这种网络一般都由运营商来提供。常见的广域网分组交换形式有帧中继(FrameRelay)、ATM 等。分组交换设备将用户信息封装在分组或数据帧中进行传输,在分组头或帧头中包含用于路由选择、差错控制和流量控制的信息。

3.4.3.3 广域网交换机

广域网交换机是在运营商网络中使用的多端口网络互联设备。广域网交换机工作在 OSI 参考模型的数据链路层,可以对帧中继、X.25 及 SMDS 等数据流量进行操作。

3.4.3.4 路由器

位于广域网交换机两端的设备,路由器是互联网的主要节点设备。路由器通过路由决定数据的转发。转发策略称为路由选择(routing),这也是路由器名称的由来(router,转发者)。作为不同网络之间互相连接的枢纽,路由器系统构成了基于 TCP/IP 的国际互连网络 Internet 的主体脉络,也可以说,路由器构成了 Internet 的骨架。它的处理速度是网络通信的主要瓶颈之一,它的可靠性则直接影响着网络互连的质量。因此,在园区网、地区网乃至整个 Internet 研究领域中,路由器技术始终处于核心地位,其发展历程和方向,成为整个 Internet 研究的一个缩影。探讨路由器在互连网络中的作用、地位及其发展方向,对于网络技术研究、网络建设都具有重要的意义。

3.4.3.5　SDH 专线

SDH(Synchronous Digital Hierarchy,同步数字体系)是一种将复接、线路传输及交换功能融为一体,并由统一网管系统操作的综合信息传送网络,它可实现网络有效管理、实时业务监控、动态网络维护、不同厂商设备间的互通等多项功能,能大大提高网络资源利用率、降低管理及维护费用,实现灵活可靠和高效的网络运行与维护,因此是当今世界信息领域在传输技术方面的发展和应用的热点,受到人们的广泛重视。

3.4.3.6　互联网专线

互联网专线接入业务是指为客户提供各种速率的专用链路(主要提供传输速率为 2 M 及以上速率),直接连接 IP 骨干网络,实现方便快捷的高速互联网上网服务。互联网专线接入业务按照客户需求可提供更高速率的专线接入,主要有 2 Mb/s、10 Mb/s、100 Mb/s、1000 Mb/s 等。

互联网专线的主要特点:

(1)与普通互联网接入相比,其特点是客户通过相对永久的通信线路接入 Internet;

(2)与拨号上网的最大区别是专线与 Internet 之间保持着永久、高速、稳定的连接,客户可以实现 24 h 对 Internet 的访问,随时获取全球信息资源,提高商务交易的效率;

(3)专线客户拥有固定的真实 IP 地址,可以相对方便地向 Internet 上的其他客户提供信息服务;

(4)专线具有误码率低,时延小的特点;

(5)专有带宽的整条电路资源仅为一个客户服务,全程带宽完全独享。

3.4.3.7　VPN 专线

VPN(Virtual Private Network 虚拟专用网)是通过在两台计算机之间建立一条专用连接从而达到在共享或者公共网络(一般是指 Internet)上传输私有数据的目的。之所以称为虚拟网,主要是因为整个 VPN 网络的任意两个节点之间的连接,是架构在公用网络服务商所提供的网络平台(Internet、ATM、Frame Relay 等)之上的逻辑网络,用户数据在逻辑链路中传输。通过采用相应的加密和认证技术来保证用内部网络数据在公网上安全传输,从而真正实现网络数据的专用性。VPN 技术的主要目标是节省企业的通信费用,特别是替代企业已有的专线,并且提高企业网络的可管理性,降低企业的通信成本,而且容易扩展,可随意与合作伙伴联网,完全控制主动权,便于兼容。VPN 专线示意见图 3.4-4。

3.4.4　计算机网络配置实验

市到县计算机网络配置如图 3.4-5。
省到市县计算机网络配置如图 3.4-6。

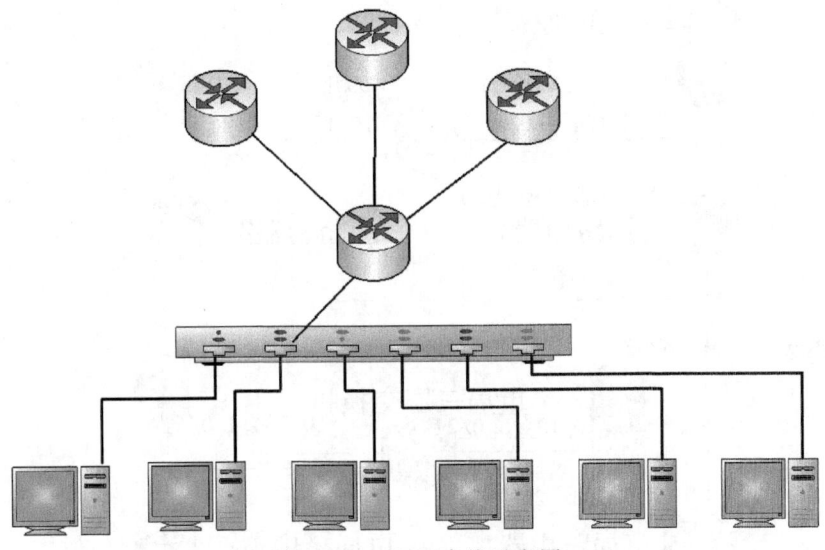

图 3.4-4　VPN 专线示意图

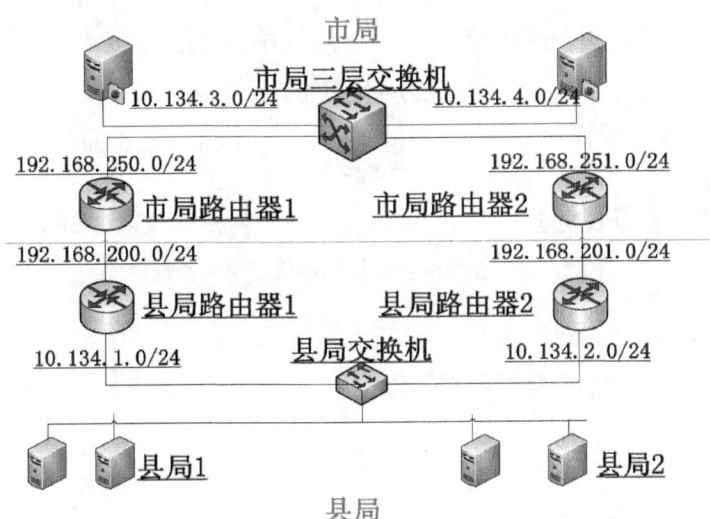

图 3.4-5　市到县计算机网络模拟实验框图

3.4.4.1　三层交换机与路由器互连配置

1. 在市级三层交换机上

```
vlan 2
interface GigabitEthernet1/0/1
port link-mode bridge
port access vlan 2
        ….
interface GigabitEthernet1/0/21
port link-mode bridge
port access vlan 2
```

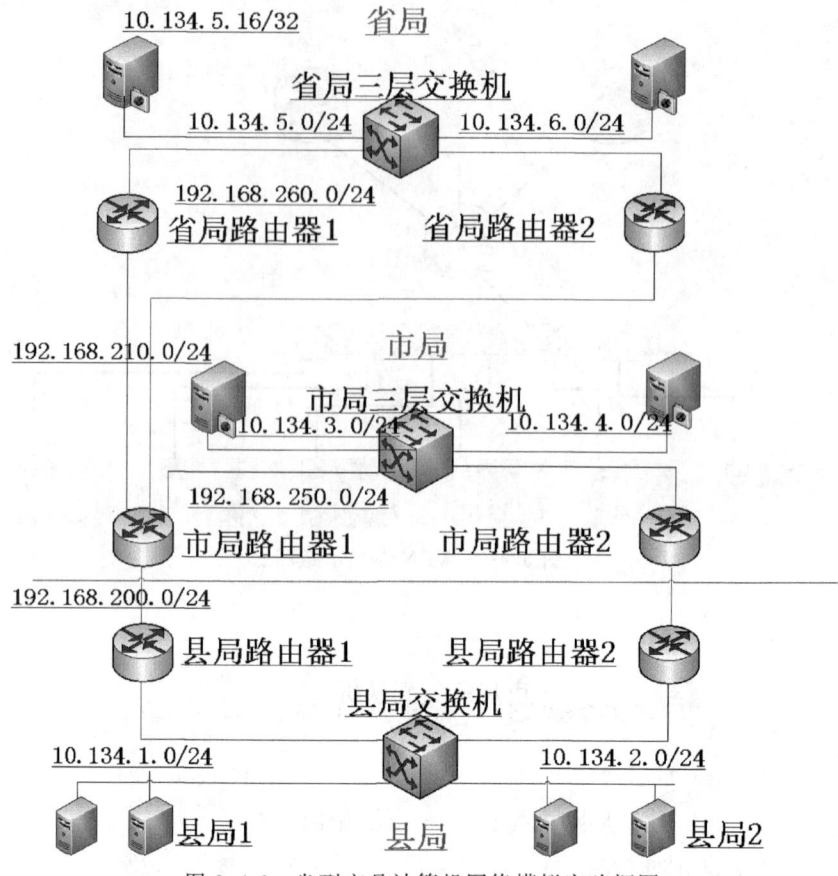

图 3.4-6 省到市县计算机网络模拟实验框图

interface Vlan-interface2
ip address 10.134.3.1 255.255.255.0
vlan 200
interface GigabitEthernet1/0/47
port link-mode bridge
port access vlan 200
interface Vlan-interface200
ip address 192.168.250.2 255.255.255.252
ip route 10.134.1.0 255.255.255.0 192.168.250.1

2.在市级路由器上

interface FastEthernet0/0
ip address 192.168.200.2 255.255.255.252
interface FastEthernet0/1
ip address 192.168.250.1 255.255.255.252
ip route-static 10.134.1.0 255.255.255.0 192.168.200.1
ip route-static 10.134.3.0 255.255.255.0 192.168.250.2

3. 在县级路由器上

interface FastEthernet1/0
ip address 192.168.200.1 255.255.255.252
no ip directed-broadcast
interface FastEthernet1/1
description Lan
ip address 10.134.1.1 255.255.255.0
no ip directed-broadcast
ip route 10.134.3.0 255.255.255.0 192.168.200.2

这样 IP 地址为 10.134.3.0 255.255.255.0 的网段和 IP 地址为 10.134.1.0 255.255.255.0 的网段间就可以互相访问了。

3.4.4.2 县到市的数据传输

市县计算机网络模拟实验环境完成后,需要在模拟的市局建一台数据接收服务器来接收数据,然后县级的资料处理和上传资料机器就可以通过模拟的网络环境来上传资料。

1. 模拟的市局建数据接收服务器

在一台 Windows 机器上,安装 FTP 服务器端软件。常用的有 FTP Serv-U,Quick Easy FTP Server 等。由于 Quick Easy FTP Server 简单,并且易于安装和使用,所以这里用它来作为数据接收实验的接收软件。

2. 模拟的县级网络环境建数据处理和传输机器

在已经安装调试好的数据处理和传输机器上配置 IP 地址为 10.134.1.X 网段的地址,然后完成与数据采集器的连接,使用应用软件采集数据和传输数据,自动上传到省中心 IP 地址为 10.134.3.16 的服务器上。

如考虑网络安全问题,需要使用访问控制列表、IPSEC 隧道加密等技术。

SDH 专线非成帧的设置、mtu、ip tcp adjust-mss 和 OSPF 动态路由需要使用 ROUTER ID 等设置,在这没有详细描述。

通信网络的连接如图 3.4-7 至图 3.4-12。

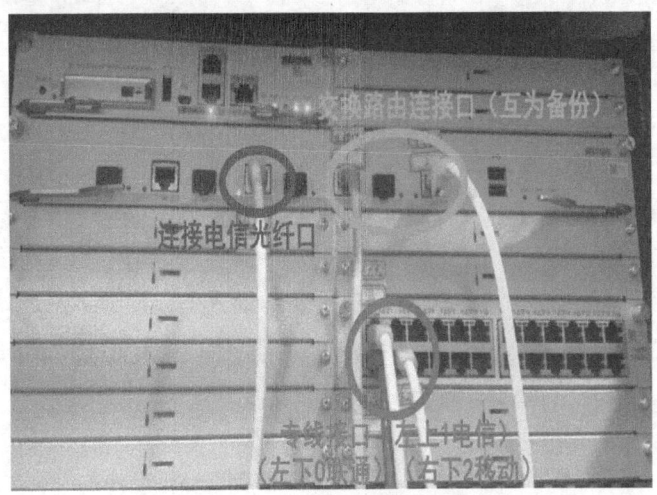

图 3.4-7　路由器连接图-1

图 3.4-8　路由器连接图-2

图 3.4-9　路由器连接图-3

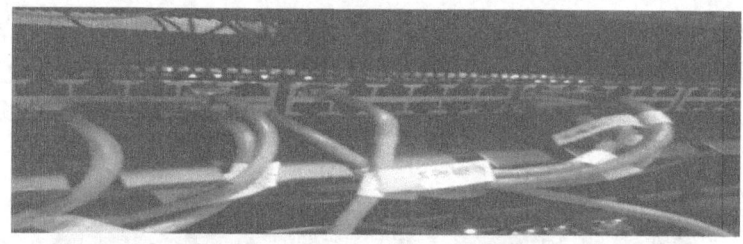

图 3.4-10　交换机连接图

3.4.4.3　常见问题的解决

当发现传报机器不能与市局相关接收服务器通信时,需要做以下检查:

(1)检查传报机器本身是否正常(计算机的硬件是否正常、应用软件是否正常、网卡灯是否亮着、网线有没有松动)。

(2)Ping 一下同网段隔壁的机器,看内部网络是否正常。

C:\Documents and Settings\Administrator＞ping 10.134.1.102

Pinging 10.134.1.102 with 32 bytes of data:

Reply from 10.134.1.102:bytes = 32 time＜1ms TTL = 64

Reply from 10.134.1.102:bytes = 32 time＜1ms TTL = 64

Reply from 10.134.1.102:bytes = 32 time＜1ms TTL = 64

第 3 章 自动气象站(36 学时)

图 3.4-11 三条专线连接图

图 3.4-12　机柜总体接线图

Reply from 10.134.1.102:bytes = 32 time＜1ms TTL = 64
Ping statistics for 10.134.1.102:
　　Packets:Sent = 4,Received = 4,Lost = 0(0% loss),
Approximate round trip times in milli-seconds:
Minimum = 0ms,Maximum = 0ms,Average = 0ms
内部网络正常
C:\Documents and Settings\Administrator＞ping 10.134.1.102

Pinging 10.134.1.102 with 32 bytes of data:
Request timed out.
Request timed out.
Request timed out.
Request timed out.
Ping statistics for 10.134.1.102:
　　Packets:Sent = 4,Received = 0,Lost = 4(100% loss),
内部网络不正常

（3）在内部网络正常的情况下，Ping一下同网段的网关(10.X.X.1)。

C:\Documents and Settings\Administrator＞ping 10.134.1.1
Pinging 10.134.1.1 with 32 bytes of data:
Reply from 10.134.1.1:bytes = 32 time = 2ms TTL = 255
Reply from 10.134.1.1:bytes = 32 time＜1ms TTL = 255
Reply from 10.134.1.1:bytes = 32 time＜1ms TTL = 255
Reply from 10.134.1.1:bytes = 32 time＜1ms TTL = 255

Ping statistics for 10.134.1.1：
    Packets:Sent = 4,Received = 4,Lost = 0(0% loss),
Approximate round trip times in milli - seconds：
Minimum = 0ms,Maximum = 2ms,Average = 0ms
到同网段的网关连接正常
C:\Documents and Settings\Administrator>ping 10.134.1.1
Pinging 10.134.1.1 with 32 bytes of data：
Request timed out.
Request timed out.
Request timed out.
Request timed out.
Ping statistics for 10.134.1.1：
    Packets:Sent = 4,Received = 0,Lost = 4(100% loss),
到同网段的网关连接不正常

(4)在内部网络正常的情况下,到同网段的网关连接正常,Ping一下市局相关接收服务器。

C:\Documents and Settings\Administrator>ping 10.134.3.16
Pinging 10.134.3.16 with 32 bytes of data：
Reply from 10.134.3.16:bytes = 32 time = 31ms TTL = 63
Reply from 10.134.3.16:bytes = 32 time = 31ms TTL = 63
Reply from 10.134.3.16:bytes = 32 time = 31ms TTL = 63
Reply from 10.134.3.16:bytes = 32 time = 31ms TTL = 63
Ping statistics for 10.134.3.16：
    Packets:Sent = 4,Received = 4,Lost = 0(0% loss),
Approximate round trip times in milli - seconds：
Minimum = 31ms,Maximum = 31ms,Average = 31ms
ping 10.134.3.16 正常
C:\Documents and Settings\Administrator>ping 10.134.3.16
Pinging 10.134.3.16 with 32 bytes of data：
Request timed out.
Request timed out.
Request timed out.
Request timed out.
Ping statistics for 10.134.3.16：
    Packets:Sent = 4,Received = 0,Lost = 4(100% loss),
ping 10.134.3.16 不正常

(5)Tracert(traceroute)市局相关接收服务器(10.134.3.16)。

在县级路由器上
R2641# traceroute 10.134.3.16
traceroute to 10.134.3.16(10.134.3.16),30 hops max,36 byte packets

1　192.168.200.2　0 ms　10 ms　10 ms(市级路由器)
2　192.168.250.2　0 ms　10 ms　10 ms(市级交换机)
3　10.134.3.16　0 ms　10 ms　10 ms(目标服务器)

在 Windows 机器上

C:\Documents and Settings\Administrator> tracert 10.134.3.16

1　10.34.1.1　0 ms　1 ms　1 ms(县级路由器)
2　192.168.200.2　0 ms　10 ms　10 ms(市级路由器)
3　192.168.250.2　0 ms　10 ms　10 ms(市级交换机)
4　10.134.3.16　0 ms　10 ms　10 ms(目标服务器)

结果表示某县局一台 IP 地址为 10.X.X.X 的机器到 IP 地址为 10.134.3.16 机器的网络是正常的。以上根据 tracert 10.134.3.16 所得到的结果表明，从 IP 地址为 10.134.1.X 的机器到 IP 地址为 10.134.3.16 机器所需要经过的地址是 10.134.1.1(第一跳，是县局路由器)、192.168.200.2(第二跳，是市局路由器)、192.168.250.2(第三跳，是市局交换机)、10.134.3.16(是市局的目标服务器)。

(6)查看路由器的端口状况。当发现到市气象信息中心 10.134.3.16 的机器不通，而到本地 10.X.X.1 是连通时，可以登录到本地路由器上查看端口状态(是连通还是断开)，方法如下：

telnet 10.X.X.1
Username:bdcom
Password:bdcom
Welcome to BDCOM Multi-Protocol 2600 Series
R2641>
R2641>enable
password:bdcom
R2641# sh interface
FastEthernet1/0 is up,line protocol is up
　Description:Lan
address is 00e0.0f1f.8870
　MTU 1500 bytes,BW 100000 kbit,DLY 10 usec
　Interface address is 10.129.136.1/24
　Encapsulation ARPA
　ARP type:ARPA,ARP timeout 00:03:00
　60 second input rate 105385 bits/sec,123 packets/sec!
　60 second output rate 1796168 bits/sec,199 packets/sec!
　Full-duplex,100Mb/s,100BaseTX
fifo
　Output queues:0/40
input:
　　500807421 packets input,3879887069 bytes
　　Received 516128 broadcasts,0 runts,0 giants,0 throttles

        20 input errors,7 CRC,0 framing,20 overrun,0 ignored
        0 buffer failures,0 parity errors
    0 watchdog,24825 multicast
    output:
        415910012 packets output,962217257 bytes,0 underruns
        0 output errors,0 collisions,0 late collisions
        0 lost carrier,0 output frame failures
            LAN_NUM_TXDESC:256,TxFreeDesc:256.
            LAN_NUM_RXDESC:256,RecvBuf:512.
            Packets send form IP:415910012
            Rec interrupts   :982920678,xmit interrupts:822002742
            Receive unicasts:500266488,Receive nunicast:516128
            Transmit lackbd:0,Transmit lackbuff:0.
            Missed   Frames:0,csr5_err:0,csr0_error:0,bus_error:0
            HsrpAddr Count:0 interrupt:0
            0 packets fast-switch
    FastEthernet1/1 is up,line protocol is up
        Description:Wan
    address is 00e0.0f1f.8871
        MTU 1500 bytes,BW 100000 kbit,DLY 10 usec
        Interface address is 218.22.58.34/30
        Encapsulation ARPA
        ARP type:ARPA,ARP timeout 00:03:00
        60 second input rate 6789754 bits/sec,9287 packets/sec!
        60 second output rate 102361 bits/sec,125 packets/sec!
        Full-duplex,100Mb/s,100BaseTX
    fifo
        Output queues:0/40
    input:
        647403614 packets input,1247006119 bytes
        Received 299601026 broadcasts,0 runts,0 giants,0 throttles
        16811712 input errors,4906504 CRC,8 framing,16809543 overrun,0 ignored
        0 buffer failures,0 parity errors
        0 watchdog,13356 multicast
    output:
        445758501 packets output,2458781471 bytes,0 underruns
        0 output errors,0 collisions,0 late collisions
        0 lost carrier,0 output frame failures
            LAN_NUM_TXDESC:256,TxFreeDesc:256.
            LAN_NUM_RXDESC:256,RecvBuf:512.

```
        Packets send form IP:445758501
        Rec interrupts   ;996661446,xmit interrupts:869864678
        Receive unicasts:364600944,Receive nunicast:299601026
        Transmit lackbd:0,Transmit lackbuff:0.
        Missed   Frames:0,csr5_err:0,csr0_error:0,bus_error:0
        HsrpAddr Count:0 interrupt:0
        0 packets fast-switch
    Serial2/0:0 is up(down),line protocol is up(down)
      Description:Link-To-HeFei-SHiJu
      Hardware is(null)Mode = Sync   Speed = 2048000
      DTR = UP,DSR = UP,RTS = UP,CTS = UP,DCD = UP
      MTU 1500 bytes,BW 2000 kbit,DLY 2000 usec
      Interface address is 192.168.220.33/30
      Encapsulation PPP,loopback not set
      Keepalive set(10 sec)
    LCP   Opened
      IPCP Opened
    local IP address:192.168.220.33   remote IP address:192.168.220.34
        55504331 packets input,2763246265 bytes,0 used_rx,0 no buffer
        661 input errors,0 overflow,119 crc error,177 frame abort
        365 nonaligned,0 long frame,0 pci abort,0 hard_queued
        58669021 packets output,3546560558 bytes,255 unused_tx,0
    provision err
        0 discriptor err,0 pci err,0 transmit fifo unerflow 0 backup
        SR1 0xc1   SR2 0x77   SR3 0x1f   SR4 0x7f
        TFQ RP 0x81 WP 0x80   Err_interrupt 0     rmblk_err 0
    tpq 58969729 tdq 58969729 tfq 58969729
        Tx Count:-300708 -300708 -300708 0
        TxDesPtr_Err 0   RxDesPtr_Err 0   TxPqFull 0
    Async0/0 is down,line protocol is down
      Hardware is Aux(PC16x50)Mode = Async Speed = 9600
      DTR = UP,DSR = DOWN,RTS = UP,CTS = DOWN,DCD = DOWN
      MTU 1500 bytes,BW 9 kbit,DLY 10000 usec
      Encapsulation PPP,loopback not set
      Keepalive set(10 sec)
    LCP   Listening -- waiting for remote host to attempt open
      IPCP Listening -- waiting for remote host to attempt open
    local IP address:0.0.0.0   remote IP address:0.0.0.0
      60 second input rate 0 bits/sec,0 packets/sec!
      60 second output rate 0 bits/sec,0 packets/sec!
```

```
pc16x50 UART 0,4074 Interrupt
    0 packets input,0 bytes,0 no buffer
    0 input errors,0 rx_dump,0 Parity,0 frame,0 overrun
    0 packets output,0 bytes,0 underruns
aux 0 output queue full,0 frame has mblk more than one,0 lstat timeout
flow control mode:hardware
Loopback0 is up,line protocol is up
    Hardware is Loopback
    MTU 1514 bytes,BW 8000000 kbit,DLY 500 usec
    Interface address is 192.168.253.3/32
    Encapsulation LOOPBACK
Tunnel100 is up,line protocol is up
    Hardware is Tunnel
    MTU 1476 bytes,BW 9 kbit,DLY 50000 usec
    Interface address is 192.168.0.33/30
    Encapsulation TUNNEL,loopback not set
Keepalive(period:0/5 s,retry:0/5)
    TUNNEL source 218.22.58.34,destination 218.22.3.209
    TUNNEL protocol/transport GRE/IP,key disabled,sequencing disabled
    Checksumming of packets disabled,fast tunneling enabled
    60 second input rate 264 bits/sec,0 packets/sec!
    60 second output rate 184 bits/sec,0 packets/sec!
        948798 packets input,101652740 bytes input,0 error,0 discard
        877192 packets output,77361797 bytes output,0 discard
Tunnel101 is up,line protocol is up
    Hardware is Tunnel
    MTU 1476 bytes,BW 9 kbit,DLY 50000 usec
    Interface address is 192.168.0.41/30
    Encapsulation TUNNEL,loopback not set
Keepalive(period:0/5 s,retry:0/5)
    TUNNEL source 218.22.58.34,destination 220.178.30.67
TUNNEL protocol/transport GRE/IP,key disabled,sequencing disabled
    Checksumming of packets disabled,fast tunneling enabled
    60 second input rate 200 bits/sec,0 packets/sec!
    60 second output rate 240 bits/sec,0 packets/sec!
        857237 packets input,99232756 bytes input,0 error,0 discard
        889925 packets output,114805119 bytes output,0 discard
```

(7)查看路由器的运行状况。

telnet 10.X.X.1

```
Username:bdcom
Password:bdcom
Welcome to BDCOM Multi-Protocol 2600 Series
R2641>
R2641>enable
password:bdcom
R2641# sh run
Building configuration...
Current configuration:
!
! version 1.3.3H
service timestamps log date
service timestamps debug date
no service password-encryption
hostname R264
controller E1 2/0
unframed
!
aaa authentication login default local
aaa authentication enable default enable
!
username bdcom password 0 bdcom
!
enable password 0 bdcom level 15
!
crypto isakmp key 05588 192.168.0.34 255.255.255.255
!
crypto isakmp policy 10
!
crypto ipsec transform-set abc
transform-type esp-des esp-md5-hmac
crypto map abcd 10 ipsec-isakmp
set peer 192.168.0.34
set transform-set abc
match address IPSEC
!
crypto map abcde 20 ipsec-isakmp
set peer 192.168.0.42
set transform-set abc
match address IPSEC1
```

!
!
interface Loopback0
ip address 192.168.253.3 255.255.255.255
no ip directed-broadcast
!
interface Tunnel100
mtu 1476
ip address 192.168.0.33 255.255.255.252
ip tcp adjust-mss 1400
no ip directed-broadcast
crypto map abcd
tunnel source 218.22.58.34
tunnel destination 218.22.3.209
ip ospf cost 500
ip ospf network point-to-point
interface Tunnel101
mtu 1476
ip address 192.168.0.41 255.255.255.252
ip tcp adjust-mss 1400
no ip directed-broadcast
crypto map abcde
tunnel source 218.22.58.34
tunnel destination 220.178.30.67
ip ospf cost 60
ip ospf network point-to-point
interface FastEthernet1/0
description Lan
ip address 10.X.X.1 255.255.255.0
no ip directed-broadcast
ip nat inside
!
interface FastEthernet1/1
description Wan
ip address 218.22.58.34 255.255.255.252
no ip directed-broadcast
ip nat outside
!
interface Serial2/0:0
description Link-To-HeFei-SHiJu

```
ip address 192.168.220.33 255.255.255.252
no ip directed-broadcast
encapsulation ppp
ip ospf cost 50
interface Async0/0
no ip address
no ip directed-broadcast
router ospf 100
network 10.X.X.0 255.255.255.0 area 10
network 192.168.220.32 255.255.255.252 area 10
network 192.168.0.32 255.255.255.252 area 10
network 192.168.0.40 255.255.255.252 area 10
ip route default 218.22.58.33
```

3.5 故障排查教学

授课方式：实习实践。

教学内容：模拟常见的故障现象；通信、供电等常见故障的排查思路及流程；各检查步骤测试、排查的具体方法；各类仪表检测方法。

教学要求：了解常见自动气象站故障的故障现象；熟悉各类故障的排查思路及流程；掌握自动气象站实际业务中的常见故障和简单判断、处理。

重点难点：常见故障的分类与处理流程。

课程小结：本课程主要介绍了自动气象站常见故障的分类处理方法和流程。

思考题：自动气象站的常见故障一般判断流程？

3.5.1 故障分析和判断的基本原则和方法

设备故障,一般是指设备或系统在使用中丧失或降低其规定功能的现象。

自动气象站是为满足常规气象要素观测而配备的设备,由于其结构复杂,自动化程度高,各部分、各系统的联系紧密,只要设备出现故障,都有可能会影响到台站的测报工作。因此,探索故障发生的规律,对故障进行记录,对故障机理进行分析,以采取有效的措施控制故障的发生。

当自动气象站出现故障时,应按照故障分析、判断的基本原则和方法,进行合理的排查。

1. 故障分析和判断的基本原则

(1)安全原则

需要插拔电源时,请牢记:采集器、后备电源、计算机、UPS、打印机均与市电相接,插拔电源插头时,注意安全。

(2)逻辑原则

逻辑原则指依据电路原理分析的原则。

例如,某一气象要素值超差或明显不正常,大部分是相应的传感器或连接线路故障,不太可能是采集器产生故障,更不太可能是计算机或电源故障造成。

反之,采集器没有显示时,请首先检查电源系统;若采集器显示不正常,出现乱码或者状态灯闪烁不正常,这多半是采集器故障。软件引起的故障可用清零的方法试图解决,清零无效时,可能是采集器硬件有问题。

要进行充分的分析,列出众多的故障可能性,找出最符合逻辑即最符合电路原理的故障原因,从而判别故障部位。

(3)分解原则

自动气象站系统的组件很多,有时分析的结果可能是多个原因和多个组件产生的故障,在这种情况下,就要断开部分连接线,把自动气象站系统分成几个部分,缩小范围进一步检查分析。

在计算机系统中,把计算机和UPS断开,可分别查找计算机和UPS的故障。

在采集系统中,可以把后备电源断开,用市电直接对采集器供电,这样就可以在采集器和传感器这个范围内查找故障。

如果把采集器与传感器断开,则可进一步缩小判别故障的区域,故障部位可被锁定在传感器和连接导线处的区域。

例如,有的台站因遭受雷击使自动气象站出现多处故障现象,这时可以把自动气象站分拆成单个有独立功能的小系统,多处故障现象将被分散在几个小系统中,相对独立的因果关系使故障判别变得简单。

(4)替代原则

依据电路原理进行分析,可大体上分析出故障部位。简单而又可行的方法是用好的组件替代坏的组件。此时,若故障现象消失,则替代成功,说明分析判断正确。

注意:替代时,必须切断电源,严禁带电操作,以免损坏自动气象站设备。

2. 故障分析和判断的基本方法

(1)替代的方法

依据电路原理图,进行逻辑分析,确定故障部位。用好的组件替代坏的组件,故障现象消失,则说明分析判断正确。

(2)测量的方法

如果台站没有备用组件,此时,可用万用表测量关键测试点电信号参数,分析判断出可能出现故障的组件。

测量电信号参数时,一般使用万用表,请注意万用表的档位、量程和极性。

3.5.2 DZZ3型自动气象站故障排查方法

DZZ3型自动气象站出现故障时,可根据故障现象,检测电源、通信、采集等分系统,判别故障分类并进行维修。

1. 供电系统

供电系统正常工作是自动气象站稳定运行的前提,自动气象站数据全部缺测时应首先检查供电系统是否故障。供电系统故障检测流程见图3.5-1。

检测步骤:

(1)检查开关电源和浪涌保护器状态

空气开关为开表示正常,否则异常。

浪涌保护器指示窗为绿色表示正常,红色表示失效,应更换。

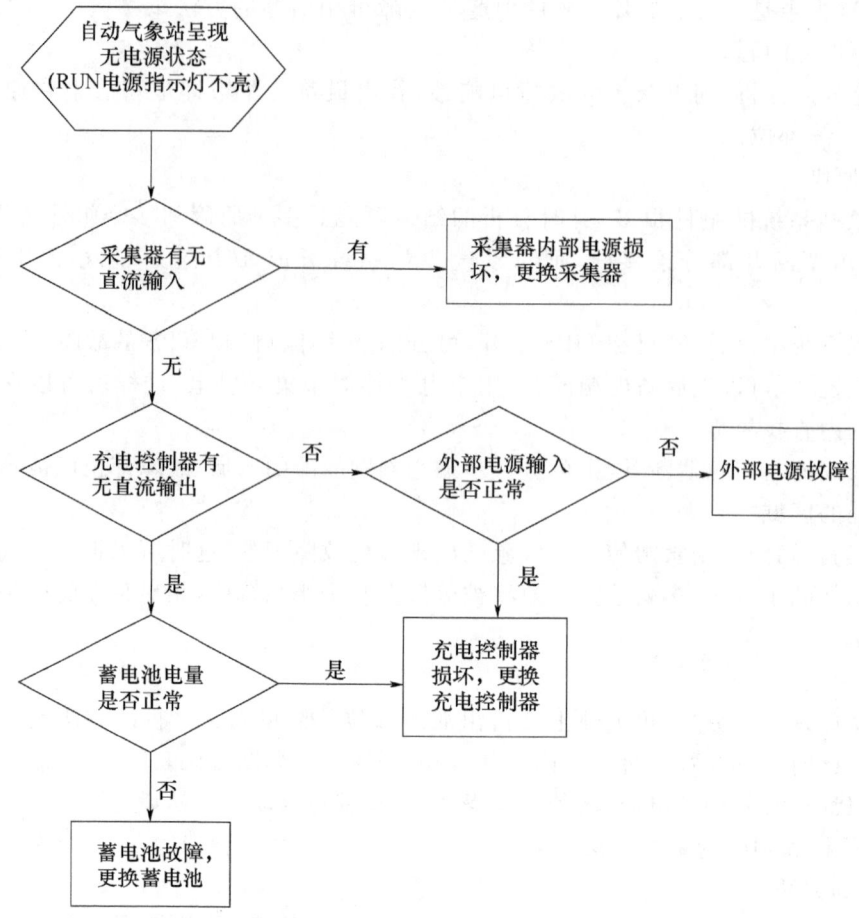

图 3.5-1　供电系统故障检测流程图

(2)检查外部交流供电

合上空气开关,使用万用表交流电压(750 V)档测量空气开关和浪涌保护器输入输出端的电压,应在可工作范围以内(220 V±10%)。

(3)检查蓄电池电压

断开与蓄电池的接线,用万用表直流电压(20 V)档测量蓄电池正负极间的电压,应在可工作范围以内(10.8～14.4 V)。

(4)检查主采集器输入电压

取下主采集器电源输入端子,用万用表直流电压(20 V)档测量端子正、负极之间的电压,应在可工作范围以内(10.8～14.4 V)。

2.通信系统

通信系统故障时,表现为主采集器和计算机终端运行正常,但不能相互通信。通信系统故障检测流程见图 3.5-2。

检测步骤：

(1)查看通信线缆是否松动、脱落,线序是否正确。

检查顺序——主采集器通信接口→综合集成硬件控制器(或光纤转换模块)→计算机终端通信线缆。

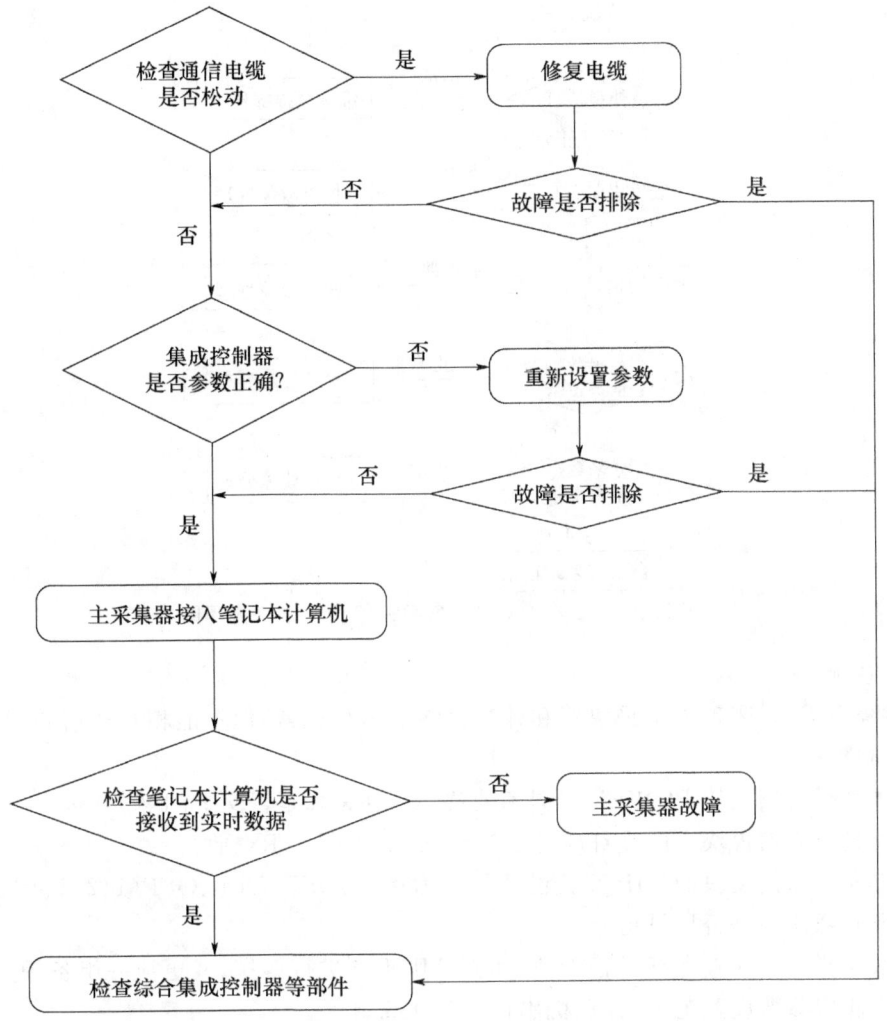

图 3.5-2 通信系统故障检测流程图

(2) 检查主采集器通信口是否能正常输出数据。完成计算机和主采集器的连接,运行超级终端或串口调试软件发送终端操作命令,根据实时数据返回情况判断主采集器通信是否正常。

(3) 使用综合集成硬件控制器的自动气象站,需检查其参数设置。

3.5.3 DZZ4 型自动气象站故障排查方法

DZZ4 型自动气象站出现故障时,可根据故障现象,检测电源、通信、采集等分系统,判别故障分类并进行维修。检测与维修流程见图 3.5-3。

1. 供电系统

供电系统正常工作是自动气象站稳定运行的前提,自动气象站数据全部缺测时应首先检查是否供电系统故障。供电系统发生故障时可按如下步骤检查。

(1) 检查空气开关是否在 ON 位置;

(2) 分别测量开关电源的交流输入电压是否 220 V,直流输出电压是否 14.5 V,蓄电池直流输出电压是否 13.8 V;

(3) 检查防雷模块是否被雷击击穿。

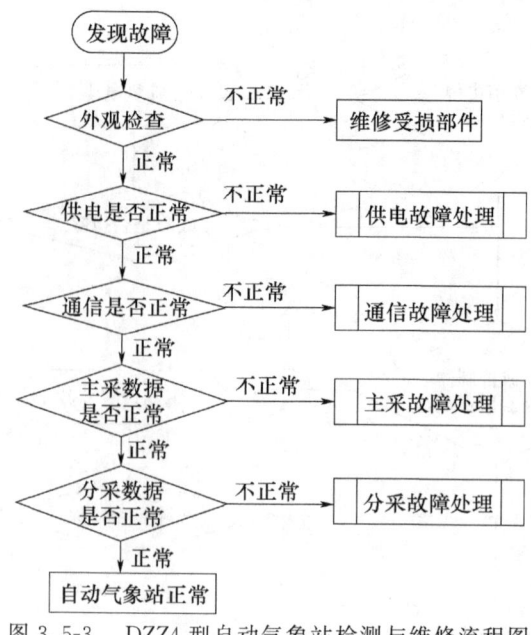

图 3.5-3　DZZ4 型自动气象站检测与维修流程图

2. 通信系统

通信系统故障时,表现为主采集器和计算机终端运行正常,但不能相互通信。通信系统故障可按如下步骤检查。

(1)查看光纤通信模块 POWER 灯是否常亮,Tx、Rx 灯是否交替闪烁。

(2)两个光纤通信模块上的光纤应是交叉连接,Tx(发)－Rx(收)。

(3)检查光纤通信模块的 DIP 开关设置是否为:ON、OFF、OFF、OFF(1、2、3、4 位)。

(4)检查光纤插头是否接触可靠。

(5)用激光测试笔检查光纤是否断开,如断开则重新进行熔接,或更换一组备用光纤。

(6)确认通信参数设置正确,计算机串口工作正常。

(7)计算机切勿设置休眠模式,"系统待机""关闭硬盘时间"应全部设为"从不",否则会影响业务软件正常运行。

3. 主采集器

检测步骤:

(1)主采集器正常运行时,红色"RUN"状态指示灯应为秒闪,如果闪烁不正常,说明主采集器故障。

(2)主采集器故障还表现为某通道或内部模块损坏,需更换主采集器。

(3)如果主采集器挂接的气象要素数据异常,若确认传感器及连接线路正常,则表明主采集器相应通道故障,需更换主采集器。

(4)如果分采集器挂接的气象要素数据异常,若确认分采集器、CAN 电缆、CAN 终端匹配电阻正常,则表明主采集器 CAN 通道故障,需更换主采集器。

4. 分采集器

正常情况下,分采集器的 CANR 指示灯(绿色)应常亮,CANE 指示灯(红色)不亮。否则,说明分采集器故障。检测步骤如下:

(1)检查 CAN 线是否连接正确,有无断路、短路。

(2) CAN 线上有一个 120 Ω 的匹配电阻,测量该电阻是否正常。
(3) 若 CAN 通道损坏,则更换分采集器。
(4) 在传感器正常的情况下,计算机连接分采集器的调试端口,发送 samples 命令,若有数据返回说明分采集器正常,否则更换分采集器。

5. 其他硬件
(1) 传感器故障,参见传感器相关章节。
(2) 防雷模块故障,也会造成无法正常采集和通信,要注意检查,必要时进行更换。

3.5.4 DZZ5 型自动气象站故障排查方法

DZZ5 型自动气象站出现故障时,可根据故障现象,检测供电、通信、采集等分系统,判别故障分类并进行维修。

1. 供电系统故障

供电系统正常工作是自动气象站稳定运行的前提,自动气象站数据全部缺测时应首先检查是否供电系统故障,供电故障应按供电系统内部接线图,分段测量,查找故障点。

供电系统故障检测流程见图 3.5-4。

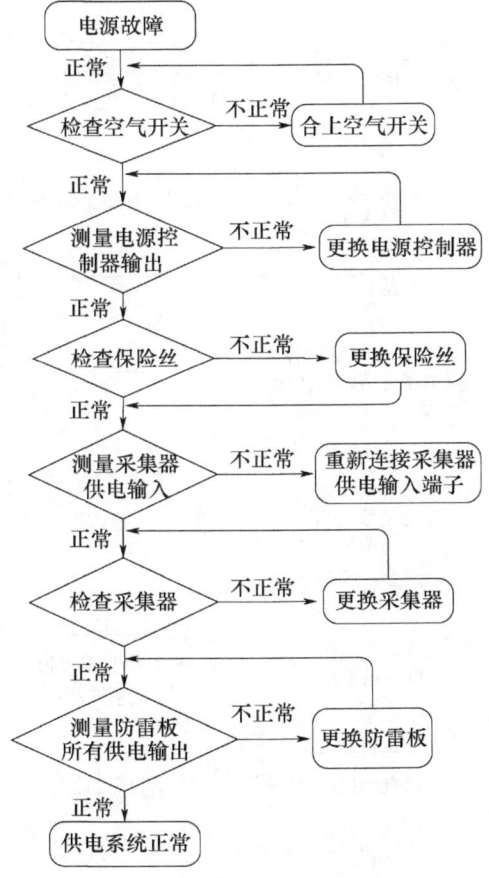

图 3.5-4 供电系统故障检测流程图

检测步骤:
(1) 保险管指示灯若亮起,说明保险管损坏,需更换。

(2) 空气开关闭合后,出入两端电压都应为 AC220 V,说明交流输入和空气开关都正常;闭合后,有输入无输出说明空气开关故障,需更换;空气开关无法闭合,说明负载有短路,可以用逐一断开负载的方法进行排除。

(3) 充电控制器输入电压为 AC220 V,输出电压 13.8 V 左右,说明充电控制器工作正常;若输入正常,输出异常,说明充电控制器故障。

(4) 连接情况下,测量蓄电池的充电电压,正常应为 10.8~14.0 V,断开交流输入,测量蓄电池供电电压,正常应为 12.0 V 左右,如果电压过低,需更换蓄电池。

2. 通信系统

通信系统故障时,表现为主采集器和计算机终端运行正常,但不能相互通信。通信系统故障检测流程见图 3.5-5。

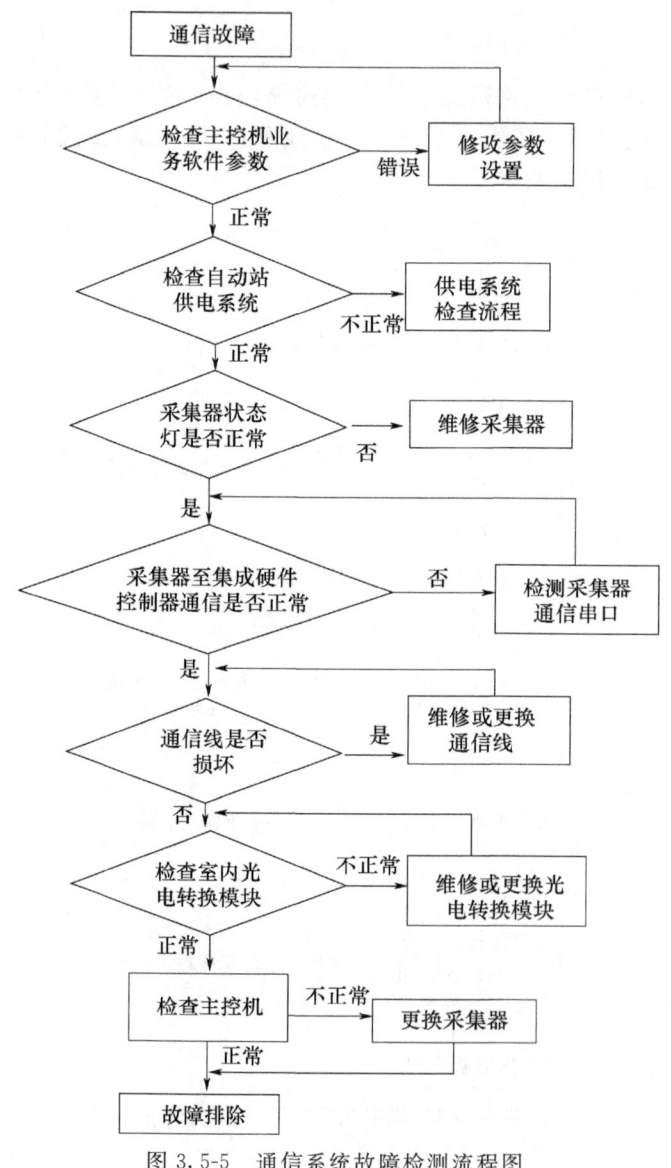

图 3.5-5 通信系统故障检测流程图

检测步骤：

(1) 检查串口参数设置，如串口号、波特率、数据位、停止位、校验位等。

(2) 分段检查主采集器通信接口→综合集成硬件控制器（或光纤转换模块）→计算机终端通信线缆等各节点的线缆，测试线缆有无短路、断路，焊接点有无虚焊脱焊。

(3) 检查串口隔离器。将两端的串口隔离器去掉后如果通信恢复正常，说明串口隔离器损坏，需更换。

(4) 检查计算机串口。可通过更换计算机串口或计算机的方式检查排除串口故障。

(5) 检查采集器串口。将计算机和主采集器串口连接，在计算机端发送测试命令（DMGD、OBSAMPLE MAIN 等），看采集器有无响应。

(6) 使用综合集成硬件控制器、光纤转换模块的自动气象站，查看综合集成硬件控制器、光纤转换模块等设备的 POWER 灯是否常亮，常亮为上电正常；查看数据传输时 Tx 常亮、Rx 灯闪烁，表示有数据流传输。

(7) 使用综合集成硬件控制器的自动气象站，检查计算机 RJ45 口；用串口交叉线连接两个物理串口，用串口调试软件测试两个串口间能否互相通信。

3. 主采集器故障

当供电和通信系统均正常工作时，应重点检查主采集器是否正常。主采集器故障检测流程见图 3.5-6。

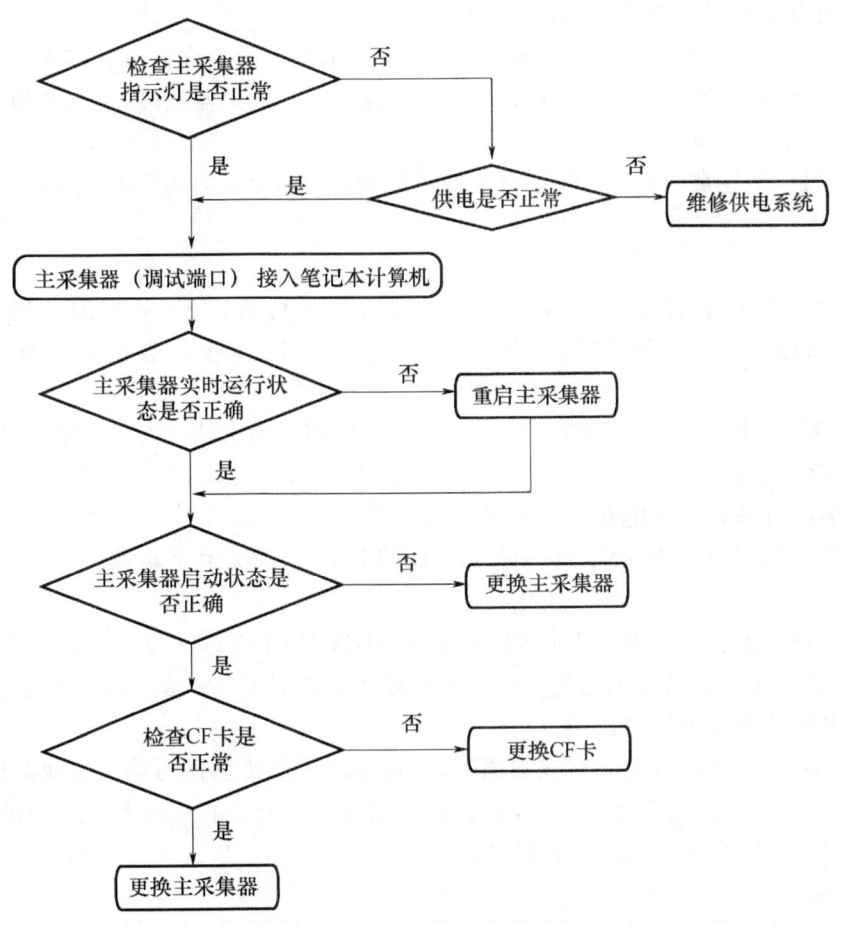

图 3.5-6 主采集器故障检测流程

检测步骤：

(1)观察主采集器运行指示灯。正常工作时，RUN 灯为秒闪。CF 卡指示灯在进行读写操作时闪烁，不读写时不亮。

(2)检查供电是否正常。

(3)将计算机和主采集器串口连接，在计算机端发送测试命令看有无数据返回。

(4)检查 CF 卡是否已满或已损坏。

(5)若只是某传感器观测数据异常或缺测，则检查主采集器中该传感器的配置参数是否正确。

4. 温湿度分采集器故障

当温度、湿度数据异常或缺测，其他观测要素数据均正常时，应重点检查温湿度分采集器是否正常。

检测步骤：

(1)在温湿度分采集器端测量供电是否正常。

(2)在计算机端发送测试指令"DAUSET TARH↙"，确认主采集器是否启用了温湿度分采集器。

(3)用计算机连接分采集器的调试端口，发送"GETSECDATA!↙"命令，若有数据返回说明温湿度分采集器正常。若无数据返回，则检查温湿度分采集器 CAN 线是否松动、脱落，线序是否正确，否则更换温湿度分采集器。

(4)若只是温度或湿度数据异常或缺测，则根据测量温度或湿度传感器接入温湿度分采集器信号线的电阻值或电压值是否正确，从而判断是否温湿度分采集器故障，否则更换传感器。

5. 地温分采集器故障

当地温观测数据异常或缺测，其他要素观测数据均正常时，应重点检查地温分采集器是否正常。

检测步骤：

(1)观察地温分采集器运行指示灯。当系统正常运行后，"SYS"秒闪。当 CAN 收发器往外发送数据的时候，"CAN-T"灯闪烁。当 CAN 收发器接收到数据的时候，"CAN-R"灯闪烁。

通常情况下，如果主采集器的"RUN"指示灯秒闪，而地温分采 CAN-R 指示灯不闪烁，则请检查 CAN 通信线缆是否接线正常。

(2)测量地温分采集器供电是否为正常。

(3)在计算机端发送测试指令"DAUSET EATH↙"，确认主采集器是否启用了地温分采集器。

(4)用计算机连接分采集器的调试端口，发送"GETSECDATA! ↙"命令，若有数据返回说明地温分采集器正常。若无数据返回，则检查地温分采集器 CAN 总线是否松动、脱落，线序是否正确，否则更换地温分采集器。

(5)当只是某一层地温数据异常或缺测时，可将该层地温传感器与某一层地温传感器在地温分采集器的接入端口处进行互换，根据互换后的观测数据判断是否地温分采集器的该通道损坏；若确认通道无故障，则更换该层地温传感器。

6. 其他故障

(1)具有时间规律性的故障，如某一时段内多发、频发的故障，应考虑周围是否有强电磁干扰,检查消除信号干扰源,并做好屏蔽。

(2)有些偶发性故障可能是动物所致,例如鸟畜饮水导致蒸发数据异常,昆虫堵塞导致雨量数据异常,蜘蛛结网导致能见度数据异常,鸟兽践踏导致雪深数据异常,地鼠噬咬导致通信中断等。日常工作中要做好巡视维护,发现问题及时处理。

(3)接地不良也会引起供电异常、通信故障,安装维护中务必重视做好设备和线缆的接地。

3.5.5 各传感器故障排查方法

1. 气温传感器

气温传感器的常见故障为数据异常或缺测,首先检查业务软件和采集器的相关参数设置,再检查线缆、传感器、采集器等方面来排查故障。

(1)参数检查

① 确认业务软件参数设置正确。

② 确认主采集器中启用了温湿度分采。

输入 DAUSET TARH↙,若返回值为 1,表示开启;若返回值为 0,表示关闭,输入 DAUSET TARH1↙,将其启用(TARH 为温湿度分采集器标识符)。

③ 确认主采集器中启用了气温传感器。

输入 SENST T0↙,若返回值为 1,表示开启;若返回值为 0,表示关闭,输入 SENST T0 1↙,将其启用(T0 为气温传感器标识符)。

(2)线缆检查

① 检查各线缆插头是否牢固,有无脱落或松动。

② 依次测量气温传感器→温湿度分采→主采集器的线路,排除断接、短接、错接、破损等故障。

(3)传感器检查

铂电阻温度传感器采用四线制标准测量方式。

温度计算公式:$T=(R_t-100)/0.385$,其中,T 为温度(℃),R_t 为铂电阻测量值。

气温传感器的接线示意如图 3.5-7 所示。1 与 2(3 与 4)称之为同端电阻,1(2)与 3(4)称之为异端电阻。同端电阻两两相通,电阻值在 1~8 Ω,异端电阻两两不通,电阻值在 80~120 Ω。分别测得同端电阻 R_1 和异端电阻 R_2,算出 $R_t=R_2-R_1$,就可根据温度计算公式计算出当前温度 T。

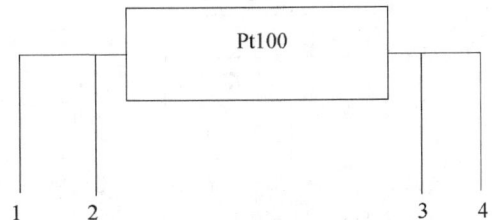

图 3.5-7 铂电阻温度传感器接线示意图

① 检测维修时,注意断电测量。

② 用万用表电阻档测量气温传感器的同端电阻和异端电阻,用温度计算公式计算出气温值。

③ 如果计算出的气温值与当前实际气温值差值较大,说明传感器故障。如果在误差允许范

围内,表示传感器正常。

④ 温湿度分采集器检查。若参数设置、线缆、传感器均正常,应重点检查主采集器的CAN总线和温湿度分采是否正常。

2. 湿度传感器

湿度传感器的常见故障为数据异常或缺测,首先检查业务软件和采集器的相关参数设置,再检查线缆、传感器、采集器等方面来排查故障。

(1) 参数检查

① 确认业务软件参数设置正确。

② 确认主采集器中启用了温湿度分采。

输入 DAUSET TARH↙,若返回值为1,表示开启;若返回值为0,表示关闭,输入 DAUSET TARH 1↙,将其启用(TARH 为温湿度分采集器标识符)。

③ 确认主采集器中启用了湿度传感器。

输入 SENST U↙,若返回值为1,表示开启;若返回值为0,表示关闭,输入 SENST U 1↙,将其启用(U 为湿度传感器标识符)。

(2) 供电检查

用万用表直流电压档(DC20 V)测量传感器供电电压,应在 12 V 左右。如不正常,则分段检查温湿度分采至主采集器的供电。

(3) 线缆检查

检查各线缆插头是否牢固,有无脱落或松动。

依次测量湿度传感器→温湿度分采→主采集器的线路,排除断接、短接、错接、破损等故障。

(4) 传感器检查

湿度传感器主要由湿敏电容和转换电路两部分组成。湿敏电容电容量经外围电路转换后输出电压信号。电压与湿度成线性正比关系。当相对湿度为 0% 时,传感器输出电压为 0 V;当相对湿度为 100% 时,传感器输出电压为 1 V。其计算公式如下:

$$RH = U \times 100\%$$

其中,RH 为相对湿度(%),U 为传感器输出电压(V)。

湿度传感器的接线原理见图 3.5-8 所示。

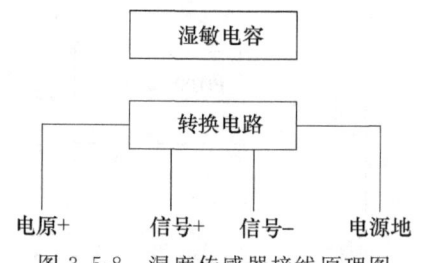

图 3.5-8 湿度传感器接线原理图

测量"信号+"与"信号-"之间的电压值,经湿度计算公式计算得出当前的相对湿度值。如果计算得出的湿度值和实际值基本一致,说明传感器正常。若相差较大,说明传感器故障,需要更换。

湿度传感器通过航空插头连接温湿度分采集器。检测时需拆开温湿度分采的防水盒盖,检测完毕后,装回盒盖,拧紧螺钉并确认密闭。

(5)温湿度分采检查

若参数、供电、线缆、传感器均正常,应检查主采集器的 CAN 通道和温湿度分采是否正常。

3. 气压传感器

气压传感器的常见故障为数据异常或缺测,首先检查业务软件和采集器的相关参数设置,再检查线缆、传感器、采集器等方面来排除故障。

(1)参数检查

① 确认业务软件参数设置正确。

② 确认主采集器中启用了气压传感器。

输入 SENST P↙,若返回值为 1,表示开启;若返回值为 0,表示关闭,输入 SENST P 1↙,将其启用(P 为气压传感器标识符)。

(2)供电检查

若气压传感器有工作状态指示灯,则观察指示灯是否常亮。

测量主采集器气压通道的供电电压,正常应为 DC12 V 左右。

(3)线缆检查

检查主采集器气压通道上的端子接线有无错接,接线是否松动,端子是否损坏。

对于 DYC1 型和 PTB330 型气压传感器,还应检查连接气压传感器和主采集器的串口线是否故障。

(4)传感器检查

用串口线直连计算机和气压传感器的串口,给传感器加电,在计算机端发送测试指令,根据返回信息判断传感器是否正常。

① DYC1 型和 PTB330 型气压传感器

串口默认参数:波特率 2400、数据位 8、停止位 1、校验位 N。

通过串口发送命令 P↙,若能返回正确的气压值,则表示气压传感器正常,否则故障。

② HYPTB210 和 PTB210 型气压传感器

串口默认参数:波特率 9600、数据位 8、停止位 1、校验位 N。

通过串口发送命令 .P↙,若能返回正确的气压值,则表示气压传感器正常,否则故障。

(5)主采集器检查

若参数、供电、线缆、传感器均正常,应重点检查主采集器的气压通道是否正常。

4. 风向传感器

风向传感器的常见故障为数据异常或缺测,首先检查业务软件和采集器的相关参数设置,再检查线缆、传感器、采集器等方面来排除故障。

(1)参数检查

① 确认业务软件参数设置正确。

② 确认主采集器中启用了风向传感器。

输入 SENST WD↙,若返回值为 1,表示开启;若返回值为 0,表示关闭,输入 SENSTWD1↙,将其启用(WD 为风向传感器标识符)。

(2)供电检查

① 风向风速传感器共用一根线缆并由主采集器供电。如果风向风速均无数据,则优先考虑供电故障。

② 用万用表依次测量从风向传感器到主采集器的各个电压节点是否为 5 V 左右,测量接地

是否正常。

(3) 线缆检查

① 检查各线缆插头是否牢固,有无脱落或松动。

② 可用万用表依次测量风向传感器到主采集器风向信号各节点的通断,检查是否有短路或断路故障。

(4) 传感器检查

风向数据明显异常或缺测时,有可能是风向传感器损坏引起的,检查时应先进行外观检查,若风向标明显变形或转动不灵活,应先更换传感器。

当传感器外观无明显异常时,可使用测量的方法确定传感器是否故障。先将风向标固定,在电源供电正常的情况下,依次测量格雷码信号 D0～D6（或其对应各节点）的电压值,电压在 4.5～5 V 之间为高电平 1,在 0～0.7 V 之间为低电平 0,然后按从 D6 到 D0 的顺序（D6 为首位,D0 为末位）记录下 7 位格雷码,并查出此格雷码所对应的方位。通过与实际方位对比,确定传感器是否故障。

(5) 主采集器检查

若参数设置、线缆、供电、传感器均正常,应重点检查主采集器的风向信号测量通道是否正常。

5. 风速传感器

风速传感器的常见故障为数据异常或缺测,首先检查业务软件和采集器的相关参数设置,再检查线缆、传感器、采集器等方面来排除故障。

(1) 参数检查

① 确认业务软件参数设置正确。

② 确认主采集器中启用了风速传感器。

输入 SENST WS↙,若返回值为 1,表示开启;若返回值为 0,表示关闭,输入 SENST WS 1↙,将其启用(WS 为风速传感器标识符)。

(2) 供电检查

风向风速传感器共用一根线缆并由主采集器供电。如果风速风向均无数据,则优先考虑供电故障。

可用万用表依次测量风速传感器到主采集器的各个电压节点是否为 5 V 左右,测量接地是否正常。

(3) 线缆检查

① 检查各线缆插头是否牢固,有无脱落或松动。

② 用万用表依次测量风速传感器到主采集器风速信号各节点的通断,检查是否有短路或断路故障。

(4) 传感器检查

风速数据明显异常或缺测时,有可能是风速传感器损坏引起的,检查时应先进行外观检查,若风杯明显变形或转动不灵活,应先更换传感器。

当传感器外观无明显异常时,可使用测量的方法确定传感器是否故障。在电源供电正常的情况下,测量风速输出信号的电压值,风杯静止时电压值应为 0.7 V 或 4.5 V 左右;风杯转动时,电压值应为 2.5 V 左右。如果电压示值与转动情况不符,说明传感器故障。

还可以用万用表的频率(单位:Hz)档直接测量风速的输出频率,根据用风速—频率线性公式计算出的风速值判断传感器是否正常。

有条件的台站也可以通过示波器查看传感器的输出波形特征来判断传感器的性能好坏,见表 3.5-1。

表 3.5-1　EL15-1C 型风速传感器风速—频率对应表

风速值(m/s)	0.3	0.5	1	1.5	2	5	10	15	20	25	30	35	40	50	60
频率(Hz)	0~1	4	14	25	35	96	198	300	402	504	606	708	811	1016	1221

注:ZQZ-TFS 型风速传感器风速—频率对应关系为 $v=0.1f$,可直接计算。

(5)主采集器检查

若参数设置、线缆、供电、传感器均正常,应重点检查主采集器的风速信号测量通道是否正常。

6. 翻斗式雨量传感器

雨量传感器的常见故障为数据异常或缺测,首先检查业务软件和采集器的相关参数设置,再检查线缆、传感器、采集器等方面来排除故障。

(1)参数检查

① 确认业务软件参数设置正确。

② 确认主采集器中启用了雨量传感器。

输入 SENST RAT↙,若返回值为 1,表示开启;若返回值为 0,表示关闭,输入 SENST RAT 1↙,将其启用(RAT 为翻斗式雨量传感器标识符)。

(2)线缆检查

雨量传感器输出的脉冲信号通过两根线缆接入主采集器的雨量通道。

① 检查各线缆插头是否牢固,有无脱落或松动。

② 在雨量传感器与主采集器正常连接的情况下,将主采集器断电,用万用表通断档测量主采集器雨量通道上的接线端子,正常情况下应无短路提示音,如有提示音,说明线缆或雨量通道的接线端子短路。

③ 主采集器断电,将雨量传感器上的两根信号线接至同一接线柱(红或黑),用万用表通断档测量主采集器雨量通道上的接线端子,正常情况下应有短路提示音,如果没有,说明线缆或雨量通道的接线端子断路。

(3)传感器检查

① 检查各翻斗的翻转灵活性,排除机械部件故障。

② 翻转计数翻斗(不能碰触翻斗内壁),用万用表的通断档测量雨量传感器红、黑接线柱的输出信号。每翻转一次,万用表应发出一声短路提示音。否则,说明干簧管故障,需更换干簧管或传感器。

(4)主采集器检查

① 主采集器断电,拔下雨量通道上的端子。用万用表通断档测量主采集器雨量通道的输入信号和信号地,如果短路说明雨量通道故障,需更换主采集器。

② 主采集器通电,在业务软件中将其设为维护状态,把主采集器雨量通道的输入信号与信号地一分钟内短接数次,然后用分钟查询命令查看雨量返回值,若无返回值,说明雨量通道故障,

需更换主采集器。

7.地温传感器

地温传感器的常见故障为数据异常或缺测,首先检查业务软件和采集器的相关参数设置,再检查线缆、传感器、采集器等方面来排除故障。

(1)参数检查

① 确认业务软件参数设置正确。

② 确认主采集器中启用了地温传感器。

以地面温度传感器为例,输入 SENST ST0↙,若返回值为1,表示开启;若返回值为0,表示关闭,输入 SENST ST0 1↙,将其启用。

(2)线缆检查

① 检查各线缆插头是否牢固,有无脱落或松动。

② 依次测量故障地温传感器→地温分采的对应信号节点,测量地温分采→主采集器的CAN总线节点,排除断接、短接、错接等故障。

(3)传感器检查

同气温传感器。

(4)地温分采集器检查

若参数、线缆、传感器均正常,应重点检查主采集器的CAN通道和地温分采是否正常。

8.蒸发传感器

蒸发传感器的常见故障为数据异常或缺测,首先检查业务软件和采集器的相关参数设置,再检查线缆、传感器、采集器等方面来排除故障。

(1)参数检查

① 确认业务软件参数设置正确。

② 确认主采集器中启用了蒸发传感器。

输入 SENST LE↙,若返回值为1,表示开启;返回值为0,表示关闭,输入 SENST LE 1↙,将其打开(LE 为蒸发传感器标识符)。

(2)供电检测

用万用表依次测量从蒸发传感器到主采集器电压信号各节点是否为DC12 V,接地是否正常,见图3.5-9。

(3)线缆检测

检查各线缆插头是否牢固,有无脱落或松动。

用万用表依次测量中从蒸发传感器到主采集器各信号节点的通断,检查是否有短路或断路故障,见图3.5-10。

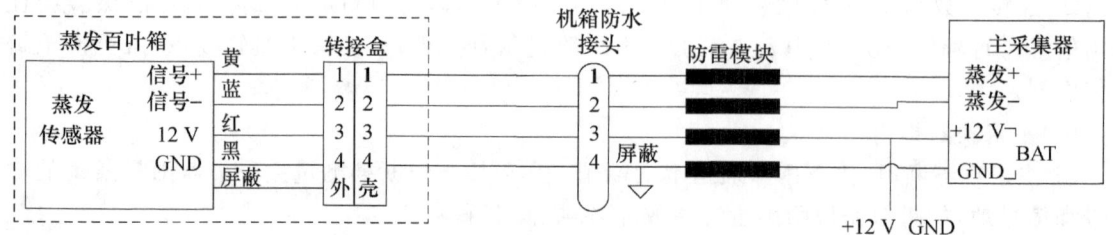

图 3.5-9　WUSH-TV2 蒸发传感器连接示意图

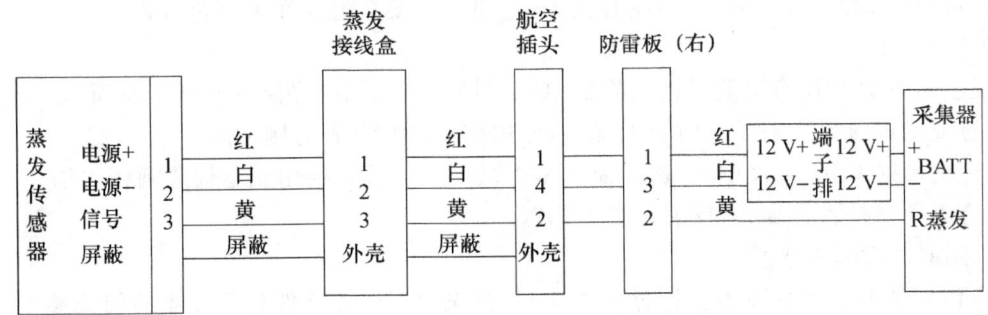

图 3.5-10 AG2.0蒸发传感器连接示意图

(4)传感器检测

用万用表测量蒸发传感器的输出信号,电流值应在4～20 mA。根据所测电流,利用下面公式进行水位计算:

$$E_c=100\times(20-I)/(20-4)$$

式中,E_c 为蒸发水位,mm;I 为电流,mA。

计算得出的水位若与通过输入命令获取的返回值或软件窗口的显示值基本一致,说明传感器正常。

主采集器配置有标准电阻可将蒸发传感器输出的电流信号转换为电压信号,通过测量电压也可以判断蒸发传感器输出信号是否正常。

(5)主采集器蒸发通道检测

用信号模拟器模拟输出4～20 mA的电流,检查经主采集器转换后的水位数据应在0～100 mm。

其中4 mA对应100 mm,20 mA对应0 mm。

如果数据异常,说明蒸发通道有问题,应更换主采集器。

9.能见度传感器

能见度传感器的常见故障为数据异常或缺测,首先检查业务软件和采集器的相关参数设置,再检查线缆、传感器、采集器等方面来排除故障。

(1)参数检查

① 确认业务软件参数设置正确。

② 确认主采集器中启用了能见度传感器。

输入 SENST VI↙,若返回值为1,表示开启;若返回值为0,表示关闭,输入 SENST VI 1↙,将其打开(VI为蒸发传感器标识符)。

(2)供电检查

测量能见度传感器的供电电压、接地是否正常,排除故障点。

(3)线缆检查

① 检查各线缆插头是否牢固,有无脱落或松动。重新接线或拧紧时,注意关闭设备电源。

② 测量从传感器到主采集器信号线有无短路、断路。

(4)传感器检查

① 检查计算机端通信接口设置是否正确。

② 使用计算机直连传感器串口,检查传感器每分钟主动输出的数据内容及格式是否正确

(数据内容应该均为字母或数字,不应有乱码;当前能见度数值应在量程范围内)。

　　(5)其他检查

　　能见度数据异常还有可能是由于发射单元与接收单元间的光路受阻或干扰所致。

　　① 检查透镜窗口或采样区内有无异物,如树枝、蛛网等,若有则清除。

　　② 检查发射单元(接收单元)透镜窗口是否被污染。若有则用脱脂棉蘸酒精清洁。

　　③ 检查周围是否有烟、强反射源等干扰源。

　　10. 称重式降水传感器

　　称重传感器的常见故障为数据异常或缺测,首先检查业务软件和采集器的相关参数设置,再检查线缆、传感器、采集器等方面来排除故障。

　　(1)参数检查

　　① 确认业务软件参数设置正确。

　　② 确认主采集器中启用了称重式降水传感器。

　　输入 SENST RAW↙,若返回值为 1,表示开启;若返回值为 0,表示关闭,输入 SENST RAW 1↙,将其启用(RAW 为称重式降水传感器标识符)。

　　(2)供电检查

　　测量称重式降水传感器的供电电压、接地是否正常,排除故障点。

　　(3)线缆检查

　　① 检查各线缆插头是否牢固,有无脱落或松动。重新接线或拧紧时,应关闭设备电源。

　　② 测量从传感器到主采集器信号线有无短路、断路。

　　(4)传感器检查

　　用计算机直连传感器串口,检查传感器每分钟的输出数据内容及格式是否正确(数据内容应该均为字母或数字,不应有乱码;当前降水量及原始质量数值应在量程范围内)。

　　(5)运行状态检查

　　检查运行状态指示灯闪烁是否正常。

　　(6)串口调试

　　称重式降水传感器可响应操作终端发出的指令,在使用和维护过程中可以从计算机终端给传感器或主采集器发送命令,进行必要的交互式操作。

3.5.6　综合集成硬件控制器故障排查方法

　　当 DPZ1 型综合集成硬件控制器出现故障时,可根据检测设备状态指示灯、上位机驱动等判别故障分类并进行维修。

　　1.硬件设备检查

　　根据设备面板指示灯显示状态,判断设备是否工作正常。硬件设备故障检测流程见图 3.5-11。

　　检测步骤:

　　(1)PWR1、PWR2 为设备供电状态指示灯,正常运行时常亮,若不亮需检查供电电源的电压是否正常。

　　(2)L1 为设备运行状态指示灯,正常运行时闪亮,若不亮说明内核系统工作异常,重启设备仍不能解决,需要更换备件。

　　(3)Tx、Rx 为光纤信号收发指示灯,正常运行时,Tx 常亮、Rx 闪亮,若异常需检查光纤、观测场内通信控制模块、室内光电转换模块是否异常,确定问题后更换备件。

(4)R、T 为接入综合集成硬件控制器设备数据收发状态指示,若当数据收发时不亮,需更换串口传输模块。

2.驱动软件检查

驱动软件故障时,表现为发送命令 T 指示灯不亮,命令发送失败。驱动软件检查流程见图 3.5-12。

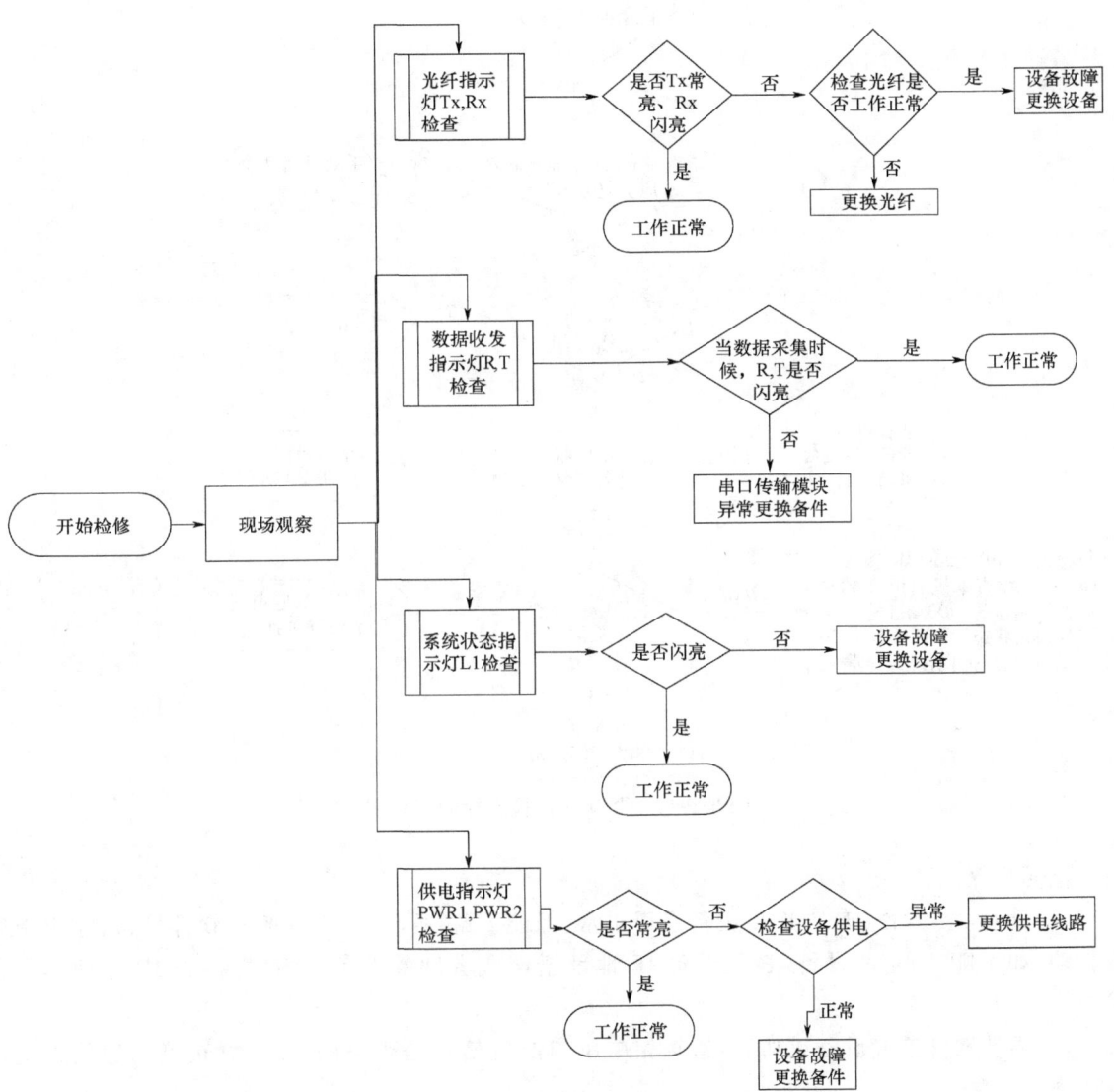

图 3.5-11　硬件设备故障检测与维修流程图

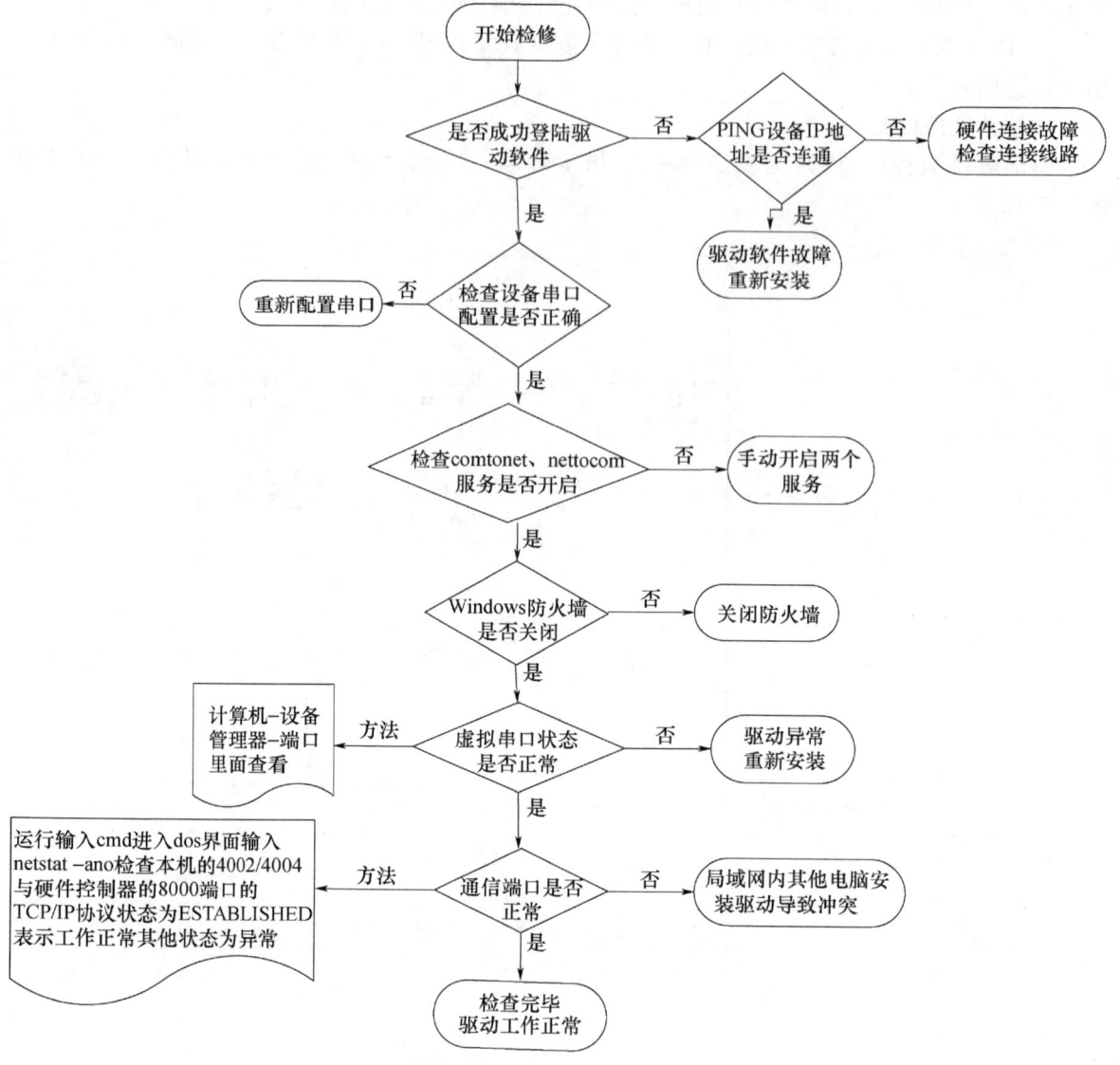

图 3.5-12　驱动软件检查检测流程图

检测步骤：

（1）首先，检查驱动软件连接设备是否正常，如能 ping 通设备，表示驱动软件异常，需重新安装驱动；如不能 ping 通设备，表示设备 IP 地址错误或者硬件设备故障，需检查 IP 地址和设备状态。

（2）驱动软件连接设备成功后，检查相应串口配置信息是否正确，需配置正确的通信方式及波特率等信息。

（3）comtonet、nettocom 是控制数据收发的两个服务，当数据没有收发时，需要检查这两个服务的状态。

（4）Windows 防火墙需要关闭的情况下，能保证设备数据的稳定传输。

（5）驱动软件虚拟串口信息在计算机－管理－设备管理器中可以查看，当出现问题时，会有一个黄色的感叹号代表驱动没有安装成功，需重新安装。

(6)一个局域网内只允许一台电脑访问硬件设备,当一个局域网内两台电脑同时安装了驱动软件,会导致数据收发异常,通过查看计算机与设备之间的 TCP/IP 端口状态可以判断是否局域网内驱动冲突。

3.其他故障

(1)数据缺测:当出现数据缺测后,检查系统时间和采集器的时间是否一致,当出现时间偏差后,会导致缺测。

(2)设备死机:数据传输中断需要重新启动硬件设备才能恢复,需要跟厂家联系,进行维修。

3.5.7 常见自动气象站故障及处理方法

3.5.7.1 供电系统故障

- 故障 1 电源箱空气开关跳闸

故障现象:

通过监控软件发现气压、能见度数据缺测,其他数据正常,经过排查未发现气压、能见度传感器故障,大约 20 min 后气温、湿度等数据缺测,怀疑是采集器故障,故先检查采集器供电系统,发现采集器电源箱空开跳闸。

处理方法:

(1)使用万用表测量气压传感器连接线,连接线无断路情况。

(2)测量输入电压,发现电压值为 9.5 V,已经低于气压传感器正常最低工作电压 10 V 的要求。

(3)经排查,发现直流输入总电压低于 12 V 的要求。

(4)检查供电箱,直流供电电压低于 12 V。因此判断为供电故障,经查为市电供电空开跳闸,蓄电池持续供电,导致电压不断下降,而气压传感器对电压的要求在所有设备中最高,故气压数据最先缺测。

- 故障 2 零地电压过高

故障现象:

自动气象站每天都会出现气温数据跳变,发生的时间、次数无规律,能自动恢复正常。

处理方法:

(1)台站人员对温湿分采、主采等设备进行了更换,但是故障依然没有解决。

(2)排除故障原因并不是设备本身造成,是由于干扰造成。干扰一般有两种情况,市电引起及外界的电磁干扰,这两种情况都会造成数据采集错误,应从这两方面检查处理。

(3)所有的接地线、屏蔽线都重新连接确保接触良好,但是故障依旧。

(4)然后排查交流电源,断开空气开关,用电池供电,两天内未出现该问题。由此断定,干扰是由于零地电压过高造成,于是对 UPS 端和主机箱做重新接地处理,故障排除。

3.5.7.2 通信系统故障

- 故障 3 地温分采集器 CAN 总线接触不良

故障现象:

2015 年 5 月安徽九华山国家站,刚开始是草温、地温数据缺测,重启地温分采,仍没有数据(以前出现过地温分采死机,重启后恢复正常),接着重启主采集器和计算机,仍没有数据,最后导致所有数据均缺测。

处理方法：

(1)通过故障现象描述，同时结合温湿度数据正常，说明地温分采集器供电正常；

(2)通过地温分采集器 COM、CANE1、CANE1 三个指示灯状态，判断 CAN 总线传输出现故障；

(3)接下来排查地温分采线路，发现地温 CAN 总线接触不良，重新剥线连接后，恢复正常。

- 故障 4　通信线缆屏蔽线未接入设备机壳的外表面

故障现象：

2014 年 10 月安徽南陵站，SMO 监控软件界面数据间歇性显示时有时无。

处理方法：

(1)重新使用一台新计算机发现故障现象依旧；

(2)使用笔记本电脑直接连接采集器，数据传输和卸载正常；用网线直连综合集成硬件控制器，发现数据间歇性缺测，初步判断为采集器与综合集成硬件控制器之间出现问题；

(3)检查采集器与综合集成硬件控制器之间的信号电缆线，发现屏蔽线未接入设备机壳，外界电磁环境对通信线路产生了干扰；

(4)重接两端信号屏蔽线，故障排除。

- 故障 5　综合硬件集成控制器

故障现象：

2014 年 4 月安徽屯溪站，实时数据全部缺测。

处理方法：

(1)发现这个现象后，台站维修人员马上重启了业务软件、采集器和计算机，故障依旧；

(2)检查光电转换器指示灯状态，发现指示灯状态异常，将光电转换器断电后重启，指示灯显示还是异常；

(3)到观测场检查综合硬件集成控制器，发现有电，硬件集成控制器指示灯显示不正常，断电重启，还是不正常；

(4)拿万用表测量电压，发现电压太低；

(5)打开硬件集成控制器供电系统，发现无市电，送上市电，开机重启，还是不正常；

(6)检查电源控制器，发现电源控制器故障，更换电源控制器，数据采集正常。

- 故障 6　光电转换模块故障

故障现象：

2013 年 5 月湖南江永站，ISOS 界面所有的观测数据缺测。

处理方法：

(1)将笔记本电脑用命令读取主采集器数据之后，显示新型站的数据全部正常；

(2)用光纤测试仪测量光纤是否完好，光纤正常；

(3)更换了电脑的端口和串口线，数据间歇性正常；

(4)更换了办公室内的光电转换模块之后，数据恢复正常。

- 故障 7　计算机串口被雷击

故障现象：

2014 年 9 月浙江衢州站，自动气象站遭雷击。9 月 18 日，衢州市郊外雷雨交加，13 时雷暴方位移至测站天顶，雷暴强度逐步增强，随着一声声的巨响 13 时 25 分本站市电跳闸，有线网络无法正常通信，新型自动气象站主业务计算机运行正常，但全部气象要素实时数据显示缺测。

处理方法：

(1) 经检查自动气象站计算机运行正常，UPS 供电正常，备份网络 3G 可正常通信，鉴于雷击后新型自动气象站全部要素数据缺测，先从采集器供电电源、通信是否异常、采集器运行状态进行分析；

(2) 查看采集器供电，因雷击后市电无法正常供电，空气开关跳闸，采集器需要蓄电池供电，确保蓄电池供电正常，用万用表对蓄电池输出电压进行测量，输出电压达 12 V 以上，采集器可正常运行；

(3) 排除采集器供电故障后，查看采集器运行状态及 CF 卡存储状态，采集器运行灯 RUN 指示灯亮，CF 卡指示灯采集存储时闪亮，说明采集器运行正常；

(4) 对采集器至主业务计算机的通信情况进行检查，在光纤转换器上 Tx 接收、Rx 发送、power 运行 3 个指示灯正常；

(5) 室内光纤串口转换器上 Rx 灯为橘黄色常亮，代表无法正常发送；

(6) 对转换器至计算机串口线及串口进行排查，使用串口调试软件进行判断，判断后确认此次雷击后各要素数据全部缺测的故障原因为计算机串口损坏无法正常通信；

(7) 台站备有与原主业务计算机完全相同硬件配置的计算机；将原主业务计算机中的硬盘拆卸转装入新计算机，显示与新型自动气象站连接正常，恢复新型自动气象站正常运行。

• 故障 8　主采集器线缆接触不良

故障现象：

2015 年 6 月浙江安吉站，主采集器突发故障，数据全无。

处理方法：

(1) 各要素数据全缺测，主采集器运行灯常亮；

(2) 将各传感器及电源的插头重新插拔，回复正常。

3.5.7.3　采集器故障

• 故障 9　地温分采集器

故障现象：

2015 年 1 月贵州思南站，ISOS 界面草温数据缺测，其他数据正常。

处理方法：

草温是通过浅层地温转接板，连接到地温分采，主采集器通过 CAN 总线与地温分采进行通信，从而采集地温数据。由于只有草温数据缺测，故障原因应为地温分采的草温采集通道损坏、草温传感器线被老鼠咬断、草温传感器线接错和草温传感器损坏等。

(1) 首先使用万用表测量地温传感器接入分采集器的 4 根线中同端、异端的电阻值是否正常；测量结果显示草温传感器正常。

(2) 将草温传感器与 0 cm 地温传感器对换后，ISOS 界面则显示 0 cm 地温缺测。因此，判断为地温分采的草温通道故障，更换地温分采后，草温采集正常。

• 故障 10　能见度采集器

故障现象：

2014 年 12 月安徽池州站，经常夜间能见度分钟数据发生剧烈跳变，从 1 万多米跳到 10 m。

处理方法：

(1) 由于故障持续时间不超过 08 时，先以为是蛛丝造成的，清扫后恢复正常。

(2)此后多次出现,08时前恢复正常,厂家判断由于夜间温度较低导致的。
(3)更换能见度采集器后,恢复正常。

- 故障11　主采集器

故障现象:

通过实时卸载CF卡上数据发现主采集器采集不了分钟数据。

处理方法:

(1)升级CF卡程序还是解决不了问题;
(2)更换CF卡后还是出现同样情况;
(3)更换主采集器后恢复正常。

- 故障12　主采集器

故障现象:

2015年6月河北青龙站,采集器升级以后,正点后17 min所有数据缺测,手工卸载采集器内没有数据。

处理方法:

(1)查看采集器和计算机时间相差超过30 s;
(2)造成正点后15 min对时错过采集数据;
(3)手工和省局服务器对时,硬性校对采集器时间。

- 故障13　天气现象分采集器

故障现象:

2014年4月上海青浦站,天气现象缺测。

处理方法:

(1)ISOS界面天气现象仪状态红显,数据缺测;
(2)检查天气现象仪机箱,供电正常,采集器指示灯不跳;
(3)重启天气现象仪采集器后正常,但几小时后又死机,后更换新采集器,恢复正常。

3.5.7.4　传感器故障

- 故障14　地温传感器故障

故障现象:

2014年9月安徽寿县站,40 cm和160 cm地温显示为0。

处理方法:

(1)断电测量地温传感器,发现40 cm传感器故障;
(2)测量地温线路,发现160 cm地温线路断路;
(3)确认故障后更换40 cm地温传感器,维修160 cm地温传感器线路。

- 故障15　湿度传感器

故障现象:

2015年6月安徽阜阳站,故障现象为湿度数小时内始终是33,而温度正常。

处理方法:

经现场勘察后,排除通信故障和采集器故障,所以只有传感器故障,直接更换温湿度传感器后故障排除。

- 故障16　雨量传感器

故障现象:

2015 年 6 月安徽阜阳站,故障现象为降水明显,却无降水数据。

处理方法:

雨量传感器通过 2 芯线直接连接主采集器,所以故障可能为传感器故障、2 芯线故障或主采集器雨量通道故障等。打开雨量传感器外壳后发现降水传感器上部留的线缆挡住翻斗,于是重排电缆,问题解决。

3.5.7.5　其他故障

- 故障 17　能见度镜头有异物

故障现象:

2015 年 6 月吉林龙井站,能见度数据突降。

处理方法:

15 时 ISOS 界面能见度显示突然变小,由 30 km 变为 2 km 左右(人工能见度为 25 km)。先关闭 ISOS 软件后重启,问题未得到解决,判断能见度传感器故障,到观测场查看 DNQ3(J)型前向散射能见度仪,发现发射段有几根蜘蛛网,清除蜘蛛网后,能见度逐渐上升,恢复到 30 km。

- 故障 18　蒸发传感器内有异物

故障现象:

2014 年 7 月浙江岱山站,ISOS 界面蒸发数据异常,其他数据正常。

处理方法:

蒸发传感器通过通信线连接到主采集器进行通信。由于只有蒸发数据异常(水位跳变,蒸发量偏大),故障原因应为蒸发传感器故障或损坏,或通信线被老鼠咬断等原因。

(1)检查蒸发桶水量和线路情况,无明显故障;

(2)打开小百叶箱,取下蒸发传感器感应头,发现有小蜘蛛爬出,检查进水钢管和感应头,发现有少量蜘蛛丝。

判断分析由于蜘蛛或蜘蛛丝影响感应头测试,导致数据异常,清除蜘蛛丝后,数据恢复正常。

3.6　现场维护标校

授课方式:分组实习实践。

教学内容:观测场温湿度、地温传感器、风传感器维护;翻斗式雨量传感器维护(雨量筒下水孔的清洗、雨量超差判断与处理)及雨量标校、蒸发传感器维护(与计算机联调);称重式雨量传感器的抽水、注油、加防冻液维护、能见度传感器的维护、降水天气现象仪的调试与维护(新型观测仪器);自动气象站采集器、供电系统维护、气压传感器维护;观测场地沟防雷、防鼠、防水、通风的检查、维护。

教学要求:掌握自动气象站实际业务中的主要维护方法、现场处理问题的一般思路,并能在实践中灵活运用和操作,特别是需要与业务计算机联动操作方面的技术;熟悉自动气象站采集器、各要素传感器的安装要求。

重点难点:雨量标校、自动蒸发维护、能见度仪的维护、地温场的维护。

课程小结:本课程主要介绍了自动气象站日常维护注意要点。

思考题:雨后地温场维护应注意哪些?

3.6.1 维护周期及内容

3.6.1.1 日巡视

1.巡视时间

(1)每日日出后和日落前巡视观测场和仪器设备,具体时间各站自定,但站内必须统一。

(2)交接班期间。

(3)特殊天气(如大风、大雾、强沙尘或强对流)过程前后。

(4)除以上时次外,其余业务守班期间,正点前 15 min 查看数据是否正常,通信是否正常。文件发送后,通过相关业务系统查看到报情况。

2.巡视内容

室内巡视内容:

(1)检查自动气象站和备份站业务软件运行是否正常。

(2)检查自动气象站实时数据是否有异常或缺测记录,如有,可人工补收。

(3)检查通信组网监控软件运行是否正常。

(4)每天 19 时,对采集器、数据处理计算机对时,要求与北京时间误差在允许范围以内,否则,应在整点后及时校准时间,且采集器与数据处理计算机的时钟应保持一致。同时,确保值班室观测用时钟走时准确。

(5)每天 20 时后及时做好当天数据文件的异机备份,确保数据安全。

(6)每日定时检查备份(指安装双套自动站仪器的台站)自动气象站的运行情况,维护步骤与方法同现用自动气象站,确保双套自动气象站处于良好运转状态。

(7)对值班室及室内仪器设备进行清洁,保持值班室环境和仪器设备干净、整洁。

(8)检查供电电源是否正常,检查接线板上的插头是否牢固。

(9)检查 UPS 工作状态指示灯是否正常。

(10)检查各路由器、交换机、协议转换器等通信设备指示灯是否正常。

观测场巡视内容:

(1)检查风向、风速传感器,注意观察风杯和风向标转动是否灵活、平稳,发现异常时,及时处理;强对流天气过后,应仔细检查风传感器是否受损;遇有冬季雨雪冰冻天气,应检查风传感器是否冻结。

(2)检查能见度传感器防护罩及透镜,如有降水、凝结物或灰尘附着,应及时清除。

(3)使用翻斗式雨量传感器的台站,检查传感器承水器内有无昆虫、尘土、树叶等杂物,并及时清除,保持外筒清洁。

(4)冬季使用称重式降水传感器的台站,应做好检查。内筒内液面高度和供电情况;口沿以外的积雪、沙尘等杂物应及时清除,如遇有承水口沿被积雪覆盖,应及时将口沿积雪扫入桶内,口沿以外的积雪及时清除;每次较大降水过程后及时检查,防止溢出;降水过程中,因降水量较大可能超过量程时,应在降水间歇期及时排水,并注意分析判断降水量数据的准确性,如有疑问,应及时进行现场测试;预计将有沙尘天气过程,应及时将桶口加盖,沙尘天气结束后及时取盖。

(5)检查蒸发器内水是否清洁,水面有无漂浮物,水中有无小虫及悬浮污物,保持器内无青苔,水色无显著改变。

(6)检查草温传感器放置是否规范。冬季,当积雪掩埋草层时,应经常巡视草面温度传感器,并使其始终置于积雪表面上。

(7)检查地温传感器的埋置是否规范。保持地面温度传感器一半埋在土内,一半露出地面,及时擦拭沾附在上面的雨露和杂物,浅层地温安装支架的零标志线要与地面齐平。

(8)雨后或雪融后,检查深层地温硬橡胶套管内是否存在积水的问题,如有积水,应用头部缚有棉花或海棉的竹竿插入管内将水吸干,如发现套管内经常积水,则应检查原因,进行维修。

(9)检查观测场四周探测环境,是否在观测场四周规定距离内种植了高杆作物,观测场围栏上是否有爬蔓生植物和晾晒衣物等;沙漠地区要及时清除围栏周围的堆沙。

3.6.1.2 周维护

1. 维护时间

每周定期维护。一般建议安排在每周第一个工作日,特殊情况可适当顺延。

2. 维护内容

室内维护内容:

(1)重启一次数据采集软件和计算机。

(2)对计算机全面查(杀)毒,并及时升级杀毒软件。

观测场维护内容:

(1)用毛刷和湿布全面清洁百叶箱(含蒸发百叶箱),保持干净、洁白;用毛刷清理温湿传感器保护罩。在清洁过程中,百叶箱内的仪器设备不得移出箱外。清洗百叶箱的时间以晴天上午为宜。冬季巡视时,如遇百叶箱顶、箱内和壁缝中有雪和雾凇时,要小心用毛刷扫除干净。

(2)检查草温传感器,发现草株高度超过 10 cm 时,应修剪草层高度。

(3)检查地温场的土壤疏松状况,清除地温场内杂草,保持裸地,对地温场土壤及时进行耙土疏松,确保各地温传感器安装符合要求。

(4)检查分采集器(如温湿传感器、地温传感器)及综合集成硬件控制器状态指示灯是否正常。

(5)检查主采集器箱体密封情况,检查气压传感器静压气孔口气流是否畅通。

3.6.1.3 月维护

1. 维护时间

每月定期进行维护。建议安排在每月最后一周的第一个工作日,特殊情况可适当顺延。

2. 维护内容

室内维护内容:

(1)检查地面气象业务软件版本是否为当前业务许可的最新版本、台站参数是否正确。

(2)月最后一天 20 时过后及时做好该月数据和参数文件的异机备份,确保数据和参数安全。

(3)及时检查或更新主采集器内部程序版本,确保为业务许可的最新版本。

(4)检查维修工具是否齐全,是否能正常使用;检查维修备件工作状态,检查检定证是否在有效期内。

(5)检查发电机运转是否正常,每月至少启动 1 次发电机,发电机工作时间不得低于 20 min,检查发电机燃油备用情况,燃油储量不得低于 8 h。

(6)每 3 个月对 UPS 进行断市电测试及放电一次,每次放电至电池总容量的 50%,放电时间不得低于 3 h。如果电池续航能力低于 4 h,或电池使用年限超过 3 a,则需要更换。

(7)检查供电设施,市电是否在允许范围之内(交流,220 V±5%、50 Hz),检查电源接地、零地电压,确保供电安全。

(8)测试通信线路是否畅通。检查各通信线路的供电是否正常、连接是否牢靠;气象宽带网络干线线路为多条时,保留一条线路,关闭其余线路,测试与收报服务器网络通信是否正常。以此方法逐条线路测试。如有不正常线路,则联系运营商协助解决;检查无线通信网卡上的费用是否充足,不足时提前充值。

观测场维护内容:

(1)维护清洁能见度传感器。每两个月定期清洁传感器发射单元、接收单元的镜头及防护罩,用蘸有异丙醇酒精的不起毛软布擦拭透镜,注意不要划伤或磨损镜头,眼睛不要长时间正视发射镜头。如果仪器所处环境条件不够理想,透镜清洁工作应适当增加维护频次;擦除防护罩内外表面上的灰尘。

(2)检查温湿传感器安装是否规范,支架安装是否牢固,距地高度是否符合要求,线缆外皮是否有老化和破损现象。

(3)维护清洁翻斗式雨量传感器。检查雨量传感器的器身是否稳定、器口是否水平、高度是否符合规范,发现不符合规范要求时应及时纠正;检查各连线外皮是否有老化和破损现象;检查各翻斗和过滤网。清除过滤网上的尘沙、小虫等避免堵塞管道,保持节流管畅通。夏季雨量筒内部结有蜘蛛网,影响翻斗翻转时,要清除干净;无雨或少雨的季节,可将承水器口加盖,但注意在降水前及时打开;检查翻斗翻转的灵活性。发现有阻滞感,应检查翻斗轴游隙是否正常、轴承是否有微小的尘沙、翻斗轴是否变形或磨损,并及时采取有效的措施;风沙较大地区,雨量传感器使用一段后,翻斗内可能会沉积泥沙,应定期清淤;可用干净的脱脂毛笔刷洗,必要时可加入适量的洗涤剂,然后用清水冲洗干净;维护期间,应将雨量信号线从雨量传感器上拆下,避免翻斗误动作出现错误的雨量数据。汛期前(后)对雨量传感器进行全面检查清洁,各站根据启用时间,及时揭开(盖上)雨量筒盖子。

(4)维护清洁称重式降水传感器。检查内筒液体状况,当内筒内的液体较多或杂物过多时,应清空,然后添加相应的防冻液和蒸发抑制油;当内筒内的防冻液和抑制蒸发油过少时,应适量添加;维护之前应先断开称重式降水传感器电源,拔下数据线;维护完毕后,再接上电源线和数据线。

(5)维护清洁蒸发传感器。检查蒸发传感器的安装情况,如发现高度不准、不水平等,要及时予以纠正;每月换水一次,在换水时应清洗蒸发桶,换入水的温度应与原有水的温度相接近;注意在维护时,应当通过ISOS软件发送维护指令暂停蒸发观测,维护完成后,重新开始观测;冰期较长的地区冬季停止观测,整个结冰期改用其他观测方式观测冰面蒸发,但应将蒸发桶内的水吸干,避免冻坏,并将传感器取下,检查清洁传感器妥善保管;春季重新启用时,蒸发器内加水需要保证连接管中无气泡,再检测蒸发桶、测量桶、连接管无泄漏。

(6)检查草温传感器安装是否规范,支架安装是否牢固,距地高度是否符合要求,线缆外皮是否有老化和破损现象。

(7)检查清洁各主采集器、分采集器和综合集成硬件控制器外观是否清洁。

(8)检查各设备标签有无破损。

(9)检查各通信传输电缆是否有破损,各接线处是否有松动现象。

(10)检查上报气象仪器设备周围探测环境,确保气象探测环境符合规范要求。

(11)检查观测场草层是否符合规范,保持观测场内整洁,浅草平铺。

(12)自动气象站场室防雷。每月检查防雷接地设施焊接及接地情况,确保接地电阻<4Ω。

3.6.1.4 年维护

1. 维护时间

具体维护时间台站自定。

2. 维护内容

室内维护内容：

(1)每年对最新版本地面气象业务软件进行异机备份。

(2)每年最后一天 20 时过后及时备份本年全部数据和参数文件，并录入光盘或移动存储设备。

观测场维护内容：

(1)定期维护 1 次风传感器，清洁风传感器部件；检查和校准风向标、风横臂指北方位；维护后及时检查数据正确与否。

(2)每半年(污染严重的地区，应适当缩短维护时间)更换温湿度传感器保护罩。

(3)称重式降水传感器的承水筒每年至少进行两次维护，入夏之前应清空清洗内筒，入冬之前应添加抑制蒸发油和防冻液。

(4)在汛期前后(长期稳定封冻的地区，在开始使用前和停止使用后)，应分别检查 1 次蒸发器的渗漏情况。如果发现问题，应进行处理。

(5)断电重启采集器至少 1 次。

(6)每半年将 CF 卡的数据复制到计算机的数据目录中，并检查 CF 卡上的数据是否完整。备份 CF 卡数据时，需从主采集器上拔下 CF 卡，然后插上另一张 CF 卡。若没有备用的 CF 卡，也可将原 CF 卡上数据备份完成后，再重新插回到主采集器上。CF 卡的插拔请按规范进行，尽量避免在北京时日界(20 时)或地方时日界(24 时)时更换 CF 卡。过日界 10 min 以后更换 CF 卡是比较适宜的。

(7)每半年对仓库、备件进行检查，确保备件齐全，无超检，状态良好。

(8)检查和维护观测场设施，如围栏、风塔、支柱，仪器支架、基座、标志、标牌等是否锈蚀、缺损，否则及时处理。

(9)每年春季对自动气象站防雷设施进行 1 次全面检查。检查电源防雷器、信号防雷器是否老化，采集器、翻斗式雨量传感器、称重降水传感器、地温分采接地端子是否生锈，以及对接地电阻进行复测，其电阻值应≤4 Ω。

(10)各个传感器设备的年检定时间应符合要求。

3.6.2 维护注意事项

(1)仪器设备维护、数据处理期间均要避开降水、大风及正点时次，同时避开极值出现时间。

(2)专机专用，不要在计算机上运行、安装与业务无关的软件。

(3)计算机操作过程中应谨慎使用光盘或优盘等外来存储介质，防止病毒侵入。

(4)现用设备维护时间较长时，可用备份自动气象站数据代替，并做好备注。

(5)禁止带电插拔、安装、拆卸设备。

(6)业务软件中各类参数、传输路径等做必要修改后，应及时做好记录及备份更新工作。

(7)维护能见度传感器时，眼睛不要长时间正视镜头。

(8)在对风向风速传感器进行高空维护时，需要穿戴安全设施。

(9)维护翻斗式雨量传感器时，禁止用手或其他物体抹拭翻斗内壁，以免沾上油污；严禁随意调整翻斗下方的调斗螺钉。

（10）修剪草温观测场植被时，注意保护草温传感器及其线缆。

3.6.3　温湿度传感器维护

（1）安装温湿传感器的百叶箱不能用水洗，只能用湿布擦拭或毛刷刷拭。

（2）维护时，注意避开正点数据采集；百叶箱内的温湿度传感器不得移出箱外；百叶箱门打开时间不宜过长、身体部位尽量远离感应部分以免影响观测数据的准确性。

（3）百叶箱内不得存放多余的物品。

（4）每月检查百叶箱顶、箱内和壁缝中有无沙尘等影响观测的杂物，用湿布或毛刷小心地清理干净。

（5）冬季巡视时，要用毛刷把百叶箱顶、箱内和壁缝中的雪和雾凇小心地清理干净。

（6）定期检查传感器感应部分中部是否在离地面 1.5 ± 0.05 m 处。

（7）定期检查传感器和线缆连接处是否松动，发现松动或生锈要及时处理。更换温湿传感器时要小心插拔，避免造成不必要的损失。

（8）切勿强烈碰撞感应部位，以免内部铂电阻被打碎而造成永久性损坏。

（9）按照规定要求定期进行校准。

3.6.4　翻斗式雨量传感器维护

仪器每月至少定期检查一次，使用水平尺和游标卡尺检测器口是否水平、有无变形，检查雨量传感器的器身是否稳定。定期清除承水器滤网上的杂物（入口滤网可取下清洗），检查漏斗通道是否有堵塞物，发现堵塞要及时清洗干净，特别要注意保持节流管的畅通。必要时可用中性洗涤剂清洗翻斗表面，但严禁用手触摸翻斗内壁，以免沾上油污影响翻斗计量准确性。

可按下列操作对雨量传感器做常规维护：

（1）松开地盘两侧的固定螺钉，向上取下外筒。

（2）将信号线从传感器上拆下，避免翻斗误翻产生多余的雨量数据。

（3）拿出防堵罩和长过滤网，用清水将外筒、防堵罩和长过滤网冲洗干净，再按原样装好防堵罩和长过滤网。

（4）小心取出漏斗、翻斗和短过滤网，用清水冲洗干净后再按原位小心放回，或可用干净的脱脂毛笔刷洗，注意不能用手触摸翻斗内壁。

（5）取下出水口上的防虫罩，用清水冲洗干净后装回。

（6）检查翻斗翻转的灵活性。发现有阻滞感，应检查翻斗轴向工作游隙是否正常、轴承（成对使用，装在同一根轴上的两个轴承）是否有微小的尘沙、翻斗轴是否变形或磨损，可用清水进行清洗或更换轴承。切勿给轴承加油，以免粘上尘土使轴承磨损。

（7）观察传感器底盘上水平器中的水泡是否居中，通过调整支架底盘上的三个调整螺钉，将传感器调成水平状态。

（8）按原位接好二芯电缆，安装上外筒，拧紧固定螺钉。

无雨或少雨的季节，可将承水器口加盖，但注意在降水前及时打开。

结冰期要停用翻斗式雨量传感器的台站，在停用时将承水器加盖，断开信号线，启用前接回信号线，将盖打开。

新仪器（包括冬季停用后重新使用或调换新翻斗）工作一个月后的第一次大雨，应作精度对比，即将自身排水量与计数、记录值相比。如发现差值超过±4%时，应首先检查记录器工作是否正常，计数与记录值是否相符，干簧管有无漏发或多发信号现象。如确实由于仪器的基点位置不正确所造成时，应作基点调整。

调整方法：旋动计量翻斗的两个定位螺钉。将一个定位螺钉旋动1圈，其差值改变量为3%左右；如两个定位螺钉都往外或往里旋动1圈，其差值改变量为6%左右。

如差值是－2%时，可将其中的一个定位螺钉往外旋动2/3圈。如差值是6%时，可将两个定位螺钉都往里旋动1圈。

为使调节位置准确，在松开定位螺帽前，需在定位螺钉上作位置记号。调节好后，需拧紧定位螺帽。

每一次降水过程将计数值与自身排水总量比较，如多次发现10 mm以上降水量的差值超过±4%，则应及时进行检查。必要时应调节基点位置。

按照规定要求定期进行校准。

翻斗式雨量传感器维护及雨量标校详细步骤如下：

(1)断开一根数据采集线，并用绝缘胶带将断开的数据线包起来，如图3.6-1所示。

图 3.6-1 雨量传感器标校预先准备工作

(2)在承水漏斗中倒入少量清水，润湿各个翻斗，并用毛刷轻轻清洗承水漏斗和各翻斗的灰尘，如图3.6-2所示。若汇集漏斗堵塞，用细铁丝轻轻捅通。清洗完毕后再次倒入少量清水冲洗。

(3)将雨量校准仪架在被测雨量传感器上，并与雨量传感器数据输出端相连。

(4)调节雨量校准仪的流量控制旋钮至大雨强，旋紧注水旋钮和出水旋钮，清空计数器，如图3.6-3所示。

(5)在雨量校准仪中倒入清水，旋开注水旋钮，当雨量校准仪一侧的小孔有水流出时，关闭注水旋钮。

(6)旋开出水旋钮，直至水流完，雨量传感器不再翻动。若利用雨量校准仪采集雨量传感器数据，读取雨量校准仪计数器中读数，由于雨量传感器翻动一次为0.1 mm降水，雨量传感器的雨量示值读数＝计数器读数×0.1 mm。

（7）若雨量传感器示值误差＞最大允差（±0.4 mm）时，调节图3.6-4中雨量传感器左右限位调节螺丝。当雨量传感器示值偏大时，左右限位调节螺丝均轴向向外旋出。当雨量传感器的雨量示值偏小时，左右限位调节螺丝均轴向向内旋入。调整好后，重复步骤（4）—（7），直至被测雨量传感器示值误差满足最大允差要求。

图3.6-2　雨量传感器清洗方法

图3.6-3　雨量传感器标校方法

图3.6-4　雨量传感器偏差调节位置示意图

（8）调节雨量标准器的流量控制旋钮至小雨强，旋紧注水旋钮和出水旋钮，清空计数器。重复上述步骤，直至被测雨量传感器示值误差满足最大允差要求。

3.6.5 风传感器维护

(1) 日常维护主要是保持风杯和风向标不变形,检查轴承转动是否灵活。

(2) 台风、冰雹、冻雨等恶劣天气可能会造成风标板或轴承变形,致使传感器转动不灵活,强低温雨雪天气可能会使风传感器冻结。故出现上述天气时,要密切观察传感器工作情况,发现异常(例如风向长时间在一个方位稳定不变或少变),应及时处理,避免长时间数据缺测或超差。

(3) 注意观察风杯和风向标轴承转动是否灵活、平稳,当轴承转动不灵活或有阻滞时需清除转动部件与静止部件缝隙间的污垢,或更换传感器。

(4) 因长期使用造成轴承磨损影响性能时,应送检送修。

(5) 每年定期维护1次风传感器,检查、校准风向标指北方位,当风向传感器指北标识模糊时,可用油性笔重新标示。

(6) 定期检查风线缆接头,必要时更换防水胶布。

(7) 按照规定要求定期进行校准。

3.6.6 气压传感器维护

(1) 更换气压传感器应在断电状态下进行。

(2) 气压传感器应避免阳光的直接照射和风的直接吹拂。

(3) 安装好的气压传感器要保持静压进气孔口畅通,以便正确感应外界大气压力。

(4) 配有静压管的气压传感器要定期查看静压管有无堵塞、进水,发现静压管有异物或破损时应及时处理或更换。

(5) 使用带干燥剂静压管的传感器,要定期检查干燥剂颜色,若潮湿变色应及时更换。

(6) 按照规定要求定期进行校准。

3.6.7 地温传感器维护

(1) 地面温度和浅层地温传感器。保持地面疏松、平整、无草;及时耙松板结的地表土。定期查看地面温度传感器和浅层地温传感器的埋设情况,保持地面温度传感器一半埋在土内,一半露出地面,应擦拭沾附在上面的雨露和杂物,浅层地温安装支架的零标志线应与地面齐平。

(2) 深层地温传感器。深层地温观测场地面应与观测场地面一致。雨后或融雪后应检查深层地温硬橡胶套管内是否有积水,如有积水应设法将水及时吸干;如套管内经常积水,应进行检修或更换。

(3) 草面温度传感器。当草株高度超过 10 cm 时,应及时修剪草层高度。积雪掩埋草层时,应经常巡视草面温度传感器,并使其始终置于积雪表面上。

(4) 按照规定要求定期进行校准。

3.6.8 蒸发传感器维护

(1) 蒸发传感器维护期间,应当暂停蒸发观测,维护完成后,再启动观测,防止因维护操作而引起数据异常。

(2) 应尽可能用代表当地自然水体(江、河、湖)的水。在取自然水有困难的地区,也可使用饮用水(井水、自来水)。器内水要保持清洁,水面无漂浮物,水中无小虫及悬浮污物,无青苔,水色无显著改变。一般每月换 1 次水。蒸发器换水时应清洗蒸发桶,换入水的温度应与原有水的温度相接近。

(3)蒸发桶内水位过高时,应及时取水,防止溢流;蒸发桶内水位过低时,应及时加水,以免影响测量准确性。

(4)每年在汛期前后(长期稳定封冻的地区,在开始使用前和停止使用后),应各检查 1 次蒸发器的渗漏情况等;如果发现问题,应进行处理。

(5)定期检查蒸发器的安装情况,如发现高度不准、不水平等,要及时予以纠正。

(6)超声波蒸发传感器测量精度高,安装尺寸要求非常严格,切勿撞击或用手接触摸超声传感器的探头,冬季不使用时把电缆插头拔掉将传感器探头取出放到室内。

(7)维护蒸发传感器的具体操作步骤如下:
① 在业务软件中将蒸发传感器设置为维护状态,防止因维护操作而引起数据异常;
② 将电缆插头拔掉;
③ 取下超声波传感器;
④ 将不锈钢圆筒拆下,并将内部的丝网取出;
⑤ 观察不锈钢圆筒是否有泥沙或异物,如有则用清水冲洗干净,再将丝网放回不锈钢圆筒内;
⑥ 清洗蒸发桶;
⑦ 重新安装蒸发传感器;
⑧ 向蒸发桶内注入一定量的清水;
⑨ 在业务软件中取消蒸发传感器的维护状态。

(8)按照规定要求定期进行校准。

3.6.9　称重式降水传感器维护

(1)按时检查内筒内液面高度和供电情况。

(2)每日定时进行仪器小清洁,口沿以外的积雪、沙尘等杂物应及时清除,如遇有承水口沿被积雪覆盖,应及时将口沿积雪扫入桶内,口沿以外的积雪及时清除。

(3)每周检查承水口水平、高度。

(4)每次较大降水过程后及时检查盛水桶,防止溢出。

(5)预计将有沙尘天气但无降水,应及时将桶口加盖;沙尘天气结束后及时取盖。

(6)降水过程中,因降水量较大可能超过量程时,应在降水间歇期及时排水。

(7)当内筒内的液体较多或杂物过多时,应清空,然后添加相应的防冻液和蒸发抑制油。

(8)每月检查防雷接地情况。

(9)定期维护承水桶,检查是否有破损漏水的情况。

3.6.10　前向散射式能见度传感器维护

(1)每日日出后和日落前巡视能见度传感器,发现透镜窗口(尤其是采样区)有蛛网、鸟窝、灰尘、树枝、树叶等影响数据采集的杂物,应及时清理(可在基座、支架管内放置硫磺,预防蜘蛛)。采用太阳能供电系统的站点,应注意及时清除太阳能板上的灰尘、积雪等。

(2)每月检查供电设施,保证供电安全。每 3 个月对蓄电池进行 1 次充放电。

(3)每年春季对防雷设施进行全面检查,复测接地电阻。

(4) 每两个月对无人值守的能见度站进行现场检查维护。

(5) 为保证测量结果的准确性,传感器透镜应定期清洁,通常可每两个月清洁1次。可根据附近环境情况及天气条件,适当调整清洁周期。污染较重或遇沙尘、降雪等影响能见度观测的天气现象后,应视情况及时清洁。

清洁透镜的方法:
① 用酒精浸湿脱脂棉,擦拭透镜,注意不要划伤透镜表面;
② 检查遮光罩和透镜表面,确保没有水滴凝结或冰雪覆盖;
③ 擦除镜头遮光罩、防护罩内外表面的灰尘。

(6) 仪器长期工作一段时间后会发生漂移从而影响测量准确性,因此需对能见度传感器定期校准。校准周期一般为6个月。

(7) 维护过程中,切忌长时间直视发射端镜头,避免损伤眼睛;尽量避免用手电筒等人工光源照射发射端和接收端。

3.6.11 积雪深度传感器维护

(1) 启用雪深观测传感器前,应清理基准面上杂物,平整基准面,检查供电、防雷接地、数据线连接等情况,并进行现场校准。

(2) 每日检查设备供电和运行情况,维护场地,保持基准面整洁平整,注意对传感器的波束通路进行清洁。禁止任何物体进入传感器观测区域。

(3) 每日检查传感器的外观、运行状态,注意分析判断雪深数据的准确性,如有疑问,应及时进行现场校准测试。

(4) 积雪期间,每日检查测雪面,及时清除异物。若测雪面被破坏,应及时将其尽可能恢复至与周围雪面状况相同。

(5) 每月定期检查防雷接地情况。

(6) 长时间不用时,断开电源线和信号线,清洁探头,并加防护罩。

(7) 雪深传感器停用期间,应根据电池使用说明要求,给仪器的蓄电池定期充放电。

(8) 在激光雪深传感器工作期间,严禁直视发射窗口和长时间直视测量面上的激光红点。

(9) 定期检查更换探头干燥剂,更换时需拆下探头。

3.6.12 采集系统维护

为保证自动气象站能良好的运行,应定期对采集器进行维护检查,一般每月进行1次。如遇灾害性天气,应及时检查采集器,随时了解运行状态,以便维修。

维护方法如下:
(1) 每月检查采集器机箱的防水状况。
(2) 保持采集器机箱的整洁,上面无覆盖物,机箱内无多余物品。
(3) 定期察看采集器状态灯显示是否正常,发现问题,要及时处理。
(4) 保证计算机时间准确,发现采集器数据异常应及时重启采集器,如果重启不能解决问题,应对采集器CF卡内存进行清除。
(5) 每周将数据采集软件和计算机重启1次。
(6) 每年春季应按照 QX 30—2004《自动气象站场室防雷技术规范》对场室防雷设施进行全面检查,对采集器接地电阻进行复测。

3.6.13 降水现象仪维护

(1)请勿直接用眼睛直视激光器,或使用光学设备进行观察。

(2)操作时要将传感器电源关闭。

(3)大约每3个月,应当清洁1次传感器的玻璃窗。不同的安装位置它的清洁时间是不同的。请使用适当的布,例如眼镜布。

(4)昆虫巢、蜘蛛网和粉尘等沉积在仪器上的沉积物要定期清理。根据环境和季节的周期,清理周期是不同的。

3.6.14 云观测设备维护

(1)激光云高仪需要注意的事项是镜头的清洗。当发现镜头污染时,使用清洁的湿润软毛巾擦拭干净即可。镜头的洁净情况,打开机箱盖很容易观察判断。同时应注意镜头上方的开口处是否有蛛丝,发现后清除即可。

(2)激光雷达测云仪的窗口保护玻璃应保持清洁以便得到准确的测量结果,窗口变脏时,测得能量会变小。通常窗口玻璃需2～3 d清洁一次,但有些多风多尘的地方应清洁更频繁。可用一块柔软不起毛的棉布或脱脂棉沾纯净水擦拭窗口玻璃,擦拭时注意不要划伤玻璃表面。

3.6.15 总辐射/散射辐射/反射辐射传感器维护

日落后停止观测后,传感器需加盖。若夜间无降水或无其他可能损坏仪器的现象发生,传感器也可不加盖。

开启或盖上金属盖时,应特别小心,要旋转到上下标记点对齐,才能开启或盖上。由于石英玻璃罩贵重且易碎,启盖时动作要轻,不要碰玻璃罩。冬季玻璃罩及其周围如附有水滴或其他凝结物,应擦干后再盖上,以防结冻。金属盖一旦冻住,很难取下时,可用吹风机使冻结物溶化或采用其他方法将盖取下,但都要仔细,以免损坏玻璃罩。

每日上午、下午至少各1次对总辐射表进行如下检查和维护:

(1)仪器是否水平,感应面与玻璃罩是否完好等。

(2)仪器是否清洁,玻璃罩如有尘土、霜、雾、雪和雨滴时,应用镜头刷或麂皮及时清除干净,注意不要划伤或磨损玻璃罩。

(3)玻璃罩不能进水,罩内也不应有水汽凝结物。检查干燥器内硅胶是否变潮(由蓝色变成红色或白色),要及时更换受潮的硅胶。受潮的硅胶,可在烘箱内烤干变回蓝色后再使用。

(4)总辐射表防水性能较好,一般短时间或降水较小时可以不加盖。但降大雨(雪、冰雹等)或较长时间的雨雪时,为保护仪器,观测员应根据具体情况及时加盖,雨停后即把盖打开。

(5)遇强雷暴等恶劣天气时,也要加盖并加强巡视,发现问题及时处理。

3.6.16 直接辐射传感器维护

1. TBS-2型直接辐射传感器

(1)每天工作开始时,应检查进光筒石英玻璃窗是否清洁,如有灰尘、水汽凝结物,应及时用软布擦净,切勿改变进光筒位置。

(2)每天上午、下午各检查一次仪器跟踪情况(对光点),遇到特殊天气要经常检查。如有较大降水、雷暴等恶劣天气不能观测时,要及时加罩,并关掉电源。

(3)转动进光筒对准太阳时一定要按操作规程进行,绝不能用力过大,否则易损坏电机。

(4)直接辐射表每月检查的内容与总辐射表基本相同,除检查感应面、进光筒内是否进水及接线柱和导线的连接状况外,还应重点检查仪器安装与跟踪太阳是否正确。

(5)为保持光筒中空气干燥,应定期(6个月左右)更换1次干燥剂,更换时旋开光筒尾部的干燥剂筒即可。

2. CHP1、FS-D1型直接辐射传感器

(1)每周检查直接辐射传感器对光点是否落在圆圈内,若超出圈外需及时对跟踪器进行调整。

(2)每月检查进光筒石英窗口是否清洁,如有灰尘、水汽凝结物,可用吸耳球吹拂或用软布、光学镜片纸擦净,切忌划伤。

(3)每月检查干燥剂,在干燥剂筒指示窗由浅蓝色转变为浅红色时更换干燥剂,更换时旋开光筒尾部的干燥剂筒即可。

(4)按规定进行定期校准。

3.6.17　净全辐射传感器维护

1. FNP-2型净全辐射传感器

(1)除每日上午、下午至少各检查1次仪器状态外,夜间还应增加1次检查。

(2)检查传感器感应面是否水平。

(3)检查薄膜罩是否清洁和呈半球凸起。罩外部如有水滴,应用脱脂棉轻轻抹去,若有尘埃、积雪等,可用橡皮球打气,使罩凸起并排除湿气。

(4)遇有雨、雪、冰雹等天气时,应将上下金属盖盖上,加盖条件同总辐射表,稍大的金属盖在上,以防雨水流入下盖内。降大雨时应另加防雨装置。降水停止后,要及时开启。

(5)注意保持下垫面的自然和完好状态。平时不要乱踩草面,降雪时要尽量保持积雪的自然状态。

2. NR-Lite、FS-J1型净全辐射传感器

(1)每周检查传感器安装是否水平,及时进行调整。

(2)每月检查传感器窗口是否有灰尘、水汽凝结等污染,及时进行清洁。

(3)按规定进行定期校准。

3.6.18　光电式数字日照计维护

(1)发现数据错误或异常应及时处理,对日照计进行维护或维修。

(2)检查日照计光学镜筒的污染情况。每周定期清洁,清洁应在日出前或日落后进行。

(3)每周定期检查日照计内干燥剂状况,注意及时更换。

(4)若发生雨、雪、露、霜、雾等天气,应及时擦除光学镜筒上的雨雪和凝结物。

(5)每月定期检查仪器的水平、方位和倾角,发现问题及时纠正。

(6)每月检查供电设施,保证供电安全;定期更换蓄电池。

(7)每年春季对防雷设施进行全面检查,复测接地电阻。

(8)定期查看设备的各个部分是否损坏或腐蚀,尤其是在自然条件较为恶劣的地区;如果损坏或腐蚀应及时进行处理、更换。

(9)定期检查、维护、维修、校准的情况应记入值班日志。对日照计自动观测数据有影响的还要记入备注栏。

3.6.19 线缆沟的检查、维护

1. 地沟与小路

观测场内小路宽 30~50 cm，小路下面根据电缆铺设需要挖掘地沟。盖板以可活动的水泥预制板或石材铺设，以结实、美观、耐用为宜。

地沟深 30~50 cm（根据降水情况而定）、宽 30 cm，在地沟 1/2 深度处横向架设钢筋，每隔 1.5~2.0 m 架设 1 根，地沟拐角和交叉处适当增加架设密度；地沟靠仪器安装位置一侧沟壁上应留有直径 5~10 cm 的洞口；地沟底部和沟壁用砖砌实，以防地下水渗入，沟沿与观测场地面平齐或不高出 3 cm，防止雨水从观测场流入，地沟要留有排水涵洞，以防雨后积水。地沟盖板可高出观测场地面约 5 cm。

应在横向钢筋上铺设镀锌线槽，用于铺设仪器信号线和电源线。信号线和电源线尽量不在同一线槽内，各种接头或引出线端应使用专用接头和堵头，以保证线槽完全密封。受条件限制的，可以使用 PVC 管代替线槽。

地沟应做到防水、防鼠，便于铺设和维护。

2. 线缆安装

为了防雷、防鼠、防水及安装维修方便，自动气象站的电缆应穿入线槽内，电缆管应安置在电缆沟内。

电缆沟要求便于排水、通风，两侧应砌砖墙，砖墙壁上预设安置电缆管的金属支架（或金属挂钩），为防止电缆被积水浸泡，安置电缆的金属支架（或金属挂钩）距离地沟底的高度以＞30 cm 为宜；观测场内的电缆沟一般在小路下面，沟上面盖的水泥盖板就是小路的路面，沟的宽度以 30 cm 左右为宜，沟的深度以便于安装电缆和防止大雨后积水为宜。

铺设电缆的要点是：看清通道、多人协作、分段铺设、适度用力、没有死弯。

电缆要穿过多段管道，所以，一定要看清通道，以免返工。一般情况下，电缆在铺设时由室外远端向室内。

室内到室外的电缆长度在 100 m 左右，分叉、转弯的地方较多，铺设电缆时要多人合作，分段进行。

拉动电缆时，切勿用力过猛，以免电缆被拉断或形成死结。

电缆在线槽内均成自由伸直状态，室外不留多余电缆，室内多余电缆盘成一盘后放在室内通风、干燥的地方。

电缆铺设完成后，管道的出入口建议用泡沫等松软的材料堵住，防止老鼠进入破坏电缆。

3.7 自动气象站数据质量控制

授课方式：实习实践。

教学内容：自动气象站数据质量控制的主要方法及质量控制内容；数据传输监控系统的使用与管理。

教学要求：掌握自动气象站数据质量控制的主要方法及质量控制内容；熟悉数据传输监控系统的使用与管理。

重点难点：如何根据自动气象站数据判定自动站故障。
课程小结：本课程主要介绍了自动气象站数据异常与自动气象站安装维护及工作状态之间的关系。
思考题：自动气象站数据异常是否只限于自动气象站故障出现时？

根据观测自动化业务发展，地面气象观测业务重心逐渐转向自动气象站数据实时质量控制和装备维护，而数据质量控制又是装备维护的前置条件，通过数据质控才能了解设备运行的状态、是否需要维护保障或维修，可见自动气象站数据质量控制的重要性。

本课程对台站级质量控制方法、ISOS 质控内容、情景模拟系统作简要介绍，主要通过情景模拟方式加深印象，提高数据质控业务技能。

3.7.1 自动气象站台站数据质量控制的目的

自动气象站数据异常，通常表现为可疑和错误，错误数据在业务系统中能够诊断出来，而可疑数据可能是正确的，在特殊气象条件或复杂气象条件下，需要综合判断。还有一类数据表现为正常，ISOS 及 MDOS 可能都无法诊断出来问题，如地面温度安装不规范所导致的温度变化落后等。

三级质量控制体系中的台站质量控制亟待加强，尤其要将人工数据质量控制方式升级为自动化方式，这样才能将数据质量控制真正做到实时。

由于各地土壤、水汽、气候等条件的差异性，台站质量控制总体方法虽然相差无几，但具体参数可能相差较大。

3.7.2 ISOS 质量控制内容

质量控制流程如图 3.7-1 所示。

1. 格式检查

检查结果：正确、错误。

依据：数据格式要求。

2. 设备状态检查

检查结果：错误数据缺测处理，其余不变。

依据：设备状态检查输出结果。

3. 数据质控码检查

检查结果：错误数据缺测处理，其余不变。

依据：文件中数据质控码结果。

4. 气候学界限值（其范围见表 3.7-1）检查

检查结果：正确、错误。

依据：CIMO、行标、设备量程。

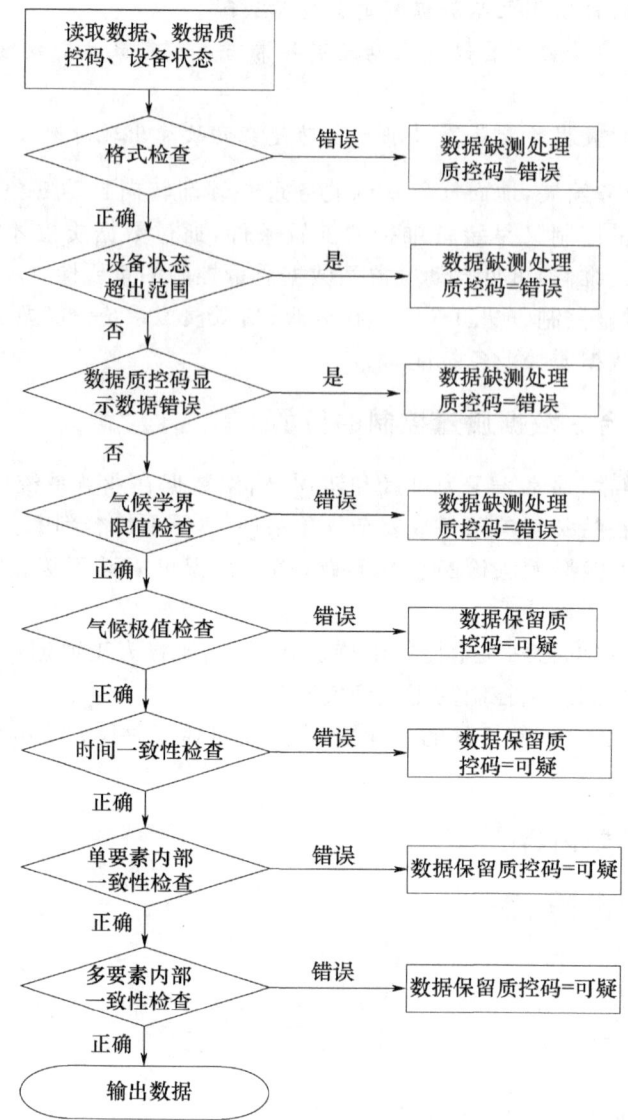

图 3.7-1 质量控制流程图

表 3.7-1 气候学界限值范围表

要素	指标范围
气温(℃)	[−80 60]
本站气压(hPa)	[500 1100]
海平面气压	[870 1100]
相对湿度(%RH)	[0 100]
2 min 平均、10 min 平均、最大瞬时风的风向(°)	[0 360]
2 min 平均、10 min 平均风速(m/s)	[0 75]
瞬时风速(m/s)	[0 150]
分钟降水量(mm)	[0 40]

续表

要素	指标范围
露点温度(℃)	[-80 35]
地表温度(℃)	[-80 80]
土壤温度(℃)	[-50 50]
草面温度(℃)	[-80 60]
太阳辐射(W/m²)	[0 1600]
云高(m)	[15 15000]
能见度(m)	[10 50000]

5. 气候极值检查

检查结果:正确、可疑。

依据:台站气候统计值。

6. 时间一致性检查

(1)最大变率(表 3.7-2)

检查结果:正确、可疑、错误。

依据:CIMO、设备特点。

表 3.7-2 最大变率检查范围表

要素名	最大变率检查范围	
	可疑	错误
气压	0.5 hPa	2 hPa
温度	3 ℃	
露点温度	2 ℃或3 ℃	4 ℃
相对湿度	10%RH	15%RH
2 min 平均风速	10 m/s	20 m/s
地面温度		10 ℃
5 cm 地温	0.5 ℃	1 ℃
10 cm 地温	0.5 ℃	1 ℃
15 cm 地温	0.5 ℃	1 ℃
20 cm 地温	0.5 ℃	1 ℃
40 cm 地温	0.5 ℃	1 ℃
50 cm 地温	0.3 ℃	0.5 ℃
100 cm 地温	0.1 ℃	0.2 ℃
80、160、320 cm 地温	0.1 ℃	0.2 ℃
太阳辐射	800 W/m²	1000 W/m²
10 min 能见度≤30 km	3 km	
30 km≤能见度≤50 km	5 km	

(2)最小变率(表 3.7-3)

检查结果:正确、可疑。

依据：CIMO。

表 3.7-3　最小变率检查范围表

要素名	最小变率检查范围
气压	0.1 hPa
温度	0.1 ℃
露点温度	0.1 ℃
相对湿度	1%（相对湿度＜95%）
风速	0.5 m/s
风向	10°（10 min 平均风速＞0.1 m/s）
地面温度	0.1 ℃（除雪融状况）
5 cm 地温	土壤温度可能会很稳定，没有最小变率要求
10 cm 地温	
15 cm 地温	
20 cm 地温	
50 cm 地温	
100 cm 地温	

7．内部一致性检查

（1）同类要素（表 3.7-4）

检查结果：正确、可疑。

依据：逻辑关系。

表 3.7-4　内部一致性检查表

要素	算法
气温	气温≤最高气温
	气温≥最低气温
相对湿度	相对湿度≥最小相对湿度
风速	10 min 风速≤最大风速
	2 min 风速＜极大风速
	极大风速≥最大风速
地表温度	地表温度≤最高地表温度
	地表温度≥最低地表温度
草面温度	草面温度≤最高草面温度
	草面温度≥最低草面温度
降水	小时降水＝分钟降水之和

（2）不同类要素

检查结果：正确、可疑。

依据：CIMO。

① 风向和风速

在下列情况下,风质控为错误:10 min 内风向没有任何变化,而风速≠0;10 min 内风向在变化,而风速＝0;瞬时风速≤风速。

② 气温和露点温度

在下列情况下,温度质控为错误:露点温度＞气温;气温－露点温度＞5 ℃,且视程障碍来自雾。

③ 气温和现在天气

在下列情况下,要素质控均为可疑:气温＞5 ℃,而降水类型来自雪;气温＜－2 ℃,而降水类型来自雨、毛毛雨。

④ 现在天气、云和降水

在下列情况下,要素质控为可疑:总云量＝0,而有降水现象发生;总云量＝0,而降水量＞0(或大于雨量计的最小分辨率)。

⑤ 云信息和日照持续时间

在下列情况下,云和日照持续时间质控为可疑:总云量100%,而日照持续时间＞0。

3.7.3 台站质量控制的常规方法要点

台站要从如下4个方面入手,在分析本站历史资料的前提下,找出本站质量控制的量化指标,并形成质量控制人机交互系统。

1. 单要素时间变化规律

每种气象要素都有一定的日、年变化规律和变化幅度,如果将这些规律具体到特定站点将有助于提高台站质量控制水平:如深层地温在某台站表现为半年处于上升阶段,半年处于下降阶段,中间很少反向波动,这将使深层地温日变化0.2 ℃的基础上增加了方向限制。

2. 相同要素空间变化规律

以温度类要素最为典型,空气温度、草面温度、地面温度、浅层地温等安装在不同高度,其温度时间变化规律存在明显的规律性,极值时间及差值因天气状况不同而有所差别:如地面温度是空气温度和浅层地温变化的源,它的变化早于气温和浅层地温且变率、变幅大。

3. 相关要素间的变化规律

气温和空气湿度是一对最为典型的相反变化的气象要素,通常气温升高,相对湿度下降;地温与蒸发、土壤湿度与蒸发、地温与土壤湿度等都存在显著的相关性。

4. 特定要素异常变化的规律

有些特定的要素异常变化数据有规律可循,如飑线出现时,一般风向突变(90°)、风速突增、气压涌升、气温骤降、相对湿度陡升;打开百叶箱时,气温、湿度都会剧烈变化;风向风速不变时,如果气温在0 ℃以下,则要考虑是否有冻雨;雨量堵塞一般要较长时间才能发现,不过如果有自动蒸发的可根据蒸发水位相关判断,如果堵塞消除,出现分钟降水陡升也可根据蒸发量反向检查;地温长时间稳定在0 ℃左右缺少变化,一般是积雪覆盖的作用。

类似的数据异常规律还有不少,应该在日常工作中逐渐总结,进一步丰富质控手段。

对于环境引起的数据偏差,如障碍物对风、降水的影响,下垫面性质变化对温度、湿度的变化等,因台站而异,需深入分析。

3.7.4 地面气象观测情景模拟系统简介

1. 功能描述

为了提高观测员的业务水平,增强观测员上岗资格培训实践应用能力,优化和完善培训质量;同时为培训的老师提供一个高效客观的学员培训成绩评价系统,减轻老师的事务性负担,使他们有更多的时间用于教学的创新,以及其他创造性活动,中国气象局气象干部培训学院安徽分院开发了一套培训考核系统。该系统提供历史典型气候实况资料实时反演、收集学员学习考核过程资料和对学员学习成果进行考核评价等功能。

2. 客户端运行环境

系统必须安装专门开发的 ActiveX 控件,该控件在第一次登陆时系统提醒下载安装,注意在杀毒软件阻止时要人工选择允许。

浏览器需选择 IE6.0 以上。

3. 系统登录

登录界面如图 3.7-2 所示。

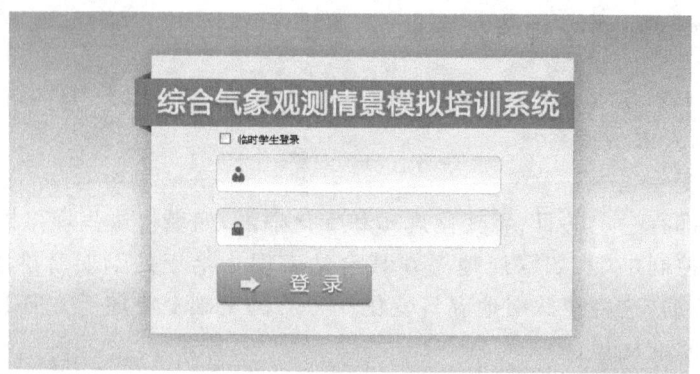

图 3.7-2　地面气象观测情景模拟系统登录界面

在普通教学时,学员只需使用临时登陆,输入用户名(建议使用真名,防止重名和易于老师识别)点击登录即可。在考试时必须按指定的用户名和密码登陆。

在教师机启动实况个例的情况下,才能登陆成功。

4. 完成指定业务操作

登陆成功后,会看到 OSSMO 的 SAWSS 界面或 ISOS 的 SMO 界面,并提示本个例任务(注意个例时间)。学员得到的信息,除了自动气象站常规数据外,还有观测场实景视频和学员电脑桌面上的补充资料文件(资料.TXT),记录了包括天气现象等个例描述信息。

3.7.5　情景模拟系统实习(略)

第 4 章 区域自动气象站及实习(8 学时)

授课方式:实习实践。
教学内容:区域自动气象站的基本结构原理、日常维护内容、常见故障分析与处理。
教学要求:了解区域自动气象站的基本结构原理,掌握日常运行维护方法,熟悉常见故障判断流程。
重点难点:区域自动气象站信息传输与电源系统。
课程小结:本课程区域自动气象站的基本构成和日常维护、常见故障处理方法。
思考题:简述区域自动气象站的基本结构。

长期以来,我国地面气象观测主要是由国家大气探测网完成的,国家大气探测网基本以行政县域分布为主,地域空间尺度约 70 km(西北部省份尺度更大),在这么大的空间观测尺度下,就部分局地天气事件而言,并不能真实地反映客观情况,这也使得地方气象服务经常出现被动。而唯一解决的办法,就是增加观测站点的密度。

从 2003 年起,全国加大了区域自动气象站建设,目前全国已经建设完成了约 60000 套,使地域空间尺度达到 12 km 左右。观测站类型有单雨量站、二要素站(温度、雨量)、四要素站(气温、雨量、风向、风速)、六要素站(气温、雨量、风向、风速、气压、空气湿度)等,自动观测频次达到每分钟一次。区域加密自动气象观测网数据不仅在各级地方气象服务中发挥了重要作用,同时对精细化预报也起到了很好的验证、参考作用。它已经成为中短期预报及地方气象服务不可缺少的重要手段,同时也为气象科研开发提供了详实的高密度的气象数据。

区域加密自动气象观测站设备 24 h 不间断工作在野外,无人值守,采用无线通信和太阳能供电,运行条件相对恶劣,故障率自然高于国家级台站设备。本节以常见的四、六要素区域站为例,介绍系统结构、原理及常见故障的判断和维修方法,注重可操作性,力求简单易懂,便于维修人员学习、参考。

4.1 基本性能和结构

区域自动气象站是适用于野外无人值守环境、全天候、全自动化运行的系列化中小尺度自动气象站,可以根据观测要素的多少分为多种规格,如单要素站(单雨量站),其实物见图 4.1-1;二要素站(温雨站、测风站),其实物见图 4.1-2 和图 4.1-3;四要素站(温度、雨量、风向、风速),其实物见图 4.1-4;也可以根据用户需求添加湿度、气压等其他要素组成多要素站。

区域自动气象站具有以下特点:全自动、野外工作,工作环境温度范围宽,微功耗,采集器功耗仅 0.4 W;支持交流供电,更适合太阳能供电;支持多种通信方式,无线有 GSM/GPRS/CDMA、卫星;各种有线通信方式;大容量数据存储;模块化设计,易于安装和维护。

图 4.1-1　单雨量站实物图

图 4.1-2　温雨站实物图

图 4.1-3　测风站实物图

图 4.1-4　多要素站实物图

4.2　主要功能

1. 数据采集

按照《地面气象观测规范》《新型自动气象站功能规格需求书》规定的采集速率对经过信号调整处理后的传感器信号进行扫描采样,对模拟信号进行 A/D 转换并计算,对数字量信号进行采样处理,完成各气象要素的数据采集。

2. 数据处理

对上述采集的原始数据按相关规范进行数据质量检查和计算,得到相应的符合要求的测量数据和各种监控信息。

3. 数据存储

按规定格式进行数据存储。

4. 数据传输

根据选定的通信方式和通信模块,用相应的通信协议实现与中心站的数据传输和命令交互。

4.3 主要技术指标

1. 测量指标

区域自动气象站的测量性能应遵循《地面气象观测规范》和相关规范的要求。常见的气象要素观测性能要求见表 4.3-1。

表 4.3-1　自动气象站测量性能要求

测量要素	范围	分辨率	最大允许误差
气压	450～1100 hPa	0.1 hPa	±0.3 hPa
气温	−50～50 ℃	0.1 ℃（天气观测）	±0.2 ℃（天气观测）
		0.01 ℃（气候观测）	±0.1 ℃（气候观测）
相对湿度	5%RH～100%RH	1%RH	±3%RH(≤80%RH)
			±5%RH(>80%RH)
风向	0～360°	3°	±5°
风速	0～60 m/s	0.1 m/s	±(0.5 m/s+0.03V)
降水量	翻斗 0.1 mm： 雨强 0～4 mm/min	0.1 mm	±0.4 mm(≤10 mm) ±4%(>10 mm)
	翻斗 0.5 mm： 雨强 0～10 mm/min	0.5 mm	±0.5 mm(≤10 mm) ±5%(>10 mm)
	称重 0～400 mm	0.1 mm	±0.4 mm(≤10 mm) ±4%(>10 mm)
能见度	10～30000 m	1 m	±10%(≤1500 m) ±20%(>1500 m)

2. 其他技术指标

环境条件：

温度−40～50 ℃。

湿度 0～100%RH。

电源电压：

交流额定电压 220 V±20%。

直流额定电压 +12 V。

采集器时钟精度：

月累计误差 ±15 s。

采集器（不含传感器）功耗 0.4 W。

整机（含传感器、采集器、GPRS 通信模块）平均功耗：

二要素以下 0.6 W。

四要素 0.7 W。

六要素 1 W。

采集器数据存储容量：可存贮 1 个月的正点数据及 7 d 以上的加密数据。

耐连续阴雨天数：太阳能供电的自动气象站，耐连续阴雨天数可由用户指定，用户未指定时由厂家按用户所在地气候特征分别按 15 d、10 d 或 7 d 选定。

4.4 设备组成

区域自动气象站由数据采集器、传感器、通信模块、电源和安装结构件等组成，见图 4.4-1。

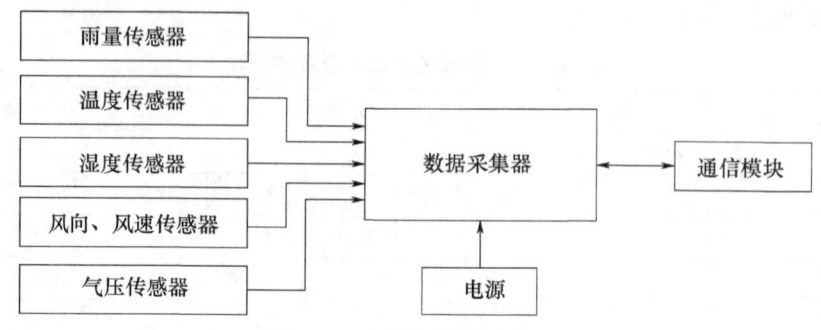

图 4.4-1 设备组成示意图

4.5 数据采集器

数据采集器是自动气象站的核心，其主要功能是数据采集、数据处理、数据存储和数据传输，其示意图如图 4.5-1 所示。区域自动气象站的数据采集器是一款微功耗设计且高度集成化、模块化的微型单片机嵌入式系统，具有体积小、集成度高、功耗低、可靠性高等优点。

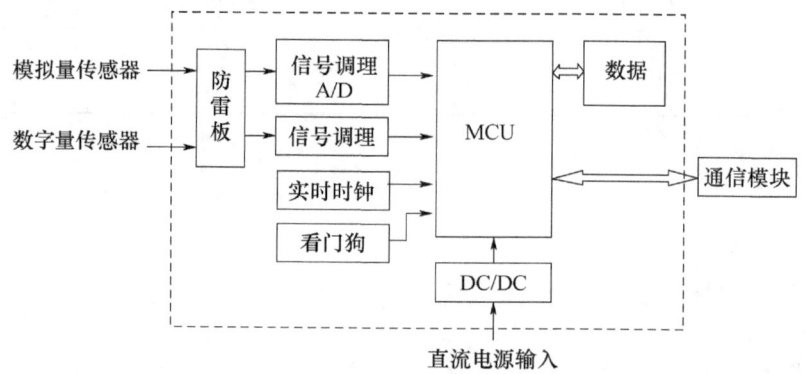

图 4.5-1 数据采集器示意图

MCU 是采集器的心脏部分，区域自动气象站数据采集器采用 ARM 系列的 32 位 MCU 来构建硬件平台，外部扩展了程序存贮器、数据存贮器、可编程定时计数器、可编程通信接口等。采集器的实时数据采集控制、数据的计算处理、计算参数的修正、数据质量控制、数据的存储、与外部的数据通信以及系统的自检、故障诊断等均由 MCU 来控制完成。

数据采集器是一个具有多个数据通道的连续测量系统，需对多个气象要素传感器进行控制、数据采集和数据计算处理，它们的计算方法、采集和计算的时间间隔各不相同，另外，它还需要和外部通信，执行各种通信命令，这些操作均需并行执行、互不干扰、互相协调。为此，采集器软件采用一个实时多任务操作系统来实现多种复杂的控制、管理和处理功能。

4.6 输入输出接口

1. 数据采集口

根据气象要素传感器输出信号的不同,区域自动气象站的数据采集口可分为数字量采集口、模拟量采集口和智能传感器接口。

风向、风速和雨量的输出信号为数字量。其中风向信号为 7 位格雷码,风速和雨量传感器则为输出脉冲信号。

湿度和温度传感器的输出信号为模拟量。其中温度通过铂电阻阻值的大小来反映,湿度传感器则输出 0～1 V 的直流电压。

气压传感器已智能化,其自身带有串行通信口,可直接通过串行通信口读取气压值。

2. 通信接口

通信接口一般为标准 RS232 串行通信口。通过该串行通信口,可与计算机实现直接与电缆连接以进行本地终端通信,通信参数可参考各设备说明书。

区域自动气象站通过串口外接 GPRS/CDMA 无线通信模块等,可以实现远程通信及组网。如果需要,GPRS 无线通信模块还可以实现多通道通信,即自动气象站数据可以同时发往多个不同的中心站(需对 GPRS 无线通信模块进行特定的参数设置)。

海岛和少数边远地区若未在 GPRS/CDMA 网络覆盖范围内,也可以通过卫星进行数据传输。

3. 电源接口

鉴于区域自动气象站的微功耗特性,除少数气候特征不适合太阳能使用的地域或自动气象站安装点环境有限制的场合外,一般采用太阳能供电方式。

太阳能供电方式原理见图 4.6-1。太阳能电池板和蓄电池的规格根据耐阴雨天数指标进行配置。

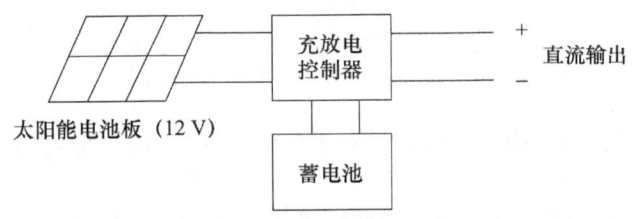

图 4.6-1 太阳能供电原理图

(1) 太阳能电池板

太阳能电池是把光能直接转换成电能的一种半导体器件。太阳能电源具有许多优点,如安全可靠,无噪声,无污染;能量随处可得,无需消耗燃料;无机械转动部件,维护简便,使用寿命长;可以无人值守,也无需架设输电线路;用于自动气象站,防雷性能优于交流电。

(2) 充放电控制器

太阳能充放电控制器主要功能是对蓄电池进行过充电保护和过放电保护,可避免能量源自太阳能电池板的过度充电;当负载运行造成蓄电池深度放电时,会自动切断负载以保护蓄电池。其控制器连接示意如图 4.6-2。

蓄电池低电压切断功能(深度放电保护)是通过电压控制的,当蓄电池的电压达到 11.5 V 时,控制器切断负载输出。

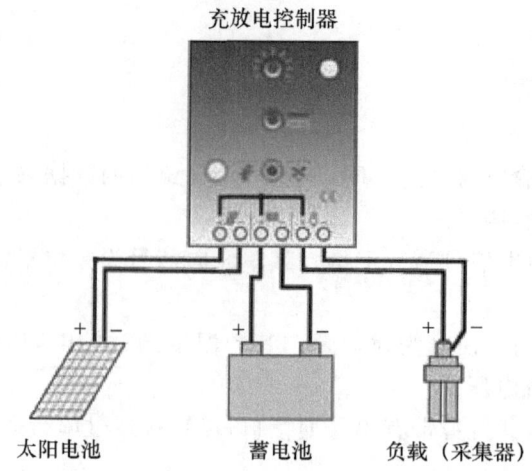

图 4.6-2 充放电控制器连接示意图

充放电控制器配有 LED 指示灯,显示控制器的运行状态。正常运行状态下,控制器显示太阳能电池板的充电状态,蓄电池电压状态,负载输出的状态。

4.7 通信模块

区域自动气象站一般采用 GPRS 或 CDMA 构建全透明传输、永远在线的无线数字数据专用网络。无线通信模块是智能数据通信终端,安装设置完成后,连接到数据采集器上即可使用,正常运行时无需用户介入。使用模块进行无线通信时,需要给模块装上天线和 SIM 卡。

4.8 区域站现场核查

4.8.1 准备工作

(1)观察区域自动气象站(简称"区域站")现场环境,如区域站型号、供电、核查实施位置、危险事件等。

(2)将计量标准器和附属工具放在预定实施核查位置。

(3)断开区域站通信供电系统,避免核查的伪数据上传至数据库。

(4)利用 RS232 串口助手在笔记本读取区域站采集器实时温、湿、压、风、雨等数据。

4.8.2 温度传感器核查方法

1.核查依据

《区域自动气象站现场核查方法(试行)》第 3 章。

2.核查方法

(1)打开百叶箱(对于没有百叶箱的区域站,打开简易防护罩)进行气温传感器外观检查,并填写气温核查记录表(图 4.8-1)中"记录编号"(建议为地市名称首字母大写+年份+三位流水号,如安庆地区可编为 AQ2015001;一个区域站各要素记录编号相同)、"核查环境""开始时间""标准器""被核查器具""外观检查"等信息。

气温核查记录表

记录编号：

核查环境	气温：　　℃；	湿度：　　%RH；	风速：　　m/s
开始时间		结束时间	
	标准器	被核查器具	
设备信息	名称： 生产厂： 型号： 编号： 证书编号： 检定/校准日期： 有效期至： 不确定度/最大允许误差：	使用单位： 器具名称： 生产厂： 型号： 编号： 最大允许误差： 自动站型号： 区站号：	
外观检查	□ 合格	□ 不合格	

图 4.8-1　气温核查记录表信息图

(2)外观检查合格后，将温度标准器（自校式铂电阻数字测温仪）探头与被测气温传感器探头放在相同高度。温度标准器主机放在百叶箱外部。模拟示意图及实物图如图 4.8-2 所示。

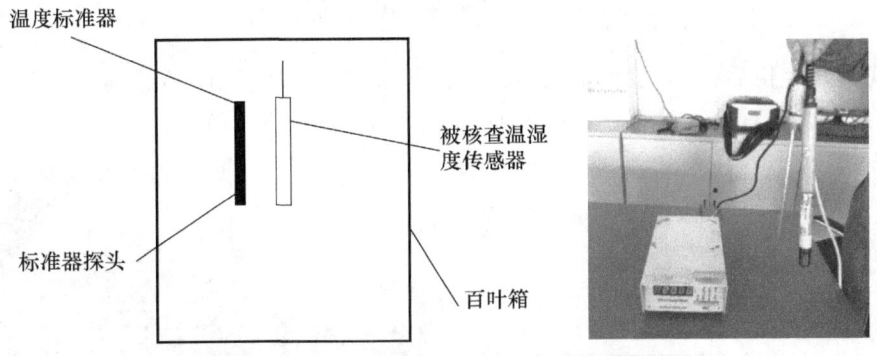

图 4.8-2　气温现场核查模拟示意图及实物图

(3)关上百叶箱（对于没有百叶箱的区域站需做好温度标准器探头的避光措施）。稳定 20 min 后，每分钟内均匀读取 3 次温度标准器示值和 1 次被测温度传感器示值（被测传感器示值在数据采集笔记本中读取），共读取 3 组数据，依次记录在气温核查记录表中。补全气温核查记录中相关信息。

(4)计算核查结果，若核查结果≤最大允差(±0.2 ℃)则完成气温传感器现场核查，保存核查记录。

(5)若核查结果＞最大允差(±0.2 ℃)，查找偏差原因并重新进行一次核查。若仍不满足要求，维修或者更换被测气温传感器，直至核查结果满足最大允差要求。

4.8.3　湿度传感器核查方法

1.核查依据

《区域自动气象站现场核查方法(试行)》第 4 章。

2.核查方法

(1)打开百叶箱（对于没有百叶箱的区域站，打开简易防护罩）进行湿度传感器外观检查，并填写湿度核查记录表(图 4.8-3)中"记录编号""核查环境""开始时间""标准器""被核查器具""外观检查"等信息。

湿度核查记录表

记录编号：

核查环境	气温：　　℃；湿度：　　%RH；风速：　　m/s	
开始时间		结束时间
	标准器	被核查器具
设备信息	名称： 生产厂： 型号： 编号： 证书编号： 检定/校准日期： 有效期至： 不确定度/最大允许误差：	使用单位： 器具名称： 生产厂： 型号： 编号： 最大允许误差： 自动站型号： 区站号：
外观检查	□ 合格	□ 不合格

图 4.8-3　湿度核查记录表信息图

(2)外观检查合格后，将湿度标准器(温湿度计)探头与被测湿度传感器探头放在相同高度。湿度标准器主机放在百叶箱外部。模拟示意图及实物如图 4.8-4 所示。

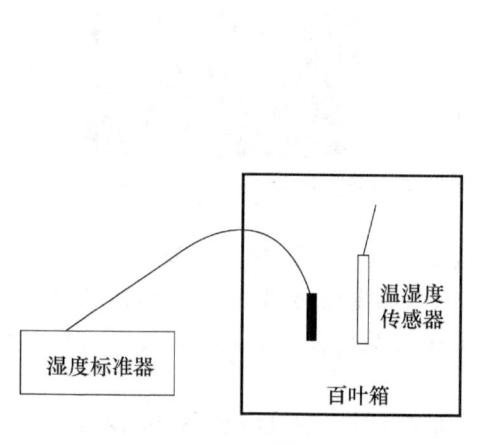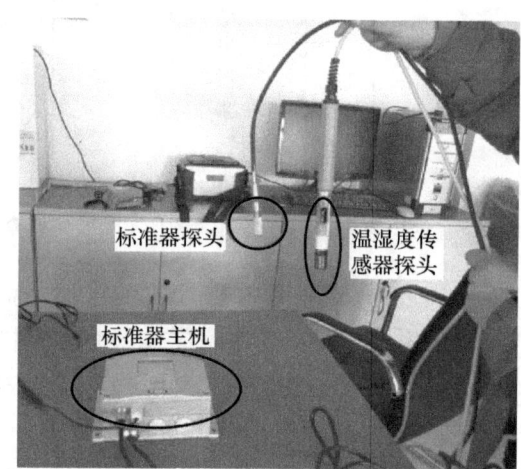

图 4.8-4　湿度现场核查模拟示意图及实物图

(3)关上百叶箱(对于没有百叶箱的区域站需做好湿度标准器探头的避光措施)。稳定 20 min 后，每分钟均匀读取 3 次湿度标准器示值和 1 次被测湿度传感器示值(被测传感器的湿度示值在数据采集笔记本中读取)，依次记录在湿度核查记录表中。

(4)计算核查结果，若核查结果≤最大允差(±4%RH(≤80%RH)，±8%RH(>80%RH))则完成湿度传感器现场核查。补全湿度核查记录表中相关信息，保存核查记录。

(5)若核查结果>最大允差(±4%RH(≤80%RH)，±8%RH(>80%RH))，查找偏差原因并重新进行一次核查。若仍不满足要求，维修或者更换被测湿度传感器，直至核查结果满足最大允差要求。

4.8.4 气压传感器核查方法

1. 核查依据

《区域自动气象站现场核查方法(试行)》第 2 章。

2. 核查方法

(1)打开区域站采集器机箱,首先进行气压传感器外观检查,并填写气压核查记录表(图 4.8-5)中"记录编号""核查环境""开始时间""标准器""被核查器具""外观检查"等信息。

气压核查记录表

记录编号:

核查环境	气温: ℃;湿度: %RH;风速: m/s	
开始时间		结束时间
	标准器	被核查器具
设备信息	名称: 生产厂: 型号: 编号: 证书编号: 检定/校准日期: 有效期至: 不确定度/最大允许误差:	使用单位: 器具名称: 生产厂: 型号: 编号: 最大允许误差: 自动站型号: 区站号:
外观检查	□ 合格	□ 不合格

图 4.8-5 气压核查记录表信息图

(2)外观检查合格后,将气压标准器(数字气压计)与被测气压传感器放在相同高度。实例如图 4.8-6 所示。

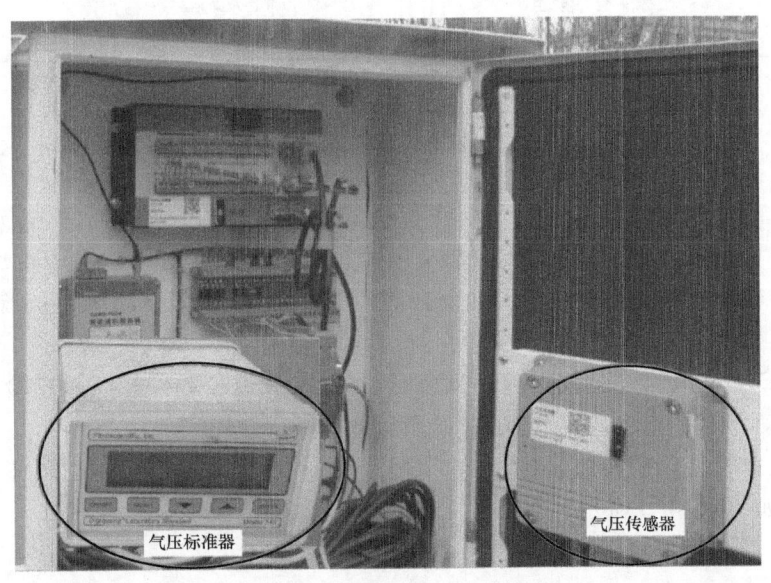

图 4.8-6 气压现场核查实例图

（3）稳定 2 min 后，每分钟内均匀读取气压标准器示值和 1 次被测气压传感器示值（被测传感器的气压示值在数据采集笔记本中读取），依次记录在气压核查记录表中。

（5）计算核查结果，若核查结果≤最大允差（±0.3 hPa）则完成气压传感器现场核查。补全气压核查记录表中相关信息。

（6）若核查结果＞最大允差（±0.3 hPa），查找偏差原因并重新进行一次核查。若仍不满足要求，维修或者更换被测气压传感器，直至核查结果满足最大允差要求。

4.8.5 风速传感器核查方法

1. 核查依据

《区域自动气象站现场核查方法（试行）》第 5 章。

2. 起动风速核查方法

（1）放下风杆，取下被测风速传感器，进行外观检查。轻轻拨动风杯，查看风杯转动是否灵活平稳，不得有明显的轴向跳到和径向摆动。填写起动风速核查记录表（图 4.8-7）中"记录编号""核查环境""开始时间""标准器""被核查器具""外观检查"等信息。

起动风速核查记录表

记录编号：

核查环境	气温：　　℃；湿度：　　%RH；风速：　　m/s	
开始时间		结束时间
	标准器	被核查器具
设备信息	名称： 生产厂： 型号： 编号： 证书编号： 检定/校准日期： 有效期至： 扩展不确定度/最大允许误差：	使用单位： 设备名称： 生产厂： 型号： 编号： 最大允许误差： 自动站型号： 区站号：
外观检查	□合格	□不合格

图 4.8-7　起动风速核查记录表信息图

（2）外观检查合格后，进行起动风速核查。将起动风速校验仪放在水平坚实地面，根据风速传感器型号选择合适的固定卡座，安装在起动风速校验仪中心。将风速传感器放在固定卡座上，确保风速传感器轴向垂直，风杯停止不动。再将叶轮风速表放在起动风速校验仪出风口，如图 4.8-8 所示。

（3）利用 JJE11 型风速校验仪做起动风速时，将起动风速校验仪与风速校验仪连接起来。风速校验仪的"起动、风速"按钮调至"起动"，如图 4.8-9 所示。

轻轻转动风速校验仪的旋钮，风速由零缓慢增加，并观察风速传感器的风杯轻微转动时叶轮风速表的示值，如图 4.8-10 所示。

图 4.8-8　起动风速核查实物图

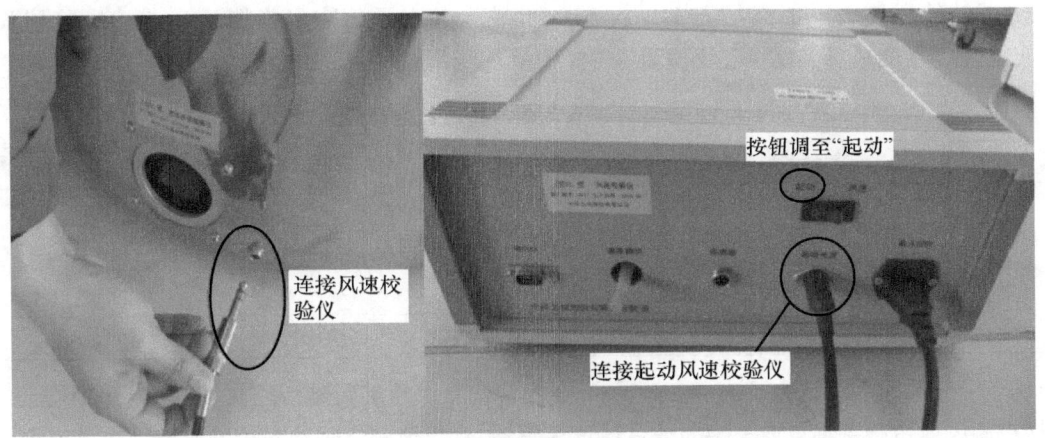

图 4.8-9　风速校验仪开关调节位置图

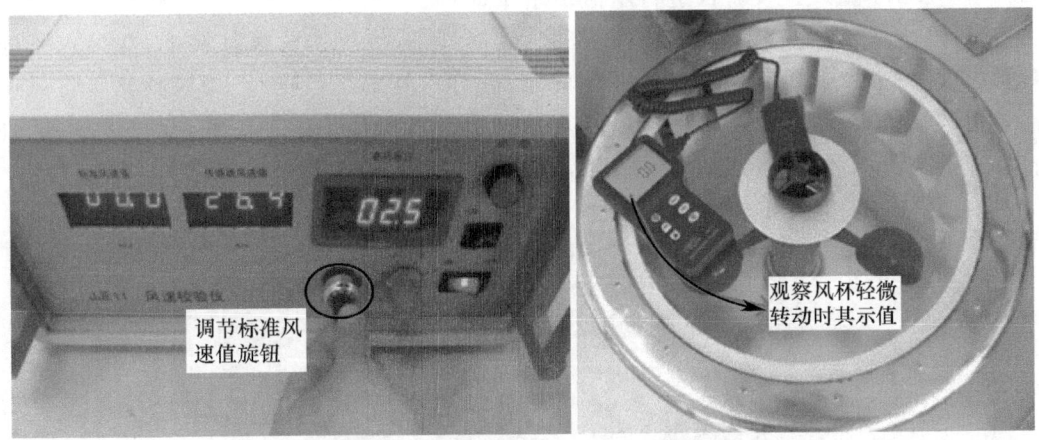

图 4.8-10　起动风速核查方法图(适用于 JJE11 型风速校验仪)

(4)利用 JJE-LH1 新型风速风向校验仪做起动风速时,将其附属配件起动风速控制器与起动风速校验仪连接起来。轻轻转动控制器旋钮,风速由零缓慢增加,并观察风速传感器的风杯轻微转动时叶轮风速表的示值,如图 4.8-11 所示。

211

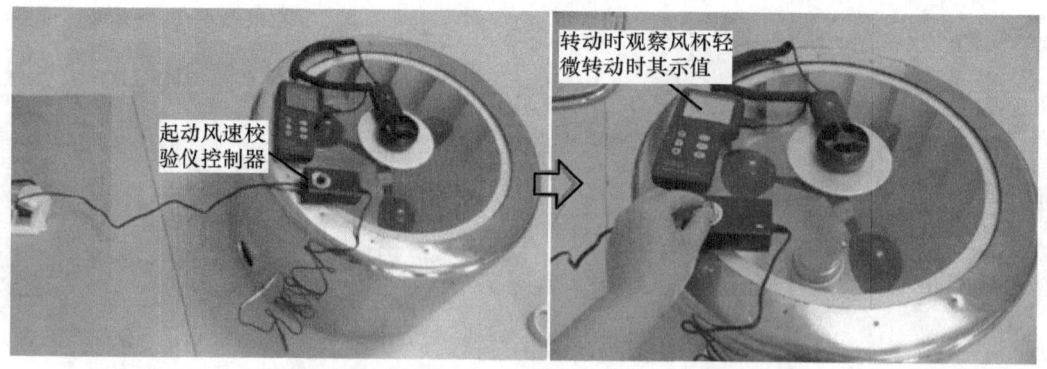

图 4.8-11 起动风速核查方法图(适用于 JJE-LH1 型风速风向校验仪)

(5)若叶轮风速表示值满足表 4.8-1 要求(叶轮风速表示值需经换算后为起动风速校验仪内实际风速值),改变风杯位置,重复测量 3 次,将核查结果依次记录在起动风速核查记录表中。

表 4.8-1 叶轮风速表示值与传感器生产厂家对应表

传感器生产厂家	叶轮风速表示值(起动风速值)
维萨拉测量技术有限公司(简称"维萨拉公司")、长春气象仪器有限公司(简称"长春厂")	≤1.8(0.5 m/s)
长春气象仪器研究所有限责任公司(简称"长春所")、江苏省无线电科学研究所有限公司(简称"无锡厂")	≤1.9(0.5 m/s)
中环天仪(天津)气象仪器有限公司(简称"天津厂")	≤2.1(0.5 m/s)

(6)若叶轮风速表示值大于表 4.8-1 要求,查找偏差原因并重新进行一次核查。若仍不满足要求,则更换被测风速传感器轴承或更换另一台风速传感器,直至被测传感器起动风速满足计量要求。

3.示值误差核查方法

(1)利用 JJE11 型风速校验仪进行示值误差核查

① 起动风速满足要求后,进行示值误差核查。将风速传感器的风杯卸下,并接入风杆上端的采集数据线上(若风速校验仪有风速采集功能,也可用其采集数据)。用橡胶软管将风速传感器上端螺母与风速校验仪相连,确保橡胶软管可平稳带动风速传感器转动,无打滑现象。同时,风速校验仪的"起动、风速"按钮调至"风速",如图 4.8-12 所示。

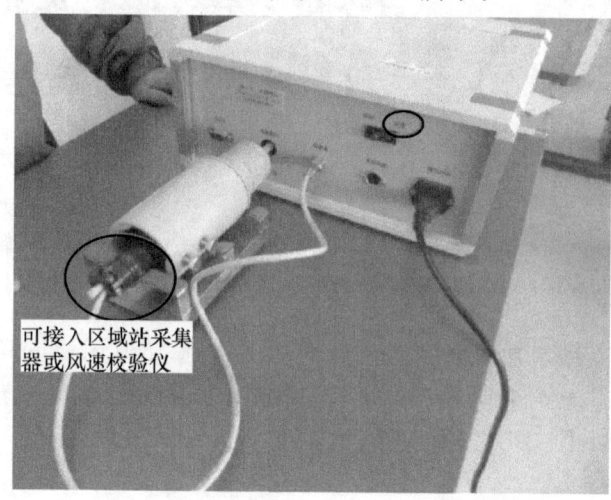

图 4.8-12 风速校验仪与风速传感器连接示意图

② 根据风速传感器型号调节"档位开关"位置（档位位置与传感器型号对应如图 4.8-13 所示）。若风速传感器接入区域站线缆采集数据，则忽略"供电电压"按钮。若风速传感器接入风速校验仪采集数据，注意"供电电压"是否正确（如果不清楚风速传感器供电电压时，可先选择 5 V，当没有正常风速信号时再选择 12 V）。

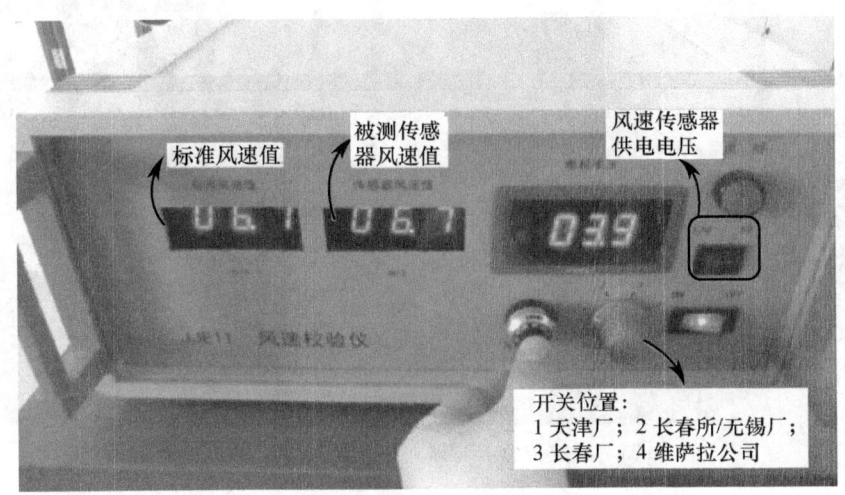

图 4.8-13　风速校验仪面板调节示意图

③ 开启风速校验仪开关，轻轻转动电机电压调节旋钮，使标准风速值为 30 m/s。稳定 2 min 后，读取风速标准值和风速传感器的示值，记录在风速核查记录表中。

④ 计算核查结果，若核查结果≤最大允差$[\pm(0.5 \text{ m/s} + 0.03V)]$，在此 $V=30$ m/s]则完成风速传感器现场核查。补全风速核查记录表相关信息，保存核查记录。

⑤ 若核查结果>最大允差$[\pm(0.5 \text{ m/s} + 0.03V)]$，查找偏差原因并重新进行一次核查。若仍不满足要求，维修或更换风速传感器，直至核查结果满足最大允差要求。

(2) 利用 JJE-LH1 新型风速风向校验仪进行示值误差核查

① 起动风速满足要求后，进行示值误差核查。将风速传感器的风杯卸下，接入风速风向校验仪采集线，并将采集线另一端连接风速风向校验仪"风速输入"端口。注意：不同厂家出厂的风速传感器对应不同的采集线。拧紧风速传感器上的螺丝，将其固定在测试支架上。具体连接方法如图 4.8-14 所示。

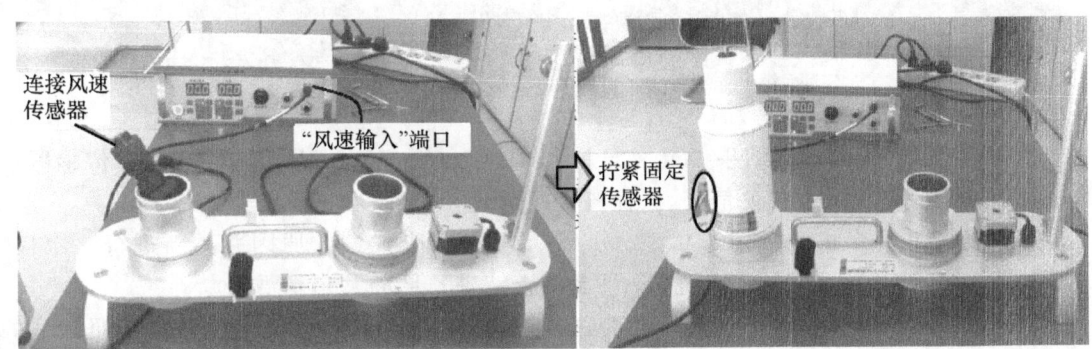

图 4.8-14　利用风速风向校验仪采集风速时连接方法示意图

② 将软轴的一端套在风速传感器上端，注意拧紧软轴连接处的螺丝，确保软轴可平稳带动

风速传感器转动,无打滑现象。同时,软轴的另一端接在校验仪"风速输出"接口,如图 4.8-15 所示。

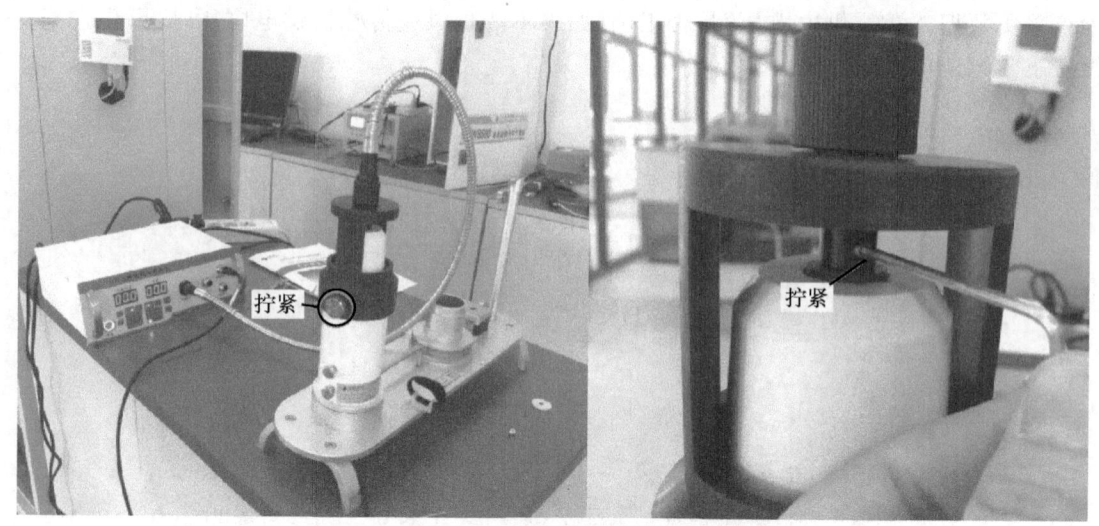

图 4.8-15　风速传感器与风速风向校验仪软轴连接方法

③ 开启电源开关,按"厂家"和"类型"键,选择被测风速传感器生产厂家和输出类型,并长按"+"或"-"键,设置核查风速值,如图 4.8-16 所示。设置完毕后,按"启动停止"键,软轴将带动风速传感器转动,并在风速风向校验仪上显示标准风速值和风速传感器实测值,记录在风速核查记录表中。

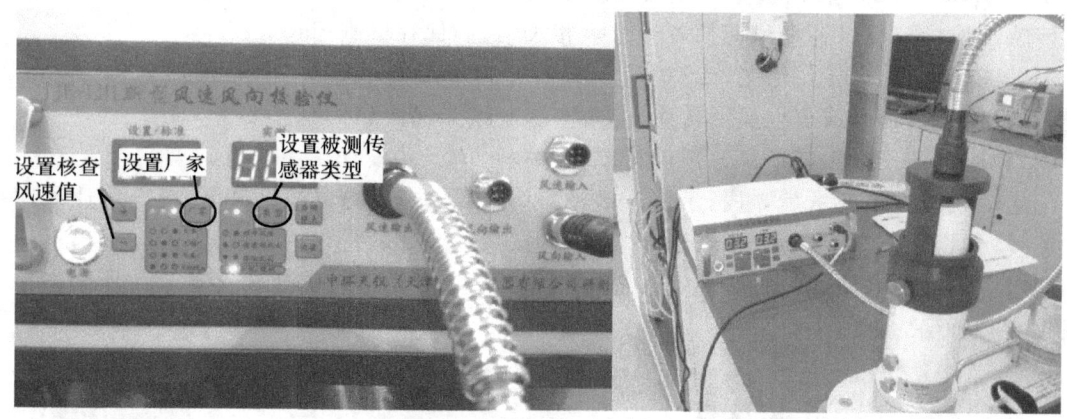

图 4.8-16　JJE-LH1 型风速风向校验仪设置方法

④ 计算核查结果,若核查结果≤最大允差[±(0.5 m/s +0.03V)],则完成风速传感器现场核查。补全风速核查记录表相关信息,保存核查记录。

⑤ 若核查结果>最大允差[±(0.5 m/s +0.03V)],查找偏差原因并重新进行一次核查。若仍不满足要求,维修或更换风速传感器,直至核查结果满足最大允差要求。

注意风速风向校验仪核查风速传感器时,按"快速"键后,再按"启动停止"键,按照默认的标准风速值 2 m/s、5 m/s、10 m/s、20 m/s、30 m/s 自动控制软轴旋转速度。

4.8.6 风向传感器核查方法

1. 核查依据

《区域自动气象站现场核查方法(试行)》第 6 章。

2. 核查方法

(1) 利用 JJE10 型风向校验仪核查风向传感器

① 放下风杆,取下被测风向传感器,进行外观检查。填写风向核查记录表中"记录编号""核查环境""开始时间""标准器""被核查器具""外观检查"等信息。

② 外观检查合格后,将风向传感器数据采集线缆穿过风向校验仪中间圆孔,再接到风向传感器上,如图 4.8-17 所示。将风向校验仪放置在水平、稳定的台面上,平稳放好风向传感器。

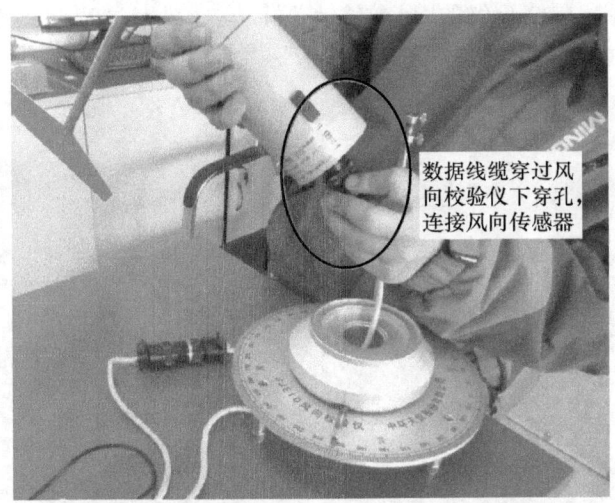

图 4.8-17　风向传感器与风向校准仪连接示意图

③ 转动风向传感器使其风向杆、指北线与风向校验仪 0°在一条直线上,如图 4.8-18 所示。利用风向校验仪配套定位叉将风向传感器尾翼固定好,确保尾翼与定位叉无扭转力。

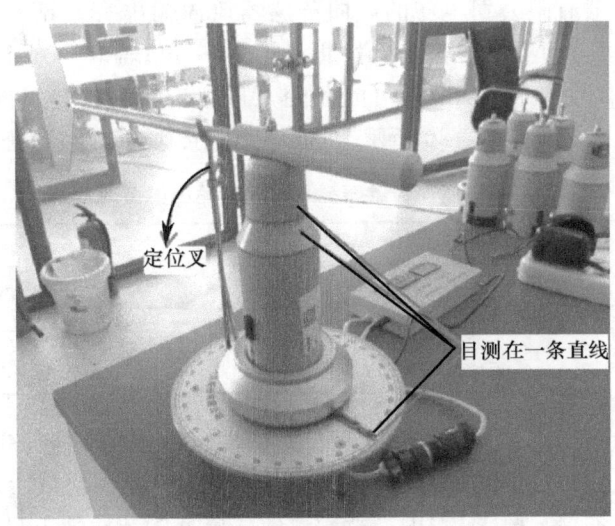

图 4.8-18　风向传感器核查方法示意图

④ 稳定 2 min 后,读取风向传感器示值。

⑤ 若风向传感器示值误差≤最大允差(±5°),转动定位叉使其分别指示 121°和 239°,将核查数据依次记录在核查记录表中。

⑥ 若风向传感器示值误差>最大允差(±5°),则重新调整定位叉位置,检查风向传感器的风向杆、指北线与风向校验仪 0°是否在一条直线。仍不满足要求,更换被测风速传感器轴承或换上另一台风速传感器,直至核查结果满足最大允差要求。

(2)利用 JJE-LH1 新型风速风向校验仪核查风向传感器

① 放下风杆,取下被测风向传感器,进行外观检查。填写风向核查记录表中"记录编号""核查环境""开始时间""标准器""被核查器具""外观检查"等信息。

② 外观检查合格后,将测试支架上电机接线接入校验仪的"风向输出"端。然后,将风向传感器数据采集线缆一端接在校验仪的"风向输入"端,另一端穿过测试支架中间圆孔接到风向传感器上,固定好风向传感器及尾翼,如图 4.8-19 所示。

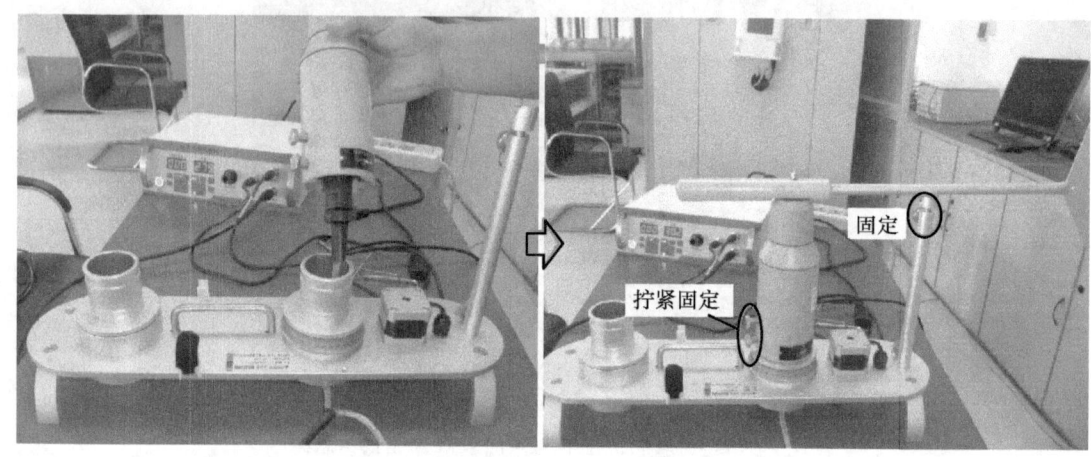

图 4.8-19　利用风速风向校验仪采集风向接线方法

③ 开启校验仪电源,按"厂家""类型"键选择被测风向传感器的生产厂家和风向输出类型。中环天仪(天津)气象仪器有限公司生产的风向传感器风向输出类型见表 4.8-2。按"启动停止"键,校验仪控制步进电机自动找北。若正确找北,则长鸣一声;若未找到北,短鸣 6 声。对于风向输出方式为模拟风向时,因外界干扰风向可能跳变,若短鸣 6 声,但是风向传感器上指北线与上盖指北线重合或基本重合,如图 4.8-20 所示,也能够判定传感器找北正确。

表 4.8-2　风向传感器型号与风向输出类型对应表

风向传感器型号	风向输出类型	校验仪的"类型"指示灯
EL-2D	模拟风向	●●(全亮)
EL-2C	正格雷码风向	●○(第一个灯亮)
EL-2F	反格雷码风向	○○(全灭)

④ 若风向传感器示值误差≤最大允差(±5°),长按"+"或"-"键,分别设置核查风向值为 121°和 239°,并读取标准风向值和被测风向传感器示值,将核查数据依次记录在核查记录表中。若风向传感器示值误差不满足要求,需更换被测风速传感器轴承或换上另一台风速传感器,直至核查结果满足最大允差要求。

第4章 区域自动气象站及实习(8学时)

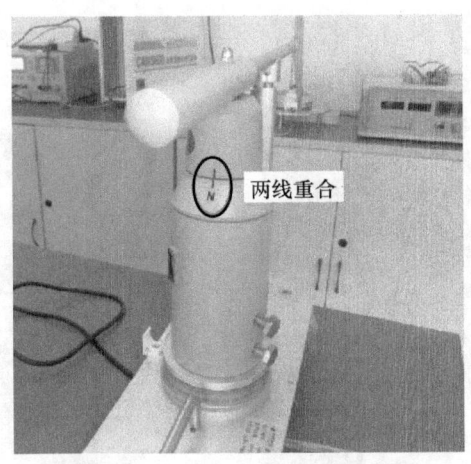

图 4.8-20 风向传感器正确找北图

注意风速风向校验仪核查风向传感器时,按"快速"键后,再按"启动停止"键,默认每次步进90°,正转一圈(转动4次)后反转1圈(转动4次)后停止。

4.8.7 雨量传感器核查方法

1. 核查依据

《区域自动气象站现场核查方法(试行)》第7章。

2. 核查方法

(1)打开雨量传感器承水桶,首先进行雨量传感器外观检查,并填写雨量核查记录表(图 4.8-21)中"记录编号""核查环境""开始时间""标准器""被核查器具""外观检查"等信息。

雨量核查记录表

记录编号:

核查环境	气温: ℃;湿度: %RH;风速: m/s	
开始时间		结束时间
	标准器	被核查器具
设备信息	名称: 生产厂: 型号: 编号: 证书编号: 检定/校准日期: 有效期至: 不确定度/最大允许误差:	使用单位: 器具名称: 生产厂: 型号: 编号: 最大允许误差: 自动站型号: 区站号:
外观检查	□ 合格 □ 不合格	

图 4.8-21 雨量核查记录表信息图

(2)外观检查合格后,断开一根数据采集线,并用绝缘胶带将断开的数据线包起来,如图 4.8-22 所示。若利用区域站数据采集器采集雨量数据,忽略此步骤。

(3)在承水漏斗中倒入少量清水,润湿各个翻斗,并用毛刷轻轻清洗承水漏斗和各翻斗的灰尘,如图 4.8-23 所示。若汇集漏斗堵塞,用细铁丝轻轻捣通。清洗完毕后再次倒入少量清水冲洗。

217

图 4.8-22 雨量传感器现场核查预先准备工作示意图

图 4.8-23 雨量传感器清洗方法示意图

(4)将雨量校准仪架在被测雨量传感器上,并与雨量传感器数据输出端相连。

(5)调节雨量校准仪的流量控制旋钮(大雨强约 2.50,小雨强约 5.82)至大雨强,旋紧注水旋钮和出水旋钮,清空计数器,如图 4.8-24 所示。

图 4.8-24 雨量传感器核查方法示意图

(6)在雨量校准仪中倒入清水,旋开注水旋钮,当雨量校准仪一侧的小孔有水流出时,关闭注水旋钮。

(7)旋开出水旋钮,直至水流完,雨量传感器不再翻动。若利用雨量校准仪采集雨量传感器数据,读取雨量校准仪计数器中读数,由于雨量传感器翻动 1 次为 0.1 mm 降水,雨量传感器的雨量示值读数＝计数器读数×0.1 mm。若利用区域站数据采集器采集雨量传感器数据,读取数据采集笔记本中示值。

(8)若雨量传感器示值误差≤最大允差(±0.4 mm),完成 3 次 4 mm/min 降水强度核查,并记录在雨量核查记录表中。若雨量传感器示值误差＞最大允差(±0.4 mm)时,调节图 4.8-25 中雨量传感器左右限位调节螺丝。当雨量传感器示值偏大时,左右限位调节螺丝均轴向向外旋出。当雨量传感器的雨量示值偏小时,左右限位调节螺丝均轴向向内旋入。调整好后,重复步骤(4)—(7),直至被测雨量传感器示值误差满足最大允差要求。

图 4.8-25　雨量传感器偏差调节位置示意图

(9)调节雨量标准器的流量控制旋钮至小雨强,旋紧注水旋钮和出水旋钮,清空计数器。重复步骤(5)、(6),完成 3 次 1 mm/min 降水强度核查,并记录在雨量核查记录表中。

(10)补全雨量核查记录相关信息,保存核查记录。

4.8.8　现场核查配带设备

六要素区域站现场核查时配带计量标准器及附属工具如表 4.8-3 所示。四要素站区域站现场核查时仅携带相应要素的标准器和附属工具。

表 4.8-3　区域站现场核查时配带设备一览表

	序号	名称	数量	最大允许误差	用途	备注
标准器	1	自校式铂电阻数字测温仪	1	±0.1 ℃	温度传感器现场核查	供电 220V
	2	温湿度计	1	±2.0%RH	湿度传感器现场核查	供电 220V
	3	数字气压计	1	±0.1 hPa	气压传感器现场核查	带 4 节 1.5 V 5 号电池
	4	起动风速校验仪	1	±0.05 m/s	风速传感器启动风速核查	供电 220 V
	5	风速校验仪	1	±(0.2 m/s+0.02V)(V 为实际风速值)	风速传感器测量误差现场核查	供电 220 V
	6	风向校验仪	1	±1°	风向传感器现场核查	供电 220V
	7	雨量校准仪	1	≤0.1%	雨量传感器现场核查	带 1 节 1.5 V 5 号电池

续表

	序号	名称	数量	最大允许误差	用途	备注
附属工具	8	便携发电机或蓄电池	1		对于无供电区域站，现场供电	可输出220 V稳压电，可持续供电4 h
	9	工具箱	1		现场拆卸设备	
	10	插排	2		电源转接	对于供电距离较长区域站，可配备50 m接线轴
	11	笔记本	1		现场数据采集	
	12	5~10 L密封水桶	1		雨量现场核查	注满清水
	13	便携风杆支架	1		支撑风杆	

第 5 章　土壤水分站及实习(8 学时)

授课方式：实习实践。
教学内容：自动土壤水分观测概述及测量原理；自动土壤水分观测系统组成；设备安装与常规维护；观测数据标定方法介绍；设备运行监控与常见故障分析与处理。
教学要求：了解自动土壤水分观测原理、系统组成；掌握设备安装、常规维护与标定方法；熟悉设备运行监控、常见故障分析与处理等知识点。
重点难点：自动土壤水分观测仪的工作原理。
课程小结：本课程主要介绍了土壤水分观测系统的工作原理。
思考题：自动土壤水分观测仪有哪些种类？

5.1　概述

土壤水分状况是水分在土壤中的移动、各层中数量的变化以及土壤和其他自然体(大气、生物、岩石等)间的水分交换现象的总称。土壤水分是土壤成分之一，对土壤中气体的含量及运动、固体结构和物理性质有一定的影响，制约着土壤中养分的溶解、转移和吸收及土壤微生物的活动，对土壤生产力有着多方面的重大影响。土壤水分是水分平衡组成项目，是植物耗水的主要直接来源，对植物的生理活动有重大影响。经常进行土壤水分状况的测定，掌握其变化规律，对农业生产实时服务和理论研究都具有重要意义。

土壤水分的测量可用土壤含水量与土壤湿度位势的测定来表示。土壤含水量反映了土壤中水的质量与体积，而土壤湿度位势则反映土壤水分能量状态。

有许多仪器可用来计量土壤水分状态。称重土壤湿度 θ_g 是通过直接法测定。土壤体积水含量 θ_v 则通常通过测定土壤特性或由置于土壤中物体的反应而间接测定。

土壤水分间接测定法包括从测定特性或从置于土壤中受土壤含水量影响的物体的反应来推断 θ_v。测定土壤湿度常见的间接法包括放射方法、时间域反射法、原子磁场共振。测定湿度位势间接法包括张力表、电阻块和土壤干湿表。

自动土壤水分观测仪是一种利用频域反射法原理(FDR)来测定土壤体积含水量的自动化测量仪器，从传感器安装方法上区分为插管和探针两种。自动土壤水分观测仪可以方便、快速地在同一地点进行不同层次土壤水分观测，获取具有代表性、准确性和比较性的土壤水分连续观测资料，减轻人工观测劳动量、提高观测数据的时空密度，为干旱监测、农业气象预报和服务提供高质量的土壤水分监测资料。

目前经中国气象局多次考核定型并在业务使用的自动土壤水分观测设备主要有 3 种，分别是上海长望气象科技有限公司自主开发研制的 DZN1 型自动土壤水分观测仪，河南省气象科学研究所和中国电子科技集团公司第 27 研究所共同研发的 DZN2 型自动土壤水分观测仪及中国华云技术开发公司研制的 DZN3 型自动土壤水分观测仪。

5.2 工作原理及系统结构

5.2.1 工作原理

自动土壤水分传感器利用频域反射法原理(FDR)来测定土壤体积含水量,它由传感器发出100 MHz高频信号,传感器电容(压)量与被测层次土壤的介电常数成函数关系。由于水的介电常数比一般介质的介电常数要大得多,所以当土壤中的水分变化时,其介电常数相应变化,测量时传感器给出的电容(压)值也随之变化,这种变化量被CPU实时控制的数据采集器所采集,经过线性化和定量化处理,得出土壤水分观测值,并按一定的格式存储在采集器中。

频域反射法(FDR)又包括电容法和驻波率法,目前国产仪器DZN1型采用驻波率法,DZN2和DZN3型采用电容法。自动土壤水分传感器分为探针式传感器和插管式传感器,DZN1型自动土壤水分观测仪采用探针式传感器,DZN2及DZN3型自动土壤水分观测仪采用插管式传感器。下面依据其结构不同,分别介绍自动土壤水分传感器的观测原理。

1. 探针式土壤水分传感器原理

土壤是由空气、固体和水组成的多孔介质,其中水的介电常数大约是80,固体的介电常数大约是4,而空气的介电常数大约是1。含水土壤中的介电常数主要是由水来决定的,所以可以通过测量土壤的介电常数来测量土壤中含水的多少。

探针式土壤水分传感器由高频发射器、接收器、微处理、探针等组成。高频发射器、接收器、微处理密封在直径40 mm、长130 mm防水室内,4个长60 mm不锈钢探针与之固定相连。不锈钢探针直接插入土壤。传感器尾部的电缆线用于为传感器提供电源及输出模拟信号。传感器中的高频信号源产生的高频信号沿传输线传播到土壤中的不锈钢探针,由于探针阻抗与传输线阻抗不匹配,一部分信号沿传输线反射回来。这样在传输线上入射波与反射波叠加形成驻波,使传输线上各点的电压幅值存在变化。土壤探针阻抗取决于土壤的介电特性,土壤的介电特性又主要取决于土壤含水量,因而可以通过测量传输线上电压的变化来反映土壤含水量的多少。

2. 插管式土壤水分传感器原理

FDR(frequency domain reflection 频域反射式)土壤水分传感器(图 5.2-1)可用于即时探测土壤含水量变化,仪器内部为一单杆多节式传感器,每一组传感器由两个铜环所构成,外部为PVC材质所制造而成的套管,可防止水或其他流体干扰内部的电子元器件,影响土壤含水量的观测。此仪器使用LC电路原理,LC电路能描述振荡频率受到电感(L)与电容(C)变化的影响。由于此仪器采用固定的电感值,因此,频率的变化取决于电容的改变,而电容的改变受到两铜环之间、套管及套管外的土壤部分影响。振荡频率(F)的计算采用下式:

$$F=\frac{1}{2\pi\sqrt{LC}}$$

仪器的振荡频率变化范围在150~100 MHz(空气中—水中)。如果将整体的土壤视为由水、空气及固态土三种物质所组成,当把空气的介电常数视为1($\varepsilon_a=1$),水的相对介电常数则约为80.4($\varepsilon_w=80.4$),固态土则约为3~7($\varepsilon_s=3\sim7$),如图5.2-2所示。

由于电容会受到介电常数的影响,总电容:

$$C=k\varepsilon_r\varepsilon_0$$

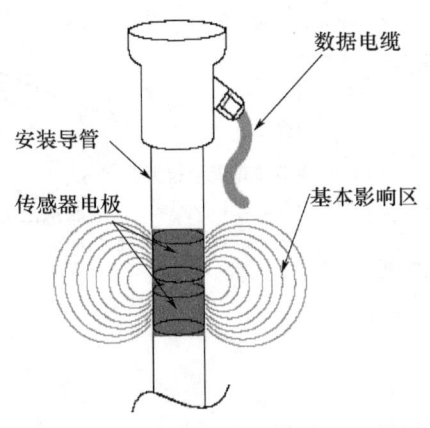 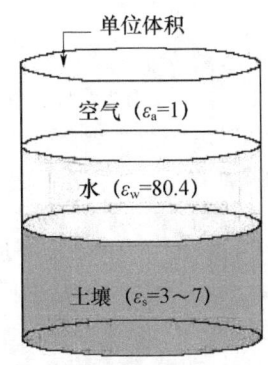

图 5.2-1　FDR 土壤水分传感器示意图　　图 5.2-2　土壤内部物质组成示意图

其中,k 为一几何常数(m);ε_r 为整体土壤按照体积比例混合的相对介电常数($\varepsilon_r^a = \sum_i V_i \varepsilon_i^a$,其中 V_i 为土壤中物质 i 体积占整体体积的比例;ε_i 为土壤中物质 i 的相对介电常数);ε_0 为空气或真空中的介电常数(8.85×10^{-12} F/m)。对于固态土部分其总量通常视为固定,因此当土壤中含水量改变时则会造成空气与水所占的比例改变,因此也影响到最后总电容量的值有所改变,使得仪器所测得的频率也有所不同。为了反映土壤含水量与频率之间的关系,利用 SF(scaled frequency) 参数建立与土壤含水量 θ_v 之间的指数关系式:

$$\theta_v = aSF^b$$

SF 定义为:

$$SF = \frac{F_a - F_s}{F_a - F_w}$$

其中,F_a 为仪器放置于空气中所测得的频率;F_w 为仪器放置在水中所测得的频率;F_s 则为仪器安装于土壤中所量测得到的频率;a、b 为待定参数。鉴定结果如图 5.2-3 所示。

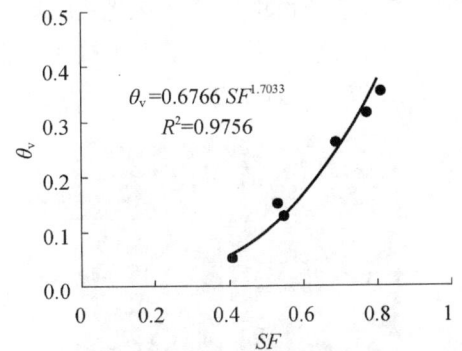

图 5.2-3　土壤含水量 θ_v 与仪器信号 SF 关系图

5.2.2　系统结构

自动土壤水分观测仪是基于现代测量技术构建,由硬件和软件组成。其硬件可分成传感器、采集器和外围设备 3 个部分,其软件可分成采集软件和业务软件两种。

该结构的特点是既可以与微机终端连接组成土壤水分测量系统,也可以作为土壤水分分采集系统挂接在其他采集系统上。设备组成见图5.2-4。

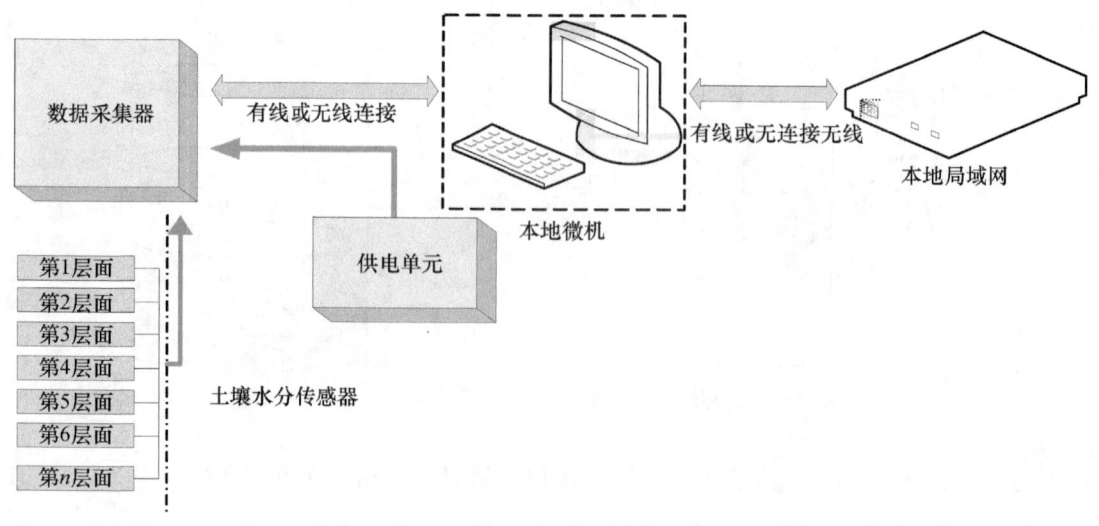

图5.2-4 自动土壤水分观测仪组成示意图

1. 传感器

自动土壤水分传感器根据安装方式不同,可分为两类:

(1)探针式传感器(图5.2-5)。传感器由高频发射器、接收器、微处理电路、探针等组成,处理电路等安装在一个密封防水室内,感应探针一端与密封防水室相连,另一端直接插入土壤,根据电磁波在不同阻抗下的变化测量土壤中水分含量变化。

图5.2-5 探针式传感器外观图

(2)插管式传感器(图5.2-6)。传感器由电容式传感器、处理电路、护管等组成,护管垂直插在土壤中,传感器以并联方式安装在护管中,不与土壤直接接触。根据探测器发出的电磁波在不同介电常数物质中的频率不同,计算被测物含水量。

图5.2-6 插管式传感器外观图

2. 数据采集器

数据采集器是自动土壤水分测量系统的核心,其主要功能是完成数据采样、数据处理、质量控制、数据存储、数据通信。其功能包括:

(1)数据采样速率及算法符合规范规定。

(2)存储器具备掉电保存功能,能够存储至少1个月的各层正点土壤体积含水量数据。

(3)具备对电源电压状态、传感器状态、通信状态进行自检、自诊断功能。

(4)具有 RS232 或 RS485 通信接口,在设定时间里可自动传输观测数据。

(5)能响应终端命令,对采集器进行更新程序、设置参数、测试调试等控制操作。

(6)采集器实时时钟走时误差≤15 s/月,可以使用交流或直流供电。

3. 系统电源

系统所用电源为:交流 220 V(+10%~-15%),直流 12 V。配有蓄电池,并对蓄电池浮充电,以备市电停电时可由蓄电池供电,也可以配置辅助电源(包括太阳能、风能)对蓄电池充电。在没有市电的情况下,后备蓄电池应能保证传感器、采集器及通信模块至少 5 d 正常工作。

系统设计有低电压告警装置,当蓄电池电压低到不足以维持符合质量要求的观测工作时,应予以自动报警。

4. 通信接口与通信模块

联接采集器与计算机、计算机与中心站、采集器与中心站等的通信连接设备。

采集器应具有采集电压、电流、频率、并行码、计数输入等信号的能力,以连接各种传感器,测量相应气象要素,并可进行扩展。

采集器应至少配置 2 个通信接口,既可以支持本地通信,又可以通过扩展其他通信设备实现远程通信。

远程通信模块,可支持无线通信。

5. 微机

系统微机用作采集器的终端,实现对采集器的监控、数据处理和存储,应能满足采集软件和业务软件运行的基本配置要求。

6. 采集软件

采集软件由厂家按规范要求编制,写在采集器中。其主要功能有:

(1)接受和响应业务软件对参数的设置和系统时钟的调整(时钟也可在采集器上直接调整,但必须保证采集器和计算机时钟一致)。

(2)实时和定时采集各传感器的输出信号,经计算、处理形成土壤重量含水率、土壤相对湿度和土壤有效水分贮存量等观测要素值。

(3)存储和传输土壤重量含水率、土壤相对湿度、土壤水分总贮存量和土壤有效水分贮存量等观测要素值。

(4)运行状态监控。

7. 业务软件

业务软件根据农业气象观测业务的需要编制,由国务院气象主管机构颁发。其主要功能包括:参数设置、实时数据显示、定时数据存储、运行监控、数据维护、数据审核、报表编制,形成统一的数据文件等。

5.2.3 DZN1(又称 ASWI-I)型自动土壤水分观测仪

1. 系统结构组成

DZN1型自动土壤水分观测仪(图5.2-7)是应用FDR原理的土壤水分测量传感器和总线式数据采集技术于一体的土壤水分自动化测量系统。该系统由传感器、采集器、通信接口和系统电源4部分组成,根据业务需要可配备微机,可显示实时和整点土壤相对湿度、体积含水量、重量含水率、贮水量等动态变化曲线并自动生成标准数据文件。根据用户需要,系统可进行扩展,数据采集器可扩展接入风向、风速、温度、湿度、气压、雨量、地温等气象传感器。

该仪器按照实际安装地点可分为固定地段型(台站式)、作物地段型(野外式)、辅助地段型(便携式)3种。

固定地段型(台站式)

作物地段型(野外式)

图5.2-7 自动土壤水分观测仪实物图

固定地段(台站式)和作物地段(野外式)主要配置区别见表5.2-1。

表5.2-1 DZN1型自动土壤水分观测仪配置表

	固定地段(台站式)	作物地段(野外式)
供电方式	市电供电、蓄电池后备	蓄电池,太阳能电池辅助充电
数据传输	有线(RS232/RS485)	无线(GPRS/CDMA)
室内计算机	有	无
杆体高度	1.4 m	2.7/1.4 m
软件	采集软件和台站计算机软件	采集软件和中心站软件

DZN1型自动土壤水分观测仪设备组成见图5.2-8。

(1)传感器

DZN1型自动土壤水分观测仪采用的SWS-406土壤水分传感器(图5.2-9),应用FDR原理,可直接测量土壤体积含水量。传感器使用环保材料制成,全密封,可长期埋设在地下任意深度连续测量。其具有精密、可靠、耐用、无放射性污染源等优点。

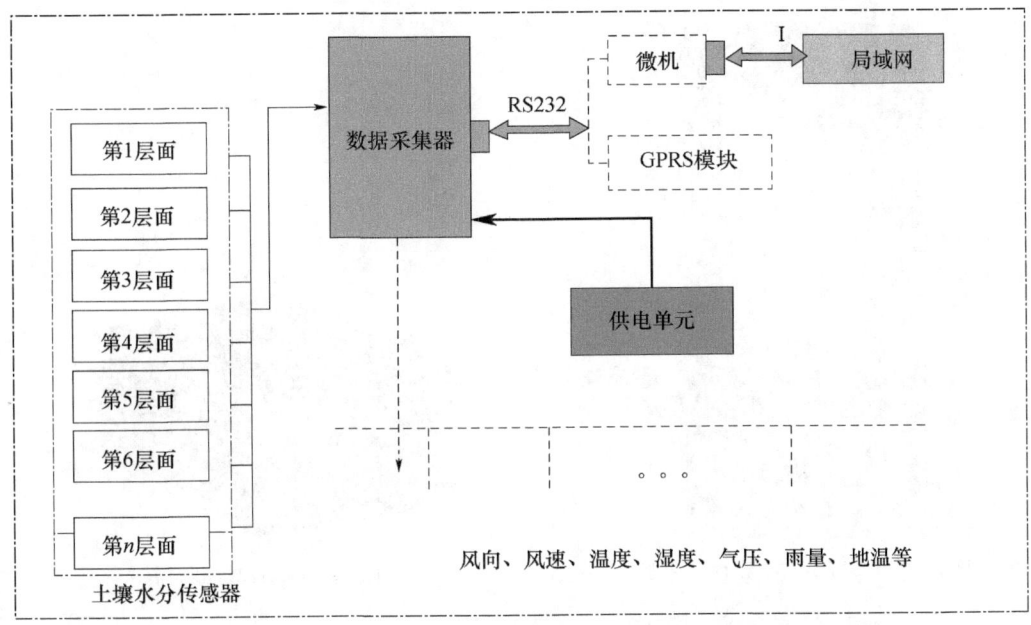

图 5.2-8　DZN1 型自动土壤水分观测仪系统结构示意图

图 5.2-9　SWS-406 土壤水分传感器

SWS-406 土壤水分传感器由高频发射器、接收器、微处理器、探针等组成。高频发射器、接收器、微处理器密封在 ϕ 40 mm、长 130 mm 防水室内，4 个长 60 mm 不锈钢探针与之固定相连。不锈钢探针直接插入土壤。传感器尾部的电缆线用于为传感器提供电源及输出模拟信号。

其工作原理是：采用 FDR 原理测量土壤介电常数。土壤内水分变化导致介电常数变化，土壤的体积含水率与介电常数存在函数关系。

(2) 数据采集器

MDT-30 气象数据采集器（图 5.2-10）以高速微处理器作 CPU，外围包括精确的时钟器件、16 位 A/D 转换器件、128 MB 标准 CF 卡、耐低温液晶显示器和信号防雷接口等，具有 RS232/RS485 两个标准通信口，可以存储 60 d 的整点数据。

采集器是自动土壤水分测量系统的核心。其主要功能是完成各层土壤水分传感器的采样，对采样数据进行控制运算、数据计算处理、数据质量控制、数据记录存储，实现数据通信和传输。采集器具备自检、自诊断功能，包括以下内容：电源电压状态监测、传感器状态监测、通信状态监测。

(3) 供电系统

电源系统主要分为两类：蓄电池为后备的市电供电系统和太阳能辅助充电的蓄电池供电系统；分别用于有市电和无市电的环境。

① 交流供电系统

交流供电充电控制器（图 5.2-11）用于交流供电系统，该系统以交流供电为主，辅助以蓄电池为后备，用于交流电供电比较稳定的环境。主要工作方式：当有市电供电时，由供电充电控制器为系统供电，并为蓄电池充电；当无市电供电时，由蓄电池为系统供电，当市电恢复供电时，充电控制器为蓄电池充电，直至充满。

图 5.2-10　MDT-30 数据采集器

图 5.2-11　电源控制器

供电充电控制器实际上是专为免维护铅酸蓄电池自动充电而设计的 AC/DC 电源转换模块。它既是 AC/DC 电源转换器,也是电池充电控制器。

主要技术特性:电压输入范围——～220 V±15％(50 HZ);输出直流范围——13.8 V(25 ℃);转换效率(25 ℃)——70％～90％、典型值为 80％;绝缘电阻,输入对外壳,输入对输出——DC1000 V,≥200 MΩ;绝缘电阻,输出对外壳,输出对输出——DC250 V,≥200 MΩ。

主要特点:集成芯片控制可靠性高;宽电压输入,电网适应能力强;具有防潮、防腐蚀、防霉菌的能力,耐受严酷环境;具有耐震动冲击性能;具有过热、短路保护;采用恒压限流充电,充满后自动进入浮充状态,具有过充保护。

② 太阳能供电系统

本供电系统主要用于无市电的环境。由太阳能电池、太阳能充电控制器、蓄电池组成。主要工作方式:当有太阳能供电时,由充电控制器(图 5.2-12)为系统供电,并为蓄电池充电;当无太阳能供电时,由蓄电池为系统供电,当太阳能恢复供电时,充电控制器为蓄电池充电,直至充满。

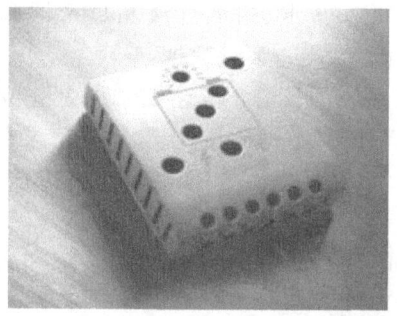

图 5.2-12　CML05 型太阳能充电控制器

CML05 型太阳能充电控制器使用注意事项:连接蓄电池时要注意正确的极性,如果蓄电池极性接反,负载端输出电压也将随之反向,仪器将有可能损坏;连接太阳能电池板时,注意正确极性,防止火花产生,安装时要遮挡太阳能电池板,因为最大的短路电流将大大超过控制器的额定电流;连接输出电压端子时,注意正确极性,防止火花产生,安装时关闭负载仪器。各指示灯状态见图 5.2-13。

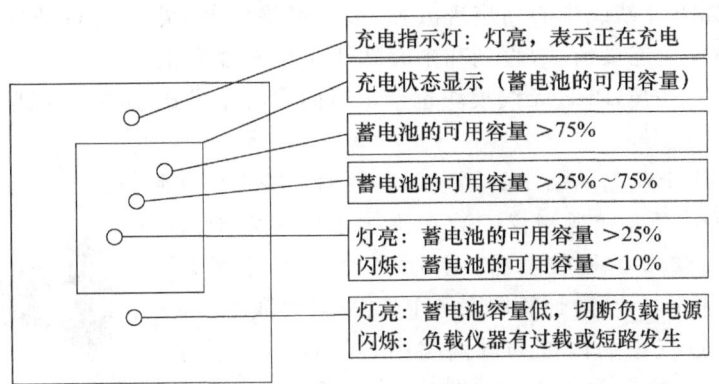

图 5.2-13　CML05 型太阳能充电控制器指示灯含义示意图

技术参数:浮充电压——13.7 V(25 ℃);负载切断点电压值——11.5～12 V;负载再联接点电压值——12.8 V。

免维护铅酸蓄电池:选用 17 AH(太阳能供电)或 14 AH(交流供电)免维护铅酸蓄电池,以保证在极端恶劣天气(如高温、低温和最长连续阴雨天)能维持系统的正常工作,特殊地点可根据实际情况选择大容量电池。在市电系统中保证交流断电 5 d 内能维持仪器的正常工作。

(4)通信系统

① GPRS 无线通信

GPRS 通信网络主要用于监测网络中的作物地段自动土壤水分观测仪,其主要工作过程如下。

固定 IP 地址的获取及设置:由移动公司或电信部门提供的网络专线,经过省(区、市)气象局局域网的路由器接入中心站的控制计算机,同时得到该计算机的固定 IP 地址。该固定 IP 地址将设置到监测网各外站的无线传输模块内。

中心站参数设置:中心站计算机的通信调度软件中设置有每个外站的站名、站号、台站类型、通信时间间隔、标识符等参数。其中最重要的参数是每个外站内无线传输模块的标识符,该标识符为外站的唯一身份识别符号,每个外站都有自己的标识符,各不相同。该标识符是指无线传输模块中所装的手机卡的 SIM 卡号的最后 6～10 位非字母的连续数字。

无线连接的建立:各外站的仪器安装完成,系统带电后,其内部的无线传输模块将向其内部保存的固定 IP 地址(即中心站计算机地址)不停地发出连接请求。中心站计算机的通信调度软件启动后,将进入侦听状态。当侦听到某个外站的连接请求后,将与其建立连接。由于各外站无线上网时得到的是动态 IP 地址,因此连接后,中心站无法识别外站身份,这时外站内的无线传输模块,会向中心站计算机发出它自己的标识符,中心站计算机根据保存在软件中的标识符就能够识别外站,这样整个连接过程完成。

每个外站上电或断掉连接后都会发出连接请求,有多少个连接请求,中心站就建立多少个连接,这些连接同时存在,同时在线,保证中心站计算机同时与多个外站的通信实时性。由于整个网络使用 APN 身份验证,因此其他无线通信设备包括手机,均无法进入本气象监测网络,不会干扰网络正常运行,也保证了数据的安全性。

数据传输及自动补要数据:网络连接完成后,中心站计算机将根据设置好的各台站通信时间间隔定时地接收外站的实时数据。为保证数据完整性,中心站每小时定时检查各外站当天数据是否完整,如不完整会自动补要该站数据。中心站每天自动对各外站对时,保证系统时钟同步。

断网的处理:如果外站或中心站出现故障,造成网络中断,外站的 GPRS 无线模块会定时的不间断的向中心站发送连接请求,直到和中心站建立起连接为止。

网络正常时,外站的 GPRS 无线模块也会定时向中心站发送心跳包,以监测连接是否正常。

② 有线通信

有线通信主要用于监测网络中的固定地段自动土壤水分观测仪。

固定地段自动土壤水分观测仪安装在土壤水分固定地段观测场内,并通过 RS232 远程收发器(图 5.2-14)、通信电缆与观测室内的计算机相连。室内计算机负责接收观测仪数据,并存储。该计算机通过气象局内部局域网与中心站计算机进行数据传输,并定时生成标准数据上传文件,通过 FTP 方式传送至省局土壤水分数据中心计算机。其中 RS232 远程收发器的功能及作用如下。

图 5.2-14 RS232 远程收发器

用于台站式自动土壤水分观测仪与室内计算机的数据传输。RS232 无源隔离远程收发器实现 RS232 信号的远程收发。具备电流环形式工作,抗干扰能力强,无需外供电源等特点。

产品性能:串口三线制点对点远程通信;独有的串口保护电路,可带电热插拔;工业级设计,优选进口元器件,全部表面贴装工艺。

技术指标:

电源来源——串口窃电,无需外供电源;

通信速率——300 bps～28.8 kbps;

信号类型——TX、RX、GND;

防护电压 15 kV——静电保护和 600 W/ms 雷电防护;

工作温度——－40～85 ℃;

通信方式——FTP 传输;

工作电流——小于 10 mA;

通信距离——最远 3 km;

通信过程——外站的自动土壤水分观测仪计算机定时将数据、状态、参数等信息通过 FTP 方式发送到中心站计算机的 FTP 地址,中心站计算机自动读取这些信息,并存储、显示。同时外站计算机按照中国气象局的规定将上传文件通过 FTP 方式定时发送到省局上传文件接收计算机内。

5.2.4 DZN2(又称 GStar-I)型自动土壤水分观测仪

1. 传感器

传感器基于 FDR 原理,其数目根据所需探测的层数进行组合,通过机械装置连接在同一根导体上,具体形状见图 5.2-15 所示。

图 5.2-15 DZN2 型自动土壤水分观测仪传感器构造图

2. 数据采集器
(1) 采集器的组成

采集器内部见图 5.2-16,主要由太阳能电源控制器、蓄电池、采集器板和 GPRS 通信板等组成。

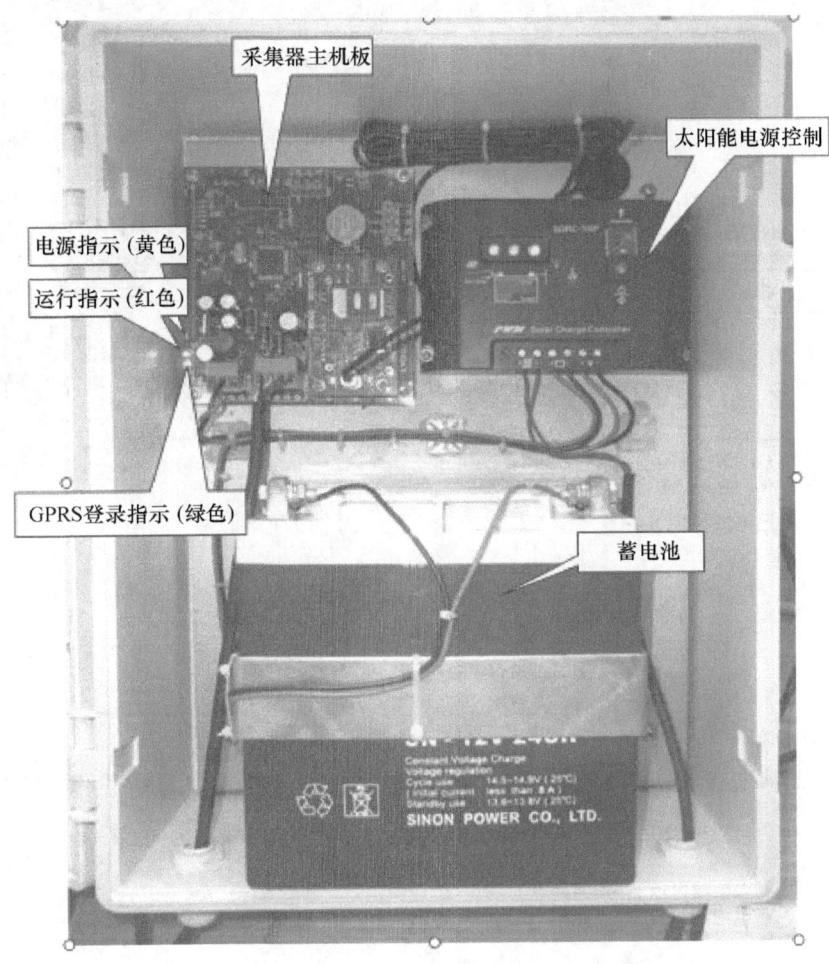

图 5.2-16　DZN2 型自动土壤水分观测仪采集器内部结构图

(2) 硬件说明

DZN2 型自动土壤水分观测仪是基于电容传感器和嵌入式 ARM 单片机技术设计的,检测电容是传感器的敏感器件,传感器周围水分的变化引起圆环电容的介质变化,于是电容值就会改变,从而引起 LC 振荡器的振荡频率变化,传感器把高频信号变换后输出到单片机,单片机根据建立的数学模型和当地土壤状态等相关系数,进行计数、转换、修正等处理,计算出当前土壤水分。图 5.2-17 为主机板。

采集器正常运行时指示灯状态:

电源指示(黄色)——常亮;

运行指示(红色)——闪烁(亮灭各 1 s);

GPRS 登录指示(绿色)——登录到服务器亮,退出时灭;

XP6 跳线——485 短接,XS5 端子为 RS485 通信,此时,不能再用 GPRS 通信;GPRS 短接,XS5 端子不能用于 RS485 通信,GPRS 通信板工作。

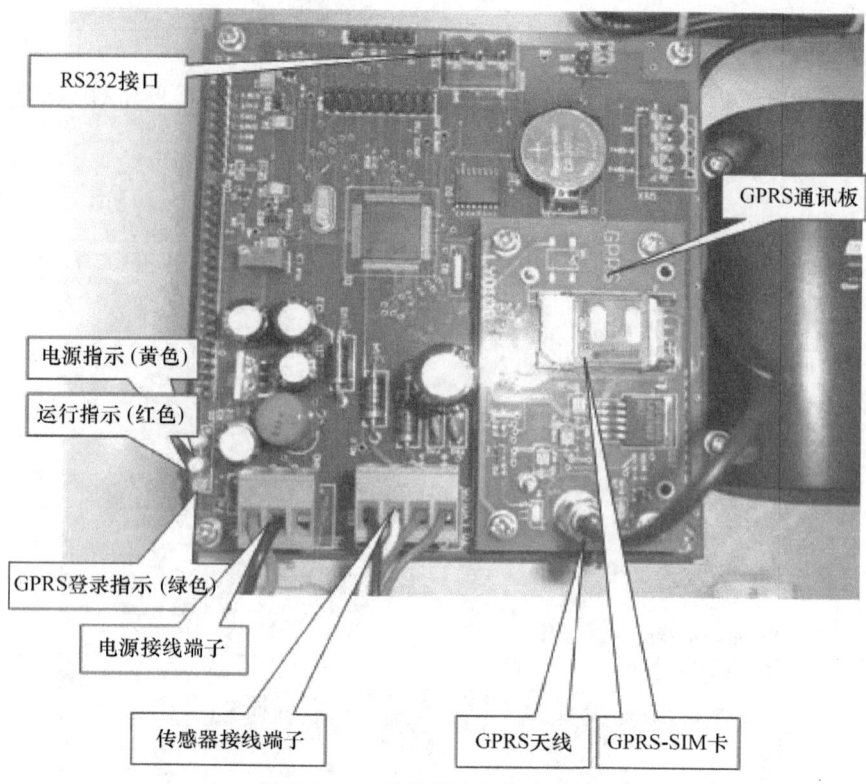

图 5.2-17 采集器主机板实物图

3. 供电系统

采用 25 W 太阳能板、充电控制器、24 AH 蓄电池的组合对系统进行供电,图 5.2-18 为充电控制器面板图。

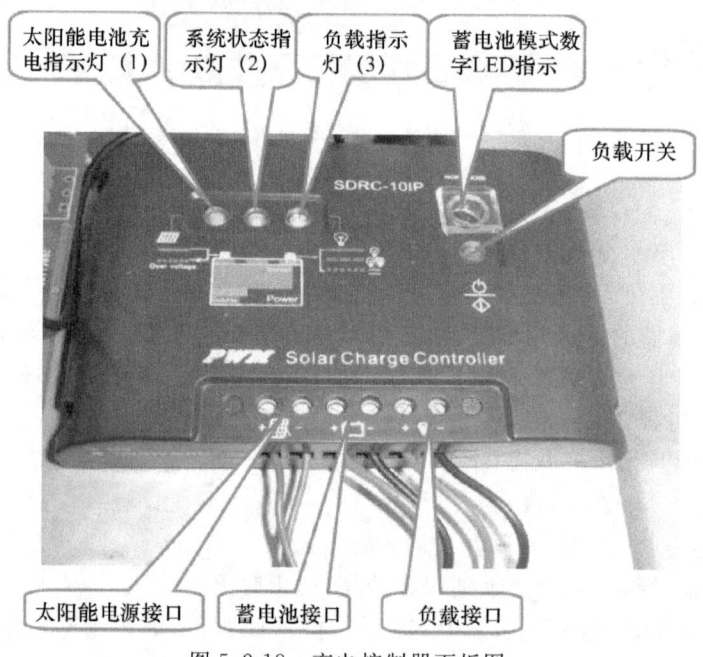

图 5.2-18 充电控制器面板图

(1) 接线连接

① 先连接控制器上蓄电池的接线端子,再将另一端连至蓄电池上,注意+、一极不要反接。如果连接正确,指示灯(2)应亮,可按按键来检查。否则,需检查连接对否。如发生反接,不会烧保险及损坏控制器任何部件。保险丝只作为控制器本身内部电路损坏短路的最终保护。

② 连接太阳能电池导线,先连接控制器上太阳能电池的接线端子,再将另一端连接至太阳能电池上,注意+、一极不要反接,如果有阳光,充电指示灯(1)应亮。否则,需检查连接对否。

③ 负载连接,将负载的连线接入控制器上的负载输出端,注意+、一极不要反接,以免烧坏用电器。

(2) 指示说明

① 充电及超压指示:当系统连接正常,且有阳光照射到太阳能电池板时,充电指示灯(1)常亮,表示系统充电电路正常;当充电指示灯(1)出现绿色快速闪烁时,说明系统过电压,处理见故障处理内容。充电过程使用了 PWM 方式,如果发生过放动作,充电先要达到提升充电电压,并保持 10 min,而后降到直充电压,保持 10 min,以激活蓄电池,避免硫化结晶,最后降到浮充电压,并保持浮充电压。如果没有发生过放,将不会有提升充电方式,以防蓄电池失水。这些自动控制过程将使蓄电池达到最佳充电效果并保证或延长其使用寿命。

② 蓄电池状态指示:蓄电池电压在正常范围时,状态指示灯(2)为绿色常亮;充满后状态指示灯为绿色慢闪;当电池电压降到欠压时状态指示灯变成橙黄色;当蓄电池电压继续降低到过放电压时,状态指示灯(2)变为红色,此时控制器将自动关闭输出,提醒用户及时补充电能。当电池电压恢复到正常工作范围内时,将自动开通输出,状态指示灯(2)变为绿色。

③ 负载指示:当负载开通时,负载指示灯(3)常亮。如果负载电流超过控制器 1.25 倍额定电流 60 s 时,或负载电流超过控制器 1.5 倍的额定电流 5 s 时,指示灯(3)为红色慢闪,表示过载,控制器将关闭输出。当负载或负载端出现短路故障时,控制器将立即关闭输出,指示灯(3)快闪。出现上述现象时,应当仔细检查负载连接情况,断开有故障的负载后,按一次负载开关按键,30 s 后恢复正常工作,或等到第二天可以正常工作。

(3) 工作模式设置

① 设置方法:按下负载开关按钮持续 5 s,模式(MODE)显示数字 LED 闪烁,松开按钮,每按一次转换一个数字,直到 LED 显示的数字对上用户从表中所选的模式对应的数字即停止按键,等到 LED 数字不闪烁即完成设置。每按一次按钮,LED 数字点亮,可观察到设置的值。

② 纯光控"0"模式:当没有阳光时,光强降到启动点,控制器延时 10 min 确认启动信号后,开通负载,负载开始工作;当有阳光时,光强升到启动点,控制器延时 10 min 确认关闭输出信号后关闭输出,负载停止工作。

③ 光控+延时方式("1"~"9","0."~"5."):启动过程同前。当负载工作到设定的时间就关闭负载,时间设定表 6.5,光控优先。

④ 通用控制器方式"6.":此方式仅取消光控、时控功能、输出延时以及相关的功能,保留其他所有功能,作为一般的通用控制器使用。

⑤ 调试方式"7.":用于系统调试使用,与纯光控模式相同,只取消了判断光信号控制输出的 10 min 延时,保留其他所有功能。无光信号即接通负载,有光信号即切断负载,方便安装调试时检查系统安装的正确性。

⑥ 输出模式说明:在 LED 数码管显示模式设置时,显示数字不带有小数点即"0"至"9"和"0."至"5."模式时输出,为纯直流 DC 输出。如果数字不带小数点即"0"至"9"时,数码管小数点

不亮。

工作模式设置见表5.2-2(注:当选择LED数码小数点模式时,数码管的小数点长亮,对控制器的整体性能没有影响,只作区分用)。

表5.2-2 工作模式设置表

模式	LED数码	模式	LED数码	模式	LED数码	设置方法
光控开+光控关	0	光控开+6 h延时关	6	光控开+12 h延时关	2	按下开关设置按钮持续5 s,模式(MODE)显示数字LED闪烁,松开按钮,每按一次转换一个数字,直到LED显示的数字对上用户从表中所选的模式对应的数字即停止按键,等到LED数字不闪烁即完成设置。每按一次按钮,LED数字点亮,可观察到设置的值
光控开+1 h延时关	1	光控开+7 h延时关	7	光控开+13 h延时关	3	
光控开+2 h延时关	2	光控开+8 h延时关	8	光控开+14 h延时关	4	
光控开+3 h延时关	3	光控开+9 h延时关	9	光控开+15 h延时关	5	
光控开+4 h延时关	4	光控开+10 h延时关	0	通用控制方式	6	
光控开+5 h延时关	5	光控开+11 h延时关	1	调试模式	7	

5.2.5 DZN3(又称HYA-SF)型自动土壤水分观测仪

1. 传感器

传感器同DZN2型的传感器,以总线方式与接口控制器连接,每个传感器按照所需要观测的层次放置在相应的位置并与总线插槽相连接,用跳线设置传感器地址,不同跳线位置代表所连接的不同传感器。

多个传感器和接口控制器(图5.2-19)通过总线固定结构连接成完整的土壤水分探测器。接口控制器作为一个从属设备与支持数据采集器连接。利用初始化标定程序"IPConfig Utility"可以设置接口控制器的地址,可以将传感器数量及测量层次、对测量场地的空气及水进行现场标定的初始化值及相应的标定系数存储起来,并且将这些信息提供给数据采集器。

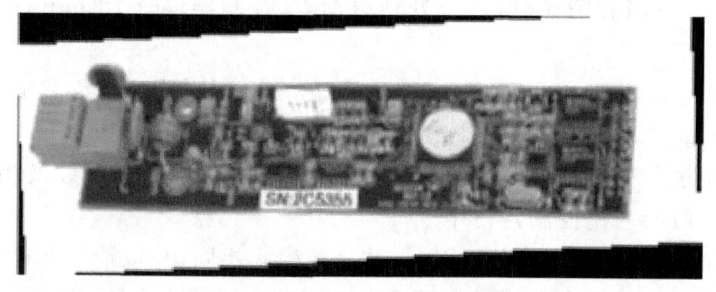

图5.2-19 接口控制器示意图

一个接口控制器被默认为地址"0",如果有多个接口控制器连接在总线上,可以分别设为地址"1""2""3"……,数据采集器可以用不同的地址来控制相应的土壤水分探测器进行土壤体积含水量的测量。

当数据采集器发出采样命令时,接口控制器从与之连接的每层传感器取回土壤体积含水量。每层传感器测量的土壤体积含水量传输到采集器中进行处理、存储。

2. 数据采集系统

DZN3 型自动土壤水分观测仪数据采集系统,采用新型高速、低功耗 C8051F020CPU 为核心控制单元,采用高精度 16 位 AD 转换器作为主数据采集单元;可对土壤水分传感器进行数据采集、统计计算处理、数据存储、数据传输。主要性能特点如下:

(1) 具有双 RS232 串口通信功能,其中一个还可以设置为 RS485 标准。一个串口可以作为主通信端口,采用直连的方式与上位机连接,或采用通信模块(如 GPRS 通信模块、CDMA 通信模块、电话 Modem 等)与中心站数据通信服务器进行连接,另一个串口可以作为通信端口连接有标准串行数据输出方式的探测仪器。

(2) 具有大容量的 Flash 存储器,用于存储观测记录数据,可存储 2 个月以上的记录数据。存满之后,自动删除最前面的记录数据。

(3) 具有专用的静态参数存储区,用于存储维持采集器运行所必需的配置参数。这些配置参数可以通过命令进行修改设置。

(4) 系统功耗低,<0.5W;环境温度范围为 $-45\sim+75$ ℃。

(5) 通道齐全,输入通道带有避雷保护。

具有 1 个 $4\sim20$ mA 电流环测量通道;1 个 12 位 AD 测量通道,可以用于 1 个差分输入或两个单端输入模拟电压测量,1 个 8 位数字 I/O 通道;两个 12 位的直流电压输出通道。

3. 供电系统

可采用 220 V 交流电和太阳能(无市电地方)两种方式供电。

采用交流 220 V 加后备电池辅助供电方式:为保证断电时系统能正常工作,系统装备有蓄电池和电源变换器,蓄电池可作为后备电池辅助供电,电源变换器具有充电及过流、过放电保护功能。系统由交流 220 V 市电供电,断电时由蓄电池对数据采集器供电,可保证采集数据的完整性,蓄电池供电时间为 5 d。

电源供电设备由 CAWS-DYZJ 电源控制器、蓄电池、空气开关、电源避雷器组成。

电源变换器将交流 220 V 市电转换成直流 12 V,对数据采集器、通信单元和土壤水分探测器供电,同时对蓄电池充电。

蓄电池作为后备电池辅助供电,当交流 220 V 市电断电时,由蓄电池对数据采集器、通信单元和土壤水分探测器供电,可保证采集数据的完整性,蓄电池供电时间为 5 d。

市电供电时,采用 HYA-FL 避雷器对交流电进行保护,当遭受雷击时可瞬间将电源与信号输入端、通信线等分离,有效地保护其他设备。

采用太阳能(无市电地方)方式供电:太阳能供电系统主要由太阳能板、蓄电池、充电供电控制器组成。采用 25 W 太阳能 24 AH 免维护铅酸蓄电池,极端恶劣天气能维持 5 d 正常工作。太阳能充电控制器采用带温度补偿的充电方式,分为强充电、均衡充电、浮充电 3 种方式,由脉冲宽度调节。

4. 通信系统

(1) 无线通信

采用一种智能通信服务器(图 5.2-20),它可实现 GPRS、SMS、GSM 智能互补通信,可达到高可靠的数据传输及双向通信,同时实现远程对子站的监控与维护。通过 GPRS、SMS、GSM 相结合的方式实现双向可靠通信。

图 5.2-20 智能通信服务器

智能通信服务器是一个基于 INTERNET,实现实时数据、定时数据、系统信息、测试信号等信息的无线通信传输,并能够通过气象信息监测中心站进行监控维护。该无线通信单元采用世界先进的工业级 GSM 模块,内置 TCP/IP 协议,支持 GPRS、GSM、SMS 等方式。具有集成度高、功能强、功耗低、抗干扰能力强等特点。

技术指标:

- GPRS 数据——GPRS Class 2~10;
- 编码方案——CS1－CS4 符合 SMG31 bis 技术规范;
- SIM 卡电压——3 V;
- 通信口——标准 RS232/DCE;
- 串列数据速率——110~115,200 bits/s;
- 配置接口——TTL 电平接口及 RS232/422/485;
- 供电电压——+7.5~+26 VDC;
- 功耗——外供电压值,12 V/1 A;
- 不拨号空闲状态电流——60(±20) mA;
- 拨号过程状态电流——150(±20) mA;
- 无收发数据空闲状态电流——65(±10) mA;
- 收发数据状态电流——150(±20) mA;
- 工作环境温度——-40~+60 ℃;
- 储存温度——-40~+85 ℃;
- 相对湿度——95%(无凝结)。

(2)有线通信

有线通信方式采用 RS232/RS422/RS485(图 5.2-21)与计算机连接通信的方式。配有的 RS232/RS422/RS485 隔离转换器使数据采集器与计算机通信距离达到 1 km,并具有抗干扰、抗雷击等功能。RS232/RS422/RS485 隔离转换器成对使用,在采集器端与计算机端各配有隔离转换器一个。

RS232/RS422/RS485 隔离转换器将 RS232 信号转成隔离的 RS422 或 RS485 信号,无需改变任何的硬件或软件,来轻松构建一个工业级的长距离通信系统。

RS485 标准支持半双工通信,也就是说用两根线来进行数据的发送和接收。握手信号如

RTS(Request To Send)通常用来控制数据流的方向。随机配有的 RS232/RS422/RS485 隔离转换器中有一个特殊的 I/O 电路用来自动判断数据流的传输方向并对其进行切换。握手信号在这里不是必需的,仅需两根导线就可以构建一个 RS485 网络。

图 5.2-21　隔离转换器

隔离转换器主要技术指标:

- 自动内部 RS485 总线管理,无需外部控制信号;
- RS485 数据线上有瞬态干扰、浪涌保护;
- 总线上可挂接 32 个设备;
- 1 km 长的网络连接;
- 传输速率——300 b/s～115.2 kb/s;
- 有电源及数据流指示灯,用于故障诊断;
- 隔离电压——1000 VDC;
- RS422/RS485 接口连接器——300 V 15 A 插入式端子;
- RS232 接口——DB-9;
- 电源要求——DC10～30 V,有电源反接保护;
- 电源功耗——1.5 W;
- 工作温度——-35～85 ℃。

隔离转换器使用方法(图 5.2-22):

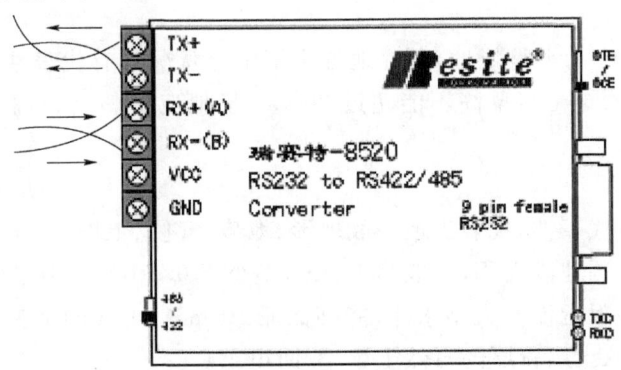

图 5.2-22　隔离转换器使用方法示意图

① RS422/485 发送数据时,TXD 灯亮;RS422/485 接收数据时,RXD 灯亮。

② DB9 孔与 RS-232 设备用软线连接,DB9 孔的 2 脚、3 脚是数据线,5 脚是信号地。根据连接设备属性设置 DTE/DCE 开关(出厂设置 DCE),如图 5.2-23 和图 5.2-24。

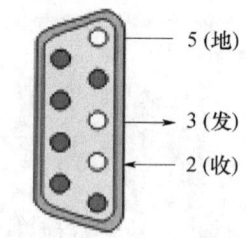

图 5.2-23　DTE 信号端引脚定义

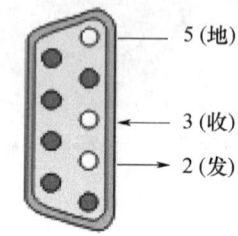

图 5.2-24　DCE 信号端引脚定义

③ RS422/485 侧为接线端子形式,包括 TX+、TX−、RX+、RX− 和电源输入(用双绞线连接)。

④ 电源应由 RS422/485 侧统一供电,不能跟 RS232 侧共地。

⑤ RS422/485 总线电缆超过 100 m,需加终端电阻,阻值可取 110~300 Ω(1/4 W)。

5.3　安装与系统设置

5.3.1　安装环境及基本要求

1. 观测地段

土壤湿度测定地段划分为 3 类。

(1)固定观测地段

一般为 10 m×10 m 的平整场地,所在地的土壤水分状况具有代表性,选取植被覆盖好且土层较厚的自然土壤(非回填土),草高不能超过 20 cm,场地应平整,保持自然植被状态。场内不得种植作物,禁止灌溉。

(2)作物观测地段

观测地段必须具有代表性,代表当地一般地形、地势、气候、土壤、产量水平和主要耕作制度。地段保持相对稳定。观测地段面积,一般为 1 hm²,不小于 0.1 hm²。作物观测地段周围 20 m 内没有沟、河水渠和道路,附近没有大型水体,能够保证 10 m×10 m 的平整场地,所在地的土壤水分状况具有代表性,选取土层较厚的自然土壤(非回填土)。

(3)辅助观测地段

为满足墒情服务的需要进行临时性或季节性墒情观测所设置的地段。这类地段数量一般较多,应代表当地的土壤类型和土壤水分状况。为便于历年土壤水分状况比较也应相对固定。辅助地段的设置、测定时间、测定深度等由上级业务主管部门和台站自行确定。辅助地段采用便携式土壤水分仪进行观测,便携式土壤水分仪另行规定。

2. 选址

观测地段的选择应充分考虑仪器安装地点对于当地土壤类型、地貌、地质条件的代表性。应遵从以下 4 个条件:

(1)所选地段土壤应能够代表本地区的主要土壤类型,须尽量选择在地势平坦、能代表本地区自然环境下土壤水分变化特征的地块,山丘地区应避免选取沟底、山顶、斜坡和积水洼地等地块。

(2)所选安装地段距离建筑物、道路(公路和铁路)、水塘等须在 20 m 以上,远离河流、水库等大型水体。

(3)作物观测地段,种植面积一般$\geqslant 0.1 \text{ hm}^2$。

(4)固定观测地段,面积一般$\geqslant 10 \text{ m} \times 10 \text{ m}$;仪器安装位置必须为自然下垫面,有较厚的自然土壤,而非回填土。

观测地段一经确定不得随意改变,以保持土壤水分观测资料的一致性和连续性。

3. 场地建设

(1)在仪器安装位置周围建设观测场,仪器位于观测地段中央,且同沟槽和供水渠道垂直距离须$\geqslant 10 \text{ m}$,避免沟渠侧渗对土壤含水量观测代表性造成的影响。

(2)观测场四周应设置 3 m(东西向)×4 m(南北向)稀疏围栏,高度$\geqslant 1.2 \text{ m}$,围栏不宜采用反光太强的材料。

(3)如果场内仪器安装需要敷设线缆,应在远离传感器安装地点的一侧修建电缆沟(管)。电缆沟(管)应做到防水、防鼠,并便于维护。

(4)观测场的防雷应符合气象行业规定的防雷技术标准的要求。

4. 仪器布设

与场地内其他仪器应互不影响,便于操作。具体要求如下:

(1)数据采集箱安置在北边,土壤水分传感器安置在南边;土壤水分传感器埋设位置距离数据采集箱$\geqslant 1 \text{ m}$。

(2)根据需要确定传感器安装深度和层次。测定深度一般为 1 m,分 0~10 cm、10~20 cm、20~30 cm、30~40 cm、40~50 cm、50~60 cm、70~80 cm、90~100 cm。由于气象科研和业务服务的需求,以及安装土壤环境条件,经省级以上业务主管部门批准,可适当增加或减少土壤水分观测层次。地下水位深度<1 m 的地区,测到土壤饱和持水状态为止;因土层较薄,测定深度无法达到规定要求的地区,测至土壤母质层为止。辅助观测地段测定深度一般为 50 cm。

(3)仪器距观测场边缘护栏$\geqslant 1 \text{ m}$。

5.3.2 传感器安装

1. 探针式传感器

探针式传感器平行于地面安装,按照做安装剖面、传感器定位、传感器埋设、联机检查、原土回填等步骤进行。

（1）做安装剖面：在传感器安装点向北约 18 cm 处挖安装剖面，剖面大小 1.2 m（长）×0.7 m（宽）×1.2 m（高），挖土同时在各安装层次进行环刀取土，用于测定土壤水文、物理常数。传感器的埋设层次、安装剖面示意、实际效果见图 5.3-1。

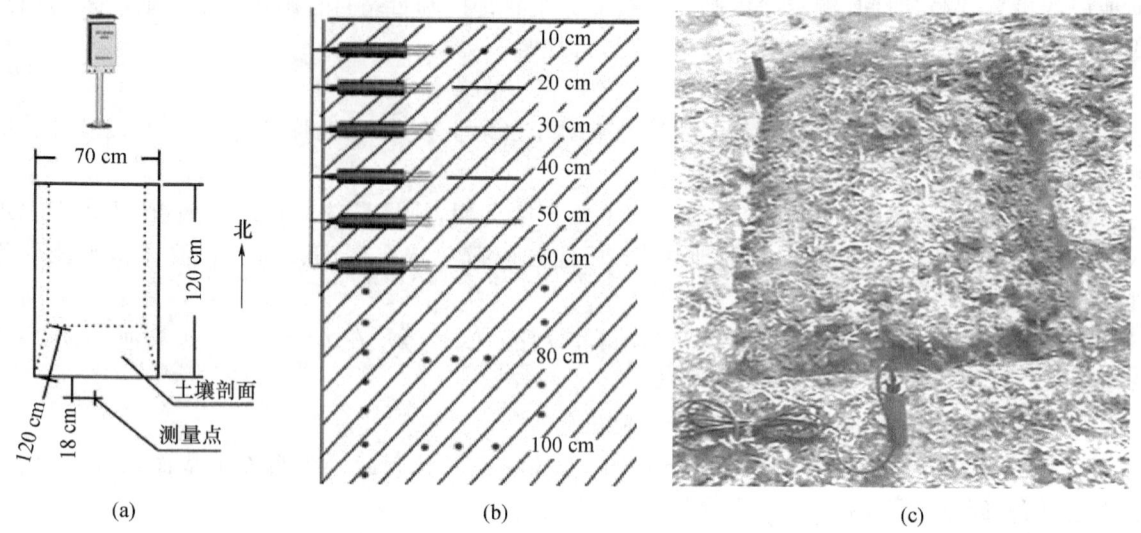

图 5.3-1　传感器的埋设层次图(a)、安装剖面示意图(b)、实际效果图(c)

（2）传感器定位：在土壤剖面上根据各传感器安装层次确定各层传感器的安装定位点（图 5.3-2）。为减少相邻层次间影响，将 8 支传感器按安装层次间隔为两列进行安装。

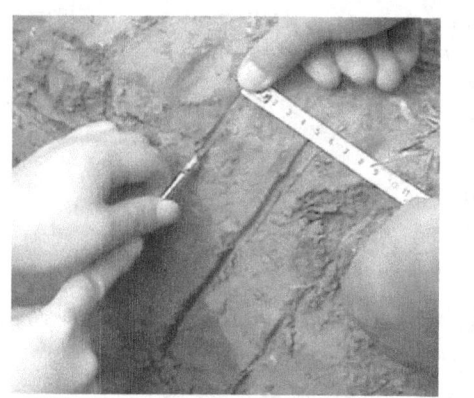

图 5.3-2　传感器安装定位

（3）传感器埋设：使用专用土钻以各传感器安装定位点为中心，沿与土壤剖面垂直方向做安装孔，安装孔的深度约为 18 cm。使用专用的电木底座将传感器插入安装孔。在土壤剖面制作线槽，分别将各传感器电缆经传感器线槽引至垂直主线槽后固定，统一引出地面（图 5.3-3）。传感器的引线在线槽中不易拉的太直，应以 S 型布置，或者留有部分余量，避免将来回填土沉降后，将传感器引线拉断。

（4）联机检查：将各传感器接入数据采集器，联机检查正常后再进行回填操作。

（5）原土回填：在土壤剖面上做电缆布设槽，将传感器电缆固定在槽内；然后按照"后出先回填"的原则进行原土回填，要求逐层压实；土壤回填后，第一次大的降水后，应该及时检查土壤水分传感器安装区域，回填土是否发生沉降及沉降的多少，适当的给予补充并压实。

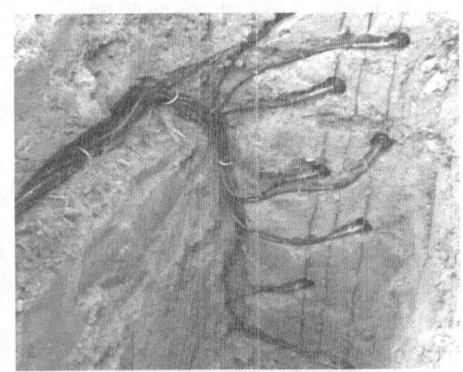

图 5.3-3　传感器埋设及安装效果图

2. 插管式传感器

插管式传感器垂直于地面安装,传感器的安装需要专用的安装工具(专用三脚架、取土钻、大锤等),安装步骤如下:

(1)在安装地点展开并固定三脚架,将三脚架的水平调节好,根据传感器安装深度选择合适长度的护管,并将护管插入安装支架,见图 5.3-4。

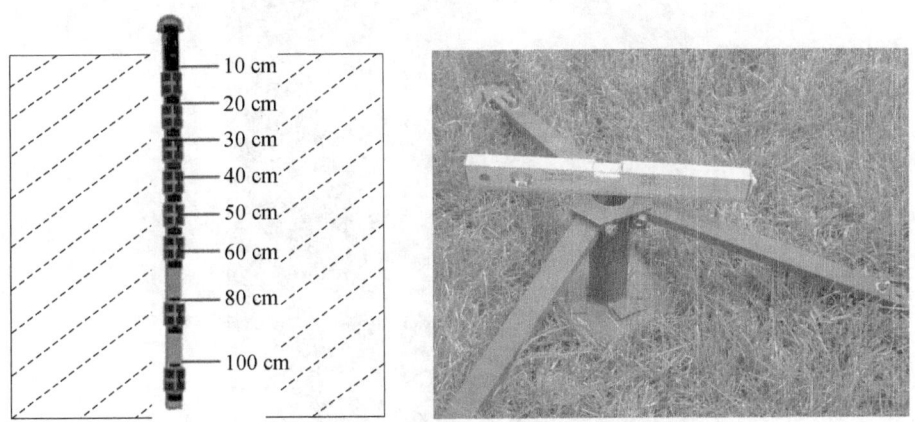

图 5.3-4　传感器的埋设层次、安装与固定三脚架示意图

(2)利用重锤将护管每次敲入 10 cm,利用土钻将护管中土壤取出。将取出来的土按照不同的深度层次分别堆放,用于测定土壤水文、物理常数,见图 5.3-5。

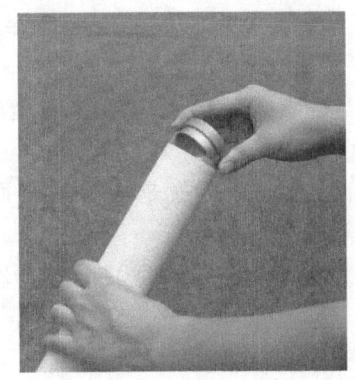

图 5.3-5　安装传感器护管示意图

(3)重复上述步骤,直至将护管按刻度要求敲入土中。

(4)利用专用工具清理护管管壁、封堵护管下口,将传感器插入护管中并走线,见图5.3-6。

图5.3-6　清洁管壁、封堵管底口示意图

(5)置干燥剂,密封管口,见图5.3-7。

图5.3-7　密封管口示意图

5.3.3　电缆的安装与连接

为了防雷、防鼠、防水和安装、维修方便,自动土壤水分观测仪的电缆应穿入电缆管内,电缆管应安置在电缆沟内。

电缆沟应便于排水、通风,两侧应砌砖墙,砖墙壁上预设安置电缆管的金属支架(或金属挂钩),为防止电缆被积水浸泡,安置电缆的金属支架(或金属挂钩)距离地沟底的高度以≥30 cm为宜;观测场内的电缆沟一般在小路下面,沟上面盖的水泥盖板就是小路的路面,沟的宽度以30 cm左右为宜,沟的深度以便于安装电缆和防止大雨后积水为宜。

不宜建电缆沟的台站,也可采用埋电缆管和修建电缆井的方法铺设电缆。电缆不能架空敷设。

5.3.4 采集器、电源、计算机等的安装

采集器安装在观测室外的,需要浇注数据采集器杆体基础,在基础内埋设地脚螺栓。杆体基础建议选择长、宽、高至少 30 cm×30 cm×30 cm 的混凝土基础。将杆体安装在地脚螺栓上,数据采集器固定在杆体上。各传感器信号电缆、计算机的通信电缆以及电源电缆接入数据采集器。

电源与计算机等的安装位置以便于操作为宜。

5.3.5 防雷要求

(1)观测场需要安装避雷针。传感器应在避雷针的有效保护范围内,自动土壤水分观测仪避雷装置应符合 QX4-2000《气象台(站)防雷技术规范》要求。

(2)整个自动土壤水分观测仪的机壳应连接到接地装置上。室内部分的接地线可连接在市电的地线上,也可接到专门为自动土壤水分观测设备做的接地装置上,接地电阻应<5 Ω;连接传感器电缆线的转接盒要有接地装置,接地电阻原则上应<5 Ω;设备接地端与避雷接地网联在一起时,要通过地线等电位连接器连接。

(3)低压配电系统应安装 3 级电涌保护器进行保护。

5.3.6 自动土壤水分观测仪连接线

1. DZN1 型自动土壤水分观测仪连线

(1)采集器连线见表 5.3-1。

表 5.3-1　DZN1 型自动土壤水分观测仪采集器连线表

电缆线			数据采集器端子		
	线色	说明	通道号	端子标识	备注
10 cm 传感器电缆	红色	电源+12 V	CH1	C12	电压:9~15 V
	黄色	信号正		+	电压:0~1 V
	蓝色	信号负		−	
	黑色	电源地		G	
20 cm 传感器电缆	红色	电源+12 V	CH2	C12	电压:9~15 V
	黄色	信号正		+	电压:0~1 V
	蓝色	信号负		−	
	黑色	电源地		G	
30 cm 传感器电缆	红色	电源+12 V	CH3	C12	电压:9~15 V
	黄色	信号正		+	电压:0~1 V
	蓝色	信号负		−	
	黑色	电源地		G	
40 cm 传感器电缆	红色	电源+12 V	CH4	C12	电压:9~15 V
	黄色	信号正		+	电压:0~1 V
	蓝色	信号负		−	
	黑色	电源地		G	

续表

电缆线			数据采集器端子		
50 cm 传感器电缆	红色	电源+12 V	CH5	C12	电压:9~15 V
	黄色	信号正		+	电压:0~1 V
	蓝色	信号负		−	
	黑色	电源地		G	
60 cm 传感器电缆	红色	电源+12 V	CH6	C12	电压:9~15 V
	黄色	信号正		+	电压:0~1 V
	蓝色	信号负		−	
	黑色	电源地		G	
80 cm 传感器电缆	红色	电源+12 V	CH7	C12	电压:9~15 V
	黄色	信号正		+	电压:0~1 V
	蓝色	信号负		−	
	黑色	电源地		G	
100 cm 传感器电缆	红色	电源+12 V	CH8	C12	电压:9~15 V
	黄色	信号正		+	电压:0~1 V
	蓝色	信号负		−	
	黑色	电源地		G	
RS232 通信电缆	红色	接收端	COM1	R	
	黄色	发送端		T	
	黑色	地		CG	
外部电源	红色	电源正	电源入	+12 V	
	黑色	电源地		G	
为 GPRS 供电	红色	电源正	电源出	+12 V	
	黑色	电源地		G	

(2)无线通信 GPRS 模块接线说明

GPRS 无线传输模块的接线包括 RS232 插头、电源插头、天线插头,均为标准插头,按照接口连接即可。

(3)有线通信接线图

RS232 远程收发器用于连接数据采集器与室内计算机。本系统中共有两只 RS232 远程收发器见图 5.3-8,其中一只位于采集箱内,另一只插在室内计算机的 RS232 接口上。

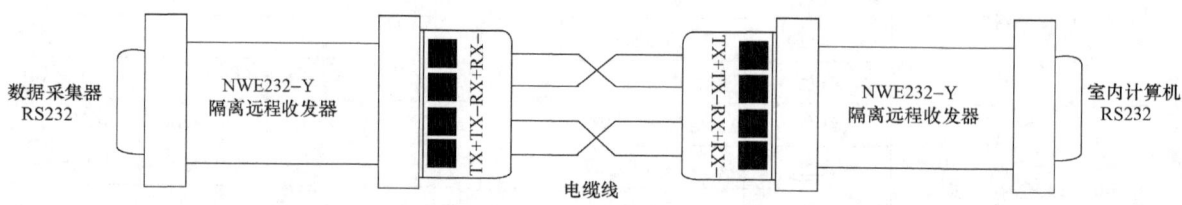

图 5.3-8　RS232 远程收发器接线图

数据采集箱内的 RS232 远程收发器接线:左侧接标准 RS232 通信接口,右侧接通信电缆。

详见表 5.3-2。

表 5.3-2　数据采集箱内的 RS232 远程收发器接线说明

通信电缆			RS232 远程收发器接线柱
线色	标识	标识	说明
黑色和棕色	Rx−	Rx−	接收端
蓝色和绿色	Rx+	Rx+	
灰色和白色	Tx−	Tx−	发送端
红色和黄色	Tx+	Tx+	

室内计算机的 RS232 远程收发器接线：左侧接标准 RS232 通信接口，右侧接通信电缆。接线说明见表 5.3-3。

表 5.3-3　室内计算机的 RS232 远程收发器接线说明

通信电缆			RS232 远程收发器接线柱
线色	标识	标识	说明
黑色和棕色	Tx+	Rx−	接收端
蓝色和绿色	Tx−	Rx+	
灰色和白色	Rx+	Tx−	发送端
红色和黄色	Rx−	Tx+	

2. DZN2 型自动土壤水分观测仪连线

DZN2 型自动土壤水分观测仪供电系统与采集器之间的接线图如系统结构部分所示，采集器与传感器之间的连线图见图 5.3-9。

图 5.3-9　DZN2 自动土壤水分观测仪采集器与传感器之间的接线图

数据采集器 4 芯（XS2）电缆 ←┈┈┈→ 探测器（XP1）
电源+15 V（黄）←┈┈┈→ XP1-1
电源地（黑）←┈┈┈→ XP1-3
RS485-A（蓝）←┈┈┈→ XP1-4
RS485-B（棕）←┈┈┈→ XP1-5

3. DZN3 型土壤水分自动观测仪接线

（1）传感器与采集器的连接

SDI-12 接口控制器与数据采集器连接需要 3 根线，分别是：

- +12 V 电源线；
- 地线；

- SDI-12 串行通信线。

用一根 3 芯电缆将土壤水分探测器的 SDI-12 接口控制器输出引线按照标识与机箱内接线端子上相应接口连接。

对应在 SDI-12 接口控制器端：
- +12V 电源线——连接端子 1；
- 地线——连接端子 4；
- SDI-12 串行通信线——连接端子 5。

对应在机箱内接线端子：
- +12 V 电源线——连接端子 7；
- 地线——连接端子 6；
- SDI-12 串行通信线——连接端子 5。

(2) 无线通信 GPRS 模块接线

GPRS 无线传输模块的接线包括 RS232 插头、电源插头、天线插头，均为标准插头，按照接口连接即可。

(3) 有线通信接线

采集器端隔离转换器与机箱内接线端子用一根 2 芯电缆连接，将预先铺设好的 2 芯通信电缆按照标识与计算机端配有的隔离转换器相应接口连接。

对应在机箱内隔离转换器接线端子：
- Rx+(A)——与计算机端配有的隔离转换器接线端子 Rx+(A)端连接；
- Rx-(B)——与计算机端配有的隔离转换器接线端子 Rx+(B)端连接；
- VCC——接+12 V 电源线；
- GND——接地线。

对应在计算机端配有的隔离转换器接线端子：
- Rx+(A)——与机箱内隔离转换器接线端子 Rx+(A)端连接；
- Rx-(B)——与机箱内隔离转换器接线端子 Rx+(A)端连接；
- VCC——接+12 V 电源线；
- GND——接地线。

5.3.7 软件安装及系统设置

采集软件已由厂家在设备出厂前安装在采集器中。配备计算机的需安装业务软件，安装方法按照业务软件技术操作手册进行，运行前需进行初始化，初始化的主要内容有：对时（设定和修改采集器、计算机时钟）、设定系统管理权限、设定台站基本参数和自动土壤水分观测仪有关参数。

各型号的自动土壤水分观测仪按要求进行传感器及采集器的安装完成后，需对系统参数进行设置。

1. DZN1 型自动土壤水分观测仪

(1) 无线通信模块设置

GPRS 数据传输模块在使用前，需要对其内部的 IP 地址和端口号等参数进行设置，使得传输模块能够将数据传输到设置好的 IP 地址。

参数设置主要通过 RS232 串行接口设置。具体操作步骤如下：

① 打开超级终端,设置超级终端通信参数

"每秒位数"——设置为"9600";

"数据位"——设置为"8";

"奇偶校验"——设置为"无";

"停止位"——设置为"1";

"数据流控制"——设置为"无";

超级终端建立和设置完成,以后可以直接在超级终端中找到运行即可。

② 设置 GPRS 模块参数

一切准备好后,插入 GPRS 传输模块的电源,指示灯为绿色。在指示灯变为红色,并闪烁2次后,5 s 之内,通过键盘在超级终端内至少输入 5 个"e"字符(大小写不限)。随后,超级终端出现参数设置界面,如图 5.3-10 所示。

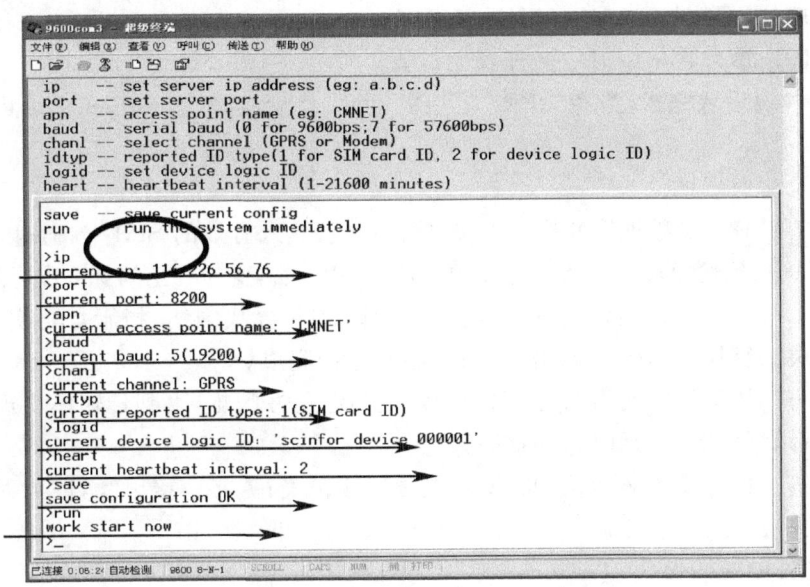

图 5.3-10　GPRS 传输模块参数设置界面

具体参数命令解释如下:

ip　――set server ip address(eg:a.b.c.d)设置、显示中心站 IP 地址;

port――set server port 设置、显示端口号;

baud――serial baud(0 for 9600bps;7for 57600bps)设置、显示波特率(0 为 9600;1 为 1200;2 为 2400;3 为 4800;4 为 9600;5 为 19200;6 为 28800;7 为 57600);

apn――access point name(eg:CMNET)使用移动 APN 时,进行参数设置;

heart――heartbeat interval(1-21600 minutes)设置终端心跳频率;

chanl――select channel(GPRS or Modem)设置工作方式(GPRS or Modem);

idtyp――reported ID type(1 for SIM card ID,2 for device logic ID)设置标识符类型(1:自动识别 SIM 卡,以 SIM 卡号为标识符;2:logid 的内容为标识符);

logid――set device logic ID 手动设置标识符;

save――save current config 保存所有的参数设置;

run　――run the system immediately 运行设置好的终端。

如果需要设置相应参数,格式为:命令＋空格＋参数,再回车。

例如设置 IP,在超级终端中输入:ip a．b．c．d。

如果需要看设置参数,格式为:命令,再回车。

按照以上格式输入命令,进行设置。

本系统中需要设置参数:

固定参数 IP——中心站的 IP 地址;

PORT——2009;

BAUD——5;

APN——CMNET;

公网默认—— HEART 2;

IDTYP——1(系统默认,特殊情况时设为 2)。

设置完成后,必须执行 SAVE 命令进行保存。

本系统中固定参数在出厂时已经设置完成。

③ GPRS 模块设置完成,拔掉 GPRS 模块的电源,然后再插上,GPRS 模块将按照新的参数运行。

工作状态及注意事项:

加电——接好 RS232 数据线并检查无误,连接天线,放入有效的 SIM 卡,通过连接 DC12 V 电源向传输模块供电,传输模块上的指示灯亮为绿色,1～2 s 后,变为红色闪烁 2 次,然后变为绿色。

连接网络——如果闪烁表示传输模块正常工作,正在寻找网络;指示灯再次变为红色,并常亮表示传输模块已经找到 GPRS 网络,并与中心站连接完成。

网络断开——如运行中网络断开,则指示灯变为绿色并闪烁,直到传输模块再次找到网络与中心站连接,指示灯再次变为红色,并常亮。

注意事项——加电前务必确认 DC12 V 电源连接正确;务必连接天线,以免射频部分阻抗失配,从而损坏模块。

(2)系统软件的初始化

系统软件主窗口如图 5.3-11。

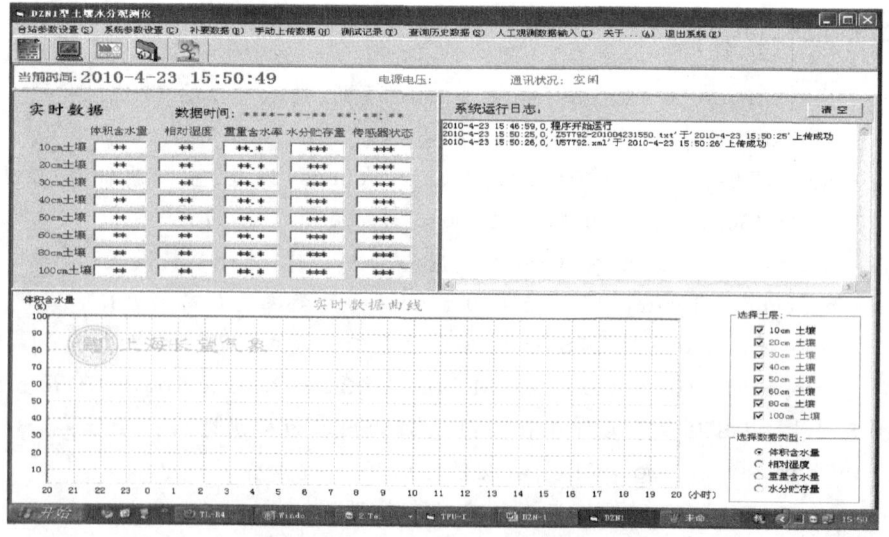

图 5.3-11　DZN1 型自动土壤水分观测仪系统软件主界面

第一次运行系统软件,需要首先输入基本的运行参数,计算机将记忆存储,以后开机使用不需重复参数输入步骤。需要设置的参数包括系统参数和台站参数。

系统参数设置包括通信端口设置、数据文件存储目录设置、系统订正值、采集器控制等项目。台站参数设置包括台站信息及数据计算用的参量。

在所有参数设置完成后可备份配置文件,即程序安装目录下的"Tzcs.xml"。如果需要重装软件则只需要在安装完成后将"Tzcs.xml"复制到安装目录下即可,无需重新设置所有参数。

① 系统参数设置

在系统运行时出现"系统初次运行,请设置系统参数"的提示窗口点击确定后,选择点击"系统参数设置(C)"下的"全局参数设置(G)"按钮,弹出"系统参数设置"窗口(图5.3-12),按照图示要求输入各项参数。

数据存储目录:从土壤水分观测仪接收的数据在计算机内的存储目录,默认为当前程序目录下新建的\\data目录,用户可根据需要手动输入其他目录。

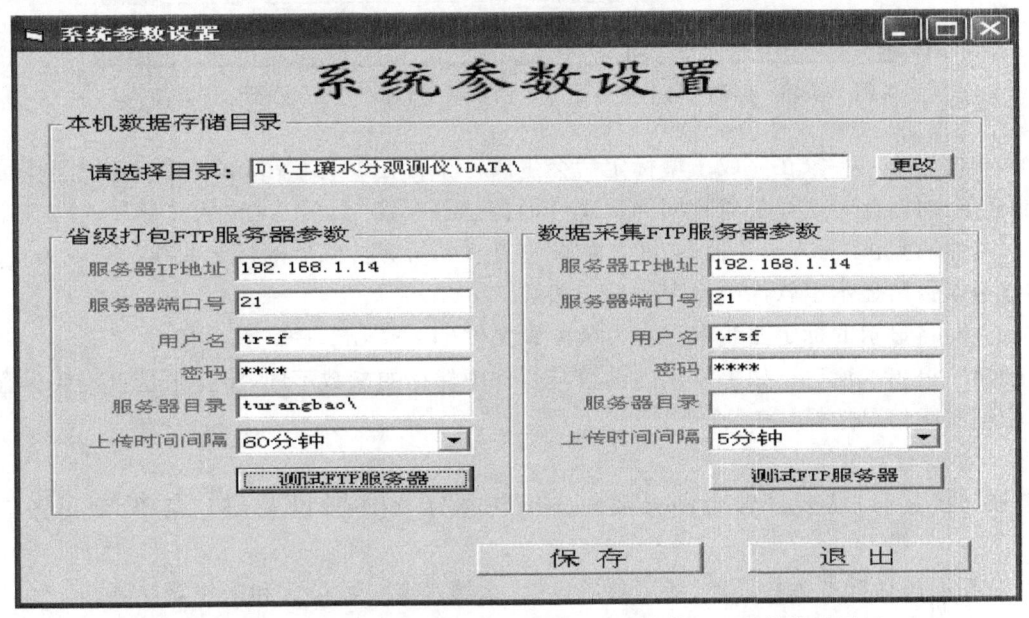

图 5.3-12　DZN1 型自动土壤水分观测仪系统软件——参数设置界面

FTP 服务器参数:此为中心站 FTP 服务器的参数,由省(区、市)气象局所配置的 FTP 服务决定。填写完成后可点击"测试 FTP 服务器"按钮查看 FTP 服务是否已配置正确。其中"省级打包 FTP"用于传输正点数据,按照规定上传时间间隔必须设为 60 min。"数据采集 FTP"用于传输实时数据以及台站状态,上传时间间隔一般设为 10 min。

传感器标定:选择点击"系统参数设置(C)"下的"传感器标定(B)"按钮,弹出图 5.3-13 所示窗口。

先在左侧栏选择需要操作的传感器(可选择一个或多个传感器)。

"读取采集器":读取采集器中存储的曲线,用于验证写入的曲线是否正确。

"写入采集器":将右侧显示的标定曲线写入采集器,为了使写入的曲线起效,必须将"台站参数设置"—"遥测参数"—"土壤类型"改为自定义。此项参数也在此处的表格中显示,方便用户查看。

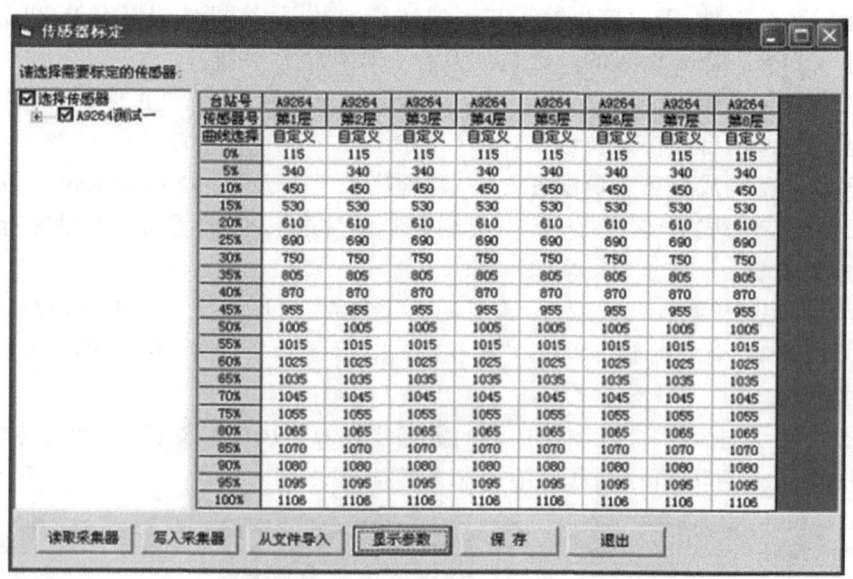

图 5.3-13　DZN1 自动土壤水分观测仪系统软件——传感器标定界面

"从文件导入"：厂家在完成土壤标定后会生成一个标定文件(*.lin)，对于各层土壤可能有不同的标定文件，此时选择公用相同标定文件的传感器层次，然后选择"从文件导入"，选定那个标定文件，然后点击"写入采集器"按钮。如此重复直到所有传感器的标定曲线都写入为止。

"显示参数"：显示本软件中保存的标定曲线。

"保存"：将显示的标定曲线保存在参数配置文件(Tzcs.xml)中。

"退出"：退出本窗口。如果显示的参数与软件中保存的参数不同，将弹出是否需要保存对话框，请根据实际情况选择。

② 台站参数设置

系统初次运行，需要设置台站参数。选择点击"台站参数设置(S)"菜单，弹出图 5.3-14 窗口。

台站参数包括基本参数设置、遥测参数设置、土壤水文参数设置和采集器控制。

基本参数包括站号、站名、经度、纬度、海拔高度、测量地段标识和通信参数。其中，站号设置 5 位英文字母或数字。地段标识根据"作物名称编码表"填入相应的编码。

通信参数：通信端口项是指计算机的端口号，该端口用于同土壤水分观测仪通信。一定要设置正确，否则不能建立通信。计算机软件实现与土壤水分观测仪的实时通信实时观测，必须首先正确连接土壤水分观测仪和计算机，否则系统无法接收土壤水分观测仪数据。计算机能够接收到数据的前提是：①土壤水分观测仪处于正常的运行状态；②土壤水分观测仪的 RS232 端口与计算机正确联接；③设置了正确的计算机接收端口。使用鼠标点击其右侧的向下箭头，会弹出一个下拉窗口，选择当前连接的一个端口即可。

通信间隔指采集器自动发送实时数据的间隔，可由中心站设置，一般设为 10 min。

遥测参数是指各层传感器的接入标示，实际安装的深度。"土壤类型"用于选择计算体积含水量时使用的土壤模型，当选择"自定义"时，必须在传感器标定页中给采集器设置正确的标定曲线，否则将导致测量错误。"系统误差订正"是指设置采集器的系统订正值，无订正时可不设。

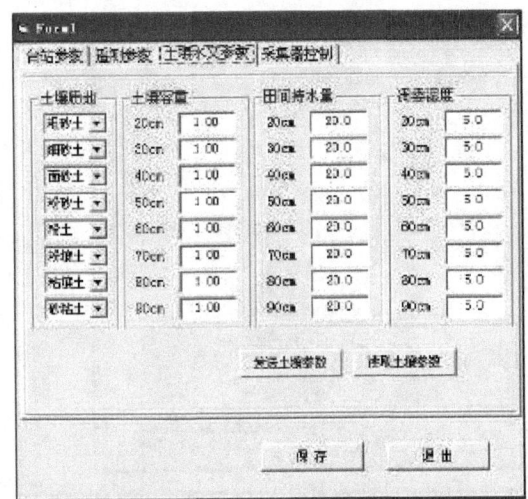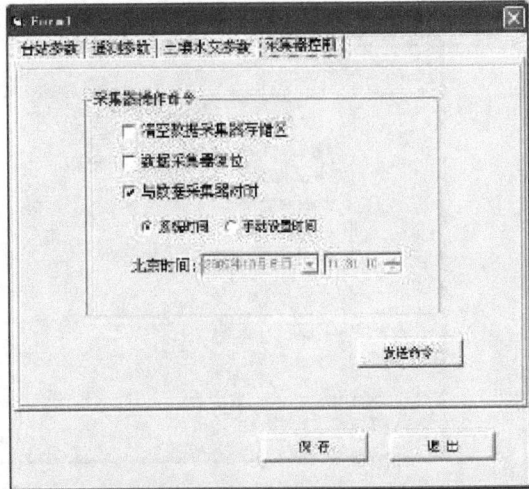
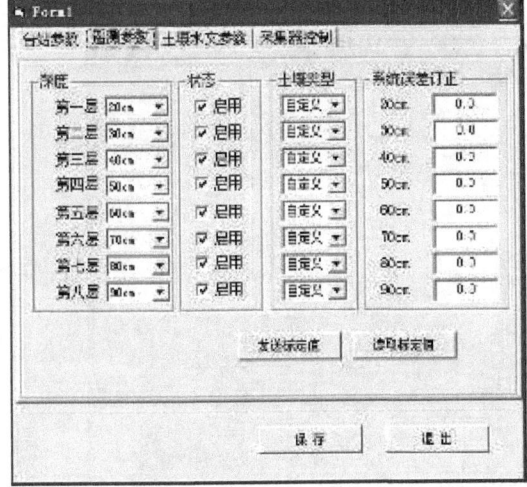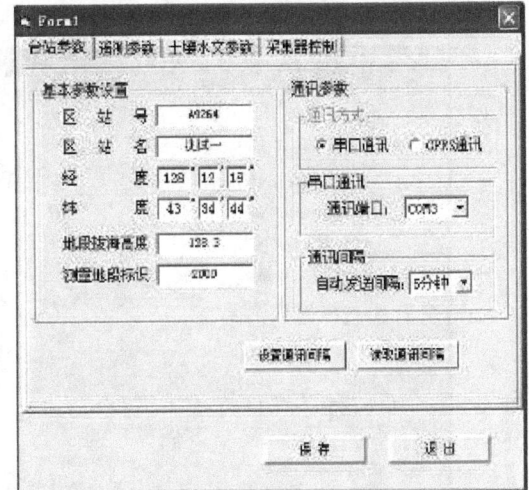

图 5.3-14　DZN1 型自动土壤水分观测仪系统软件——台站参数设置界面

土壤水文参数是指传感器安装地点的实际土壤参数,该参数用于数据计算,因此必须设置。根据实际测得的数据填入即可。

采集器控制项目是指计算机可以发送命令控制数据采集器进行相应的操作。使用鼠标选择相应操作前面的复选框,然后点击"发送命令"按钮即可。可以选择多个选项,计算机会自动执行。其中与采集器对时为较为常用项目,其他项目主要用于故障检测或系统恢复时使用。

2. DZN2 型自动土壤水分观测仪系统设置

DZN2 型自动土壤水分观测仪的系统参数设置需通过 DZN2 型土壤水分调试软件来完成。

得到正确的安装程序后,按照相关的说明安装好调试软件(安装过程相对比较简单,略),启动程序。程序默认用户界面如图 5.3-15。

在串口设置区域,正确选择所连接的串口,然后单击通信连接按钮,若串口选择正确,界面将如图 5.3-16。

如果串口选择错误,将提示您串口错误,请重新选择。

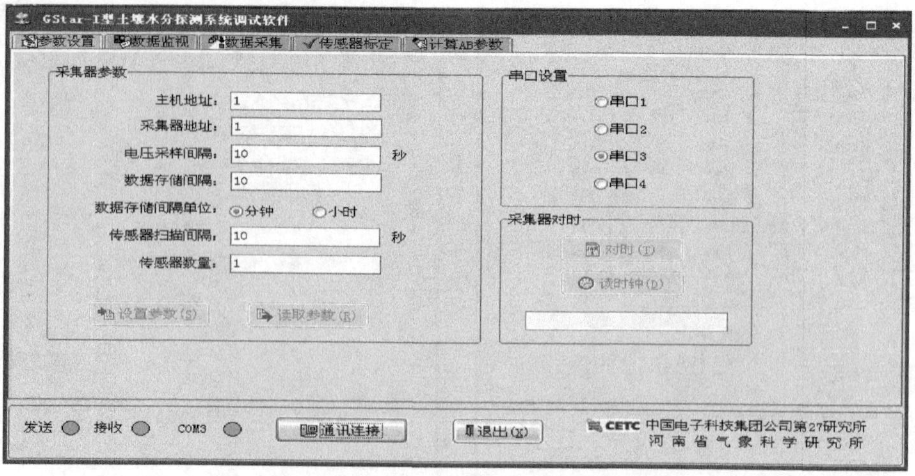

图 5.3-15　DZN2 型自动土壤水分观测仪系统调试软件默认用户界面

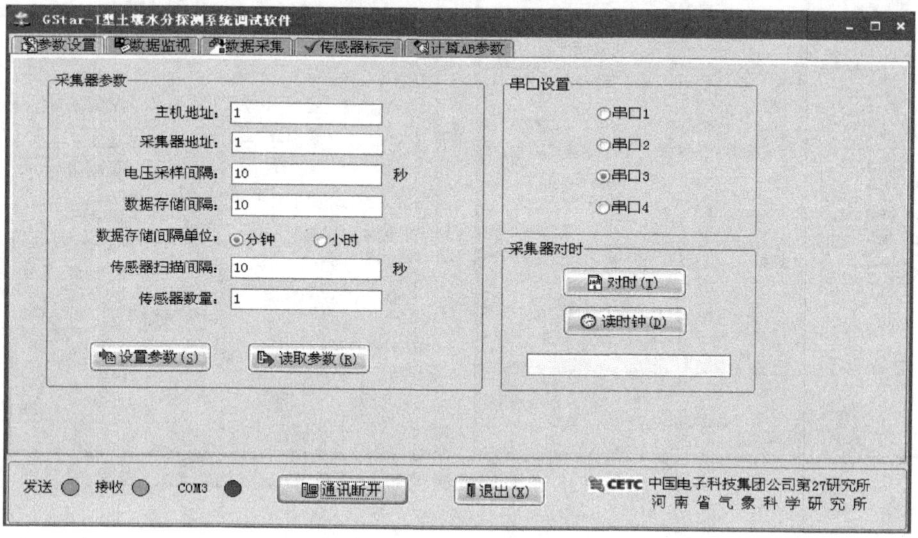

图 5.3-16　通信连接后的界面

(1) 参数设置

程序启动默认的界面即为参数设置页,各项参数按表 5.3-4 设置。

表 5.3-4　参数设置表

参数设置项	设置说明
主机地址	一般设置为 1
采集器地址	一般设置为 1
电压采样间隔	一般设置为 3 s
数据存储间隔	采集器自动采集存储的时间间隔
数据存储间隔单位	选择分钟或小时
传感器扫描间隔	暂时没用
传感器数量	探测器连接的传感器数量

各功能按钮说明：

设置参数——正确输入采集器的各种参数后，单击该按钮，可以将参数写入采集器中；

读取参数——读取出采集器的各种参数，检查输入是否正确；

对时——将采集器与 PC 机对时；

读时钟——读取采集器内的时钟。

单击采集器对时框内的读时钟按钮，将弹出读时钟完毕对话框。然后单击对时按钮，将弹出与采集器对时完毕对话框。

(2)数据监视

通信连接正常后，单击数据监视标签进入数据监视界面(图 5.3-17)。

时间间隔：1~60 s，实际采集数据的间隔比该设定值多 4~5 s；

扫描选择：显示探测器的水分或者频率，主要用于调试和标定阶段使用；

数据监视/停止监视：该按钮互为开关，开始或停止监视；

数据清除：清除数据窗口内的数据。

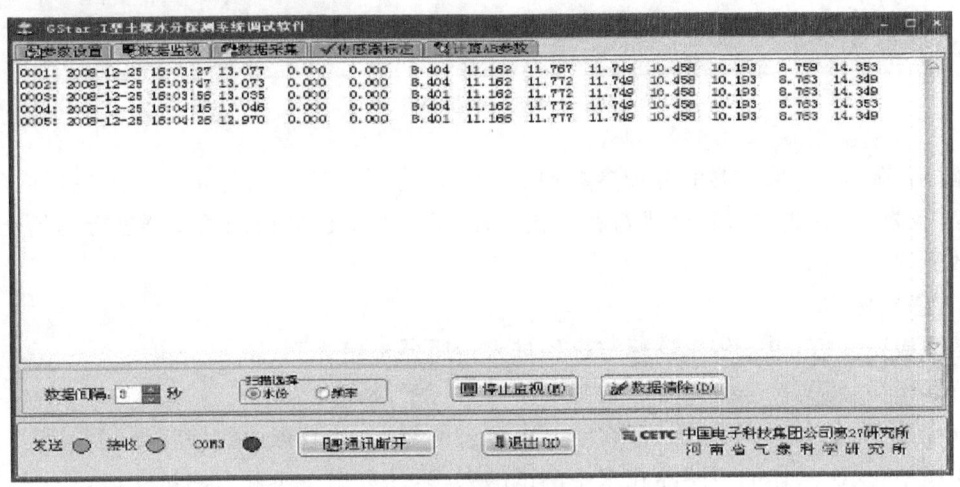

图 5.3-17　数据监视界面

开始监视时，将根据数据间隔时间来进行监视，数据格式为：

0005：2008-12-26 08：08：08 13.088 0.000 0.000 8.401 11.166 11.777 11.749 10.458 10.193 8.763 14.349

0005：此次监视所得数据的序号为 0005；

2008-12-26：监视时的系统日期，2008 年 12 月 26 日；

08：09：07：监视时的系统时间，08 时 09 分 07 秒；

13.088：监视时采集器的电压，13.088 V；

0.000：监视时探测器的温度，探测器温度根据特殊要求定制；

0.000：监视时探测器的电压，探测器电压根据特殊要求定制；

8.401 11.166 11.777 11.749 10.458 10.193 8.763 14.349：从左至右分别表示 1~8 层传感器所测得的水分值(或频率值)。

(3)数据采集

通信连接正常后，单击数据采集标签进入数据采集界面(图 5.3-18)。

起始日期时间：表示要采集数据的开始时间；
截止日期时间：表示要采集数据的最终时间；
数据抄收：开始按照起始、终止时间进行数据抄收；
保存：将抄收的数据以 txt 格式保存。

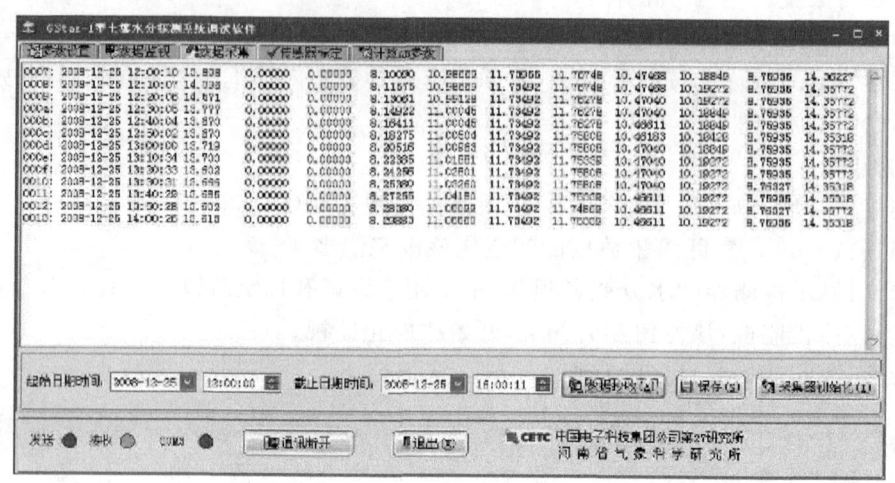

图 5.3-18　数据采集界面

采集器初始化：将采集器的各种参数初始化。注意采集器初始化将清除采集器内的历史数据，在安装仪器后，首先对采集器进行初始化操作，但严禁对已经使用的仪器进行初始化操作，否则将导致数据丢失！

（4）传感器标定

通信连接正常后，单击传感器标定标签进入传感器标定界面（图 5.3-19）。

传感器序号：将要读取或设置的传感器序号，一般≤8；

空气中频率：此次操作的传感器在空气中测试的频率，此数据由实验室测试获得；

水中频率：此次操作的传感器在水中测试的频率，此数据由实验室测试获得；

参数 A、B、C：此次操作的传感器的特定参数；

设置参数：将新的各种参数写入传感器；

读取参数：读取出传感器的各种参数。

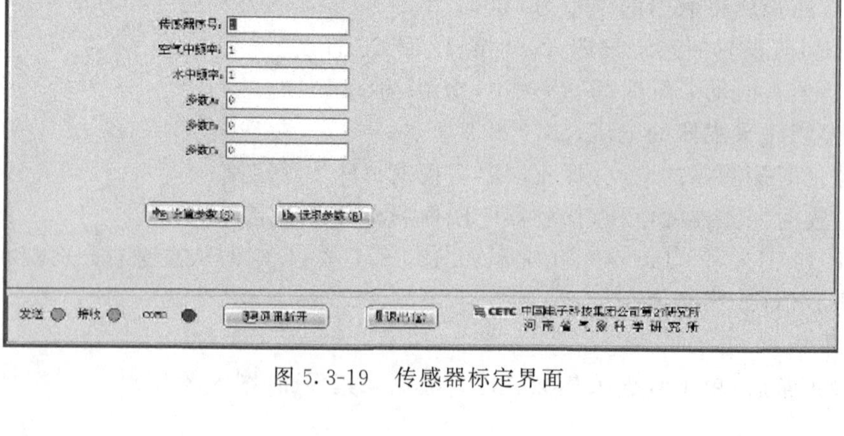

图 5.3-19　传感器标定界面

注意:传感器标定是一项非常慎重的事情,每个传感器在出厂前都已标定好,未经允许,请勿修改这些参数!

3. DZN3 型自动土壤水分观测仪参数设置

DZN3 型土壤湿度观测站监控程序主界面如图 5.3-20 所示。

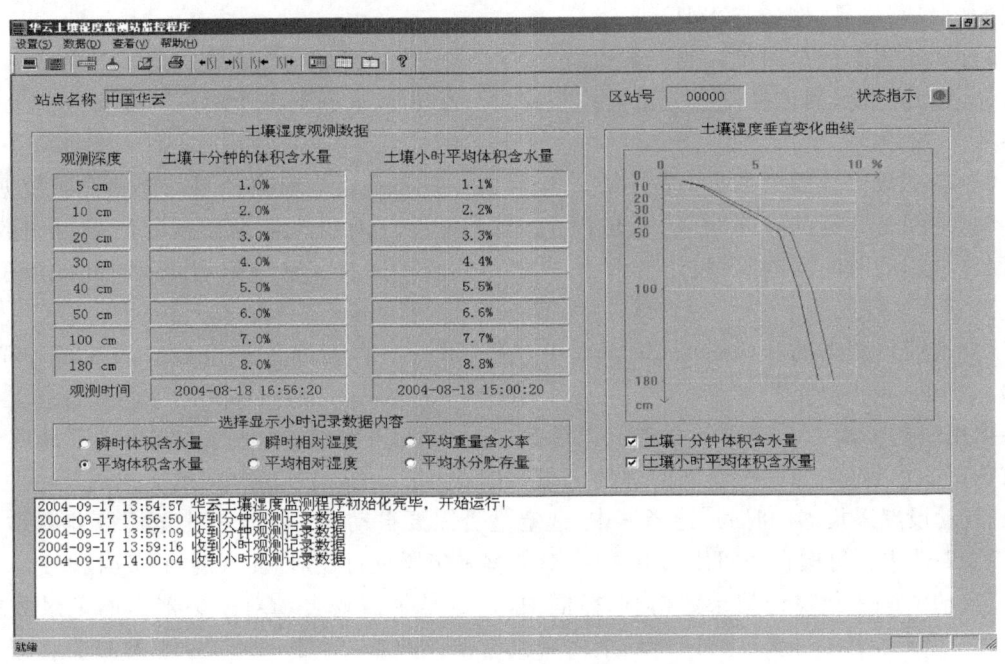

图 5.3-20　DZN3 型土壤湿度观测站监控程序主界面

参数设置主要包括设置维护监控程序正确运行相关的参数、站点信息参数和计算机串口通信参数等。

(1) 土壤湿度监测站监控程序运行参数设置

执行菜单的设置下面设置程序运行参数命令,打开系统运行参数设置对话框,其界面如图 5.3-21 所示。

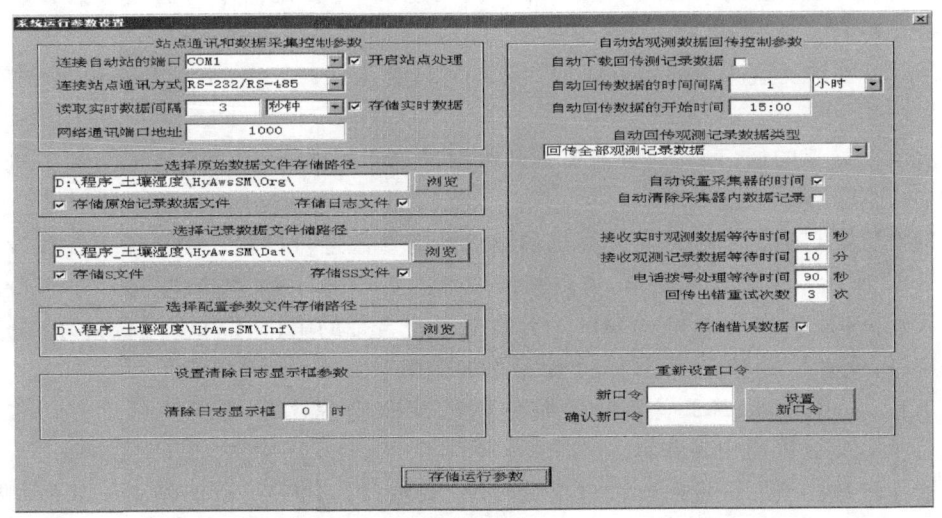

图 5.3-21　DZN3 型土壤湿度观测站监控程序运行参数设置

(2) 站点通信和数据采集控制参数设置

站点通信和数据采集控制参数是监控计算机与 DZN3 型土壤湿度监测站通信连接的参数。在本系统中只需要选择连接自动站的端口参数，其他参数忽略不管。

设置方法：在[连接自动站的端口]下拉组合框中，选择 DZN3 型土壤湿度监测站与终端计算机连接的串口端口号（例如 COM1）。

(3) 自动站观测数据回传控制参数设置

自动站观测数据回传控制参数是监控程序对 DZN3 型土壤湿度监测站下载回传记录数据的控制参数。

在[自动下载回传观测数据]选择框中，选择监控程序是否定时自动下载观测记录数据。

在[自动回传数据的时间间隔]编辑框中，输入每次自动回传记录数据的间隔时间数值；在[自动回传数据的时间间隔]下拉组合框中，选择每次自动回传记录数据的间隔时间的单位（例如 2 h）。

在[自动回传数据的开始时间]编辑框中，输入下一次自动回传记录数据的开始时间（例如 20：00）。

根据用户的需求，在[自动下载观测记录数据的类型]下拉组合框中，选定自动下载回传的观测记录数据的内容（例如回传最新的观测记录数据）。

在[自动设置采集器的时间]选择框中，选定是否需要自动对 DZN3 型土壤湿度监测站进行校时处理，如果选中在每次自动回传结束之后，对数据采集器进行校对时间（例如自动校时选 √）。

在[自动清除采集器内记录数据]选择框中，选定是否需要自动对采集器内的记录数据进行清除处理，如果选中在每次自动回传结束之后没有错误数据，即对 DZN3 型土壤湿度监测站数据采集器内的记录数据进行清除处理（例如自动清除选 √）。

在[接收观测记录数据等待时间]编辑框中，输入监控程序等待接收观测记录数据时的最长等待时间（例如 10 min）。当监控程序在接收观测记录数据状态时，如果超过这个时间还没有接收完由 DZN3 型土壤湿度监测站发送回来的观测记录数据，则作为超时处理。这个时间的长短应该根据采集器内所存储的观测记录数据的多少而定。

(4) 串口通信参数设置

DZN3 型土壤湿度监测站通过串口与计算机相连接，计算机的串口通信参数必须与所接入的 DZN3 型土壤湿度监测站通信参数一致。

DZN3 型土壤湿度监测站的串口通信参数缺省设置为：9600 bps、8 位数据位、1 位停止位、无奇偶校验。

如果要改变站点的通信速率，就需要打开数据采集器的外壳，改变设置采集器串口通信速率的 DIP 硬件开关。

本节的设置串口通信参数是对计算机的串口通信参数进行设置。串口通信参数设置属性界面如图 5.3-22 所示。为了操作安全，需要验证口令。从 COM1 到 COM10 每一个串口对应一个参数设置属性页，其中 COM1 和 COM2 为计算机本身自带的串口，COM3～COM10 分别为多串卡配置的串口，或者是由 USB 转 RS232 设备添加的串口。

多串卡或 USB 转 RS232 设备的安装使用以及驱动程序的加载请参见多串卡、USB 转 RS232 设备供应商提供的相关资料。

串口通信参数必须要设置的参数包括波特率、数据位、停止位、奇偶校验。其他参数可根据需要设定或者直接使用缺省的参数。

串口通信事件必须选中字符被接收并放入队列中检查框。其他事件可以忽略不管。
对于不使用的串口,应该设置为关闭的状态。

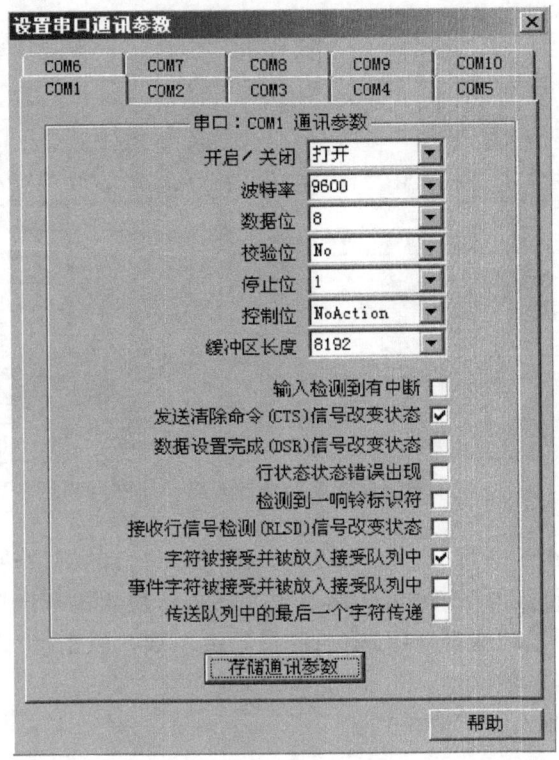

图 5.3-22　DZN3 型土壤湿度观测站监控程序——计算机串口通信参数设置界面

(5)其他参数设置

其他有关"选择原始数据文件存储路径""选择记录数据文件存储路径""选择配置数据文件存储路径""设置清除日志显示框参数"等按本站实际情况进行设置。

设置站点测量参数。站点测量参数主要包括"站点信息参数""土壤湿度观测测量以及订正参数"两项。程序设置界面如图 5.3-23。

站点信息参数

在这一部分设置的参数是 DZN3 型土壤湿度监测站的基本参数。按本站实际情况设置。

在[S 文件版本号]编辑框中,设置站点的 S 文件版本号(例如 V1.00)。

设置各层的观测参数

传感器安装标志与安装深度:按本站实际安装的各层次传感器来设置,有该层勾选并设定对应的深度,无该层不选。

土壤质地:根据各层土质的状况,选择土质参数。

田间持水量参数、土壤容重、凋萎湿度:根据各层土质的特性的人工测量结果设定。

设置二次订正系数:在这一部分设置对各层观测数据进行的二次订正系数。订正公式:$y = a0 + a1x + a2x^2$

点击[选择设置二次订正参数/测量转换系数]按钮,切换到选择设置二次订正参数。

分别在[a0]、[a1]和[a2]编辑框中,输入二次订正系数。在[二次订正]选择框中,选择是否需要进行二次开发订正。

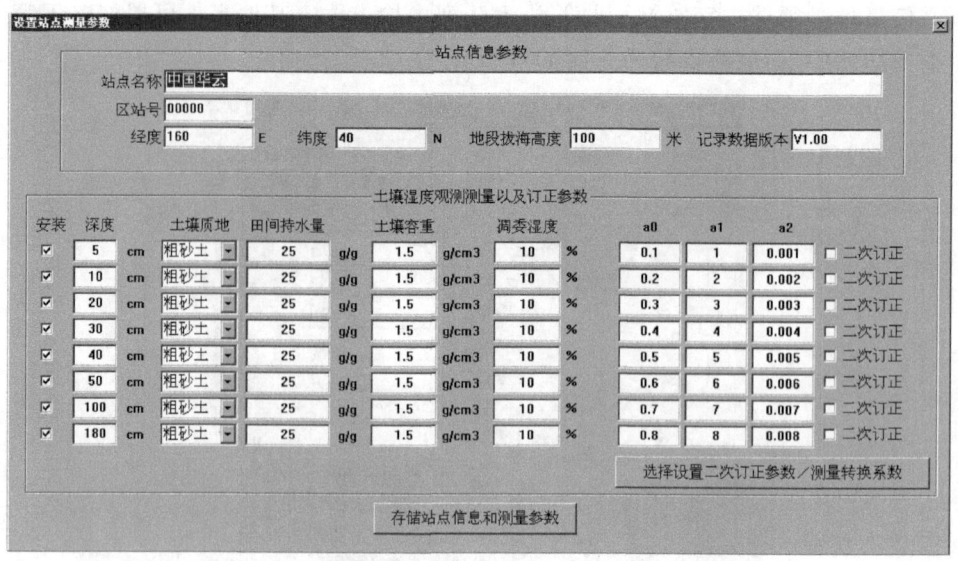

图 5.3-23 DZN3 型土壤湿度观测站监控程序——站点测量参数设置界面

设置测量转换系数:在这一部分设置对各层数据采集进行的测量转换系数。

点击[选择设置二次订正参数/测量转换系数]按钮,切换到选择设置测量转换系数。

分别在[C0]、[C1]和[C2]编辑框中,输入测量转换系数。点击[发送订正参数]按钮,把数据采集转换参数发送到数据采集器中。

说明:此功能台站观测人员不要使用。

5.4 日常维护

5.4.1 场地维护

(1)在固定地段安装的仪器,观测场应是长期固定的、无灌溉状态下的、能反映当地自然下垫面的地段。

(2)在作物地段安装的仪器,观测场内要和周边大田环境保持一致,场内也需种植与农田内同类型的农作物,但进行农田耕作时需注意避开土壤水分传感器及通信电缆,种植作物时要离开传感器套管 20 cm,作物要进行灌溉时场地内外也要保持灌溉量一致。

(3)表层土壤尤其是粘土发生严重干旱时会出现龟裂现象,如发生龟裂需将传感器周围 20 cm 内的土壤挖开至未开裂的深度,然后在附近选取松散的潮湿土壤进行回填,并将回填土压实,确保土壤与传感器套管紧密接触。

(4)传感器及其周围土壤严禁使用任何诸如杂草、沙石等物质覆盖,否则将会影响传感器周围土壤的蒸发或降水渗透,造成仪器观测数据无代表性。

5.4.2 仪器维护

(1)每日在 08 时或沙尘暴、强雷暴、大风、暴雨等恶劣天气后巡视仪器,检查仪器(设备和计算机)供电是否正常、传感器工作是否正常、通信是否正常。

(2)每天定时通过自动土壤水分观测仪计算机终端检查前一天采集数据是否完整,如有缺测及时手动补要。

(3) 定期检查电缆与传感器及采集器连接是否有松动现象；每年定期检查电缆是否损伤、老化。

(4) 每年定期将传感器从 PVC 安装套管中取出并检查 1 次，查看管内是否有受潮或进水情况，如有水滴，需要清除干净并进行防水处理，检查时应将传感器内放置的干燥剂进行更换，安装套管内受潮或进水都会影响传感器的正常工作。

(5) 雨季来临或进行农田灌溉前应仔细检查传感器安装套管的防水情况，并用 704 硅橡胶对管壁与保护帽的接口处、接线口、螺丝口等处进行防水加固处理。

(6) 每月现场检查一次采集器箱，查看是否进水或沉积灰尘，定期对采集板进行除尘处理。

(7) 建立专用值班工作日记，每日填写，认真记录上述检查处理的情况。

(8) 当发现仪器故障时，应在值班日记中详细记录，根据故障情况及时通知生产厂家进行必要的处理。

5.5 常见故障分析与处理

5.5.1 DZN1 型自动土壤水分观测仪

1. 数据采集器故障

(1) 检查

检查指示灯：P 灯正常工作是长亮；CP 灯每分钟 47 s 点亮，59 s 灭掉。

检查显示器：正常情况下，显示器不亮；需通过按"菜单"键或"确认"键，激活显示器；通过显示器，可以检查系统时间及土壤各层的数据是否正常。

(2) 故障处理步骤

① 检查数据采集器供电：拔下数据采集器上的电源输入端子，使用万用表直流电压档测量该电源输入端子的直流电压是否正常，正常电压范围 11~15 V。如果为 0，可判断故障出现在电源部件，按照(4)的有关步骤检查电源系统。

② 检查数据采集器：关闭数据采集器上的电源开关，将数据采集器上的接线端子除电源外全部拔下，然后打开电源开关，检查数据采集器是否恢复正常。如不正常，则可判断数据采集器故障，更换。

③ 其他部件损坏，导致采集器工作不正常（传感器短路或大电流消耗）。

如果电压不正常，可以从数据采集器的接口板上，将各传感器端子、通信电缆端子等接线端子逐个拔下，使用万用表监视直流电源电压，看电压是否恢复正常，如果恢复正常，则最近被拔下的外部部件（传感器等）损坏，需更换。

2. 传感器故障（带电测量）

(1) 检查

通过数据采集器上的显示屏检查：各层体积含水量测量值应 <60。若 >60，则传感器可能出现故障。

通过网页上的数据检查：连续多组小时数据出现跳变，则传感器可能出现故障。

(2) 故障处理步骤

① 检查传感器接线端子是否松脱。

② 将其他通道传感器中正常的传感器从采集器上拔下，插入本通道。或者将故障传感器从

本通道上拔下,插入采集器上其他正常的通道。当采集器的时间过正分时,通过采集器上的显示屏,读取该层次数据,检查是采集器的通道损坏,还是传感器损坏。

③ 检查传感器供电:当采集器的 CP 指示灯亮时,用万用表 DC 电压 20 V 档测量电缆接线端子 12 脚与 GND 脚之间电压应在 12 V 左右。

④ 检查传感器信号输出:在采集器上找到相应的传感器,将传感器接线端子中的＋脚与－脚自采集器接线端子上拧下。当采集器的 CP 指示灯亮时,用万用表 DC 电压 2 V 档测量电缆接线端子＋脚与－脚之间电压应在 0~1.2 V,根据环境判定传感器数值是否正常。0~1.1 V 电压对应体积含水量为 0~100。

⑤ 如果传感器故障,更换传感器。

3. 供电系统故障

(1)检查及判断

充电控制器指示灯:正常情况下,太阳能电池板供电指示灯为绿色长亮,电池容量指示灯为黄色长亮;异常情况,故障指示灯红色长亮或闪亮;网页上显示,电源电压小于 12 V,表示电池即将没电。

(2)故障处理步骤

太阳能充电控制器具有过放保护功能。当蓄电池电压<11.5 V 时,充电控制器会自动切断供电,避免蓄电池放空,起到保护电池的作用。当蓄电池电压>11.9 V 时,充电控制器会恢复供电。

① 检查蓄电池:将蓄电池正负极的接线叉子取下,然后使用万用表直流电压档测量蓄电池两端的直流电压,是否正常(12 V 以上)。如果电压偏低,则需更换蓄电池,并对蓄电池进行充电。

② 检查各传感器:使用万用表直流电压档测量数据采集器直流输入端的直流电压。如电压异常,可将数据采集器上的传感器接线端子全部拔下,继续测量。如电压正常,则可判断有传感器故障。将传感器的接线端子逐个插入数据采集器,当电压出现异常时,则可判断该传感器故障,更换。

4. GPRS 模块故障

(1)检查及判断

正常状态:指示灯为红灯常亮,并且内部有一个绿灯每秒钟闪烁一次,表明无线传输模块工作正常。

异常状态:如果为绿灯常亮,不闪烁,则表明无线传输模块无法识别手机卡,请检查手机卡。必要时更换。

如果为绿灯,并闪烁,则表明无线传输模块正在寻找网络,可能是无线网络信号不好。

如果指示灯不亮,无线传输模块供电故障或模块本身出现故障。

(2)故障处理步骤

① 首先,检查该台站是否欠费或手机卡过有效期;然后查询该台站所在地区移动公司信号是否正常。最后到现场检查无线传输模块指示灯;

② 如果指示灯不亮,需检查无线传输模块的输入电源是否正常。电源端子为耳机插孔式,孔内为电源正端,孔外为电源负端,电源电压为 12 V 左右。如果电源正常,则可能是无线传输模块故障,需要更换模块。

③ 如果指示灯为绿色闪烁,检查天线、接线端子等是否接触良好。

④ 更换一个可以通过 GPRS 上网的手机卡，如果几分钟后指示灯为红色常亮，则说明原来的手机卡故障。或者将无线传输模块内的手机卡取出，放入可以上网的 GPRS 手机内，如果手机可以上网，则可判断为无线传输模块故障。

⑤ 更换新的模块时，一定要使用原来模块内的手机卡，该手机卡的 SIM 卡号码用于外站的身份识别，如果更换手机卡，要将更改后手机卡的 SIM 卡号码通知中心站管理员，由管理员设置，这样该台站才能正常传输数据。

5. 雷击、短路等特大故障

如出现雷击、短路等特大故障，可明显观察到器件有损坏或电击损毁，请及时与厂家联系，由厂家派人现场解决。

5.5.2　DZN2 型自动土壤水分观测仪

1. 采集器故障判别

(1) 供电检查：查看电源指示灯是否常亮，如果不亮，检查采集器板的电源端子是否连接松动，接线是否牢靠，拔掉重新接线，插上电源端子，如果还不能启动，用万用表测量蓄电池电压是否正常（正常范围为 12～15 V），如不正常则需更换蓄电池，如电压正常，则说明主机板故障，需更换主机板。

(2) 采集程序运行检查：运行指示灯是否正常闪烁，如不闪烁，则主机板故障，需更换主机板。

(3) 串口通信检查：使用调试软件通过 RS232 接口与采集器通信，首先进行读时钟操作（注：由于 GPRS 采集器会时刻检测与 GPRS 服务器的链接状态，有时会影响 RS232 通信，但一旦检测到 RS232 通信，至少在 3 min 内不再检测与 GPRS 服务器的链接状态，这期间不会影响 RS232 通信），如果连续读时钟正常，日期也正确，则说明采集器串口通信正常。

(4) GPRS 通信检查：查看指示灯是否常亮，如不亮，应检查 SIM 卡安装是否正确、是否欠费停机，检查该地区的 GPRS 信号状况；检查 GPRS 天线的接口是否脱落，如果脱落，重新安装即可；通过 RS232 接口读取服务器 IP 地址和端口，如不正确，需重新设置；如果以上各项检查都正常，仍无法登录服务器，则可判断 GPRS 模块出现故障，需更换采集板。

2. 传感器故障判别

(1) 接线端子检查。检查跳线帽是否脱落，用手按压各层传感器和主机板相连的排线插针，确保各个连接器件之间连接可靠。

(2) 传感器外观检查。在彻底断电的情况下，查看传感器电路板与两个铜环极板之间的连接线是否脱落，如脱落，可用烙铁焊接；传感器卡槽松动或损坏、RS485 接口损坏、传感器处理板损坏、连接排线松动等问题都可能导致传感器与采集器通信无法正常连接，调试软件将无法与传感器进行通信调试。

(3) 软件调试。传感器出现问题，将直接导致数据出现奇异值或走势异常。使用自动土壤水分观测系统软件浏览土壤水分值，如果某个层次的水分值异常偏高或过低，则读取该层的传感器频率值，正常范围应在 30～80 MHz，若频率值超出此范围，则说明该层传感器可能接触有问题或已经损坏，若对传感器加固仍无法解决则需更换该层传感器。

5.5.3　DZN3 型自动土壤水分观测仪

1. 供电故障

(1) 检查太阳能充电控制器能否能够正常供电，若不能，则打开采集器箱，检查太阳能控制器是否接好,采集器的接线是否正常。

(2)用数字万用表检查太阳能充电控制器、采集器电源端、土壤水分探测器电源端、蓄电池电压是否>12 V,判断太阳能充电控制器和蓄电池是否损坏,如果某个设备损坏,则需要更换(图5.5-1)。

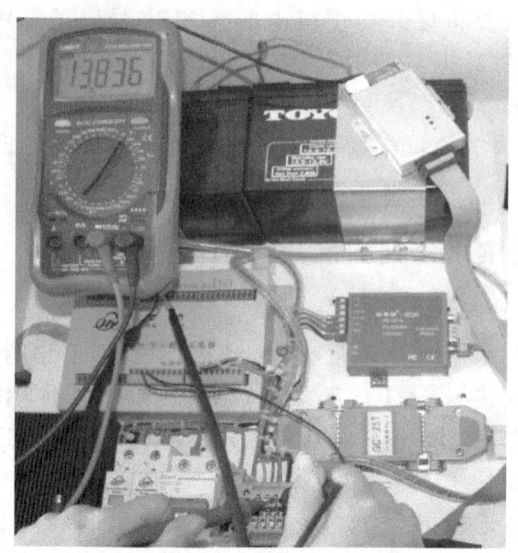

图 5.5-1　用万用表检查太阳能充电控制器输出端电压示意图

2. 接线端子故障

(1)检查总线顶端的插槽与接口控制器,以及插槽和数据采集器是否连接良好,若不是,则重新连接(图 5.5-2、图 5.5-3)。

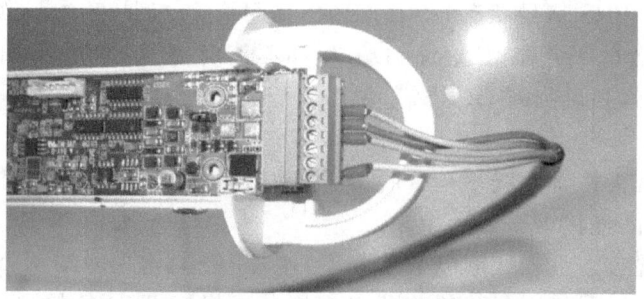

图 5.5-2　插槽与接口控制器连接图

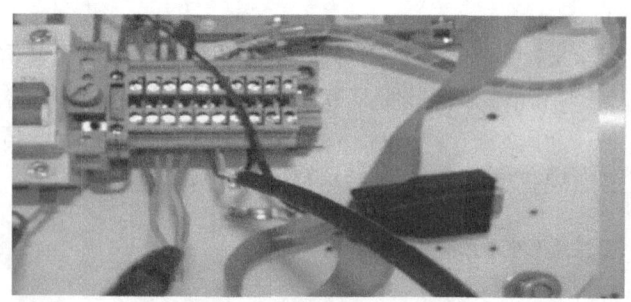

图 5.5-3　插槽与导轨连接图

(2) 如果发现通信电缆断开,先将电源开关拨下,待采集器断电后,将通信电缆重新插好;再将电源开关插好,重新给采集器供电。

3. 采集器故障

(1) 观察采集器指示灯的状态判断采集器是否出现故障

在采集器开始运行时(采集器上电或采集器重新复位处理),采集器进行读取配置参数和运行状态初始化处理,这时测量指示灯和通信指示灯同时点亮,初始化结束,两个指示灯熄灭。

测量指示灯闪亮时,表示采集器在进行采集测量数据处理。

通信指示灯闪亮时,表示采集器串口有收发数据。

测量指示灯和通信指示灯同时闪亮时,表示采集器在进行读写观测记录数据处理,当然也有可能正好是测量数据和发送数据同时发生。

不要在测量指示灯和通信指示灯同时闪亮时,拔下采集器的电源,除非判断采集器已经出现故障。

如果采集器出现某一个或两个指示灯长亮或者从来不亮,采集器可能已经出现故障。

如果发现采集器已坏,更换采集器,再进行其他故障排查。如果硬件设施正常,故障还存在,请尝试采集软件的故障查找,即利用终端命令的方法来查找故障所在。

(2) 利用终端命令提示符检查判断采集器是否出现故障

若确认采集器无故障,则可以使用超级终端或采集器维护终端对其进行检测。

首先在确认采集器通信状态正常时,进入采集器终端菜单,利用采集器的各种检测命令进行检测:

键入 STA 命令,查看采集器的当前状态信息。会返回如下的数据格式信息:数据标识,站点区站号,日期,时间,电池电压(例如:HYA-M STAS 54510 2006-02-22 23:46:58 12.3)。

键入 RD 命令,查看实时观测数据的返回是否正常。通常会返回如下的数据格式信息:数据标识、站点区站号、日期、时间、观测要素标识码(0~255)、第1层土壤水分测量数据至第 i 层土壤水分测量数据、电池电压(例如:HYA-M ROSD 54510 2006-02-22 23:46:58 31 0.1017 0.1018 0.1037 0.1117 0.1213 0.1227 0.1025 0.1134 12.3)。

按下面格式键入 MPT 命令,进行读取或设置主通信端口号,查看是否通信端口设置错误。

MPT 命令,读取主通信端口号。

MPT 0 命令,设置主通信端口为 COM0 通信端口。

MPT 1 命令,设置主通信端口为 COM1 通信端口。

键入 INFO 命令,向上位机发送数据采集器的基本信息,包括程序的版本号和采集器的唯一编号(如 HYA-M Ver3.12 SID:100331)。

其他各种采集器命令请查看有关 HYA-M 华云数据采集器功能命令表。如果超级终端上采集器的返回正常,而采集软件却得不到数据,说明采集软件发生故障。建议请求厂家重新输入采集器程序。

4. 通信故障

如果本地数据正常,但中心站软件上却没有相应站点的土壤水分数据,可能是通信故障。

GPRS 通信模块故障的解决办法为:

(1) 电缆。查看电缆线的上电情况、通信是否正常、天线好坏以及连接是否正确等。

(2) SIM 卡。检查 SIM 卡是否损坏,是否欠费。如有损坏,请更换 SIM 卡,如有欠费,请续费以便继续使用。

(3)检查 GPRS 通信模块的参数配置,具体操作请参见 GPRS 模块的设置部分。如果 GPRS 通信模块已损坏,请更换模块。

5. 传感器故障

如发现某一层数据为零,可能原因为该层传感器连接线没有插好或该层传感器损坏。

解决方法为:断电后,将土壤水分探测器拔出,将该层传感器带状电缆的头卡入总线。

注意:不要只插上一排插针。

如果该层传感器损坏,则根据以下步骤,更换传感器。

首先,确定好传感器的数量和安装位置,用手压下箭头所示点,在土壤水分探测器总线及固定结构上慢慢滑动传感器到其安装位置,将传感器的凸起部位卡入槽内并锁定传感器。注意:滑动时保护好传感器的带状电缆及传感器内的小电路板,如图 5.5-4 所示。

接着,将带状电缆的头卡入总线。注意:不要只插上一排插针,如图 5.5-5 所示。

图 5.5-4　传感器安装示意图　　图 5.5-5　插针示意图

然后,用跳线设置传感器地址,不同跳线位置代表不同地址,如图 5.5-6 所示。

图 5.5-6　设置传感器地址示意图

5.6　传感器标定

由于自动土壤水分传感器在实际测量过程中受到土壤质地、容重、安装结合紧密度等因素的影响,读数差别很大,因此在正式使用前需要进行标定。一般认为,传统的烘干法测得的土壤水分值是可信的,可以作为其他各种土壤含水量测量方法的校正标准。

标定分两个步骤:实验室标定和田间标定。实验室标定是从田间取回土样在标准容器内回填成均匀的土体,控制加入的水量可得到不同的土壤湿度,传感器与人工对比观测,进行标定。田间标定是以人工与自动土壤水分传感器进行同时次的对比观测,用人工观测数据对仪器进行标定。仪器安装3个月以后,待传感器安装地段的土层恢复稳定,再进行田间标定。

5.6.1 实验室标定

为确保自动土壤水分观测仪的准确性,仪器生产厂家应对每一种土壤质地样本,进行土壤标定参数试验。

按照相同土壤质地合并原则进行组合,至少分为10~30 cm,40~60 cm,80~100 cm 三层。对合并后的土层,分别制作标准土壤水分样本,每层制作样本的土壤体积含水量分别为小于10%、10%~15%、15%~20%、20%~25%、25%~30%、30%~35%和>35%七个等级(3层共21个样本)。将传感器分别插入标准土壤水分样本中测量,获取器测值。通过专用环刀在各个土盒样本中取土烘干、称重,获得对应样本的实际土壤含水量值。对烘干称重法获得的土壤含水量值与器测值进行分析比较,建立各层相应的对比曲线。利用数学方程进行拟合计算,确定传感器标定参数方程。

5.6.2 田间标定

田间标定以仪器观测的10 cm 土层体积含水量变化为判断标准,在小于10%、10%~15%、15%~20%、20%~25%、25%~30%、30%~35%和>35%等七个不同土壤水分体积含量区间进行相应的人工对比观测。原则上每一个土壤体积含水量等级样本数≥4个,总样本数≥30个。对各层人工对比观测数据和器测值进行分析比较,建立各层相应的对比曲线。利用数学专用工具进行拟合计算,确定传感器标定参数方程。

进行人工对比取土观测时,须跨越干湿两季,使获得的样本分布均匀、能够代表当地土壤水分含量范围并验证仪器在干湿两季过渡期的适应性。取土钻孔的位置应分布在传感器埋设位置四周半径2~10 m 的范围内,完成取土观测后取土孔要立即分层回填,不得在回填孔中再次取土进行对比观测,取土时记录每个钻孔取不同深度土样时的详细时间。人工对比观测记录簿包括人工取土观测各重复数据(烘干前后土壤样本重量)。

由相关技术人员利用人工和同时次的仪器观测数据分别计算不同层次的标定参数,完成对传感器的田间标定。

5.6.3 业务化检验标准

在完成田间标定工作后,需达到业务化检验标准,方能投入业务使用。

业务化检验标准的评价指标:人工观测土壤体积含水量值与器测土壤体积含水量之差的多次平均值的绝对误差 $\bar{\sigma} \leqslant 5\%$。

$$\bar{\sigma} = \frac{\sum_{i=1}^{N} |x_i - a_i|}{N}$$

式中,x_i 为仪器观测值;a_i 为人工观测值;N 为对比观测次数;$\bar{\sigma}$ 为人工对比观测土壤体积含水量多次平均值的绝对误差。

设备田间标定结束后,再连续人工对比观测 1 个月(不少于 6 次,遇 0~10 cm 土壤冻结顺延)用于业务检验,由各省(区、市)气象局负责对所辖范围内的自动土壤水分观测仪统一组织进行检验。

如果地下水位比较高,在人工取土过程中,如发现某一层已渗水,则该层及以下层次不再对仪器观测数据与人工观测数据进行评估,在人工观测时注意观测和记录。

若仪器未通过检验,分析查找原因,排除仪器故障原因后,对建立的标定方程参数进行完善,补充对比观测 1 个月后再次进行检验;若仍达不到检验标准,必须对仪器进行更换。

对比观测时间应≥6 个月,田间标定与检验应在 1 a 内完成。

第6章 GPS/MET站(2学时)

授课方式:课堂讲授。
教学内容:GPS/MET观测概述、测量原理、观测站系统结构、观测站日常维护、常见故障分析与处理。
教学要求:了解GPS/MET观测原理、GPS/MET观测站组成,熟悉日常维护。
重点难点:GPS/MET观测原理。
课程小结:本课程主要介绍了GPS/MET工作原理及日常维护。
思考题:简述GPS/MET的日常维护。

6.1 概述

全球导航卫星系统(GNSS,Global Navigation Satellite System)是20世纪对人类生活具有广泛重大影响的空间技术之一,受到各个国家和地区的高度重视,目前已经应用于空间和大气探测、大地测量、地理信息系统(GIS)及交通智能化管理、城市规划等各个领域。包括美国的全球定位系统(GPS),俄罗斯的格洛纳斯系统(GLONASS),欧洲的伽利略系统(GALILEO)和中国的北斗导航卫星系统,其中应用最为成熟稳定的是美国的GPS系统。

全球卫星导航系统的相关技术也被应用到大气、海洋和空间的探测和应用领域,对这些领域产生了深刻影响,目前已经在高空探空的定位测风、地基遥感水汽和电离层、海风海浪探测、无人飞机导航、授时及气象信息传输领域得到广泛应用。其中,地基导航卫星遥感水汽可提供对大气高精度全天候连续的水汽观测,从而提高对短时灾害天气的预警预报能力,对我国减灾防灾具有重要应用价值。

GPS气象学即"GPS Meteorology",简称为"GPS/MET",是利用GPS(含发出信号的卫星和接收信号的接收机)进行地球大气层遥感探测的一种技术方法。用于大气探测的GPS接收机可以安装在地面上,也可以由卫星携带。通常把前者称为地基GPS/MET,而后者称为空基GPS/MET。

GPS/MET的基本原理是GPS信号穿越大气层时会因为大气层结不同而发生传输路径和时延的改变,利用这一效应,通过一套反演理论得到气温、气压、湿度等气象要素。

地基GPS气象学主要是通过在地面上架设GPS接收机,接收GPS卫星发射的无线电信号,来获取该站上空大气可降水量(气柱水汽总含量)和电子密度总量(TEC)等参数。地基GPS探测水汽的研究包括天顶方向的大气水汽总量PW(precipitabel water vapor)、GPS信号倾斜路径上的水汽总量SW(slant path water vapor)以及应用组网的GPS倾斜路径观测反演局地上空的水汽四维时空变化,即水汽层析(water vapor tomography)。

GPS/MET站应选择观测环境具有代表性并能保持长期稳定的观测场所,使用高稳定性、自动的观测仪器,来获取原始观测资料。每个GPS/MET站的原始观测资料通过通信网络连接到省级气象信息中心和国家气象信息中心,由国家气象信息中心将原始资料传至气象探测中心处理成水汽数据并进行质量控制,形成可用的水汽数据产品。GPS/MET站观测应包括卫星导航文件,卫星观测文件和地面气象文件。全部观测项目均采取自动观测,由高可靠性技术设计和高精度测量的GPS/MET站完成,辅以必要的人工维护和干预。

6.2 测量原理与系统结构

6.2.1 测量原理

GPS全球定位系统包含24颗卫星,发射2个L波段频率信号(L1,1575.42 MHz和L2,1227.6 MHz)。GPS信号对地球大气的折射指数很敏感,而大气折射指数又受到诸如气压、气温和水汽等的影响,大气水汽含量的变化导致GPS信号延迟的显著变化,因此,GPS可作为水汽探测的有效途径之一。大气层中电磁波与大气介质之间的相互作用会导致GPS卫星信号延迟,这种信号延迟分为电离层延迟和对流层延迟(或称中性延迟)。电离层延迟可以用双频机观测消除,并且研究也表明电离层延迟与信号频率平方成反比。而对流层延迟则无法用双频机观测来消除。对流层延迟又分为"静力延迟"(有时称为"干延迟")和"湿延迟"两项。1987年,Askne等提出了利用GPS遥测大气的设想,推导出了大气湿延迟与可降水量之间的关系(AN模型)。Bevis等指出,利用GPS可以精确地估计出总的天顶方向大气延迟,大气干延迟可由地面气压精确确定,在总的天顶延迟中去掉干延迟就可以得到湿延迟,根据湿延迟就可以计算出大气中的可降水量。

天顶总延迟(Zenith Total Delay,简称ZTD)值可以根据接收到的GPS观测数据,通过GPS解算软件分析得到。目前,国际上常用的GPS数据解算分析软件有:瑞士伯尔尼大学天文研究所开发的BERNESE(Bernese GPS Software)、美国喷气推进实验室(JPL)开发的GIPSY/OASIS(GPS Inferred Positioning System-Orbit Analysis and Simulation Software)和美国麻省理工学院(MIT)开发的GAMITGPS Analysis Software。近年来,国内也发展了一些GPS天顶总延迟解算软件,如通过SHAGAP(中国科学院)、GPSADJ(国家测绘局)、SOSDS(总参测绘局)等得到天顶总延迟值后,再利用对流层延迟与水汽的关系,可以建立GPS水汽反演方法,由此获得大气整层累积可降水量(Precipitable Water Vapor,简写为PWV)和斜路径水汽含量(Slant-path Water Vapor,简写为SWV)。

6.2.2 系统结构

GPS/MET站设备主要有:导航卫星接收机、导航卫星接收天线、数据采集计算机和地面气象观测(图6.2-1),用来获取原始观测文件(导航文件、观测文件和气象文件)。

GPS/MET站应配置数据采集监控管理软件,进行观测数据的采集,并把它发送到数据处理中心进行处理。

1. 接收机

导航卫星接收机自动记录数据,具有内部存储器,应满足长期工作、快速记录、容量足够的需要;接收机同时有良好的输入输出串口,可供温湿压地面气象要素的输入和向计算机终端输出的功能。接收机能长期稳定运行,在外接电源接通后应能自动重启、自动跟踪、自动工作,并保持停电前的配置。导航卫星接收机要求采用双频高精度接收机,可以自动同时接收到4颗以上导航卫星的双频或多频波段的载波相位数据、码距、观测值。

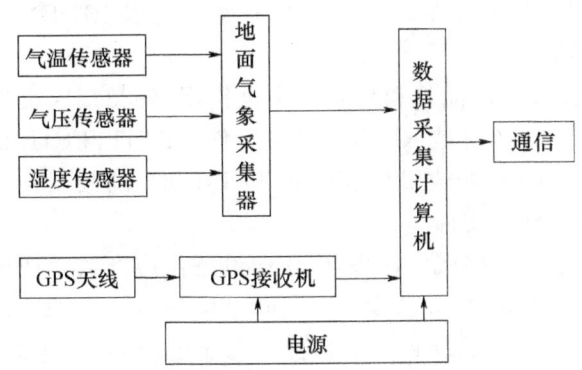

图 6.2-1　地基导航卫星采集系统结构图

2. 天线

天线与前置放大器应密封为一体,以保障其在恶劣的环境下能正常工作,并减少信号损失;天线必须采取适当的防护与屏蔽措施,应选用具有良好的抗多路径效应的扼流圈天线,以减少多路径效应引起的相位观测误差。天线的相位中心,与其几何中心之间的偏差应尽量少,且保持稳定。

3. 温湿压气象仪

地面气象传感器提供至少温度、气压和湿度三要素,采用与导航卫星接收机直接连接的气象仪,应能将气象数据直接记录到导航卫星接收机中;也可以使用台站自动气象站(至少具有气温、气压和湿度)来代替直接连接的气象仪,但 GPS/MET 站应能使用导航卫星气象文件的格式获取自动气象站的温、压、湿要素数据。

4. 通信接口

采集器应具有采集电压、电流、频率、并行码、计数输入等信号的能力,以连接各种传感器,测量相应气象要素,并可进行扩展。

采集器应至少配置一个 RS485 通信接口、一个 RS232 通信接口和一个 RJ45 接口。

RS232 通信接口既可以支持本地通信,又可以通过扩展其他通信设备实现远程通信。

RJ45 接口支持 TCP/IP 协议。

5. 外围设备

根据不同的需要,配置的外围设备有:计算机、显示器、打印机等。

6. 业务软件

业务软件安装在 GPS/MET 站的微机中,能够实现对 GPS/MET 站的监控、数据采集、数据质量控制、数据存储。通过业务平台局域网,在数据库服务器建立 GPS/MET 站观测数据库,能够对该数据库进行有效的操作和控制,将 GPS/MET 站实时数据和状态信息上传至上级资料处理中心和监控中心。

在业务软件中,卫星截止高度角置在 5°。导航卫星观测文件的数据采样频率不低于每 30 秒一个历元。气象数据的采样率不低于数据传输的间隔。

6.2.3　数据采集方法

GPS/MET 数据的采集工作在 GPS/MET 站完成,由 GPS/MET 站组织人员实施。

数据采集的内容主要包括 GPS 接收机生成的观测文件(*.o)和导航文件(*.n);自动气象

站设备生成的温度气压湿度数据文件(*.m)。所有文件均以 RENIX 格式,经压缩按中国气象局规定的文件名存储和传输。

由于各 GPS 基准站接收机的品牌和型号不完全相同,各类接收机生成的文件不完全相同,但要求各 GPS 基准站生成的必须是 RENIX 格式文件。ASHTECH、LEICA 接收机可以生成 RENIX 格式的文件,TRIMBLE 接收机生成的是 TRIMBLE 的数据格式文件。对非 RENIX 格式的文件应转换成 RENIX 格式文件。

对接收的文件是非 RENIX 格式的设备,应该向设备供应商或生产商要求文件转换的软件。以 TRIMBLE 接收机为例的转换方法是,首先向 TRIMBLE 接收机供应商获取转换文件,TRIMBLE 提供了 runpkr00 和 dat2rin 两个软件。先通过 runpkr00 文件将 TRIMBLE 的数据格式的文件转换成 T00 格式,再由 dat2rin 文件将 T00 格式文件转换成 RENIX 格式文件(包括观测文件*.o 和导航文件*.n)。

GPS 基准站安装了配套的气象仪和气象数据采集软件,就可用气象仪采集的气象数据文件(*.m)。现在很多 GPS 基准站建在气象站内,没有安装配套的气象仪,可以利用气象站已有的自动气象站采集的气象数据。方法是,先生成按 RENIX 格式的气象文件的说明部分,再将实时气象数据部分加上,生成气象文件,说明部分的生成方法可以用 GPS 观测文件的说明部分(对一个 GPS 基准站是固定的,只要将其中日期、时间部分换成实时的就可以了)。使用自动气象站数据时要注意的是要用本站气压。

具体的 RENIX 格式可以参考《地基 GPS 气象站网建设指南》。

在生成了观测文件、导航文件和气象文件后,按中国气象局规定的文件名生成压缩文件就可以了。

用于气象目的 GPS 基准站一般有 15、30、60 min 一个文件包。当然,时间间隔短实时性好,但时间间隔太短,数据的解算处理来不及,可降水量变化也不明显,各地可以根据当地情况适当选择。中国气象局规定每小时上传 1 次文件,各地小于 1 h 间隔的文件,应将 1 h 采集的数据形成 1 个文件上传。

以上的数据采集工作,应在 GPS 基准站建设时一次性解决,并且保证能自动运行(连同自动上传工作),GPS 基准站只要能监测运行状况就可以了。在有的省份也有将数据转换放在处理中心解决的。

6.3 日常使用与维护

6.3.1 台站观测运行

GPS 接收机一般说来是自动观测运行的,每天检查的内容是检查 GPS 接收机电源、本地生成的文件、上传的通信情况。对不同的接收机情况略有不同,最好用软件来监测文件和通信信息。

GPS 基准站的一般故障是电源、网络、接收机、软件、电缆,GPS 基准站人员可以自行解决大多数问题。电源是最常见的问题,主要是断电、跳电形成的,还有是电源插座移动造成的,解决的方法是使用 UPS 电源,连接好电源,重启接收机应该解决。网络问题主要是网络服务器的连接和网络插头问题,应根据问题相应处理。GPS 基准站应备份接收机软件和软件设置的技术文件,当有软件故障时及时恢复备份。电缆的问题主要是由外力破坏造成的,也有接收机长期在室外受风吹雨淋而受潮短路和接头松动的,应采取相应的方法处理。接收机问题一般GPS基准站人员较难处理,应及时通知维护和保障人员。

GPS基准站一定要注意:在电源、网络有变动后,及时重新启动GPS接收机。这是GPS基准站故障中较常见的,尤其是停电故障,虽然GPS接收机是来电自动重启的,但其他问题还是会时有发生。一般GPS故障的处理也是首先重启接收机,只有在重启仍不能解决问题时再检查其他问题。

6.3.2 数据传输

GPS站网各站的观测数据应实时或准实时地集中到省、区、市和国家的资料处理中心,经过处理生成全国范围的大气可降水量场、电离层电子密度分布和中尺度三维水汽场,然后再传输给中央和地方的各级气象业务部门和各方用户,供天气分析、数值预报、灾害性天气监测、空间天气监测和大气科学研究等方面使用。此外,根据GPS数据处理的需求,在计算中还要引入远端站以提高解算精度。因此,国家气象信息中心还应向各省(区、市)GPS资料处理中心下发GPS观测资料,以供省级GPS资料处理中心选取引用。

第7章 闪电定位仪(2学时)

授课方式：课堂讲授。
教学内容：闪电观测概述及定位原理、ADTD型闪电定位仪系统结构、ADTD型闪电定位仪安装、运行监控与日常维护、常见故障分析与处理。
教学要求：了解时差法定位原理、ADTD型闪电定位仪系统构成，掌握日常运行监控与维护、故障判断流程。
重点难点：闪电定位仪定位原理。
课程小结：本课程主要介绍了闪电定位仪工作原理及日常维护。
思考题：简述闪电定位仪的日常维护。

7.1 概述

雷电(也称闪电)是发生于大气中的一种瞬时高电压、大电流、强电磁辐射的灾害性天气现象。雷电观测是气象观测的重要组成部分，它是对地球表面大气层内发生的雷电现象进行连续的测定，为天气预报和气象服务提供重要依据，雷电观测包括云地闪、云闪、大气电场、雷电电流、雷电光学及雷电声学特征等项目。

7.2 探测原理和定位方法

雷电监测定位理论是指利用闪电回击辐射的声、光、电磁场特性来遥测闪电回击放电参数的原理、方法。云闪和云地闪发生时辐射频谱范围极大的电磁场(从几赫兹到几百千兆赫兹)，根据接收雷电信号的频段差异，分为甚低频、甚高频两类。云地闪主要产生甚低频电磁辐射脉冲，云闪主要产生甚高频电磁辐射脉冲。

雷电探测网的定位方法根据探测站点布设方式可分为单站定位和多站定位，其中多站定位是雷电探测系统中使用较多的方法，以下具体介绍几种常见的方法。

1. 单站法雷电定位系统

单站法雷电定位系统是指利用一个探测站来探测雷电放电参量，常见类型如下。

光学法雷电定位系统：在较近距离(一般<30 km)，采用光学强度计量、光谱分析，对闪电通道位置、温度、回击行进速度进行测量，该系统主要用于回击通道的探测。

接收闪电回击过程辐射的电磁场甚低频段的雷电单站定位系统有振幅法、频散法以及将二者合起来的混合法。它们主要用来探测云地闪以及近距离的少部分云间闪。由于闪电回击辐射的甚低频信号在地—电离层波导中能传播得很远，因此此类单站系统能探测几千米到几百千米甚至上千千米的闪电。一般采用南北方向、东西方向放置的正交环磁场天线、垂直方向的电场天线组合测量闪电发生的方位角，理论误差在±1°以内，但由于路径上折射、探测站周围场地环境的影响,实际测向误差往往能到十几度甚至能到二十几度。

振幅定距离法是根据闪电辐射场强度和距离成反比的关系,取一标准强度值,由此定出单个闪电的大致距离。相对误差主要由闪电强度的离散度和传播误差决定,一般为40%左右。

频散定距离法是由于闪电回击辐射的甚低频信号在地电离层波导中传播时不同频率成份衰减率不一样,据此,选取几个特征频率,比较其衰减率,定出大致距离。由于电离层白天黑夜高度不一样、地表成份的差异等因素直接影响电波的传播特性,采用电离层高度模型校正后,此方法的定位误差也有30%左右。

混合定距离法是结合振幅和频散两种方法的优点,进行综合处理数据。此方法的定位误差较前两者有所减小,一般相对误差在±25%左右。

综上所述,单站法雷电定位系统由于单个闪电定位误差较大、强度无法定出,只能用于探测雷暴的方向、大致位置、频度,一般用于雷暴活动的预警。

2. 多站法雷电定位系统

为了克服雷电单站定位的缺点,出现了通过多个探测仪对雷电进行定位的方法。多站雷电定位系统定位误差小、探测参量多,但设备复杂,需要通信网、中心数据处理站。甚低频雷电定位系统是典型的多站雷电定位系统。

甚低频雷电定位系统主要有磁方向闪电定位系统(DF)、时差闪电定位系统(TOA)、时差测向混合闪电定位系统(IMPACT)和多参量高准确度雷击监测定位系统4种类型。

磁方向闪电定位系统由两个和两个以上的磁方向闪电探测仪组成。该系统的探测原理是:当闪电回击发生时,它要向周围空间辐射很强的电磁波,分设在各地的磁方向闪电探测站根据接收到的闪电电磁信号,实时测出闪电到达各站的时间、方向、极性、强度、回击数等多项闪电参数;采用通信线路实时将各站所测数据发往中心数据处理站进行方向交汇定位处理,实时计算出闪电的位置、强度等,并将这些结果实时发给各图形显示终端。其两站定位示意图如图 7.2-1 所示。

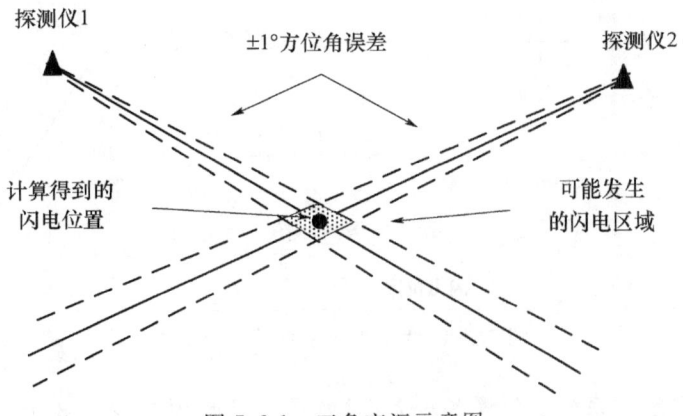

图 7.2-1 三角交汇示意图

在实际布网应用中,由于磁方向闪电探测仪的南北方向、东西方向的天线不可能做得严格垂直(机械误差<10)、探测仪周围的场地误差、以及传播路径上电波的折射等因素的影响,测向误差往往能到十几度,有时甚至能到二十几度,使得雷电定位系统的实际定位误差比较大,一般能到十几千米,有时能到几十千米,甚至得不到结果。在实际应用中,两站测向法目前已很少使用。

时差法闪电定位系统的探测原理是每个闪电探测站主要探测每次闪电回击辐射的电磁波到达各探测站的绝对时间,如此两站之间得到一个时间差,构成一条双曲线,在双曲线上的任何一点都是可能的闪电回击位置,另外两站中的一站与第三站之间也有一个时间差,也可以构成另外一条双曲线,两条双曲线的交点,即为闪电回击位置,如图 7.2-2 和 7.2-3 所示。

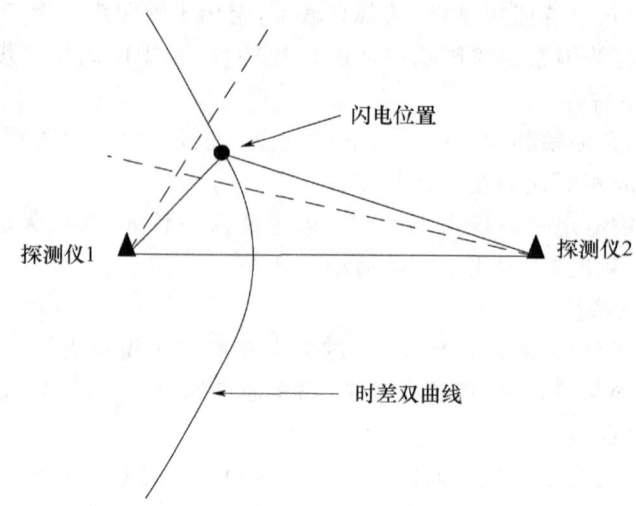

图 7.2-2　两站之间的时差双曲线

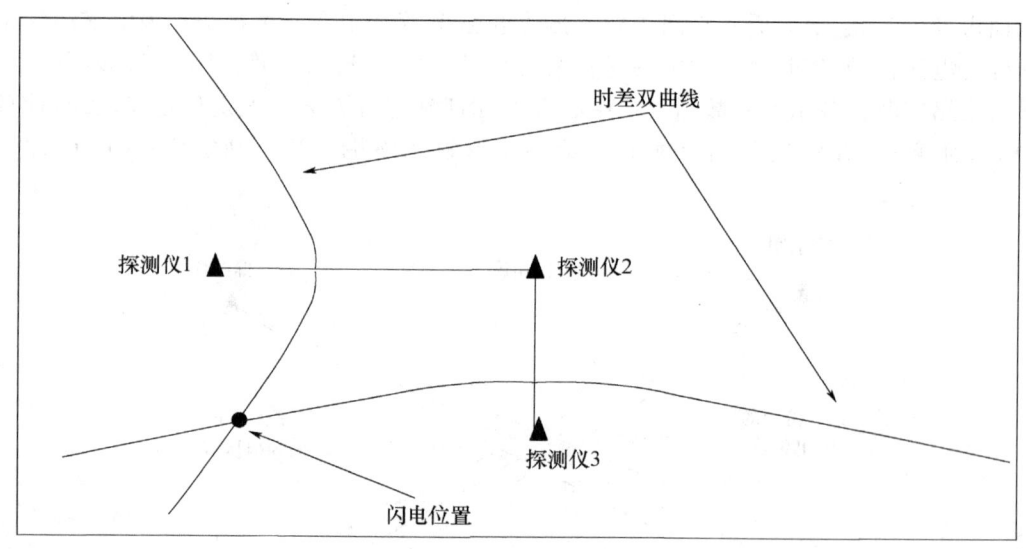

图 7.2-3　两条时差双曲线一个交点

鉴于磁方向闪电定位系统定位误差较大,时差系统又必须至少有 3 个探测站才能定位的事实,很容易想到把二者联合起来,形成时差测向混合闪电定位系统(IMPACT)。它的定位原理是:每个探测站既探测回击发生的方位角,又探测回击辐射的电磁脉冲波形峰点到达的准确时间。当有 2 个探测站接收到数据时,采用一条时差双曲线和两个测向量的混合算法计算位置;当有 3 个探测站接收到数据时,在非双解区域,采用时差算法,在双解区域,先采用时差算法得出双解,后利用测向数据剔除双解中的假解(图 7.2-4);当有 4 个及 4 个以上探测站接收到数据时,采用时差最小二乘算法定位计算。

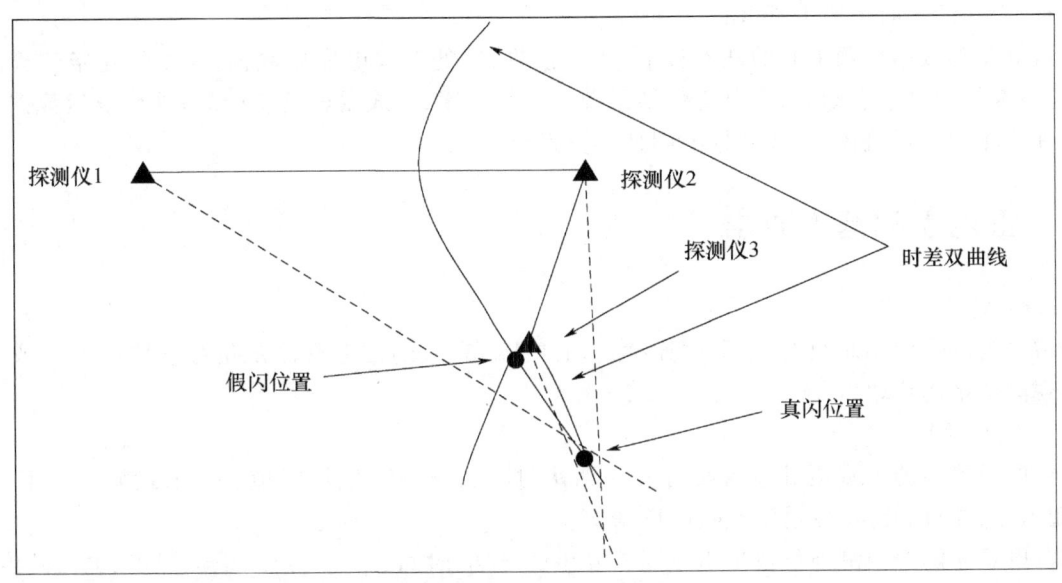

图 7.2-4　三站 IMPACT 系统的双解区域定位示意图

总之,时差测向混合闪电定位系统既能保证较少数目探测网有定位结果,又能保证较小的定位误差,是一种比较实用的雷电监测定位系统,据国内外资料表明其定位误差一般在几百米到 2~3 km。

时差测向混合闪电监测定位系统是一个很好且实用的雷电定位系统。在实际应用中,仍希望其定位误差能进一步减小。导致该系统定位误差的主要原因是各站接收回击电波的传播误差所致,但在这个系统中,没有处理电波传播的数据。为此,发展了多参量高准确度雷击监测定位系统。该系统的探测原理是:在每个探测站除测量回击的方位角、回击波形峰点到达的绝对时间外,另外增加了回击波形的数字采样和处理部分,并将回击波形的特征点送往中心站进行波形相关性分析,以便尽量消除回击波形受传播路径、环境干扰等因素的影响,从而减小回击定位误差。由于各探测站有回击数字波形,通过 Maxwell 方程组很容易得到回击源的其他放电参数和近似波形,显然,该系统获得的定位参量比一般的雷电监测定位系统多。

目前我国业务使用的云地闪设备为甚低频雷电定位系统,采用时差测向混合算法。

7.3　国家雷电监测网

国家雷电监测网以云地闪探测为主,雷电探测站按网状在全国范围内布设,在雷电监测系统的探测范围和探测误差的要求许可范围内,尽量利用现有气象台站场地资源,重点保证经济发达地区和落雷多发区,同时尽量保证覆盖全国。根据中国气象局的发展规划,国家雷电监测网共计 457 个探测站。

在国家级和省级气象局建立雷电监测数据处理中心,分别负责国家和本省(自治区、直辖市)范围的雷电监测数据的处理、定位计算和数据质量控制。目前,中国气象局国家雷电数据处理中心(以下简称雷电数据处理中心)已实现实时接收处理我国 31 个省、自治区、直辖市的共计 327 个探测站的数据。数据处理中心能同时处理 1024 个探测站的数据,单次闪电回击的平均定位时间<10 ms。由于测量数据的上传最大延迟 2 s,因此雷电辐射信号数据从探测站接收到输出定

位结果,实际的实时传输少于 3 s。

雷电监测数据处理中心的任务包括:实时接收、预处理雷电原始数据;采用优化定位算法定位计算;叠加地理信息标识;雷电定位结果及时入数据库;形成雷电信息产品;进行全程数据质量控制和监测站运行监控;完成数据的归档和分发等。

7.4 雷电观测基本要求

1. 观测方式

雷电观测采用多站组网、全天候连续自动观测。有效的雷电观测定位数据应由 3 个或以上雷电观测站组网获取。

2. 观测项目

雷电观测站的观测项目包括回击波形到达时间、方位角、磁场峰值、电场峰值、波形特征值(过阈值点、陡点、峰点、后过零点)、陡度值等。

雷电观测网的观测项目包括雷电回击发生的日期、时间、纬度、经度、电流强度、电流陡度、定位误差、定位方式等。

3. 时制、日界和对时

雷电观测的所有项目均采用北京时,以 24 时为日界。观测仪器以设备内置的 GPS 进行实时自动对时。

7.5 工作原理及系统结构

根据雷电监测设备的探测范围和探测误差的要求,目前中国气象局国家雷电监测网统一使用 ADTD 型闪电定位仪。

7.5.1 工作原理

ADTD 闪电定位仪的工作原理是通过对雷电辐射的电磁场信息的测量,来确定云地闪放电的空间位置和放电参数。采用时差测向混合算法。

7.5.2 系统构成

ADTD 闪电定位系统包括 ADTD 闪电定位仪、中心数据处理站、用户数据服务网络和图形显示终端等。

布置在不同地理位置上的两台以上的闪电定位仪(以下简称探头)可以构成一个闪电定位系统网(图 7.5-1)。

中心数据处理站对接收到的闪电回击数据实时进行交汇处理,给出每个闪电的准确位置、强度等参数,由其图形显示终端设备随时存储、显示、打印或拷贝成图;中心数据处理站也可经通信系统对各个探头进行参数设置、调出探头工作状态等;通过数据服务网络或设置多个图形显示终端,以便多个部门共享雷电的信息资源。

除探头、中心数据处理站、图形显示终端专用设备外,其通信系统也是个重要组成部分,通信的好坏直接影响整个系统网的可靠性,通信可以用多种途径来实现,如长途电话线、超高频通信、电力载波通信、微波接力通信等。

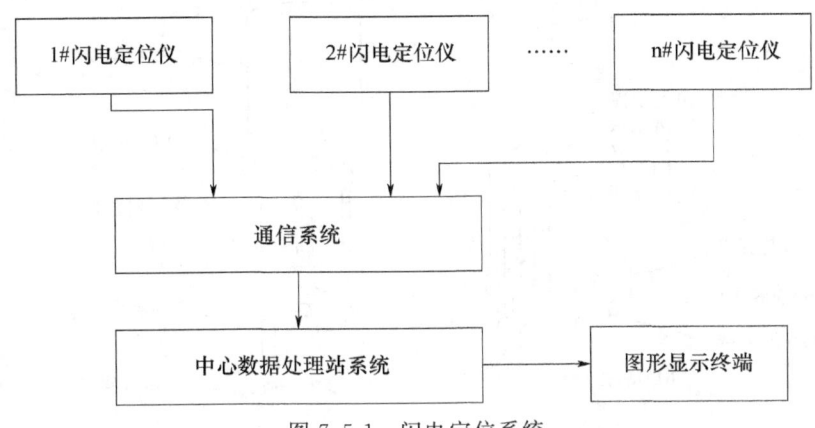

图 7.5-1　闪电定位系统

1. ADTD 闪电定位仪结构

ADTD 闪电定位仪的主要部件有支柱和仪器舱。这些部件以及设备的其他单元分别表示在图 7.5-2 至图 7.5-4 中。

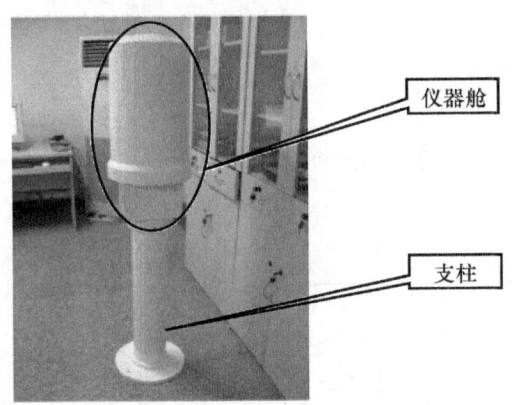

图 7.5-2　ADTD 闪电定位仪

（1）支柱

设备的支柱是一根厚壁钢管，它有精密机加工的顶端表面和焊接的底部安装盘。仪器舱安装在它的顶端。

（2）仪器舱

仪器舱是一个组合部件，它是由天线部件、电子盒、电源盒、内部主连接电缆、密封圈以及保护罩组成。仪器舱被 4 颗特殊螺丝固定在支柱顶端的槽内，固定螺丝松开后，整个仪器舱可以用手转动，以便安装时校准天线部件的正北方向。在仪器舱的安装托盘上，设计有气压卸压阀，用于平衡罩内外的气压。

仪器舱负责实时观测电磁脉冲信号，甄别出雷电信号，进行处理计算，获得回击波形到达精确时间、方位角、磁场峰值、电场峰值、波形特征值、陡度值等相关特征参数，并能实时发送。

（3）天线部件

天线部件负责观测空间电磁脉冲信号以及进行设备授时，由 4 个天线组成。

① 平板电场天线：是由上下两块圆形印刷电路板顶表面上的铜皮和 4 根特殊机加工的支柱构成。

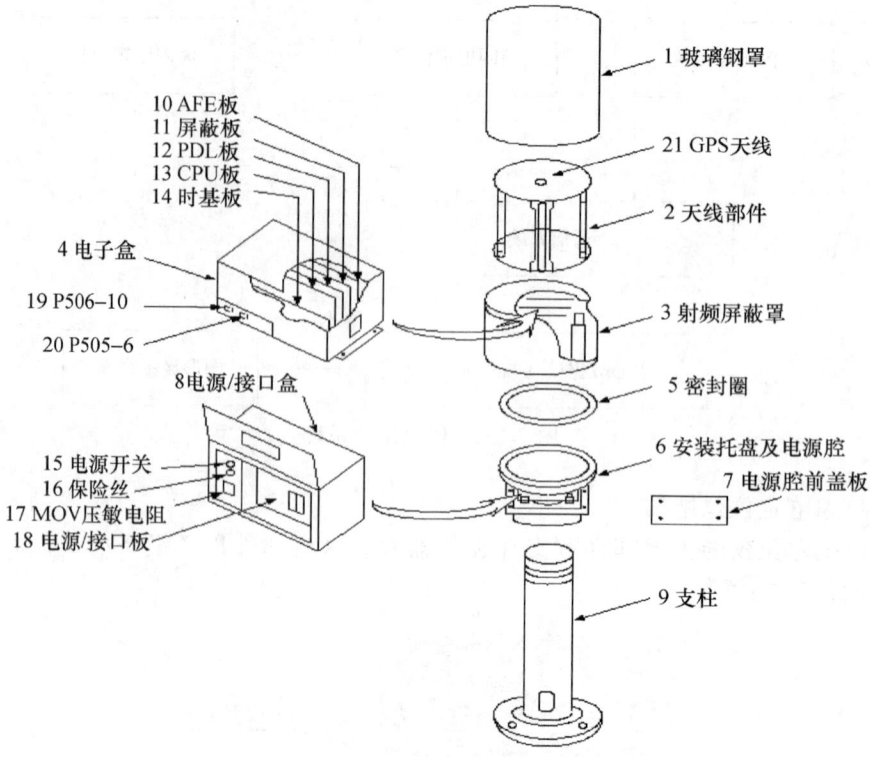

图 7.5-3　ADTD 闪电定位仪主要组成单元

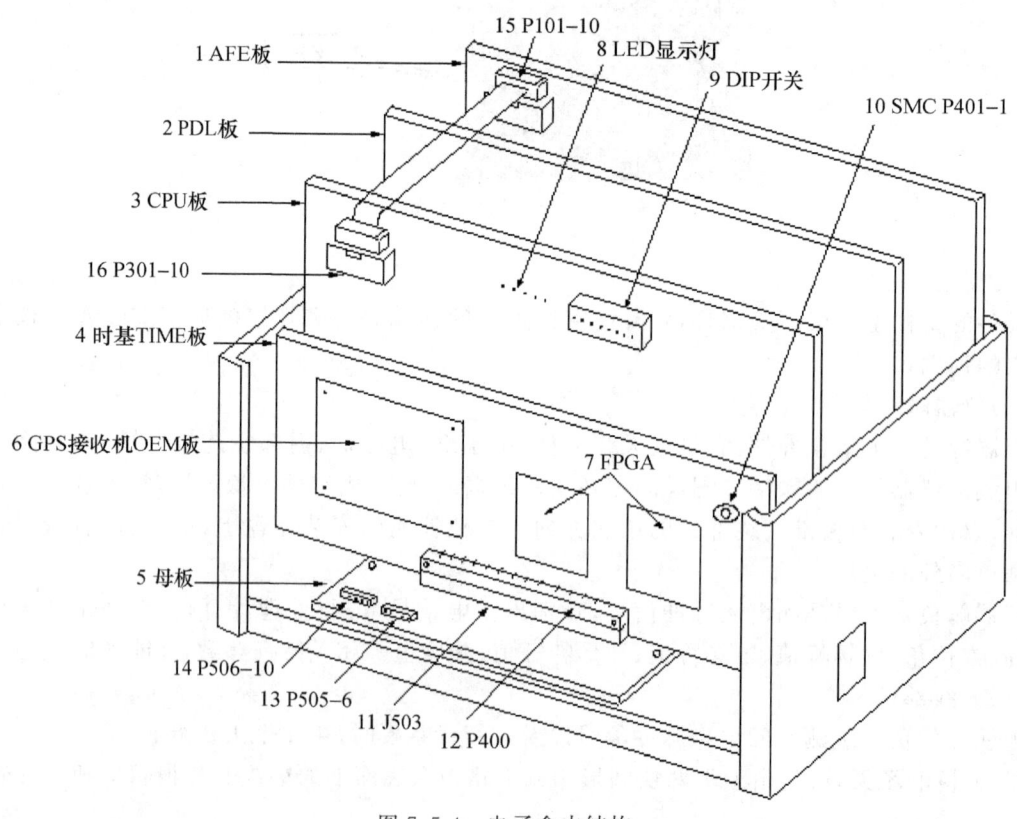

图 7.5-4　电子盒内结构

② 东—西磁场环天线：由电场天线底部印刷电路板下面的一个连接器的多股电缆形成的方环构成。多股电缆首先沿一根支柱外边向上，穿过电场天线顶部印刷电路板的下面，再沿着对面的一根支柱外边向下，然后回到电场天线底部印刷电路板下面的另一个连接器。

③ 北—南磁场环天线：北—南磁场天线和东—西磁场天线参数一致，但这两个天线环之间精确成90°放置。

④ GPS接收天线：放置在仪器舱顶端的圆形印刷板上。

(4) 电子盒

电子盒是由AFE板、PDL板、CPU板、时基TIME板、母板及GPS接收机OEM板6块印制电路板、长方形盒及连接电缆组成。负责甄别出雷电信号并进行处理计算，获得回击波形到达精确时间、方位角、磁场峰值、电场峰值、波形特征值、陡度值等相关雷电特征参数。

整个电子盒用两块半圆柱面金属板和一个圆形金属平板进行电屏蔽。两块半圆柱面金属板装在安装托盘上面的一个圆形导槽中，可自由滑动，当打开时，可从内部取出被屏蔽的电子盒。

(5) 电源/接口盒

电源/接口盒的绞链门用两个螺丝锁住，电源/接口盒安装在仪器舱托盘下面的电源腔内，包括设备电源、瞬变保护、状态指示及通信和电源接口等。

(6) 内部主连接电缆

内部主连接电缆，从电源/接口盒背面上的P901-19插座一直引到仪器舱安装托盘底部的P900-19插座上。

(7) 密封圈

保护罩密封圈是一个由微孔橡胶制成的环。

(8) 保护罩

保护罩材质为玻璃钢，罩住整个仪器舱，罩上有3个M4螺孔，用螺丝可把它固定在安装盘上，并压紧密封圈以密封仪器舱。

2. 子站与中心站的通信

每个探测子站所接收到的闪电数据每隔30 s通过RS232口传输到位于室内的Nport5110模块上，此模块的作用是将RS232口接收到的数据转换为UDP数据包发送到中心站（省级和国家级），网络链路为市局到省局的SDH或VPN链路。中心站根据子站的数据完成闪电的定位及强度、极性等数据。通信链路如图7.5-5所示。

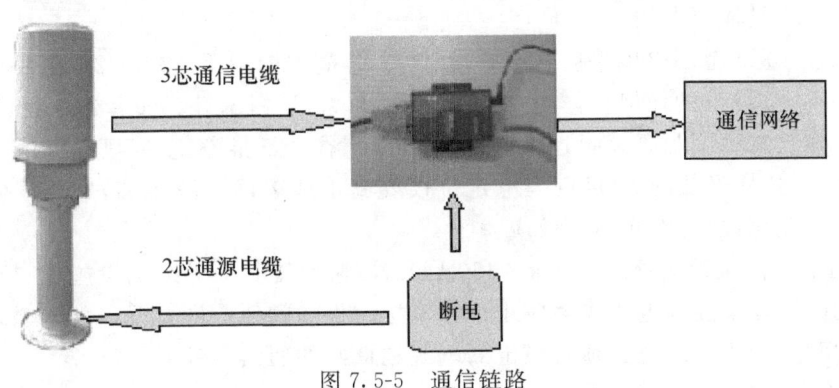

图 7.5-5　通信链路

3. 主要技术指标

探头由 80C196 单片机管理,完全按预编程方式工作,无人值守。80C196 的钟频最高能到 16 MC,这使得每个闪回击的处理时间在 1 ms 左右。

探头的赋能阈值,状态报告的周期,通信波特率等参数可按需要设置在非易失存储器内,也可用相应的命令改变。

探头内部设有精基时钟,分辨率为 0.1 μs。精基时钟提供小时中断信号,使探头进行整时自检。精基时钟由授时型的八通道 GPS 接收机 OEM 板历书中的时间信息同步,时、分、秒部分除上电对钟外,自检时也进行对钟。

上电、整时时自动地进行工作状态检测和校准,并定时输出状态数据,输出状态数据的周期可用命令设置。亦可通过命令或按 RESET 键随时进行自检,调出工作状态,进行诊断。

数据以串行的二进制或 ASCⅡ形式输出,数据输出内容包括成闪时间、波形特征值、闪电方位角、磁场强度、电场强度、陡点幅值。

探头信道增益相当于中增益 ALDF 探头的增益。

探头的探测效率在监测网内可达 95%。

采用峰值门控技术及自动修正,使测角误差＜±1°。

回击的时间分辨率为 1 ms 左右。

能测量 4 个波形特征参数:上升沿、陡点、下降沿的时间以及陡点的幅值。

探头发送和接收的数据格式为 8BIT 的数据位,1BIT 的停止位,无校验位。

探头可由 CPU 板上的 DIP 开关设定为维修程序,执行维修程序后便于检测诊断故障或调试电路。

探头的市电 220 V 供电电源线上和通信接口的数据线上均接有抑制浪涌的器件。

7.6 安装调试

7.6.1 环境和场地要求

1. 环境要求

站址四周必须平坦开阔,无影响雷电观测设备工作的高大建筑物存在,对无法回避的个别孤立障碍物可适当降低要求。雷电观测设备安装场地应是一块相对平坦的空旷地域,避免建在高层建筑物和塔上。具体要求如下:

严格要求在 30 m 范围内地平度＜±1°,在 300 m 范围内地平度＜±2°;在 300 m 范围内应没有高于探头 10 m 以上的任何物体包括各种围墙、动力线、树木等。如有建筑物,探头应远离各类建筑物 4 倍建筑物高度距离。附近无任何高山或峡谷。不推荐把 ADTD 闪电定位仪安装在建筑物上或塔上,这样安装的 ADTD 闪电定位仪要高出地表面一段距离,这与在实际地面测出的电场关系产生变化,从而引起不利效应。

ADTD 闪电定位仪观测频段为 1 k～450 kHz,应避免受其他无线电设施电磁干扰。雷电观测设备周围的电磁环境要求电磁噪声应小于雷电接收机的阈值范围。站址的电磁环境应经过有关职能机构的测定。所选站址必须有稳定的电源和良好的通信条件。

2. 场地要求

ADTD 闪电定位仪应尽可能安装在国家级气象台站的地面观测场内。具体位置安置在观测场第二条东西向小路以南,与自动气象站温湿度百叶箱平行。设备安装时应先浇注约为40 cm×40 cm的水泥墩基座,基座应与观测场平齐或高出观测场3～5 cm。浇注水泥墩时,应预先埋进螺栓、电源线和信号线管,线管通至地沟。仪器安装位置如图7.6-1所示。

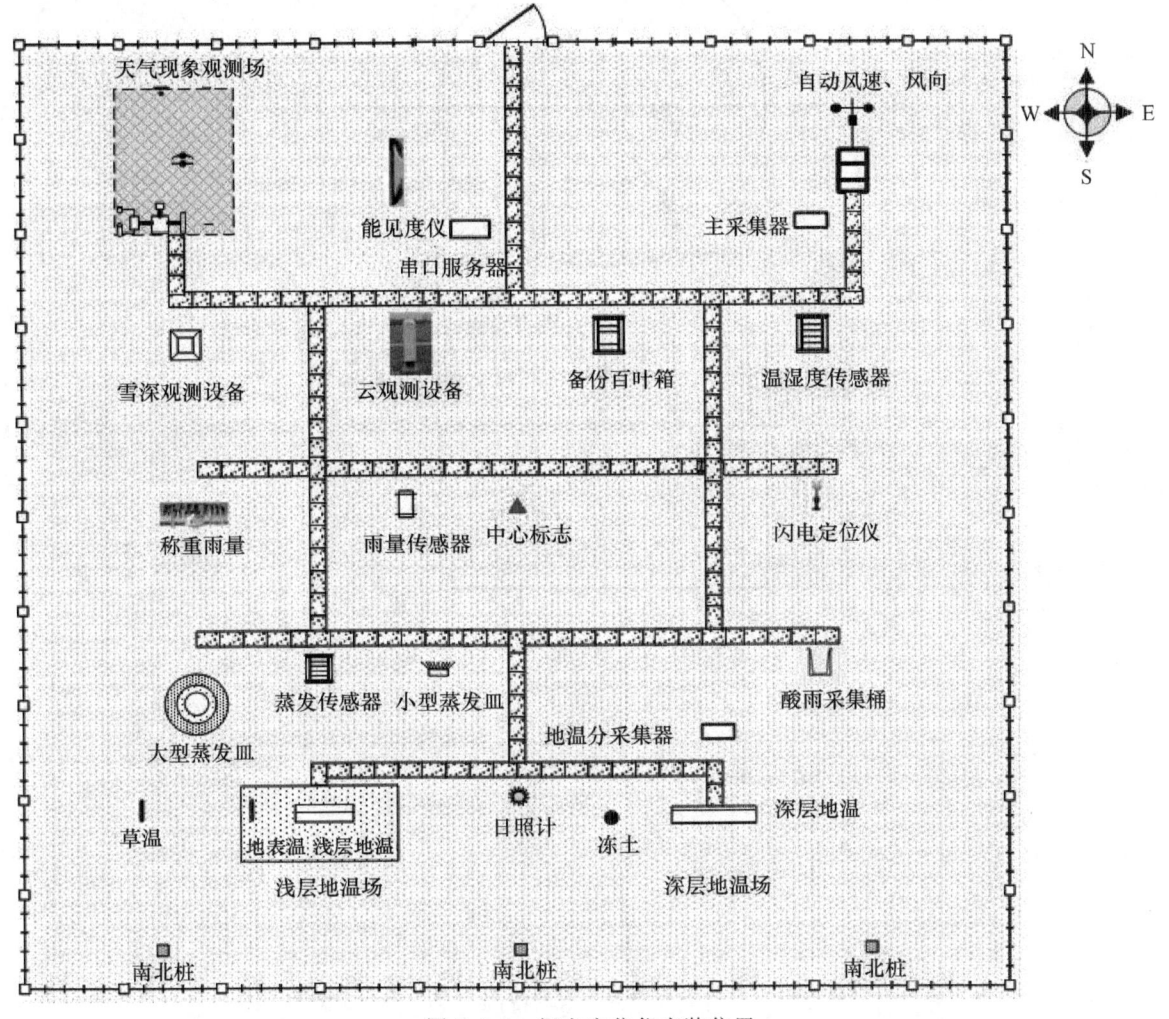

图 7.6-1　闪电定位仪安装位置

7.6.2　仪器安装

1. 基座

ADTD闪电定位仪应安装在水泥墩上或用槽钢做成的支架上,如图7.6-2、图7.6-3所示。在浇注水泥墩时,预先埋进三根螺栓(M12 mm×300 mm),均布在ϕ288 mm的圆周上。如果用槽钢做成的支架,则三根螺栓(M12 mm×100 mm)也要均布在ϕ288 mm的圆周上。

2. 仪器安装

支柱是通过其底盘上的安装孔固定在水泥基座上,固定可采用每根螺杆上加4个螺母的方式,其中两个用于固定在基座上,另两个用于固定仪器舱的底盘。通过调节后两个螺母上下位置即可调节雷电观测设备的水平度。

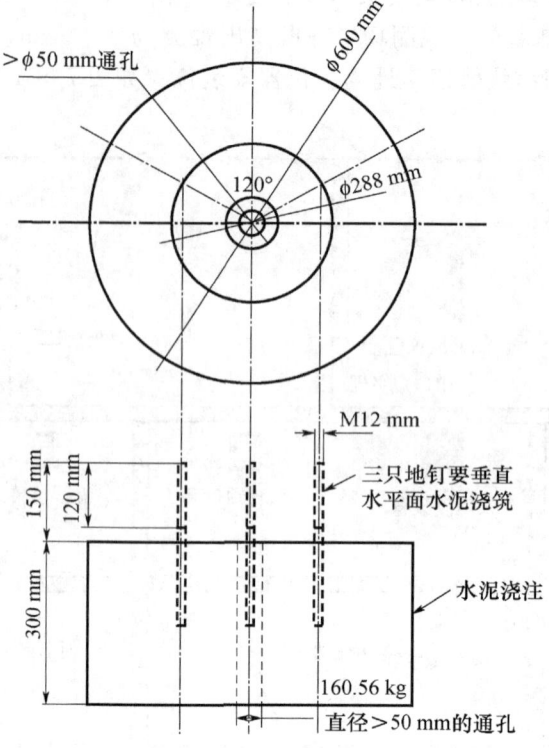

图 7.6-2 水泥墩底座结构图

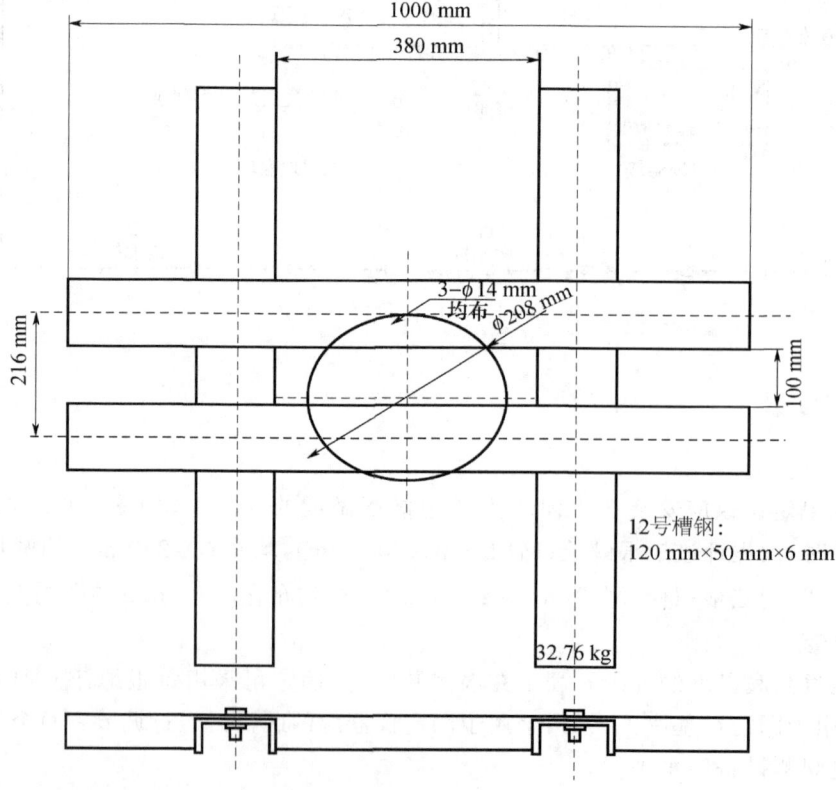

图 7.6-3 槽钢基架结构图

在底盘固定过程中,要用水平尺检查底盘的水平度,大致固定后,装上雷电观测设备仪器舱,再用水平尺在探头的平板电场天线上测量水平度,以电场的平板天线达到水平最佳位置为准,紧固安装螺母。

ADTD闪电定位仪的NS磁场天线环必须被调节在正北向的±0.25°之内,以保证探头测角精度。通常是在当地正午时分完成调节,利用太阳历软件计算当地正午时间,此刻是太阳处在天空的最高点上(赤道除外),太阳的阴影为正南北向,可用此原理调节天线方位。如采用普通罗盘方式,则只能是临时性的。更准确的定向还是应用日晷或是专业性的瞄准器。安装好后的效果图如图7.6-4所示。

图7.6-4 ADTD闪电定位仪的NS磁场天线环安装好后的效果图

3. 线缆连接

线缆的布设距离一般不超过100 m,否则应采取相应技术措施保证信号正常传输。

通信线缆应使用3芯或以上屏蔽线,且单芯截面积≥0.5 mm²。

电源线缆使用单芯截面积≥1.0 mm²的屏蔽线。

线缆应布设在地沟中,并利用桥架等设施将通信、电源线缆分开。

4. 外围设备安装

外围设备的安装以便于维护、有利于设备良好运行为原则。UPS电源输入端与前端防浪涌设施连接牢固,输出端与雷电观测设备和通信模块可靠连接,金属外壳连接到值班室接地网。通信模块可靠接入网络。

5. 防雷

防雷必须符合QX 4—2015《气象台(站)防雷技术规范》的要求。

7.6.3 设备调试

1. 室外部分调试

将电子舱从侧面缓慢放入图示位置,接好正面如图7.6-5的四处和背面的一个排插等一共五处接头,之后将两个半圆屏蔽罩围起来。

一切接好后将电源的开关拨到上面(打开),大约5 min以后自检通过设备正常工作,此时电源舱 5 盏灯常亮,1 盏灯 30 s 闪 1 次,如图 7.6-6 所示。

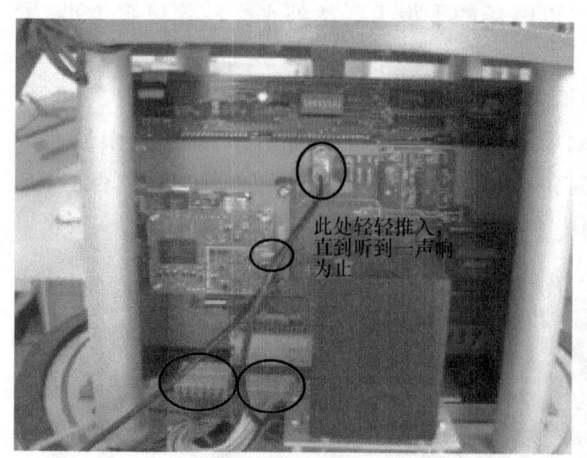
图 7.6-5 仪器舱

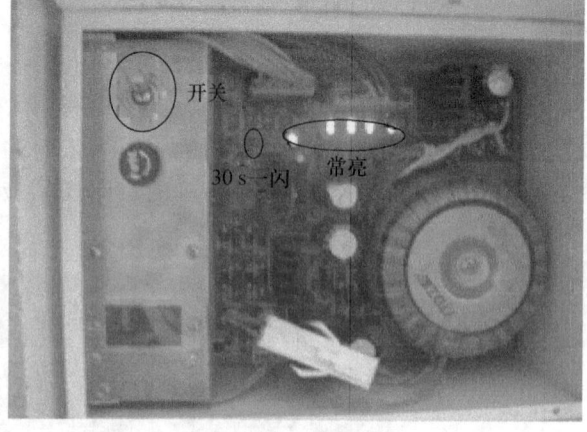
图 7.6-6 电源盒图

探头仪器舱内放进干燥剂,盖严玻璃钢罩并用 3 个螺丝拧紧,以使其密封、防潮。盖好电源盖板和玻璃钢罩,拧紧各紧固螺丝。上玻璃钢罩的时候要小心,垂直向下,以免损坏磁场天线。

2. 室内接线部分检查

探测仪室内部分由以下几个设备构成:UPS、转接器(接线板)和 Nport(通信接口)。在检修时首先要判断以上设备是否已连接,是否工作正常。探测仪电源插头、Nport 通信接口电源插头都要插在接线板上,并通电。

3. Nport 检查

Nport 面板上有 3 个指示灯:Link(网络)、Ready(状态)、Tx/Rx(收发数据)。正常状态下,Ready 灯常亮,Ready 不亮表明 Nport 不正常,插拔一下 Nport 电源后看是否正常(正常情况插拔电源几秒钟后 Ready 灯才会常亮)。Link 灯闪亮,如果不亮请检查网络连接。Tx/Rx 灯至少每隔 30 s 闪亮 1 次,如果没有,表明探测仪并没有数据进入 Nport,表明探测仪有问题。插拔一下探测仪电源插头,使探测仪重新加电重起。稍等几分钟后观察是否有闪亮,参照 Nport 使用说明对配置进行检查。

7.7 运行监控

目前中国气象局气象探测中心已建成全网闪电定位仪运行监控平台,技术保障人员可以在 IE 浏览器上输入 http://219.239.45.253/index_e.aspx,登录中国气象局国家雷电监测预警网,点击"运行监控"之后,进入全国网雷电探测站运行实况页面,如图 7.7-1 所示。

图 7.7-2 中右侧显示探测站 ADTD 闪电定位仪的运行状况,绿色"√"标识表示站点运行正常,红色"×"标识站点不正常。对于不正常的站点,其出现故障的原因在左侧地图中分别以不同颜色圆点予以标识,其中黄色表示该站点停止运行、深蓝色表示该站点晶振偏大、浅蓝色表示该站点自检出错。图中河南的商丘、登封两站均显示不正常,原因为停止运行。若需查看某一站点的详细运行状况信息,可选择 图标,单击对应站点即可(图 7.7-3)。地图有常规的放大、缩小、对中、移动等功能,例如点击地图左上角 图标,按住鼠标左键拖动矩形选择框即可对选中区域放大。

第 7 章 闪电定位仪(2 学时)

图 7.7-1 中国气象局国家雷电监测预警网

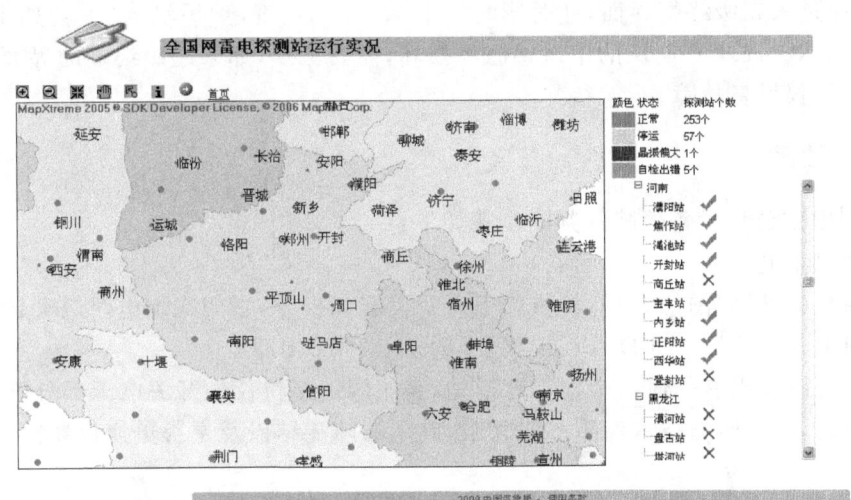

图 7.7-2 全国网雷电站运行实况

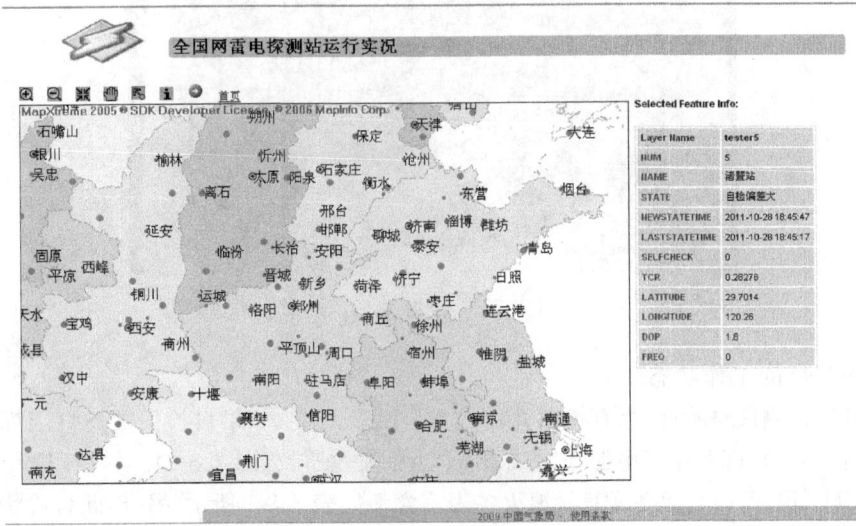

图 7.7-3 站点详细运行状况信息显示

7.8 常见故障分析和处理

7.8.1 通信故障

ADTD闪电定位仪的通信故障判断步骤如下：

1. 首先查看NPort5110模块的电源指示灯是否正常，如果power灯不亮的话用万用表直流档来测量NPort5110供电模块的输出电压，在供电模块输出电压正常的情况下，判断为NPort5110模块已经损坏，需要更换。如power等常亮的话则表明NPort5110模块供电正常。

2. 在计算机终端上利用ping指令来ping NPort5110的IP地址，如果能ping通的话则表明NPort5110模块的网络出口没什么问题。

3. 将连接到NPort5110模块上的串口线直接连接到计算机上，打开操作系统的超级终端。按确定键以后，进入超级终端界面，此时同时按下"Ctrl+A"键，然后输入"*s"如果界面上有数据的话，则表明NPort5110模块的串口端已经损坏，需要更换，如果超级终端的界面上没有数据，则表明闪电定位仪设备故障。

7.8.2 设备故障

ADTD闪电定位仪设备故障的判断步骤如下：

1. 查看其工作电源

打开电源盒的外罩（图7.8-1），检查以下4个发光二极管，它们在加电时应亮：

+5 V LED　+15 V LED　-15 V LED　+12 V LED

上述4个灯中如果有任何一个指示灯不亮，表明闪电定位仪的开关电源部分已经出现故障，需要更换或维修，应及时与技术保障部门联系，确定故障症结以及是否更换仪器。

图7.8-1　电源盒指示灯

2. 查看ST灯的工作状态

如果ADTD探测仪自检通过，则接口盒中的ST LED灯亮，如果自检失败此灯闪烁，如果熄灭则表示CPU没有运行，可能是由于电源失败或者CPU板失效所致（图7.8-2）。4个LED显示灯从左到右依次是RD、TD、FL、ST；其常亮、闪烁、熄灭各表示含义如表7.8-1所示，另外，此自检状态通过/失败也可以通过接到ADTD探测仪上的一个ASCII终端用输入"*STATUS"命令做更详细的检测。

图 7.8-2　电源指示位置

表 7.8-1　LED 灯含义

ADTD 探测仪上部仪器舱指示灯					ADTD 探测仪下部电源舱指示灯				
1	2	3	4	5	RD	TD	FL	ST	
亮	灭	灭	灭	灭	灭	灭(30 s 闪烁/次)	灭	亮	正常状态
灭	闪	闪	闪	灭	灭	灭	闪	灭	搜星
亮	亮	亮	亮	亮	灭	灭	亮	亮	自检开始
闪	灭	灭	灭	灭	灭	灭	灭	闪	自检失败

参考文献

胡雯,2013. 台站气象装备保障[M]. 北京:气象出版社.
广东省气象计算机应用开发研究所. DZZ1-2型自动气象站用户手册[Z].
江苏省无线电科学研究所有限公司. DZZ4型自动气象站用户手册[Z].
上海长望气象科技有限公司. DZZ3型自动气象站用户手册[Z].
中国华云技术开发公司. DZZ5型自动气象站用户手册[Z].
中国气象局,2003. 地面气象观测规范[M]. 北京:气象出版社.
中国气象局. 关于加强气象观测技术装备保障业务发展的意见:气发〔2013〕118号[Z].
中国气象局. 自动气象站保障暂行规定[Z].
中国气象局气象探测中心,2015. 新型自动气象站实用手册[M]. 北京:气象出版社.
中国气象局气象探测中心. 新型自动气象站实用手册[Z].
中国气象局综合观测司,2010. 综合气象观测系统运行监控业务职责流程(试行)[Z].
中国气象局综合观测司,2010. 全球定位系统气象观测(GPS/MET)站观测规范(试行)[Z].
中国气象局综合观测司,2010. 自动土壤水分观测规范(试行)[Z].
中国气象局综合观测司,2011. 气象装备技术保障手册:自动气象站[Z].
中国气象局综合观测司,2012. 雷电观测业务规范(试行)[Z].
中国气象局综合观测司. 关于推进气象装备社会化保障工作的通知:气测函〔2013〕31号[Z].
中国气象局综合观测司. 区域自动气象站现场核查方法(试行)[Z].
中环天仪(天津)气象仪器有限公司. DZZ6型自动气象站用户手册[Z].